U0133758

TArch 8.0 天正建筑软件

标准教程

麓山文化　　主 编

机械工业出版社

天正建筑（TArch）是在AutoCAD的基础上开发的功能强大且易学易用的建筑设计软件，本书从实际需求出发，系统地介绍了最新的天正建筑软件TArch 8.0的各项功能，并以典型实例来阐述各种命令的使用方法。

本书共12章，循序渐进地介绍了轴网、柱子、墙体、门窗、楼梯、室内外设施、房间及屋顶的创建与编辑，立面图和剖面图的生成，以及文字、表格、标注、布图功能的应用等。另外，本书还对与建筑设计有关的专业知识进行了介绍。最后通过办公楼和住宅两个大型综合案例，进行全面实战演练。

本书结构合理、通俗易懂，大部分功能的介绍都以“说明 + 实例”的形式来进行，并且所举实例典型、实用，不仅便于读者理解所学内容，又能活学活用；每章都给出了一些与实际应用相结合的典型实例，便于读者巩固所学知识；书中每章均有小结及练习题，小结是一章内容的概括归纳和实践经验总结，针对初学者经常出现的问题加以解读，便于读者练习掌握。

本书配套光盘除包括全书所有实例的源文件外，还提供了高清语音视频教学，手把手地指导，可以成倍提高学习兴趣和效率。

本书内容依据建筑图形的实际绘制流程来安排，特别适合教师讲解和学生自学，以及具备计算机基础知识的建筑设计师、工程技术人员及其他对天正建筑软件感兴趣的读者使用，也可作为各高等院校及高职高专建筑专业教学的标准教材。

图书在版编目(CIP)数据

TArch 8.0天正建筑软件标准教程/麓山文化主编. —北京：机械工业出版社，2010.4
ISBN 978-7-111-30065-6

Ⅰ.T… Ⅱ.麓… Ⅲ.建筑设计：计算机辅助设计—应用软件，TArch 8.0—教材 Ⅳ.TU201.4

中国版本图书馆CIP数据核字（2010）第041761号

机械工业出版社（北京市百万庄大街22号 邮政编码100037）
策划编辑：汤 攀 责任编辑：汤 攀
责任印制：杨 曦
北京蓝海印刷有限公司印刷
2010年4月第1版第1次印刷
184mm×260mm · 19.75印张 · 487千字
标准书号：ISBN 978-7-111-30065-6
ISBN 978-7-89451-472-1（光盘）
定价：49.00元（含1DVD）

凡购本书，如有缺页、倒页、脱页，由本社发行部调换

电话服务	网络服务
社服务中心：(010)88361066	门户网：http://www.cmpbook.com
销 售 一 部：(010)68326294	教材网：http://www.cmpedu.com
销 售 二 部：(010)88379649	**封面无防伪标均为盗版**
读者服务部：(010)68993821	

前　言

TArch 8.0 是国内率先利用 AutoCAD 平台开发的最新一代建筑软件，以其先进的建筑设计理念服务于建筑施工图设计，成为建筑 CAD 正版化的首选软件之一。

天正建筑软件符合国内建筑设计人员的操作习惯，贴近建筑图绘制的实际，并且有很高的自动化程度，因此在国内使用相当广泛。在实际操作工程中只要输入几个参数尺寸，就能自动生成平面图中的轴网、墙体、柱子、门窗、楼梯和阳台等，可以绘制和生成立面图和剖面图等建筑图样。

内容特点

本书结构合理、通俗易懂，大部分功能的介绍都以“说明+实例”的形式来进行，并且所举实例典型、实用，不仅便于读者理解所学内容，又能活学活用；每章都给出了一些与实际应用相结合的典型实例，便于读者巩固所学知识；书中每章均有小结及练习题，小结是一章内容的概括归纳和实践经验总结，针对初学者经常出现的问题加以解读，便于读者练习掌握。

全书分为 12 章，主要内容介绍如下：

- 第 1～9 章，主要介绍天正 TA rch 8.0 的基础知识，包括天正软件概述、轴网及柱子、墙体、门窗、室内外设施、房间及屋顶、尺寸标注、文字及符号和三维建模等，并通过实例的练习巩固所学基础知识。
- 第 10～11 章，综合运用 AutoCAD 和天正命令，介绍办公楼和住宅楼的平面图、立面图和剖面图的绘制过程和方法。
- 第 12 章，主要介绍建筑施工图打印输出的方法及相关知识。

本书除利用丰富多彩的纸面讲解外，随书配送了多功能学习光盘。光盘中包含了全书讲解实例的源文件素材，并制作了全程实例动画同步讲解.avi 文件。

本书作者

本书由麓山文化主编，参加编写的有：陈志民、喻文明、刘雄伟、李红萍、李红艺、李红术、陈云香、林小群、何俊、周国章、刘争利、朱海涛、朱晓涛、彭志刚、李羡盛、刘莉子、周鹏、刘佳东、肖伟、何亮、林小群、刘清平、陈文香、蔡智兰、陆迎锋、罗家良、罗迈江、马日秋、潘霏、曹建英、罗治东、廖志刚、姜必广、杨政峰、罗小飞、陈晶、何凯、黄华、何晓瑜、刘有良、陈寅等。

由于作者水平有限，书中错误、疏漏之处在所难免。在感谢您选择本书的同时，也希望您能够把对本书的意见和建议告诉我们。

售后服务 E-mail:lushanbook@gmail.com

麓山文化

光盘使用指南

本书配套光盘内容非常丰富，包含了本书所有实例的源文件和多媒体语音视频教学。本书录制的视频使用了特殊的压缩格式，在播放前需要安装 TSCC 解码器。具体使用方法如下：

(1) 光盘带有自动运行程序，通常将光盘放入光驱会自动运行演示程序。用户也可以双击光盘根目录下的“index.html”文件来运行演示程序。单击其中的“安装解码器”按钮安装 TSCC 解码器，如图 1 所示。

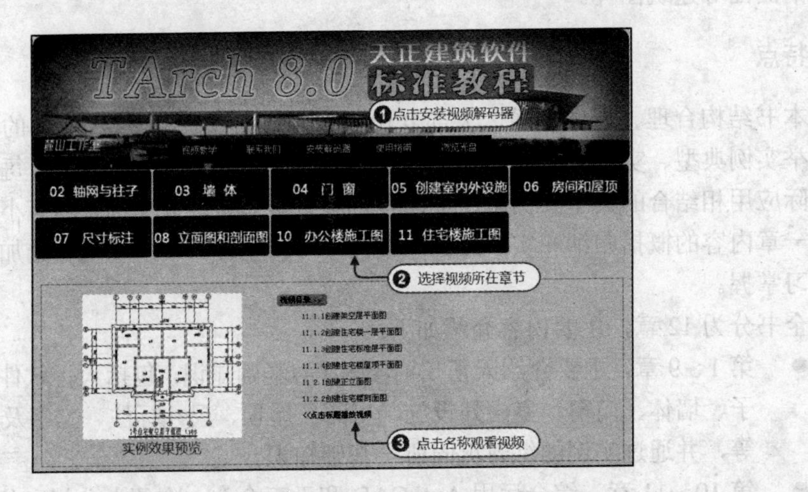

图 1

(2) 在打开的“文件下载”对话框中单击“打开”按钮，系统会自动调用默认的播放器播放教学视频，如图 2 所示。

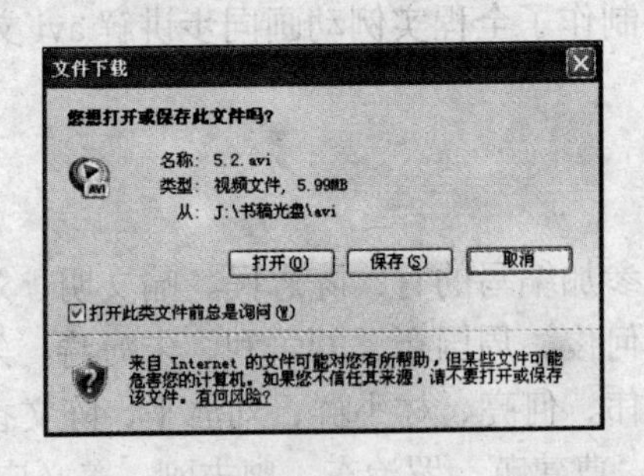

图 2

提 示：如果视频播放不顺畅，可以把光盘内容复制至硬盘进行播放。推荐使用本书配套光盘提供的播放器观看本书视频(位于本书光盘“解码器”文件夹)。

目　录

前 言

光盘使用指南

第1章 天正建筑 TArch8.0 概述

TArch 建筑软件是由北京天正工程软件有限公司开发，国内率先利用 AutoCAD 图形平台开发的建筑设计软件，它以先进的建筑对象概念服务于建筑施工图设计，成为建筑 CAD 正版化的首选软件，同时天正建筑对象创建的建筑模型已经成为天正电气、给排水、日照和节能等系列软件的数据来源，很多三维渲染图也依赖天正三维模型制作。

1.1 天正建筑概述

天正建筑软件是目前使用最广泛的建筑设计软件，并且是高校建筑类学生的必修课。TArch 8.0 是最新开发的又一代新产品，使得天正软件功能更强大、内容更完善。

1.1.1 天正软件公司简介

北京天正公司从 1994 年开始就在 AutoCAD 图形平台上开发了一系列建筑、暖通、电气和给排水等专业软件，这些软件特别是建筑软件取得了极大的成功。近十年来，天正建筑软件版本不断升级和完善，受到中国设计师们的厚爱。在中国的建筑设计领域内，天正建筑软件的影响可以说无处不在，天正建筑软件早已成为全国建筑设计 CAD 事实上的行业标准。

天正建筑软件从 TArch 5.0 开始，告别了以往的基本图线堆砌，大量使用了"自定义建筑专业对象"，直接绘制出具有专业含义、经得起反复编辑修改的图形对象。天正软件在国内率先成为新一代数字建筑师爱不释手的得力工具。

1.1.2 天正软件学习帮助

TArch8.0 的学习文档包括使用手册、帮助文档和网站资源等。对 TArch 8.0 软件的学习文档介绍如下：

使用手册：就是软件发行时对正式用户提供的纸介质文档，以书面文字形式全面、详尽地介绍 TArch8.0 的功能和使用方法，但一段时间内，纸介质手册无法随着软件升级及时更新，联机帮助文件才是最新的学习资源。

帮助文档：是《TArch8.0 天正建筑软件使用手册》的电子版本，以 Windows 的 CHM 格式帮助文档的形式介绍 TArch8.0 的功能和使用方法，这种文档形式更新比较及时，能随软件升级而更新，例如 TArch8.0 版本以后如再发行升级补丁，将只提供帮助文档格式的手册。

教学演示：TArch8.0 发行时提供的实时录制教学演示教程，使用 Flash 动画文件格式存储和播放。

自述文件：是发行时以文本文件格式提供用户参考的最新说明，例如在 sys 文件夹下的 updhistory.txt 中提供升级的详细信息。

日积月累：TA rch8.0 启动时将提示有关软件使用的小决窍，单击屏幕菜单栏中的命令，可显示 TArch8.0 版的日积月累内容。

常见问题：是使用天正建筑软件经常会遇到的问题和解答（常称为 FAQ），以 MSWord 格式的 Faq.doc 文件提供。

其他帮助资源：通过访问北京天正软件工程有限公司的主页 www.tangent.com.cn，获得 TArch8.0 及其产品的最新消息，包括软件升级和补充内容，下载试用软件、教学演示和用户图例等资源。此外，时效性最好的是天正软件特约论坛 www.abbs.com.cn，在上面可与天正建筑软件的研发团队一起交流经验。

1.1.3 软件与硬件配置环境

TArch8.0 软件完全基于 AutoCAD 软件的应用而开发。因此，对该软件运行的硬件要求主要取决于 AutoCAD 平台的需求。但由于工作环境及范围不同，用户硬件的配置也有所不同。对于只绘制工程施工图，不需要三维表现的用户，配置达到 Pentium3+256MB 内存以上，足够用户使用。对于要用该软件进行三维建模，并且使用 3ds max 渲染的用户，推存使用 Pentium4/2G Hz 以上＋512MB 内存以及使用 OpenGL 加速的显卡。

显示器屏幕的分辨率是非常重要的，应当在 1024×768 像素以上的分辨率环境下工作。如果达不到这个要求，则用来绘图的区域将很小。如果用户视力不好，请在 Windows 的显示属性下设置较大的文字尺寸或更换更大的显示器尺寸。

从 AutoCAD 2004 开始，已不再支持 Windows98 以下操作系统，请在安装该软件时，不要在 Windows98 以下操作系统下进行安装。安装 TArch8.0 软件必须在已安装了 AutoCAD 的条件下才能安装。

1.2 天正建筑的特点和新增功能

TArch8.0 版本支持 AutoCAD 2000～2009 多个图形平台的安装和运行，天正对象除了对象编辑功能，还可以用夹点拖动、特性编辑、在位编辑和动态输入等多种手段调整对象参数。本节介绍天正软件的特点。

1.2.1 二维图形与三维图形设计同步

在建筑图中，通常有二维和三维图形，二维图形常用于施工，三维图形则常用于制作建筑效果图。同时，三维图形还可以用来分析空间尺度，有助于与设计团队的交流，有助于与甲方的沟通，有助于施工队伍施工前的交底。这些应用并不苛求视觉效果的完美，而更强调实时性与一致性，设计过程也是一个不断变更调整的过程，精致的效果图不可能做到全程跟随，而 TArch 提供的快速三维功能，可以满足这些要求。对于竞标和完工等需要精细的三维效果图情况，往往委托专业的公司制作，天正软件提供了用于输出三维模型的接口。

TArch 软件模型与平面图的绘制是同步的，不需要另外单独生成三维模型，如图 1-1 所示是二维图形与三维图形设计同步的实例。

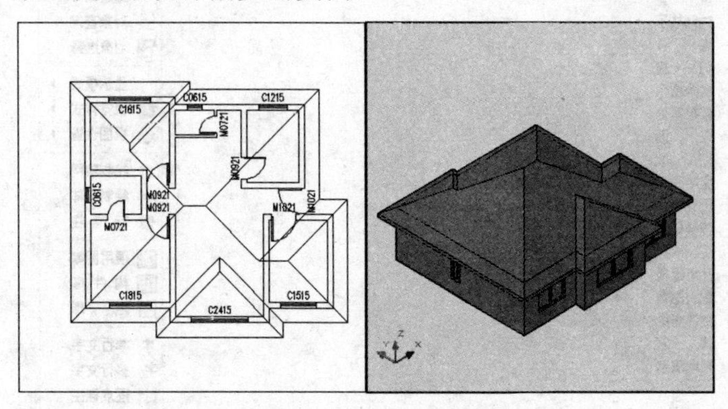

图 1-1　二维图形与三维图形设计同步

1.2.2 自定义对象技术

天正软件开发了一系列自定义对象表示建筑专业构件，具有使用方便和通用性强的特点。例如各种墙体构件具有完整的几何特征和材质特征，可以像 AutoCAD 的普通图形对象一样进行操作，可以用夹点随意拉伸改变几何形状，与门窗按相互关系智能联动，大大提高编辑效率。

同时，天正软件还具有旧图转换的文件接口，可将 TArch 8.0 以下版本天正软件绘制的图形文件转换为新的对象格式，方便老用户的快速升级。同时提供了图形文件导出命令的接口，可将新版本绘制的图形导出，以便于其他用途。

1.2.3 天正软件的其他特点

1. 方便的智能化菜单系统

TArch 采用附带 256 色图标的新式屏幕菜单，菜单辅以图标，图文并茂、层次清晰及折叠结构，使子菜单之间切换快捷。如图 1-2 所示是 TArch 8.0 软件的屏幕菜单。

强大的右键快捷菜单能够感知选择对象的类型，动态组成相关菜单，可以随意定制个性化菜单，以适应用户习惯，汉语拼音快捷命令使绘图更快捷（例如“绘制轴网”命令，可在命令行窗口中输入“HZZW”命令，就可启动命令，其功能等同于执行【轴网柱子】|【绘制轴网】命令。如图 1-3 所示为 TArch 8.0 的右键快捷菜单。

2. 先进的专业化标注系统

天正软件专门针对建筑行业图样的尺寸标注开发了专业化的标注系统，轴号、尺寸标注、符号标注和文字都使用对建筑绘图最方便的自定义对象进行操作，取代了传统的尺寸和文字对象。按照建筑制图规范的标注要求，对自定义尺寸标注对象提供了前所未有的灵活手段。由于专门为建筑行业设计，在使用方便的同时简化了标注对象的结构，节省了内存，减少了命令的数目。

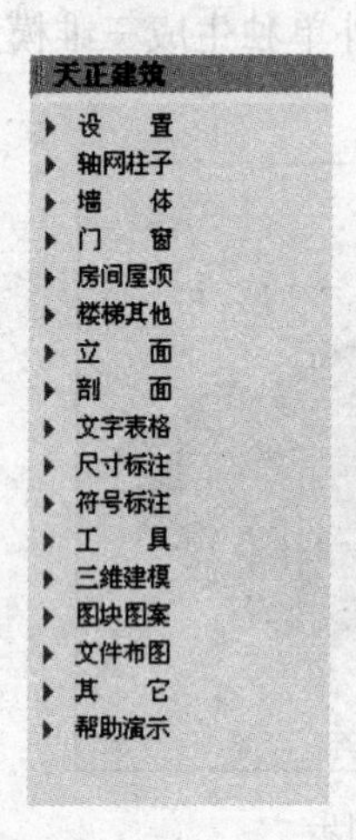

图 1-2　TArch 8.0 屏幕菜单

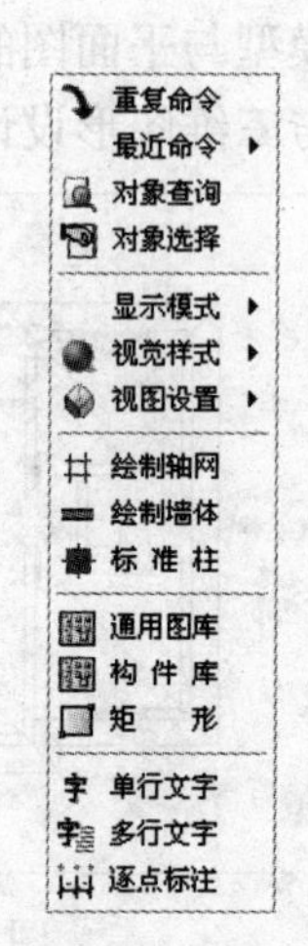

图 1-3　TArch 8.0 右键菜单

TArch 8.0 按照建筑制作规范的规定，提供了自定义的专业符号标注对象，各自带有符合出图要求的专业夹点与比例信息，编辑时夹点拖动的行为也符合设计规范。符号对象的引入妥善地解决了 CAD 符号标注规范化的问题。

3．全新设计文字表格功能

天正的自定义文字对象可方便地创建和修改中西文混排文字，可方便地输入文字上下标和特殊字符，TArch 8.0 还提供了加圈文字，适用于轴号的表示。文字对象可分别调整中西文字体各自的宽高比例，修正 AutoCAD 所使用的两类字体（*.shx 与*.ttf）中英文实际字高不等的问题，使中西文字混合标注符合国家制图标准的要求。此外天正文字还可以设定对背景进行屏蔽，获得清晰的图面效果。

天正建筑的在位编辑文字功能为整个图形中的文字编辑服务，双击需编辑的文本即可进入编辑状态，提供了前所未有的方便性。

天正表格使用了先进的表格对象，其交互界面类似 Excel 的电子表格编辑界面。表格对象具有层次结构，用户可以方便地调整表格的外观，制作出符合用户需求的表格。TArch8.0 还提供了与 Excel 的数据双向交换功能，使工程制表同办公制表一样方便高效。

4．强大的图库管理系统和图块功能

TArch 8.0 的图库管理系统采用先进的编程技术，支持贴附材质的多视图图块，支持同时打开多个图库的操作，可以图块附加图块屏蔽特性，图块可以遮挡背景对象而无需对背景对象进行裁剪，实现对象编辑，随时改变图块的精确尺寸与转角。如图 1-4 所示是 TArch8.0 的【天正图库管理系统】窗口。

天正的图库管理系统采用图库组 TKW 文件格式，同时管理多个图库，通过分类明晰的树状目录使整个图库结构一目了然。类别区、名称区和图块预览区之间也可随意调整最佳可视大小及相对位置，支持拖放技术，最大程度地方便用户。图库管理界面采用了平面化图标工具栏，符合流行软件的外观风格与使用习惯。由于各个图库是独立的，系统图库和用户图库分别由系统和用户维护，以便于版本升级。独特的线图案填充功能为建筑节能设计提供了方便的工具。

5. 与 AutoCAD 兼容的材质系统

TArch 8.0 提供了与 AutoCAD 渲染器兼容的材质系统，包括全中文标识的材质库、具有材质预览功能的材质编辑和管理模块，为选配建筑渲染材质提供了便利。

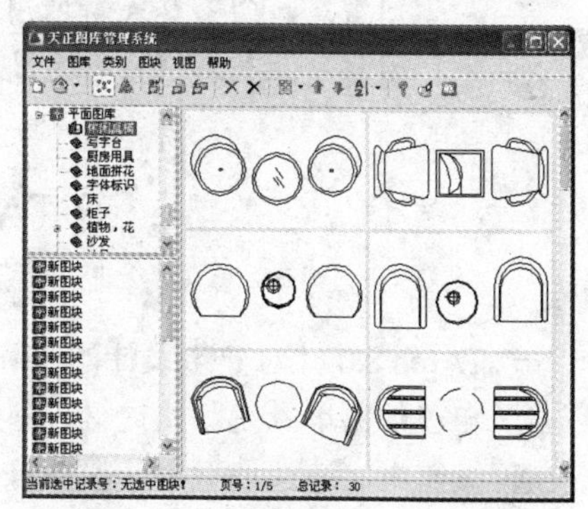

图 1-4　“天正图库管理系统”窗口

6. 真实感多视图图块

图库支持贴附材质的多视图图块，这种图块在“完全二维”的显示模式下按二维显示，而在着色模式下显示附着的彩色材质，新的图库管理程序能预览多视图图块的真实效果。

7. 全面增强的立剖面绘图功能

天正建筑随时可以从各层平面图获得三维信息，按楼层表组合，消隐生成立面图与剖面图，生成的步骤得到简化，明显地提高了绘图效率。

8. 提供工程数据查询与面积计算

在平面图设计完成后，可以获得各种构件的体积、重量和墙面面积等数据，作为其他分析的基础数据。天正建筑还提供了各种面积计算命令，除了计算房间净面积外，可以按照规定计算住宅单元的套内建筑面积。同时，还提供了实时房间面积查询功能。

1.2.4 TArch 8.0 的新增功能

TArch 8.0 软件是目前天正建筑软件的最新版本，其新增功能主要如下：

- 无模式对话框支持自动隐藏特性，并提供快速功能帮助按钮。
- 选中对象后，双击绘图区空白处取消选择。
- 右键菜单支持慢击操作，快击重复上一命令、慢击提供右键菜单。
- 增加轴网合并功能。
- 增加墙体倒斜角功能。
- 新消重图元功能，支持墙体、柱子、房间等对象的重叠检查。
- 增加天正选项设置功能（合并原高级选项和选项功能），墙柱加粗填充预览改进，提供了导入导出、恢复默认、应用、帮助功能。
- 新双分平行楼梯，双分转角楼梯、交叉楼梯、剪刀楼梯、双分三跑楼梯、三角楼梯、矩形转角楼梯功能。提供新的面积统计功能。
- 新增房间编号排序功能。
- 增加单元插图功能。
- 新矩形坡屋顶对象，可绘制各种常见矩形屋顶样式。

- ➢ 新增墙体分段功能。
- ➢ 角凸窗新增侧挡板功能。
- ➢ 门窗表、门窗总表新增用户自定义表格样式功能。
- ➢ 图样目录新增用户自定义表格样式功能。

1.3 TArch8.0 软件交互界面

TArch 8.0 针对建筑设计的实际需要，对 AutoCAD 的交互界面进行了必要的扩充，建立了自己的菜单系统和快捷键，新提供了可由用户自定义的折叠式屏幕菜单、新颖方便的在位编辑框、与选取对象环境关联的右键菜单和图标工具栏，保留 AutoCAD 的所有菜单项和图标，从而保持 AutoCAD 的原有界面体系，便于用户同时加载其他软件。

TArch 运行在 AutoCAD 之下，只是在 AutoCAD 的基础上添加了一些专门绘制建筑图形的折叠菜单和工具栏。其命令的调用方法与 AutoCAD 完全相同，TArch 8.0 的工作界面如图 1-5 所示。

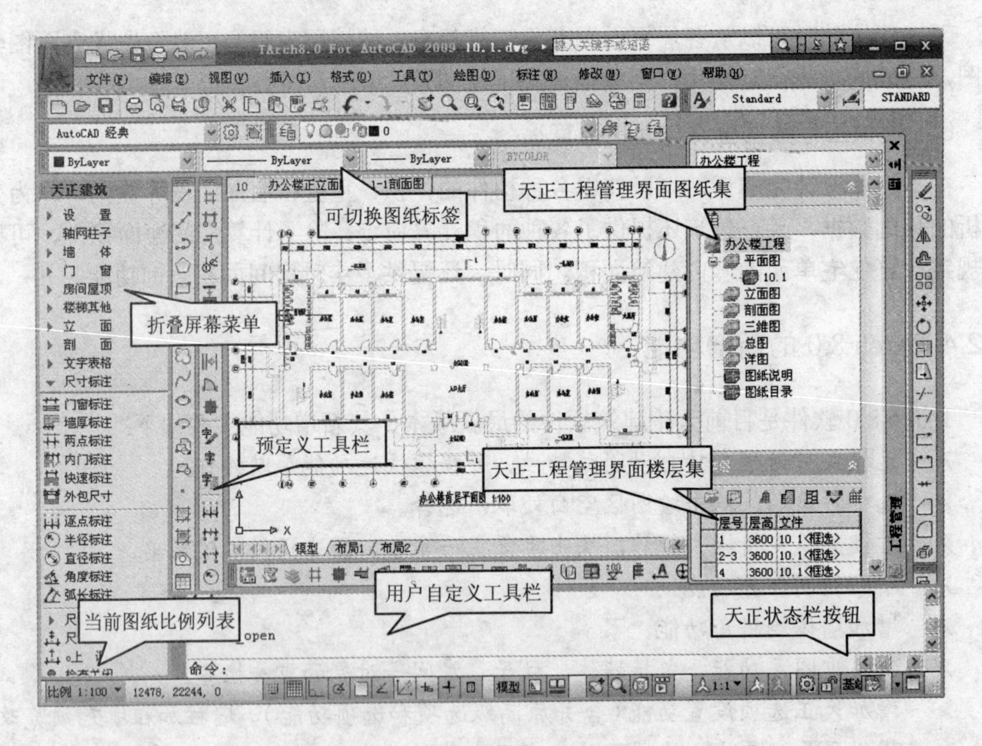

图 1-5　TArch 8.0 工作界面

1.3.1 折叠式屏幕菜单

TArch 8.0 的主要功能都列在“折叠式”三级结构的屏幕菜单上，单击上一级菜单可以展开下一级菜单，同级菜单互相关联，展开另外一级菜单时，原来展开的菜单自动合拢。

二到三级菜单项是天正建筑的可执行命令或者开关项，全部菜单项都提供 256 色图标，图标设计具有专业含义，以方便用户增强记忆，更快地确定菜单项的位置。当光标移到菜单项上时，AutoCAD 的状态行会出现该菜单项功能的简短提示。

折叠式菜单效率最高，但由于屏幕的高度有限，在展开较长的菜单后，有些菜单无法完全显示在屏幕上，为此可用鼠标滚轮上下滚动菜单快速选取当前不可见的项目。如图 1-6 所示是 TArch8.0 两种不同风格的屏幕菜单。

图 1-6　屏幕菜单

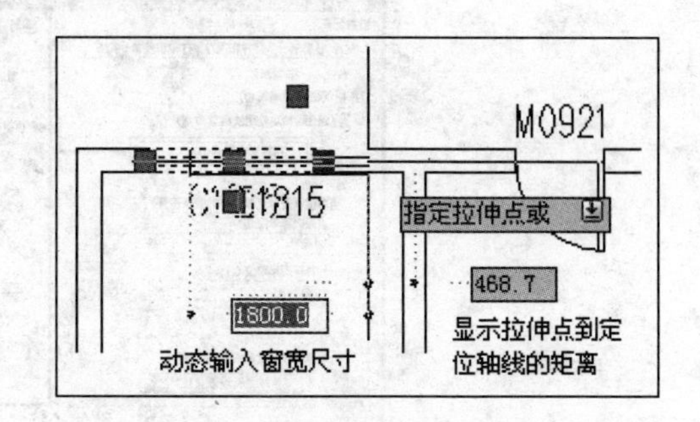

图 1-7　动态编辑输入尺寸

技 巧：单击 TArch 菜单标题右上角按钮可以关闭菜单，使用热键 Ctrl+或 Tmnload 命令可以重新打开菜单。

1.3.2 在位编辑与动态输入

在位编辑框是从 AutoCAD 2006 的动态输入中首次出现的新颖编辑界面。TArch 8.0 把这个特性引入到 AutoCAD 200X 平台，使得这些平台上的天正软件都可以享用这个新颖界面特性。这一特性对所有尺寸标注和符号说明中的文字进行在位编辑，而且提供了与其他天正文字编辑同等水平的特殊字符输入控制，可以输入上下标、钢筋符号和加圈符号，还可以调用专业词库中的文字。与同类软件相比，天正在位编辑框总是以水平方向合适的大小提供编辑框输入和修改文字，而不会由于图形当前显示范围的限制影响操控性能。

在位编辑框在 TArch 8.0 中广泛用于构件绘制过程中的尺寸动态输入、文字内容的修改和标注符号的编辑等，成为新版本的特色功能之一。单击状态栏中的【动态输入】按钮，可以开启或关闭动态输入，右键该按钮，在弹出的快捷菜单中选中【设置】选项，可对“动态输入”的参数进行设置。如图 1-7 所示是动态编辑方法的实例。

1.3.3 智能感知快捷菜单功能

TArch 8.0 提供了光标“选择预览”特性，光标移动到对象上方时对象即可亮显，表示执行选择时要选中的对象，同时智能感知该对象，此时单击鼠标右键即可激活相应的对象编辑菜单，使对象编辑更加快捷方便，当图形太大选择预览影响效率时会自动关闭此功能。在【设置】|【高级选项】|【系列类别】选项中也可设置禁用选择预览。

右键快捷菜单在 AutoCAD 绘图区操作时，单击鼠标右键（简称右击）弹出的该菜单内容是动态显示的，根据当前光标下的预选对象确定菜单内容，当没有预选对象时，弹出最常用的功能，否则根据所选的对象列出相关的命令。当光标在菜单项上移动时，AutoCAD 状态栏上给出当前菜单项的简短使用说明。

支持 AutoCAD 2004 以上版本提供的“鼠标右键慢击菜单”功能，快速右击相当于按回车键，用户可以在【自定义右键单击】对话框中设置慢速单击时间阈值，如图 1-8 所示。

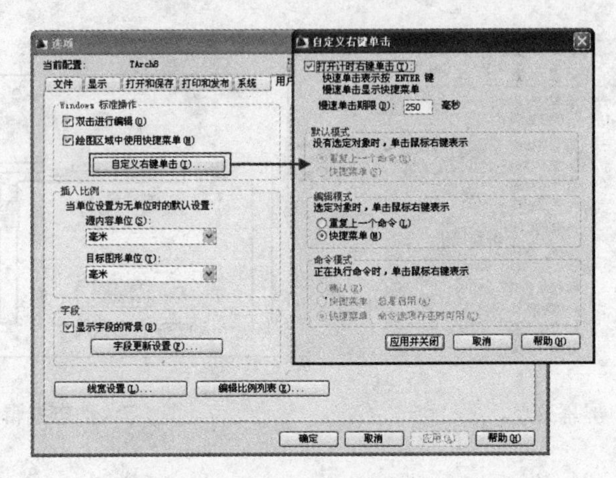

图 1-8 “自定义右键单击”对话框

1.3.4 默认与自定义图标工具栏

天正图标工具栏由 3 条默认工具栏及 1 条用户自定义工具栏组成，默认工具栏 1 和工具栏 2 使用时停靠于界面右侧，把分属于多个子菜单的常用天正建筑命令收纳其中，避免反复的菜单切换。TArch8.0 还提供了“常用快捷工具栏”进一步提高效率。光标移到图标上稍作停留，即可提示各图标功能。工具栏图标菜单文件为 tch.mns，位置为 SYS15 、SYS16 与 SYS17 文件夹下，用户可以参考 AutoCAD 有关资料的说明，使用 AutoCAD 菜单语法自行编辑定制。

单击【工具】|【工具栏】下的子命令，可以修改和自定义工具条。此外，TArch 8.0 还提供了一个自定义工具栏，如图 1-9 所示。用户还可以键入【自定义】（ZDY）命令选择“工具条”页面，在其中增删自定义工具栏的内容，而不必编辑任何文件。

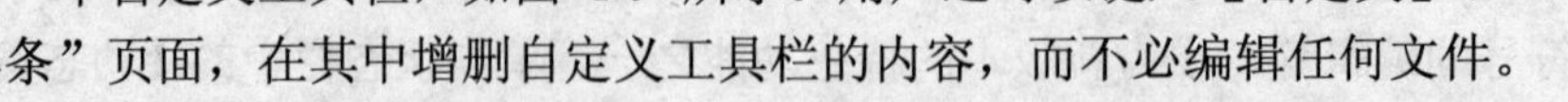

图 1-9 自定义工具栏

1.3.5 热键定义

除了 AutoCAD 定义的热键外，天正又补充了若干热键，以加速常用的操作，如表 1-1 所示为常用热键定义与功能。

表 1-1　TArch8.0 热键定义

热 键	功　　能
F1	AutoCAD 帮助文件的切换键
F2	屏幕的图形显示与文本显示的切换键
F3	对象捕捉开关
F4	数字化仪
F5	等轴测平面转换
F6	状态行中绝对坐标与相对坐标的切换键
F7	屏幕栅格点显示状态的切换键
F8	屏幕光标正交状态的切换键
F9	屏幕光标捕捉（光标模数）的开关键
F10	极轴开关
F11	对象追踪的开关键
F12	用于切换动态输入，天正新提供显示墙基线用于捕捉的状态栏按钮
Ctrl+ ＋	屏幕菜单的开关
Ctrl+ －	文档标签的开关
Shift+F12	墙和门窗拖动时的模数开关
Ctrl+ ～	工程管理界面的开关

1.3.6 视口的控制

视口（Viewport）有模型视口和图样视口之分，模型视口在模型空间中创建，图样视口在图样空间中创建。为了方便用户从其他角度进行观察和设计，可以设置多个视口，每一个视口可以包含平面、立面和三维等各自不同的视图。单击【视图】|【视口】菜单栏下的各子命令，可以对视口进行显示控制，创建 4 个视口的效果如图 1-10 所示。天正提供了视口的快捷控制，具体介绍如下：

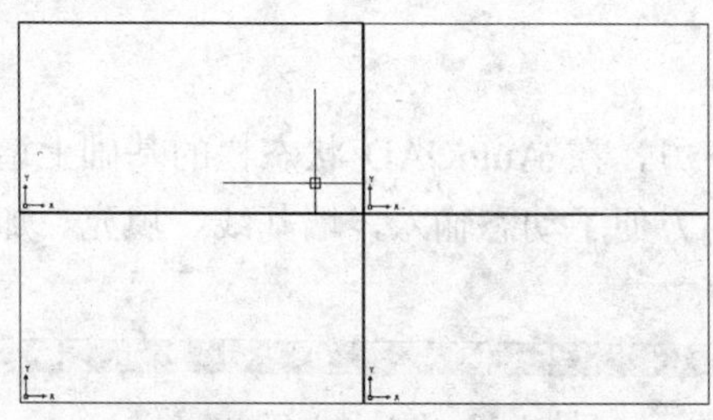

图 1-10　创建视口效果

- 新建视口：当光标移到当前视口的 4 条边界时，光标形状发生变化，此时按住鼠标左键拖动可以新建视口。
- 改变视口大小：当光标移到视口边界或角点时，光标的形状会发生变化，此时按住鼠标左键进行拖动可以更改视口的尺寸，若不需改变边界重合的其他视口，可以在拖动时按住 Ctrl 键或 Shift 键。

➢ 删除视口：更改视口的大小，使它某个方向的边发生重合（或接近重合），此时视口自动被删除。

1.3.7 文档标签的控制

在打开多个 DWG 文件的情况下，为方便在多个 DWG 文件之间切换，TArch 8.0 提供了文档标签功能。在绘图区上方显示了打开的每个图形文件名标签，单击标签即可将标签代表的图形切换为当前图形，用鼠标右键单击文档标签可显示多文档专用的关闭、保存图形和图形导出等功能，如图 1-11 所示。

1.3.8 特性表

特性表又称特性栏（OPM），是 AutoCAD 200X 提供的一种新交互界面，通过特性编辑（Ctrl+1）调用，便于编辑多个同类对象的特性，如图 1-12 所示。

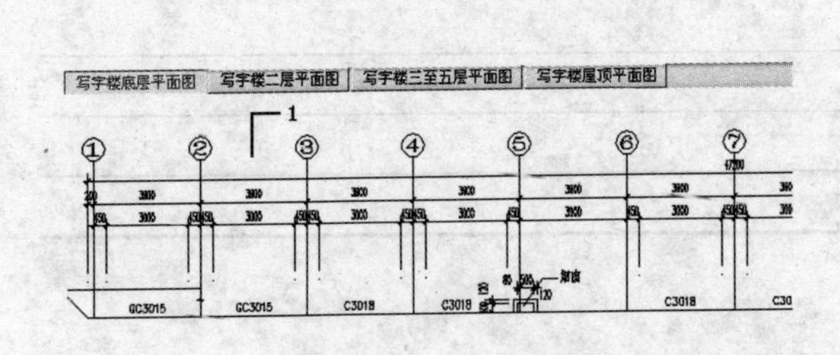

图 1-11　多文档的标签控制

图 1-12　“特性”对话框

天正对象支持特性表，并且一些不常用的特性只能通过特性表来修改，例如楼梯的内部图层等。天正的“对象选择”功能和“特性编辑”功能可以很好地配合修改多个同类对象的特性参数，而对象编辑只能一次编辑一个对象的特性。

1.3.9 状态栏

状态栏位于命令行的下方，在 AutoCAD 状态栏的基础上增加了比例设置的下拉列表控件及多个功能切换开关，方便了动态输入，墙基线、填充、加粗和动态标注的状态快速切换，如图 1-13 所示。

比例 1:100 ▾ 24471, 10228, 0 … 模型 … 基线 填充 加粗 动态标注

图 1-13　TArch 8.0 状态栏

1.4 TArch8.0 的基本操作

在利用 TArch 8.0 进行建筑设计之前，首先要了解设计的操作流程以及软件的基本操

作。天正建筑软件的基本操作包括：初始设置基本参数选项，新提供的工程管理功能中的新建工程及编辑已有工程的命令操作，新引入的文字在位编辑的具体操作方法等。

1.4.1 利用天正软件进行建筑设计的流程

包括日照分析与节能设计在内的建筑设计流程图如图 1-14 所示。TArch 8.0 的主要功能可支持建筑设计各个阶段的需求，无论是初期的方案设计还是最后阶段的施工图设计，设计图样的绘制详细程度（设计深度）取决于设计需求，由用户自行把握，而不需要通过切换软件的菜单来选择。TArch 8.0 并没有先三维建模，后进行施工图设计的要求，除了具有因果关系的步骤必须严格遵守外，操作步骤没有严格的先后顺序限制。

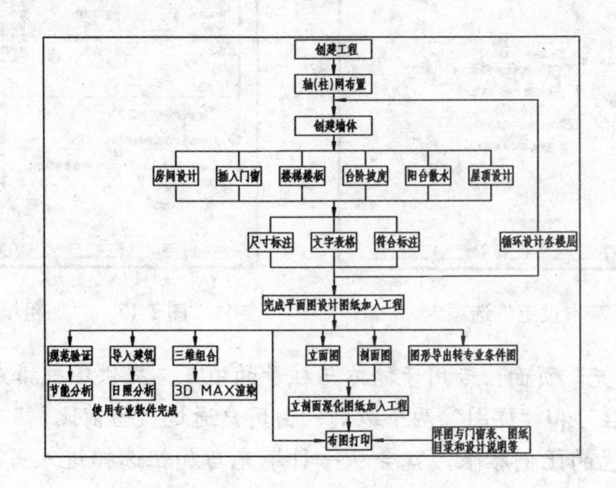

图 1-14　建筑设计的流程图

1.4.2 利用天正软件进行室内设计的流程

TArch 8.0 的主要功能还包括室内设计的需求，一般室内设计只需要考虑本楼层的绘图，不必进行多个楼层的组合，设计流程图相对比较简单，装修立面图实际上使用“生成剖面”命令生成。如图 1-15 所示是室内设计的流程图。

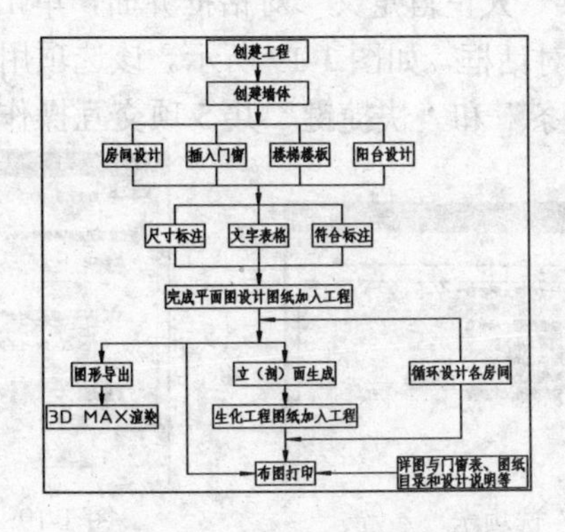

图 1-15　室内设计的流程图

1.4.3 选项设置与自定义界面

TArch 8.0 为用户提供了初始设置功能，通过单击【设置】|【天正选项】菜单命令，启动【天正选项】对话框，包括“基本设定”、“加粗填充”和“高级选项”3 个页面。

➢ “基本设定”页面：用于设置软件的基本参数和命令默认执行效果，用户可以根据工程的实际要求，对其中的内容进行设定，如图 1-16 所示。

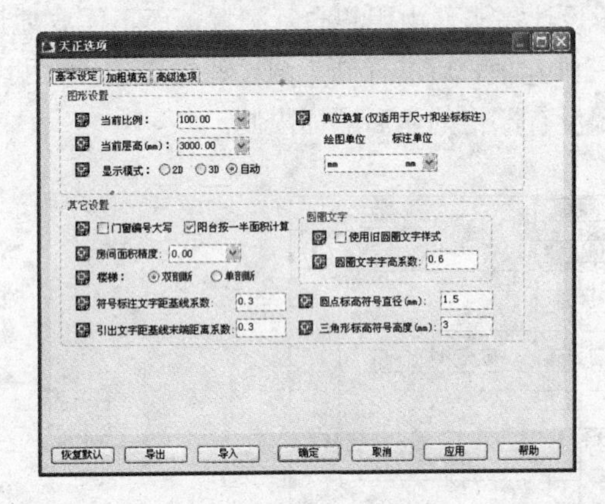

图 1-16 “基本设定”选项卡

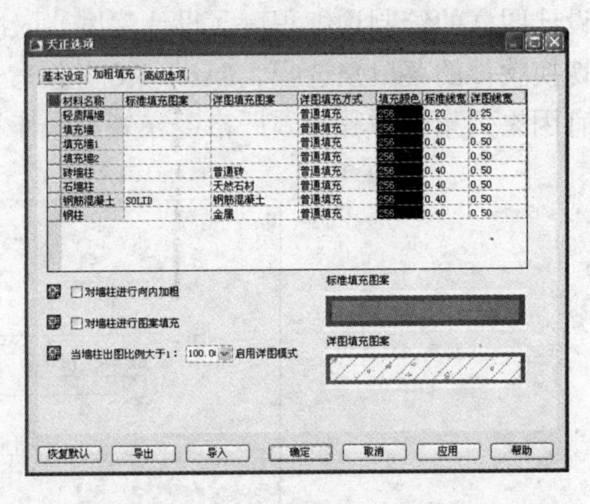

图 1-17 “加粗填充”选项卡

➢ “加粗填充”页面：专用于墙体与柱子的填充，提供各种填充图案和加粗线宽，并有“标准”和“详图”两个级别，由用户通过“当前比例”给出界定，当前比例大于设置的比例界限，就会从一种填充与加粗选择进入另一个填充与加粗选择，有效地满足了施工图中不同图样类型填充与加粗详细程度不同的要求，如图 1-17 所示。

➢ “高级选项”选项卡：用于控制天正建筑全局变量的用户自定义参数的设置界面，除了尺寸样式需专门设置外，这里定义的参数保存在初始参数文件中，不仅用于当前图形，对新建的文件也起作用，高级选项和选项是结合使用的，例如在高级选项中设置了多种尺寸标注样式，在当前图形选项中根据当前单位和标注要求选用其中几种用于本图，如图 1-18 所示。

TArch 8.0 为用户提供了“天正自定义”对话框界面，单击【设置】|【自定义】菜单命令，启动【天正自定义】对话框，如图 1-19 所示。该选项用于设置“屏幕菜单”、“操作配置”、“基本界面”、“工具条”和“快捷键”共 5 项交互操作模式，以适应用户习惯。

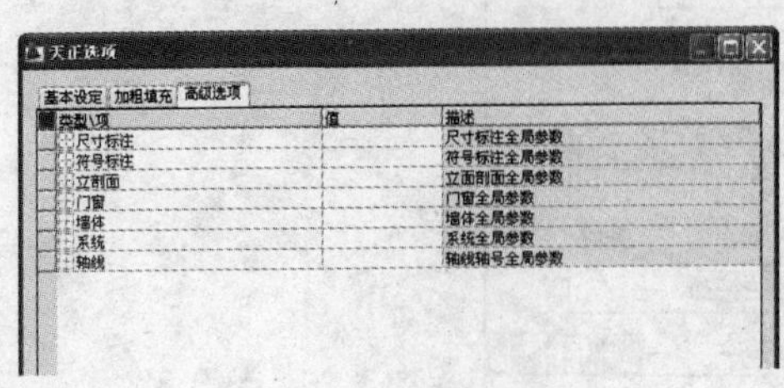

图 1-18 “高级选项”选项卡

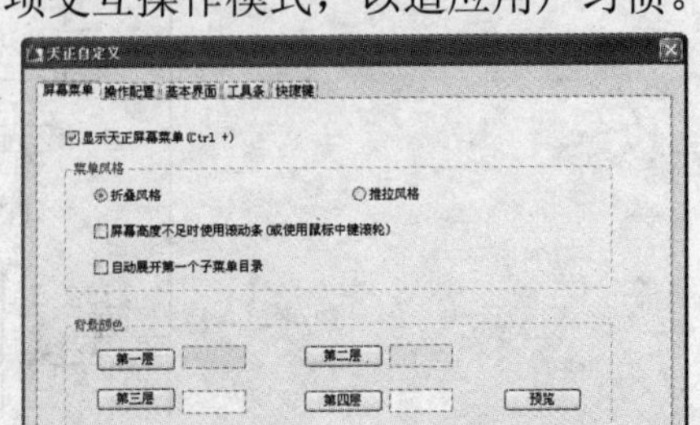

图 1-19 “天正自定义”对话框

1.4.4 工程管理工具的使用方法

TArch 软件引入的工程管理工具是属于一个工程下的图样（图形文件）工具。单击【文件布图】|【工程管理】菜单命令，打开一个工程管理界面，如图 1-20 所示。

单击“名称”选项栏右侧的下拉按钮，可以打开“工程管理”菜单，如图 1-21 所示，其中包括“新建工程”、“打开工程”、“导入楼层表”、“导出楼层表”、“最近工程”、“保存工程”和“工程设置”7 个选项卡，用户可以对其进行相应的操作。

“名称”选项栏下方有“图样”、“楼层”和“属性栏”3 个选项栏，接下来对这 3 个选项栏分别进行介绍。

- “图样”选项栏：该选项栏显示了当前工程的所有图样，预设有平面图和立面图等多种图形类别，在任一个图样类别上右击鼠标弹出快捷菜单，如图 1-20 所示，选择相应的选项可以对其进行相应的操作。
- “楼层”选项栏：用于控制同一工程中的各个标准层平面图，允许不同的标准层存放于一个图形文件中，通过单击【在本层框选标准层范围】按钮，在本图中框选标准层的区域范围。在“层号”选项栏中输入“起始层号-结束层号”，定义为一个标准层，并输入层高，双击左侧的空白框按钮，可以随时在本图预览框中查看所选择的标准层范围；对不在本图的标准层，单击空白文件名右侧的按钮，在弹出的【选择标准层图形文件】对话框中选择图形文件。
- 属性选项栏：用于显示当前工程的属性。

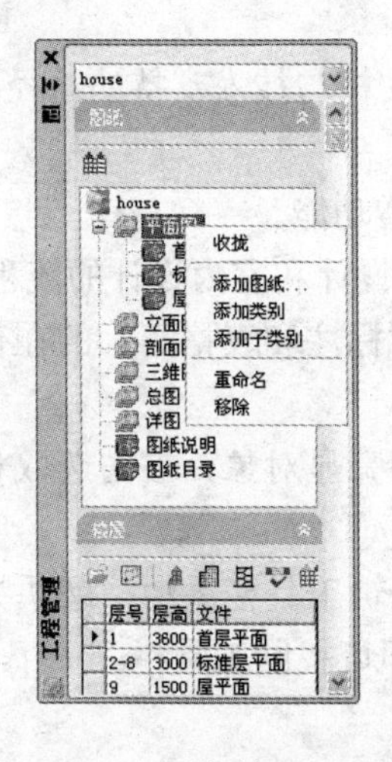

图 1-20　“工程管理”对话框

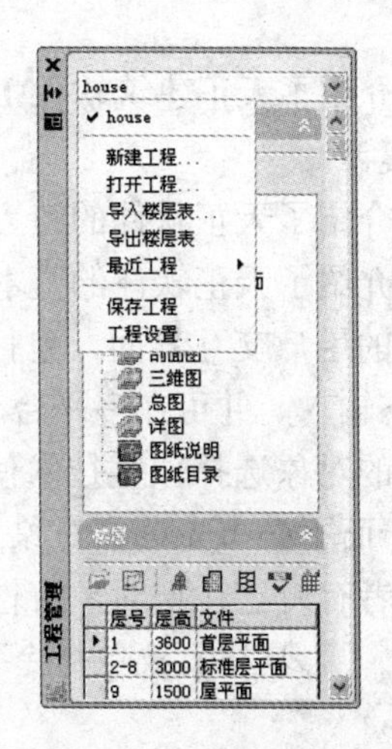

图 1-21　“工程管理”选项

1.4.5 文字内容的在位编辑方法

天正所有文字内容，都可以进行在位编辑。启动在位编辑的方法是，对标有文字的对象，可以直接双击文字本身，如各种符号标注；对还没有标文字的对象，用右键单击该对象从弹出的快捷菜单中的在位编辑命令启动，如没有编号的门窗对象；对轴号或表格对象，可以双击轴号或单元格内部。

右击编辑框外部区域可以启动快捷菜单，如图 1-22 所示。编辑文字时，菜单内容为特殊文字输入命令，编辑轴号时为轴号排序命令等。按“Esc”键或在快捷菜单中单击“取消”命令，可取消在位编辑；单击编辑框外的任何位置，或在快捷菜单中单击“确定”命令，或在编辑单行文字时按回车键，即可确定在位编辑；对于存在多个字段的对象，可以通过按“Tab”键切换当前编辑字段，例如切换表格的单元、轴号的各圈号和坐标的 xy 值等。

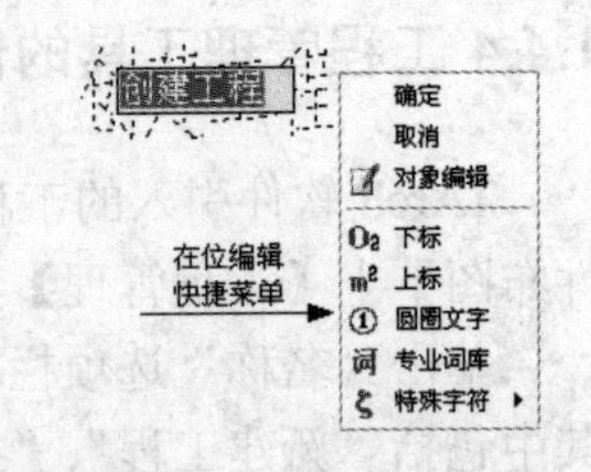

图 1-22　在位编辑快捷菜单

1.4.6 门窗与尺寸标注的智能联动

TArch 8.0 提供门窗编辑与门窗尺寸标注的联动功能，在对门窗宽度进行编辑时，包括门窗移动、夹点改宽、对象编辑、特性编辑（Ctrl＋1）和格式刷特性匹配，使得门窗宽度发生线性变化时，线性的尺寸标注将随门窗的改变联动更新。

门窗的联动范围取决于尺寸对象的联动范围设定，即由起始尺寸界线、终止尺寸界线、尺寸线和尺寸关联夹点所围合范围内的门窗才会联动。

1.5 本章小结

1．本章介绍了天正建筑软件 TArch 8.0 有关的帮助文档与技术支持的途径，以及软硬件的配置环境。

2．本章介绍了天正软件的特点以及 TArch 8.0 的新增功能。

3．本章介绍了天正软件的基本操作，包括进行建筑设计和室内设计的流程等。

4．先进的用户交互界面，包括注释对象（如文字、标注和表格等）的在位编辑及对象定位的动态输入，并可在多平台上实现。

5．高效的对象选择预览技术使光标经过对象时即可亮显对象，右击选取相关快捷菜单进行操作，而不必事先选择对象。

6．初学者有时往往把对象特性等工具栏、绘图或编辑工具栏丢掉，解决方法是，单击【工具】|【工具栏】菜单命令下的各子命令，选中即可找回工具栏。

1.6 练习与思考

1．安装 AutoCAD 2009，然后安装天正建筑软件 TArch 8.0，也可以到天正公司网站（http：//www.tangent.com.cn）下载进行安装。

2．到网站（http：//www.tangent.com.cn）上浏览、收集与建筑有关资料，并参加相关的论坛讨论。

3．利用天正建筑软件 TArch 8.0 自带的帮助文件进行学习，帮助文档的内容是很全面的。

第2章 轴网与柱子

轴网是由两组或多组轴线与轴号、尺寸标注组成的平面网格，是建筑物单体平面布置和墙柱构件定位的依据。柱子在建筑设计中主要起到结构支撑作用，有些柱子在建筑中也仅用于装饰作用。本章介绍轴网与柱子的基本知识，并通过实例说明利用 TArch 8.0 绘制轴网与柱子的方法。

2.1 创建轴网

轴线网是房屋的基础，是墙、柱、墩和屋架等承重构件的轴线，在平面图上绘制这些构件的轴线，并进行编号，其主要目的是便于施工时定位放线和查阅图样，轴线是通过细点画线绘制而成的，平面图上的横向轴线和纵向轴线构成轴线网。

2.1.1 轴网基本概念

轴网是由两组或多组轴线与轴号、尺寸标注组成的平面网格，完整的轴网应由轴线、轴号以及尺寸标注三个相对独立的系统所构成。本小节介绍轴网的基本概念。

1. 轴线系统

轴线系统是由众多轴线构成的，包括 LINE、ARC 和 CIRCLE 等。由于轴线的操作要求灵活多变，为了在操作中不造成各项限制，所以轴网系统没有做成自定义对象，而是把位于轴线图层上的 AutoCAD 的基本图形对象（包括直线、圆和圆弧等）识别为轴线对象，便于修改轴线对象。天正软件默认的图层为“DOTE”，可以通图层菜单中的【图层管理】命令来修改默认的图层样式。

轴线在软件中默认使用的线型为细实线，是为了绘图过程中方便进行捕捉，用户在出图前应改为规范要求的点画线，方法是单击【轴网柱子】|【轴改线型】菜单命令。

2. 轴号系统

轴号是带有比例的自定义专业对象，是按照《房屋建筑制图统一标准》（GB/T50001—2001）的规范编制的。轴号系统为建筑设计人员在设计过程中提供便利，更为施工人员看图作业提供方便。轴号一般是在轴线两段成对出现，也可只有一端。可以通过对象编辑单独控制个别轴号或某一段的显示，轴号的大小与编号方式必须符合现行制图的规范要求，保证出图后圆的直径是 8 毫米。轴号对象预设有用于编辑的夹点，拖动夹点的功能包括轴号偏移、改变单轴引线长度、轴号横向移动、改单侧引线长度和轴号横移等。

3. 尺寸标注系统

尺寸标注系统由自定义设置的多个尺寸标注对象构成，在标注轴线时软件自动生成了轴线图层“AXIS”上，除了图层不同外，与其他命令的尺寸标注没有区别。

2.1.2 创建轴网

轴网包括直线轴网和圆弧轴网，绘制轴网的方法有多种，主要包括如下：

- 单击【轴网柱子】|【绘制轴网】菜单命令，生成标准的直线轴网或弧轴网。
- 根据已有平面布置图中的墙体，单击【轴网柱子】|【墙生轴网】菜单命令生成轴网。
- 直接在“DOTE”图层上绘制直线、圆、圆弧，轴网标注命令均识别为轴线。

接下来介绍各种轴网的绘制方法。

1. 绘制直线轴网

直线轴网是指建筑轴网中横向和纵向轴线都是直线，其中不包含弧线。直线轴网用于正交轴网、斜交轴网或单向轴网中。

绘制直线轴网的方法是，单击【轴网柱子】|【绘制轴网】菜单命令，弹出【绘制轴网】对话框，如图 2-1 所示。选择“直线轴网”标签，并输入“上下开间”距离、“左右进深”距离和夹角，然后单击【确定】按钮，进入绘图区中单击即可创建直线轴网。

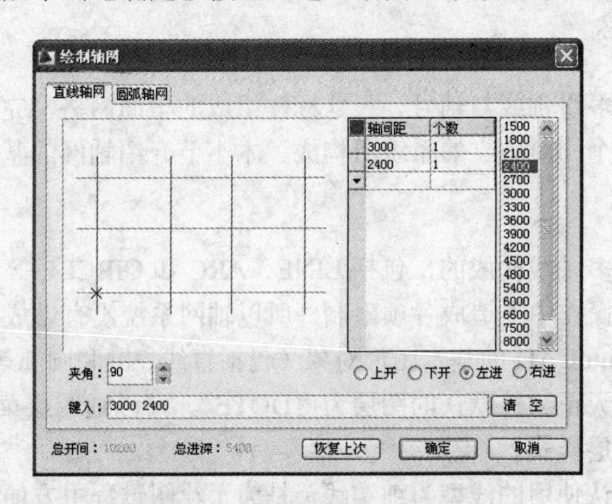

图 2-1 “绘制轴网”对话框

“直线轴网”选项卡各标签解释如下：

- 上开：在轴网上方进行轴网标注的房间开间尺寸。
- 下开：在轴网下方进行轴网标注的房间开间尺寸。
- 左进：在轴网左侧进行轴网标注的房间进深尺寸。
- 右进：在轴网右侧进行轴网标注的房间进深尺寸。
- 轴间距：开间或进深的尺寸数据，用空格或英文逗号隔开，按【回车键】或【确定】按钮输入到电子表格中。
- 个数：栏中数据的重复次数，点击右方数据栏或下拉列表获得，也可以直接输入数据。
- 键入：输入一组尺寸数据，用空格或英文逗号隔开，按回车键或【确定】按钮输入到电子表格中。

- 夹角：输入开间与进深轴线之间的夹角数据，默认为夹角为 90º 的正交轴网。
- 清空：把某一组开间或某一组进深数据清空，保留其他组的数据。
- 总开间：显示出本次输入轴网总开间的尺寸数据。
- 总进深：显示出本次输入轴网总进深的尺寸数据。
- 恢复上次：把上次绘制轴网的参数恢复到对话框中。
- 确定/取消：单击【确定】按钮后，开始绘制轴网并保存数据；单击“取消”按钮后，取消绘制轴网并放弃输入数据。

例如绘制如表 2-1 所示数据的直线轴网。

表 2-1　直线轴网数据

上开间	4×3000，2×1200，900，2400
下开间	4×3000，1800，2400，1500
进深	3600，3000

在 TArch 8.0 屏幕菜单中，单击【轴网柱子】|【绘制轴网】菜单命令，打开【绘制轴网】对话框，其参数如表 2-1 所示。绘制直线轴网的具体操作步骤和效果如图 2-2 所示。

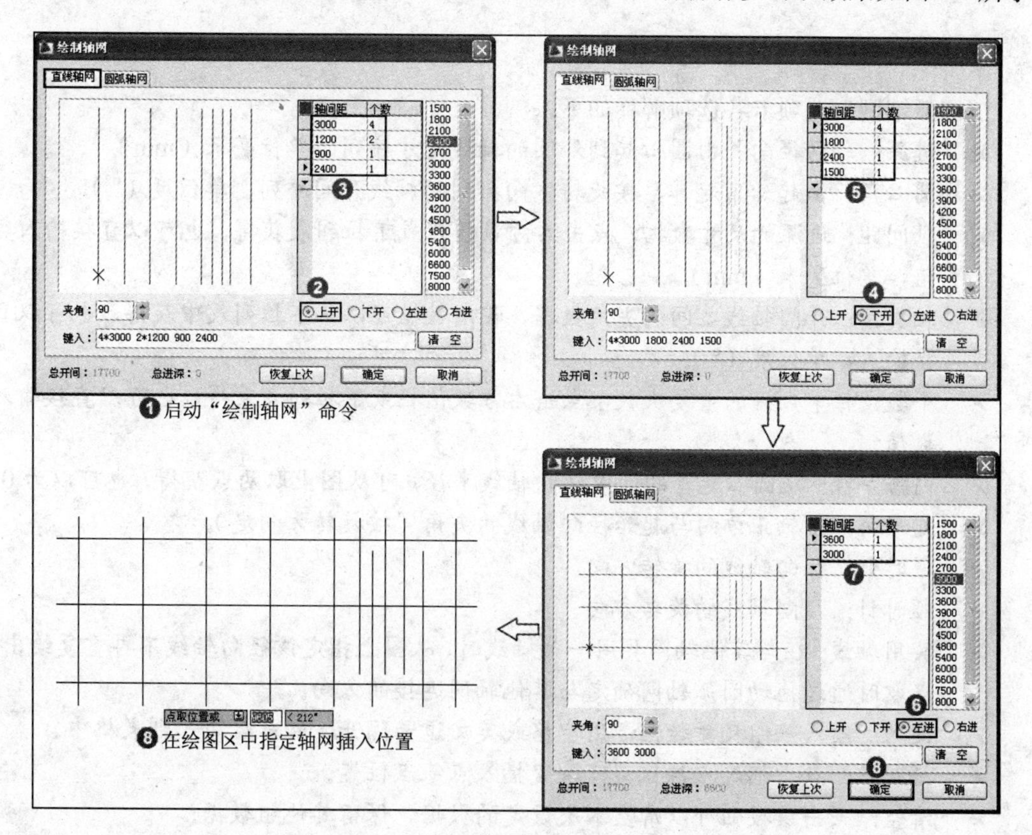

图 2-2　创建直线轴网过程

2. 绘制圆弧轴网

弧形轴网是由多条同心圆弧线和不经过圆心的径向直线组成的轴线网的集合，常与直线轴网相结合，两轴网共用两端径向轴线。

单击【轴网柱子】|【绘制轴网】菜单命令，弹出【绘制轴网】对话框，选择“圆弧轴网”标签，进入“圆弧轴网”选项卡，单击选中【圆心角】单选框，显示了“圆心角参数”的对话框如图 2-3 所示；单击选中【进深】单选框，显示了“进深参数”的对话框如图 2-4 所示。

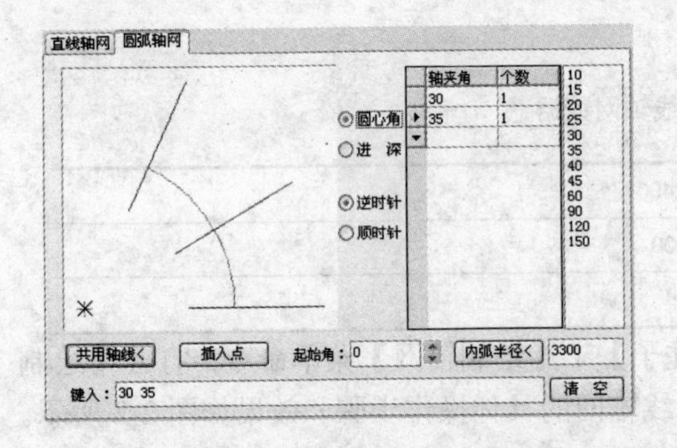

图 2-3 “圆心角”参数

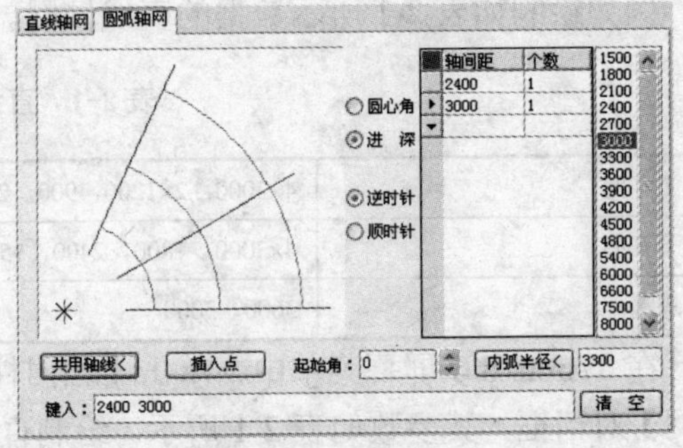

图 2-4 “进深”参数

“圆弧轴网”选项卡各选项解释如下：

- 进深：轴网径向并由圆心起到外圆的轴线尺寸序列，单位毫米（mm）。
- 圆心角：由起始角起算，按旋转方向排列的轴线开间序列，单位度（°）。
- 轴间距：进深的尺寸数据，点击右方数值栏或下拉列表获得，也可以直接输入数值，单位毫米（mm）。
- 轴夹角：开间轴线之间的夹角数据，常用数据可以从下拉列表中获得，也可以直接输入，单位度（°）。
- 个数：栏中数据的重复次数，点击右方数值栏或下拉列表获得，也可以直接输入数值。
- 内弧半径：从圆心起算的最内环向轴线半径，可从图上取两点获得，也可以为 0。
- 起始角：X 轴正方向与起始径向轴线的夹角（按旋转方向定）。
- 逆时针：径向轴线的旋转方向。
- 顺时针：径向轴线的旋转方向。
- 共用轴线：在与其他轴网共用一条轴线时，从图上指定该径向轴线不再重复绘出，点取时通过拖动圆弧轴网确定与其他轴网连接的方向。
- 键入：输入一组尺寸数据，用空格或英文逗号隔开，回车后输入到表格中。
- 插入点：点击插入点按钮，可改变插入点基点位置。
- 清空：点击该按钮可以清空本次设定的数据，保留其他组数据。
- 恢复上次：把上次绘制圆弧轴网的参数恢复到对话框中。
- 确定/取消：单击【确定】按钮后开始绘制圆弧轴网并保存数据，单击取消后，取消绘制圆弧轴网并放弃保存数据。

例如绘制如表 2-2 所示的圆弧轴网。在 TArch 8.0 屏幕菜单中，单击【轴网柱子】|【绘制轴网】菜单命令，打开【绘制轴网】对话框，选择【圆弧轴网】标签，设置参数后，单击【确定】按钮，在绘图区中指定轴网插入位置即可。

表 2-2　圆弧轴网数据

圆心角（角度）	30，2×25，45
进深（尺寸）	3600，1500，1800

绘制圆弧轴网的具体操作步骤和效果如图 2-5 所示。

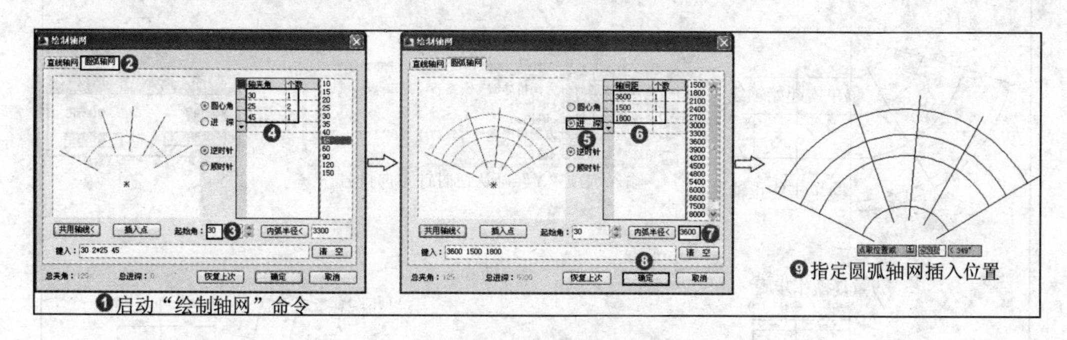

图 2-5　创建圆弧轴网过程

3．墙生轴网

在建筑方案设计过程中，设计师们绘制设计图时不可能一次达到满意的程度，往往需要反复修改，如添加墙体、删除墙体、修改开间及进深尺寸等，专用轴线定位有时并不方便。为此天正建筑提供了墙生轴网的功能，可以在参考栅格点上直接进行设计，待平面方案图确定下来后，再用"墙生轴网"功能生成轴网；也可用【绘制墙体】命令先绘制草图，然后单击【轴网柱子】|【墙生轴网】菜单命令即可生成轴网。

2.2 轴网标注与编辑

当轴网绘制完成后，就需要对轴网进行标注与编辑。TArch 8.0 提供了专业的轴网标注与编辑功能。通过轴网标注功能可快速地对轴网进行尺寸和文字标注。轴网的标注包括轴号标注和尺寸标注，轴号可按规范要求用数字、大写字母、小写字母、双字母和双字母间隔数字符等方式标注，可适应各种复杂分区轴网，字母 I、O、Z 不用于轴号。

一次生成的轴网往往不能满足设计和规范的需求，TArch 8.0 提供了多个轴网编辑工具，主要包括在已绘制的轴网中添加轴线、轴线载剪、轴网合并和轴改线型等。

2.2.1 两点轴标

"两点轴标"是指对始末轴线间的一组平行轴线（直线轴网与弧形轴网之间的进深）或者径向轴线（圆弧轴线的圆心角）进行轴号和尺寸标注。单击【轴网柱子】|【两点轴

标】菜单命令，在弹出的【轴网标注】对话框中设置参数后，在绘图区中依次指定起始轴线和终止轴线，即可对已绘轴网进行轴号标注。“两点轴标”命令的具体操作步骤和效果如图 2-6 所示。

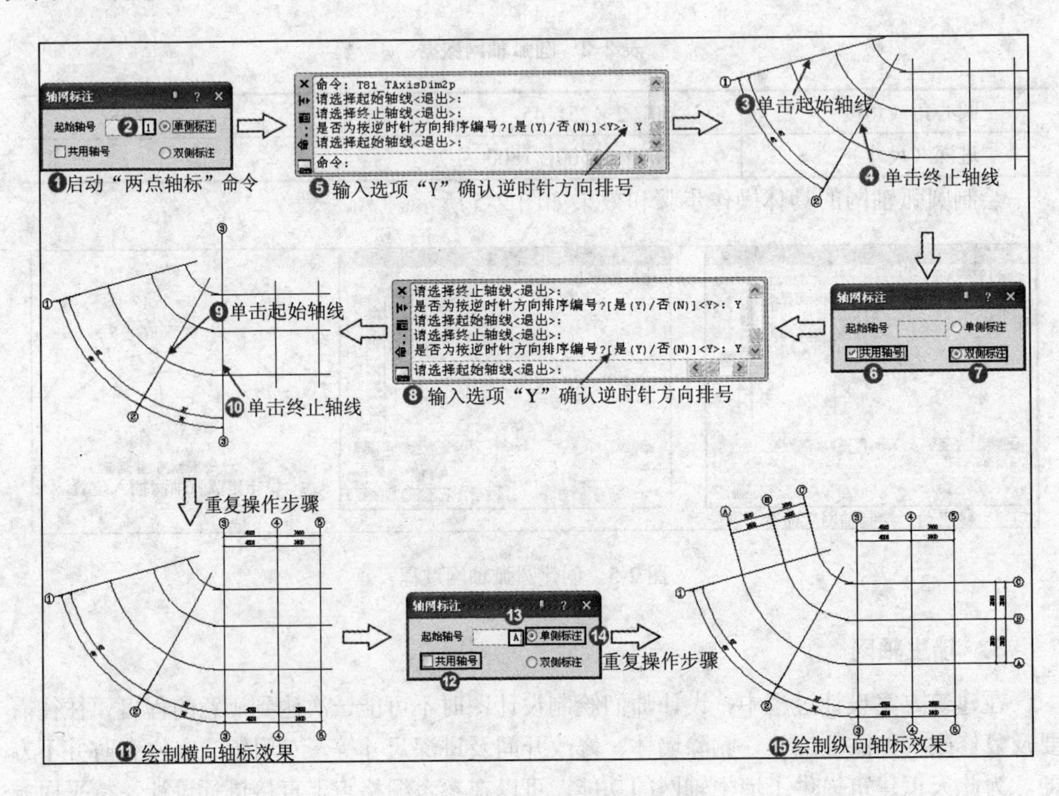

图 2-6　标注轴网

2.2.2 逐点轴标

“逐点轴标”命令是指对单条轴线进行编号且轴号独立生成，不与已经存在的轴号系统和尺寸标注系统相关联。“逐点轴标”命令常用于立面、剖面与详图等个别存在的轴线标柱中，而不适应于一般的平面轴网标注中。单击【轴网柱子】|【逐点轴标】菜单命令，在绘图区中指定待标注的轴线，然后确定轴号即可生成单独的轴标。“逐点轴标”命令的具体操作步骤和效果如图 2-7 所示。

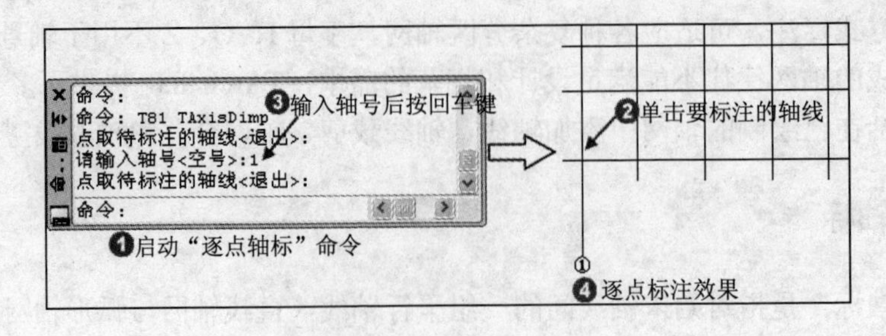

图 2-7　逐点轴标

2.2.3 添加轴线

“添加轴线”命令一般在“两点轴标”命令完成之后才执行，用途是参考已经存在的某一条轴线，在其任意一侧添加一根新轴线，同时根据选择和需要给予新的轴号，把新轴线和新轴号一起融入到存在的参考轴号系统中。单击【轴网柱子】|【添加轴线】菜单命令，在绘图区中单击参考轴线，接着确认新增轴线是否为附加轴线，然后用鼠标单击确认新增轴线的偏移方向，最后指定距参考轴线的距离，即可完成轴线的添加。添加轴线的具体操作步骤和效果如图 2-8 所示。

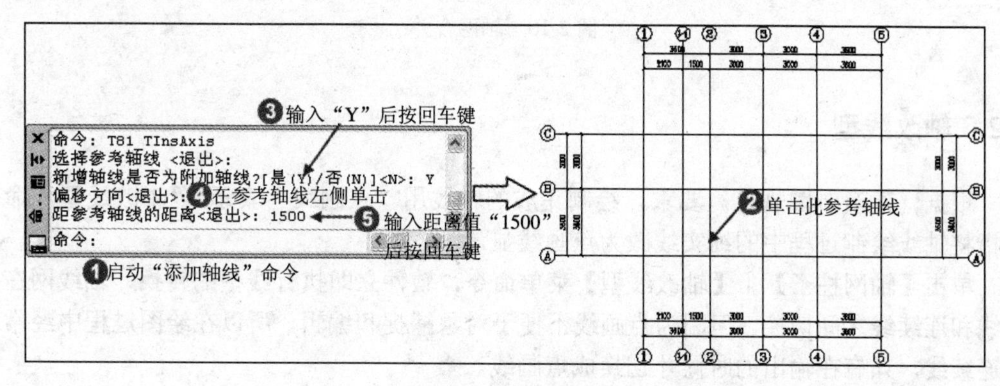

图 2-8　添加轴线

2.2.4 轴线裁剪

“轴线裁剪”命令是指把多余的轴线按照一定的方法裁剪掉。单击【轴网柱子】|【轴线裁剪】菜单命令，根据命令行提示，首先确认轴线裁剪方式，然后确认轴线裁剪方式的各个点，即可完成轴线裁剪命令。“轴线裁剪”命令的具体操作步骤和效果如图 2-9 所示。

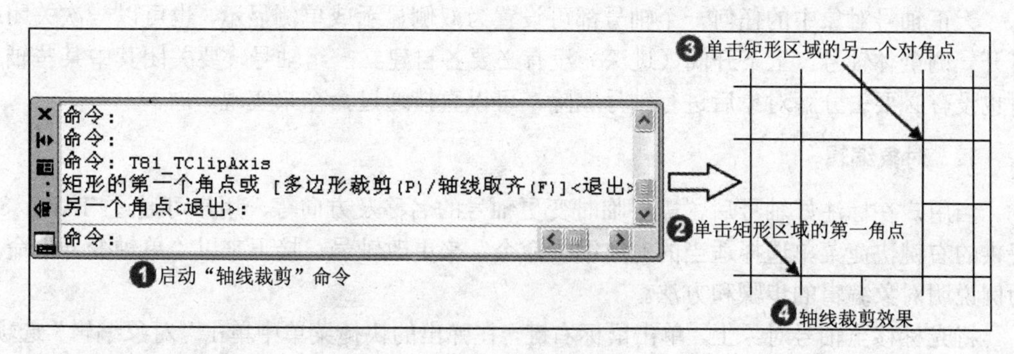

图 2-9　轴线裁剪

2.2.5 轴网合并

“轴网合并”命令是指将多组轴网的轴线，按指定的一个到四个边界延伸，合并为一组轴线，同时将其中重合的轴线清理。目前本命令不对非正交的轴网和多个非正交排列的

轴网进行处理。单击【轴网柱子】|【轴网合并】菜单命令，在绘图区中框要合并的轴网后按回车键，然后在绘图区中指定需对齐的边界，即可完成轴网合并。“轴网合并”命令的具体操作步骤和效果如图 2-10 所示。

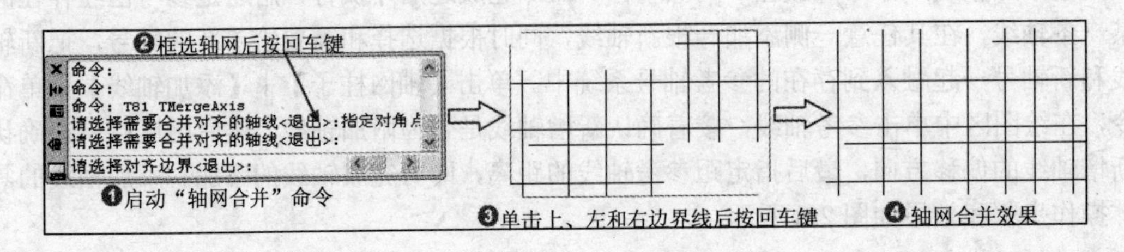

图 2-10 轴网合并

2.2.6 轴改线型

根据《建筑制图规范》要求，绘制完成的轴线用“点画线”表示。“轴改线型”命令是指将轴线绘制过程中的细实线改为点画线显示。

单击【轴网柱子】|【轴改线型】菜单命令，软件立即执行线型的转换，轴线网在点画线和连续线之间切换。但因为点画线不便于对象捕捉和编辑，所以在绘图过程中经常使用连续线，只有在输出的时候才切换成点画线。

2.2.7 轴号编辑

轴号对象是一组专门为建筑轴网定义而设标注符号的集合，一般来说就是在轴网的开间或进深方向上的一排轴号。根据国家制图规范要求，即使轴间距上下不同，且同一个方向轴网的轴号是统一的编号系统，都以一个轴号对象表示，但一个方向的轴号系统和其他方向的轴号系统相对独立而存在着。

天正轴号对象中的任何一个轴号都可设置为双侧显示或单侧显示，也可以一次关闭或打开一侧全体轴号，上下开间（进深）没有必要各自建立一组轴号，要关闭其中某些轴号时也没有必要去分解对象后进行轴号删除，可以直接通过命令来实现。

1. 对象编辑

当用户在标注好轴号后，需要临时变更轴号的名称及方向等，用户可通过 TArch 8.0 提供的右键快捷菜单选择适当的对象编辑命令，来更改轴号。接下来以“单轴变号”命令为例说明对象编辑的步骤和方法。

将光标移至轴号对象上，单击鼠标右键，在弹出的快捷菜单中单击“对象编辑”选项，接着在命令行中输入“单轴变号”选项参数字母“N”后按回车键，然后单击轴号“2”附近一点，最后输入新的轴号后按回车键，即可完成“单轴变号”命令，按“Esc”键退出命令。“单轴变号”命令的具体操作步骤和效果如图 2-11 所示。

2. 添补轴号

“添补轴号”命令是为在矩形、弧形或圆形轴网中新增加的轴线来添加轴号，使得新增轴号对象成为原有轴号对象的一部分，但是并不会生成轴线，也不会更新尺寸标注，只适用于用其他方式增添或修改轴线后进行的轴号标注。

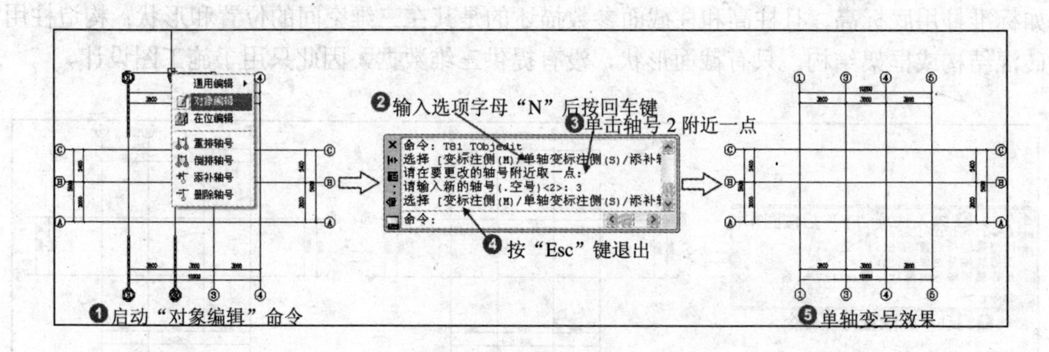

图 2-11　单轴变号

单击【轴网柱子】|【添补轴号】菜单命令，在绘图区中单击轴号对象，接着指定新轴号的位置，然后确认新增轴线是否双侧标注以及新增轴号是否为附加轴号，即可完成“添补轴号”命令。“增补轴号”命令的具体操作步骤和效果如图 2-12 所示。

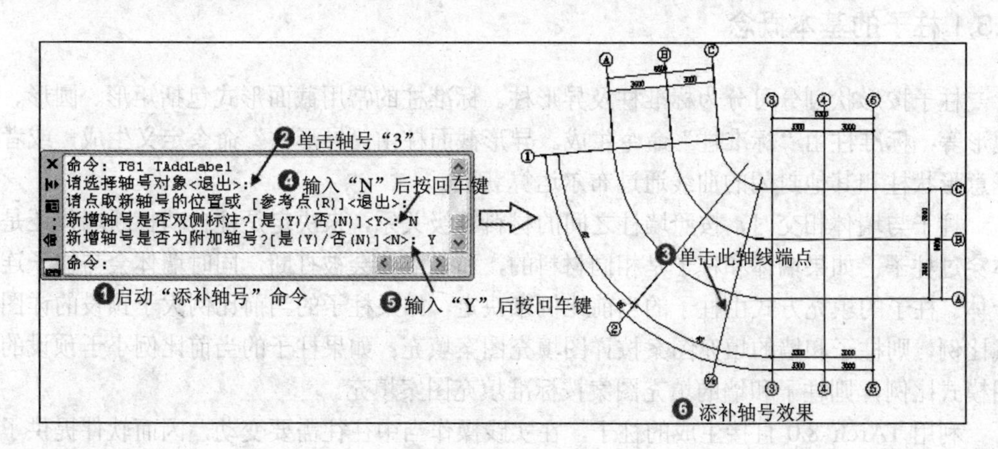

图 2-12　添补轴号

3. 删除轴号

“删除轴号”命令是指在建筑平面图中删除个别不需要的轴号，可根据需要决定是否重排轴号。单击【轴网柱子】|【删除轴号】菜单命令，在绘图区中框选需删除的轴号后按回车键，然后确认是否重排轴号，即可完成“删除轴号”命令。“删除轴号”命令的具体操作步骤和效果如图 2-13 所示。

2.3 创建柱子

柱子是房屋建筑中不可缺少的一部分，是房屋的承重构件。在建筑设计当中，柱子的主要功能是起到结构支撑作用，也有的是起到装饰美观的功能。柱子按用途可分有构造柱和装饰柱两种。TArch 8.0 用自定义对象来表示柱子。但是每种柱子的定义对象都有所不同，如标准柱用底标高，且柱高和柱截面参数描述的是其在三维空间的位置和形状；构造柱用砖混结构或框架结构，只有截面形状，没有提供三维数据，因此只用于施工图设计。

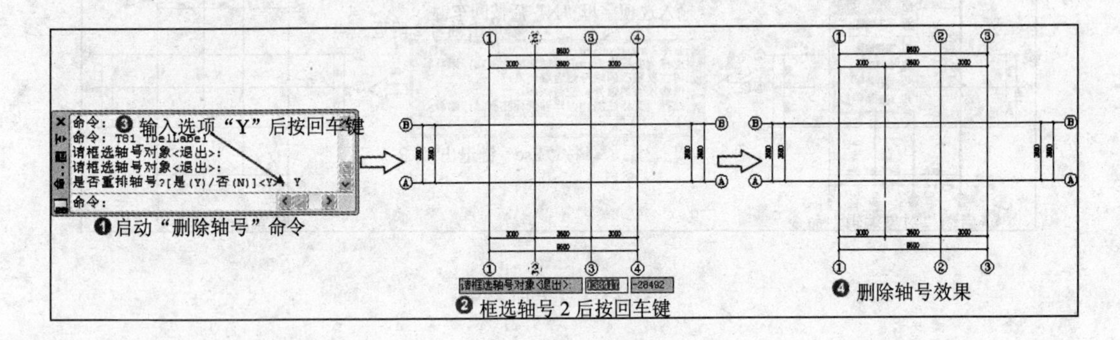

图 2-13　删除轴号

2.3.1 柱子的基本概念

柱子按形状划分可分为标准柱及异形柱。标准柱的常用截面形式包括矩形、圆形、多边形等，标准柱由“标准柱”命令生成。异形截面柱由“异形柱”命令定义生成，或者由任意形状柱和其他封闭的曲线通过布尔运算获取。

柱子与墙体相交时，按照墙柱之间的材料等级关系，来决定是柱自动打断墙体还是墙体穿过柱子；如果墙体和柱子是相同材料的，那么墙体会被打断，同时墙体会与柱子连成一体。柱子的填充方式由柱子的当前比例来决定，如果柱子的当前比例大于预设的详图模式比例，则柱子和墙的填充图案按详图填充图案填充；如果柱子的当前比例小于预设的详图模式比例，则柱子和墙的填充图案按标准填充图案填充。

利用 TArch 8.0 直接生成的柱子，在实践操作当中往往需要变动，因而软件提供了夹点功能和对象编辑功能。对于柱子的整体属性，可以进行批量修改，使用“替换”方法可以达到目的。另外，利用 AutoCAD 里的各种编辑命令也可以对柱子进行修改。

2.3.2 创建柱子

在实际的建筑物中，柱子的形状多种多样，TArch 8.0 将其划分为标准柱、角柱和构造柱 3 种，用户可以根据实际需要选择创建柱子的类型。

1. 创建标准柱

标准柱是具有均匀断面形状的竖直构件，其三维空间的位置和形状主要由底标高（指构件底部相对于坐标原点的高度）、柱高和柱截面参数来决定。柱的二维表现除由截面确定的形状外，还受柱材料的影响，通过柱材料控制柱的加粗、填充及柱与墙之间连接的接头处理。

在轴线的交点或任何位置插入矩形柱、圆形柱或正多边形柱，正多边形柱包括常用的三、五、六、八、十二边形柱断面。在非轴线交点处插入柱子时，基准方向总是沿着当前坐标系的方向，如果当前坐标系是 UCS，柱子的基准方向为 UCS 的 x 轴方向，不需另行设置。

单击【轴网柱子】|【标准柱】菜单命令，弹出【标准柱】对话框，如图 2-14 所示，标准柱的参数包括材料、截面类型、截面尺寸和偏心转角等，接下来介绍【标准柱】对话框中各项参数。

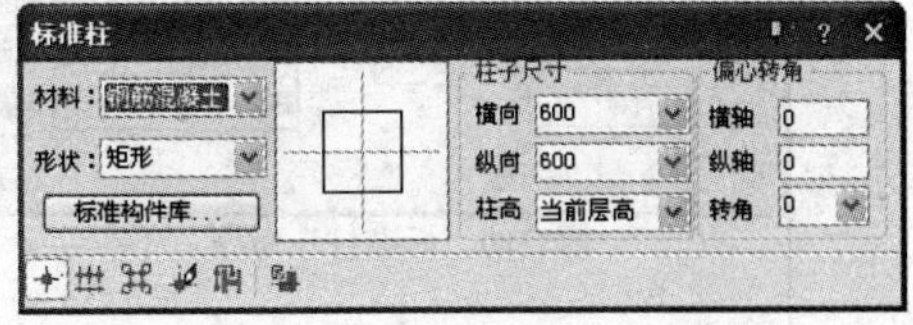

图 2-14　“标准柱”对话框

“标准柱”对话框各选项解释如下：

- 材料：可从下拉列表中选择材料，柱子与墙之间的连接方式由两者的材料决定，已有材料包括砖、石材、钢筋混凝土和金属，默认为钢筋混凝土。
- 形状：是指柱子截面的类型，下拉列表中的类型有矩形、圆形、正多边形和异形柱等柱形状截面。
- 标准构件库：是指从天正构件库中选取异形柱的类型，单击可以打开天正构件，选择你需要的异形柱形状。
- 柱子尺寸：柱子尺寸的参数因柱子的形状而不同。
- 偏心转角：偏心转角是指其旋转角度在矩形轴网中以 x 轴为基准线，在弧形、圆形轴网中以环向弧线为基准线，逆时针方向为正，顺时针方向为负。

在【标准柱】对话框下方，提供了创建标准柱的 6 种方式，接下来分别介绍其方法。

- 点选插入柱子：直接选择插入柱子的位置，优先选择轴线交点插柱，如果未捕捉到轴线交点，则在点取位置插柱子。“点选插入柱子”方式的具体操作步骤和效果如图 2-15 所示。

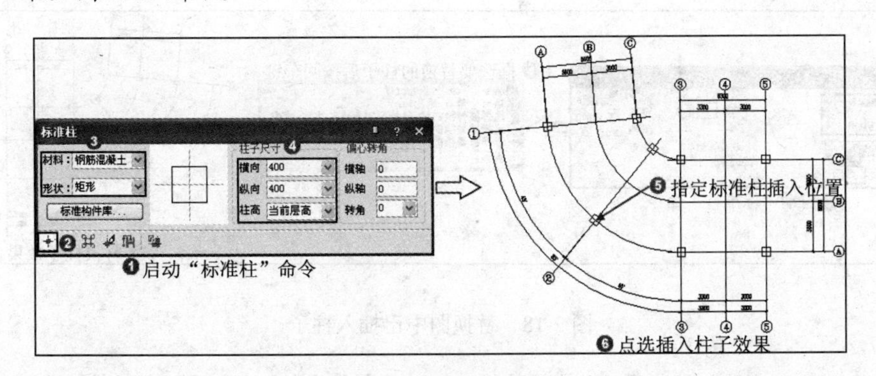

图 2-15　点选插入柱子

- 沿一根轴线布置柱子：指在选定的轴线与其它轴线的交点处插入柱子。“沿一根轴线布置柱”方式的具体操作步骤和效果如图 2-16 所示。
- 矩形区域布置：指在指定的矩形区域内，所有轴线的交点处插入柱子。“矩形区域布置”方式的具体操作步骤和效果如图 2-17 所示。
- 替换图中已插入柱子：指以当前设定的参数柱子替换图上的已有柱子，可以单个替换，也可以以窗选成批替换。“替换图中已插入柱子”方式的具体操作步骤和效果如图 2-18 所示。

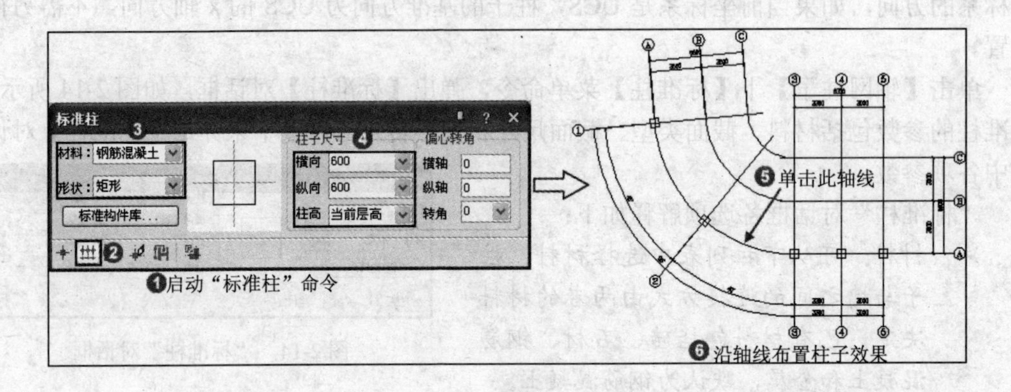

图 2-16　沿一根轴线布置柱子

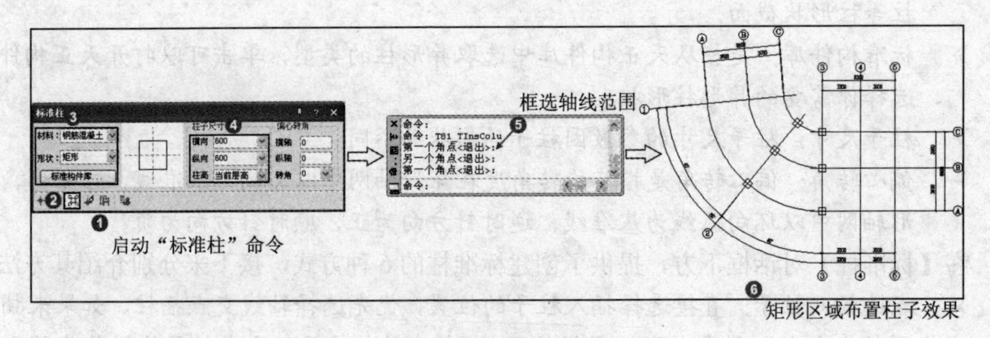

图 2-17　矩形区域布置

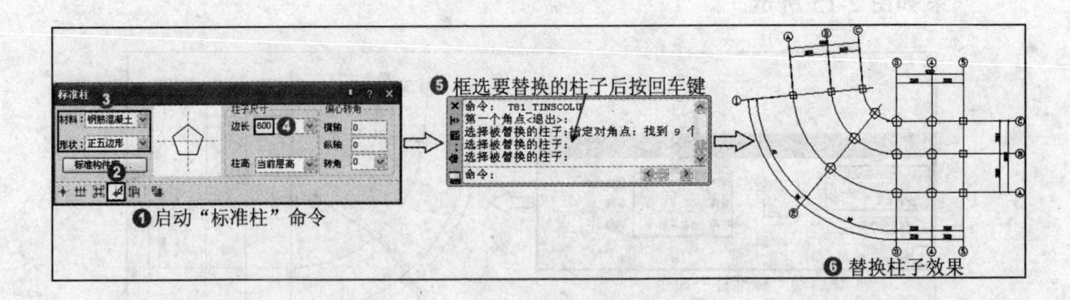

图 2-18　替换图中已插入柱子

➢ 选择 PLine 线创建异形柱：指根据平面图中柱子平面的闭合多段线，生成异形柱。“选择 PLine 线创建异形柱”方式的具体操作步骤和效果如图 2-19 所示。

➢ 在图中拾取柱子形状或已有柱子：是指在图上将已绘制的闭合 PLine 多段线或者已有柱子作为当前标准柱读入界面，然后插入该柱。“在图中拾取柱子形状或已有柱子”方式的具体操作步骤和效果如图 2-20 所示。

2. 创建角柱

在建筑框架结构的房屋设计中，常在墙角处运用“L”形或“T”形平面的角柱，用来增大室内使用面积或为建筑物增大受力面积。一般在墙角处插入形状与墙一致的角柱，可改变各肢长度及各分肢的宽度，宽度默认居中，高度为当前层高。生成的角柱的每一边都可调整长度和宽度的夹点，可以方便的按要求修改。

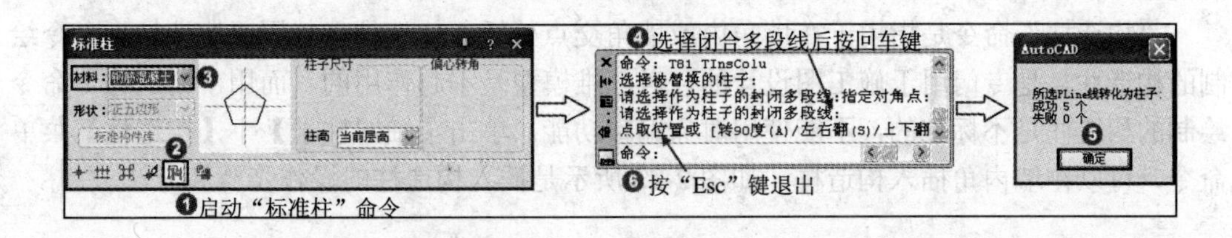

图 2-19　选择多段线创建异形柱

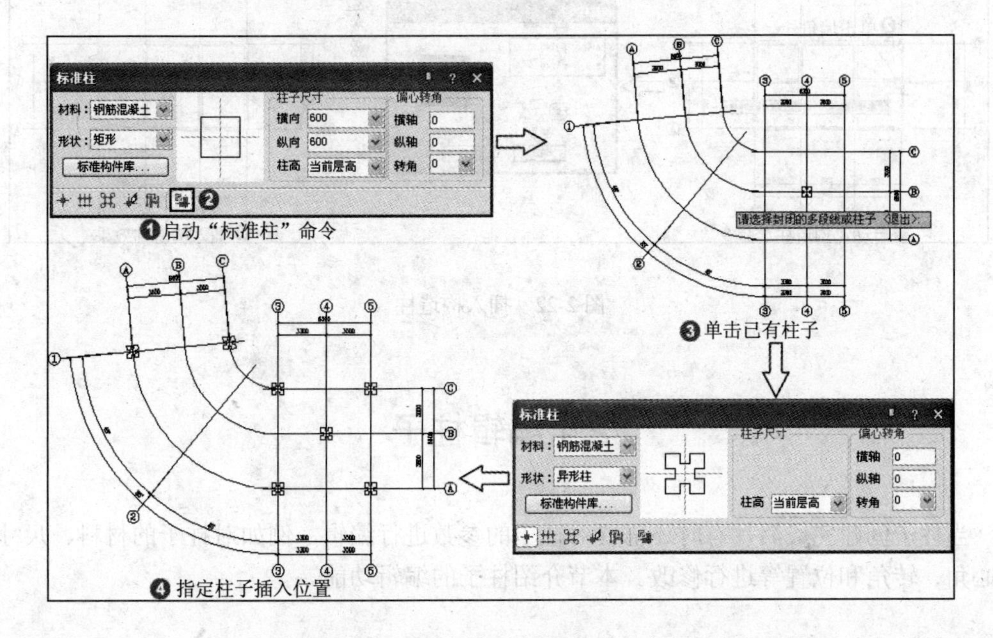

图 2-20　在图中拾取柱子形状或已有柱子

单击【轴网柱子】|【角柱】菜单命令，在需创建角柱的墙体角点上单击，在弹出的【轴角柱参数】对话框中设置角柱的材料和长度后，单击【确定】按钮，即可创建出角柱。创建角柱的具体操作步骤和效果如图 2-21 所示。

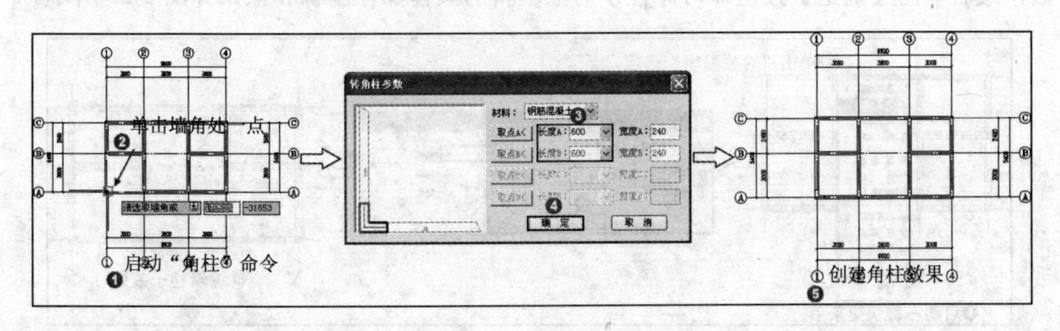

图 2-21　创建角柱

3. 插入构造柱

在多层砌体房屋墙体规定部位，按构造配筋和先砌墙后浇灌混凝土柱的施工顺序制成的混凝土柱，通常称为混凝土构造柱，简称构造柱。

“构造柱”命令是指用于在墙角内或墙角交点处插入构造柱。使用“构造柱”命令绘制的构造柱，是专门用于施工图设计的，对三维模型是不起作用的，而用“构造柱”命令绘制的构造柱是不标准的，不能使用对象编辑功能。单击【轴网柱子】|【构造柱】菜单命令，可以在墙内角插入构造柱，如图 2-22 所示是插入构造柱的操作步骤和方法。

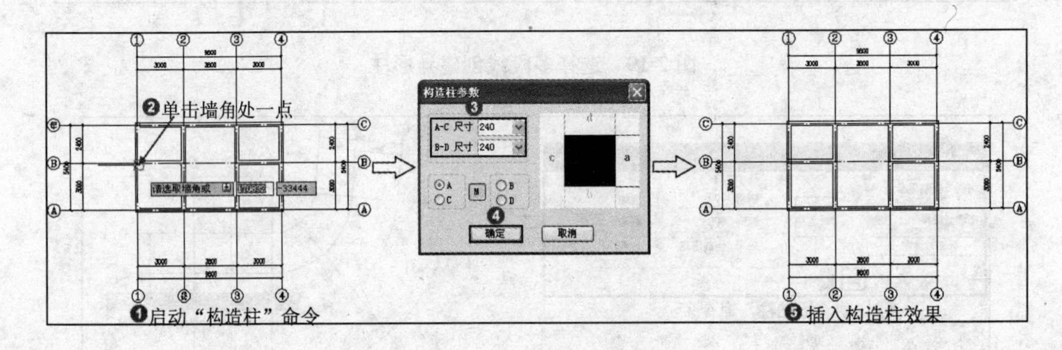

图 2-22　插入构造柱

2.4 编辑柱子

当柱子创建完成后，有时还需要对柱子的参数进行编辑，例如对柱子的材料、尺寸、偏心角、转角和位置等进行修改。本节介绍柱子的编辑功能。

2.4.1 柱子的对象编辑

如果需要修改柱子的参数，用户只需在相应的柱子上单击鼠标右键，再在弹出的快捷菜单中选择“对象编辑”命令，然后在弹出的【标准柱】对话框中，根据需要调整各项参数，最后单击【确定】按钮即可。柱子对象编辑的具体操作步骤和效果如图 2-23 所示。

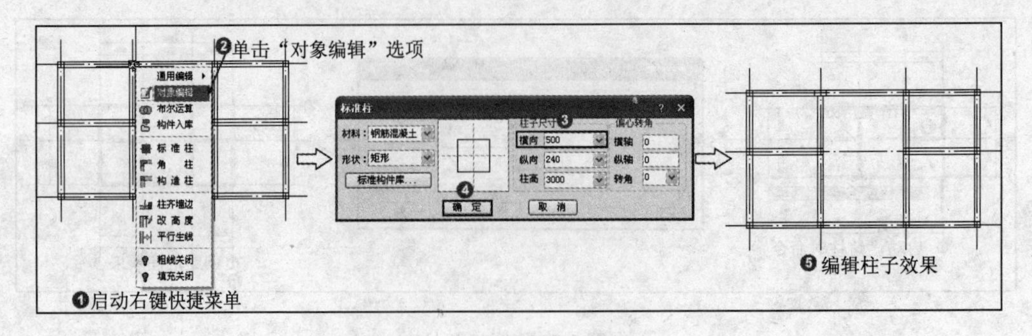

图 2-23　柱子的对象编辑

2.4.2 柱子的特性编辑

柱子的特性编辑是利用 AutoCAD 的对象编辑表，通过修改对象的专业特性即可修改柱子的参数。选中要编辑的柱子，按下快捷键 Ctrl＋1，即可在打开的【特性】对话框中修改柱子的参数，如图 2-24 所示。

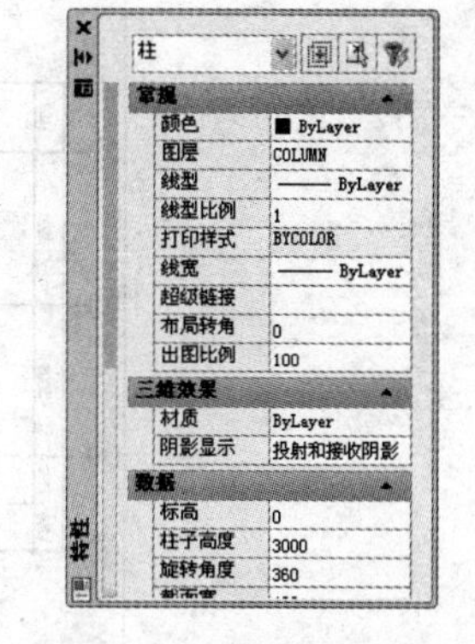

图 2-24　“特性”对话框

2.4.3 柱齐墙边

“柱齐墙边”命令是指将柱子边与指定墙边对齐，可以一次性选取多个柱子一起与墙边对齐，前提条件是各个柱子都在同一墙段上，且与对齐方向的柱子尺寸相同。单击【轴网柱子】|【柱齐墙边】菜单命令，在绘图区中指定墙边，接着选择要对齐的柱子后按回车键，然后指定柱边，即可完成“柱齐墙边”命令。“柱齐墙边”命令的具体操作步骤和效果如图 2-25 所示。

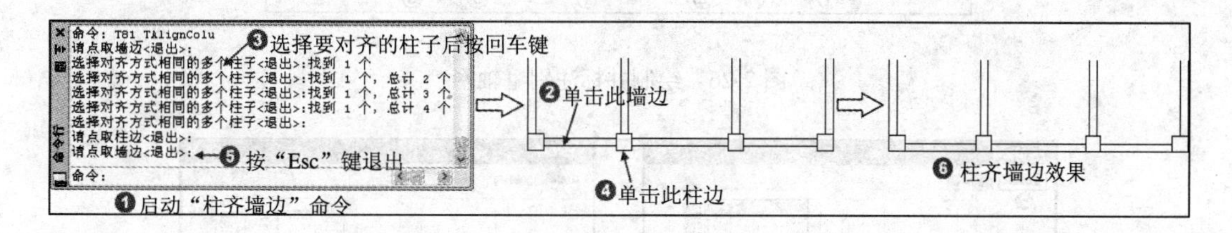

图 2-25　柱齐墙边

2.5 实战演练——绘制并标注轴网

视频教学	
视频文件：	AVI\第 02 章\2.5.avi
播放时长：	2 分 57 秒

前面已经介绍了绘制轴网和标注轴网的基本知识，本节通过绘制并标注某别墅轴网的实例来巩固本章所学的内容。绘制并标注别墅轴网的最终效果如图 2-26 所示。

操作步骤如下：

❶绘制轴网。正常启动 TArch 8.0 情况下，单击【轴网柱子】|【绘制轴网】菜单命令，在弹出的【绘制轴网】对话框中设置轴网各参数后，单击【确定】按钮，然后在绘图区中指定轴网插入位置即可。绘制轴网的具体操作步骤和效果如图 2-27 所示。

❷轴号标注。单击【轴网柱子】|【两点轴标】菜单命令，在弹出的【轴网标注】对话框中设置参数后，在绘图区中依次指定起始轴线和终止轴网，即可完成“两点轴标”命令。轴号标注的具体操作步骤和效果如图 2-28 所示。

❸添加附加轴线。单击【轴网柱子】|【添加轴线】菜单命令，在绘图区中单击参考轴线，然后确认新增轴线为附加轴线以及偏移方向，最后输入距参考轴线的距离后按回车

键，即可完成附加轴线的添加。添加附加轴线的具体操作步骤和效果如图 2-29 所示。

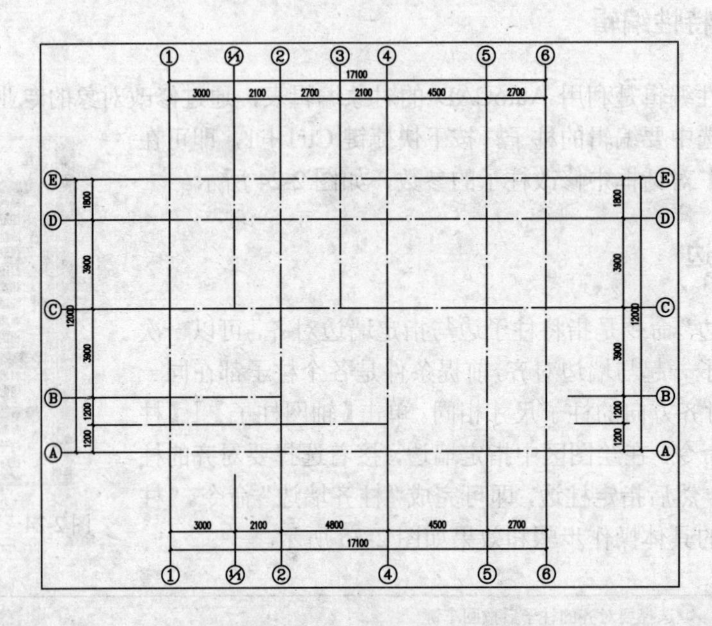

图 2-26 绘制并标注别墅轴网

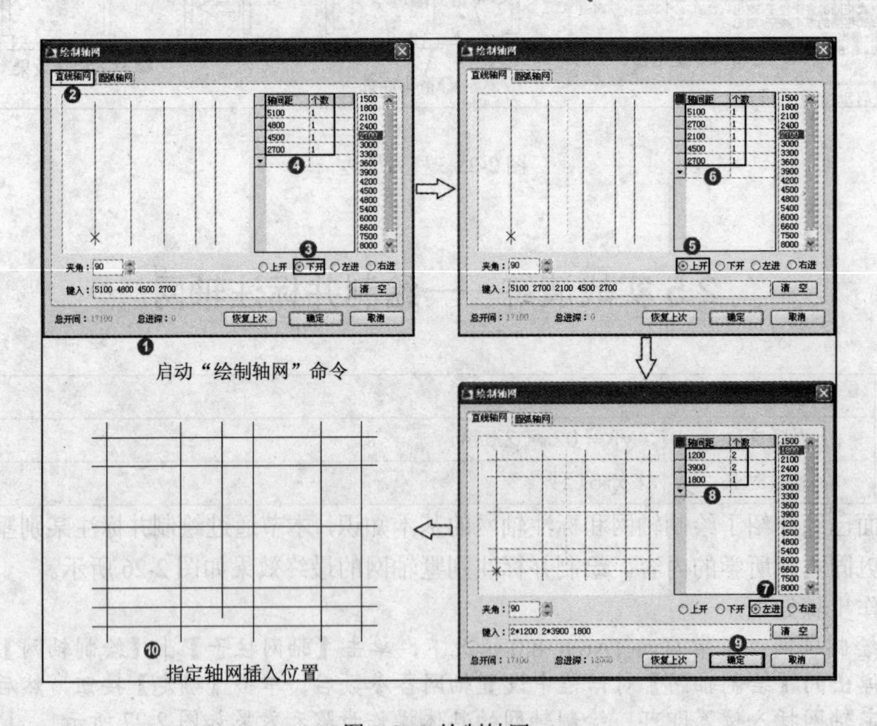

图 2-27 绘制轴网

❹轴线裁剪。单击【轴网柱子】|【轴线裁剪】菜单命令，将选定矩形区域内的轴线进行修剪；单击 AutoCAD 修改工具栏中的 ERASE（删除）按钮，将多余的轴线进行修剪，其操作步骤如图 2-30 所示。

❺删除轴号和轴改线型。单击【轴网柱子】|【删除轴号】菜单命令，在绘图区中框

选轴号对象后按回车键，然后确认重排轴号，即可完成“删除轴号”命令；单击【轴网柱子】|【轴改线型】菜单命令，软件立即执行命令，将轴网改为“点画线”显示，此时就完成别墅轴网的绘制。删除轴号和轴改线型的具体操作步骤和效果如图 2-31 所示。

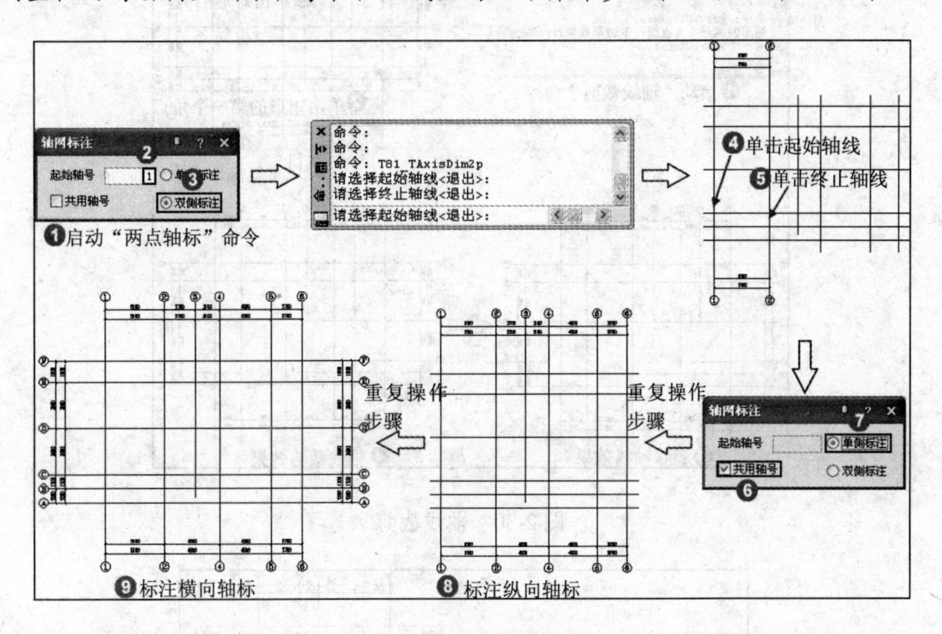

图 2-28　标注轴网

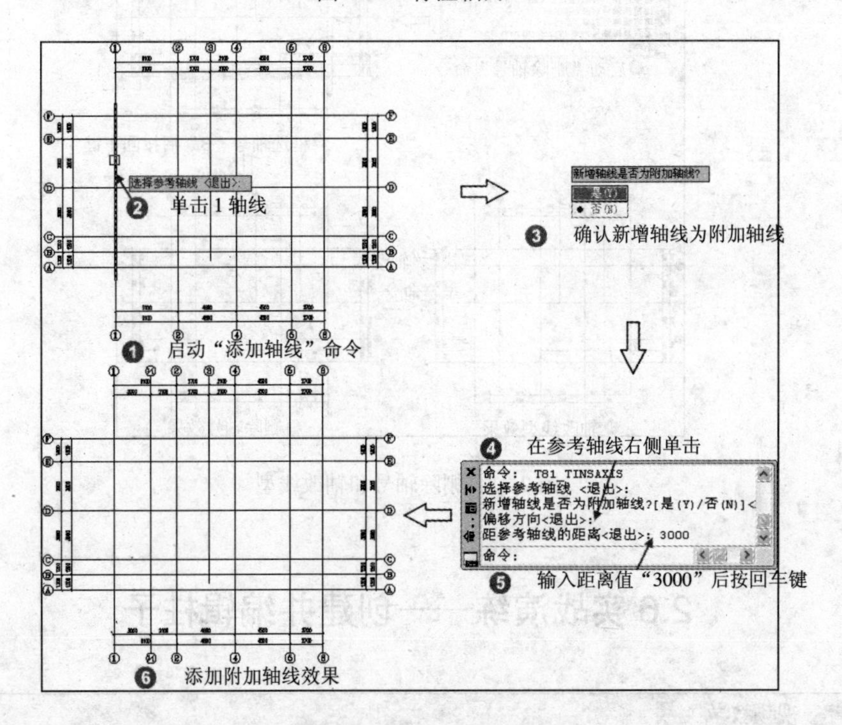

图 2-29　添加轴线

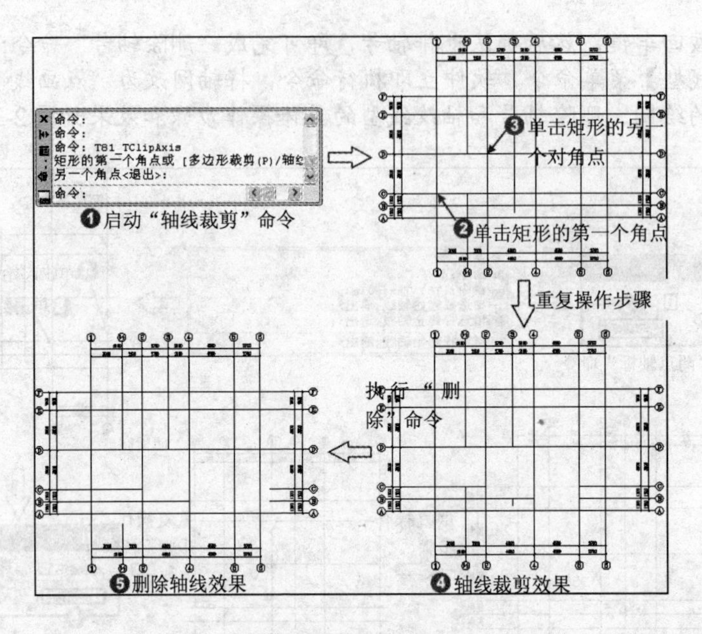

图 2-30　轴线裁剪

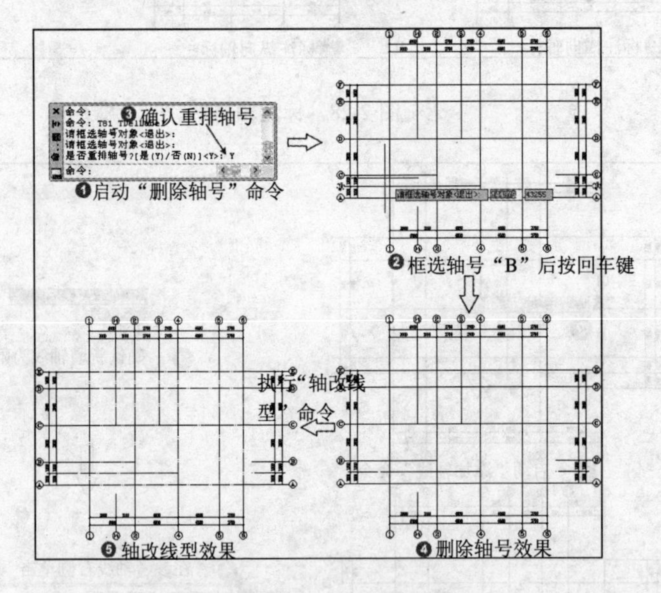

图 2-31　删除轴号和轴改线型

2.6 实战演练——创建并编辑柱子

视频教学	
视频文件:	AVI\第 02 章\2.6.avi
播放时长:	6 分 39 秒

前面已经介绍了柱子的创建方法与编辑方法，本节通过绘制某建筑的柱网图来巩固柱

子的绘制方法和编辑方法，最终效果如图 2-32 所示。

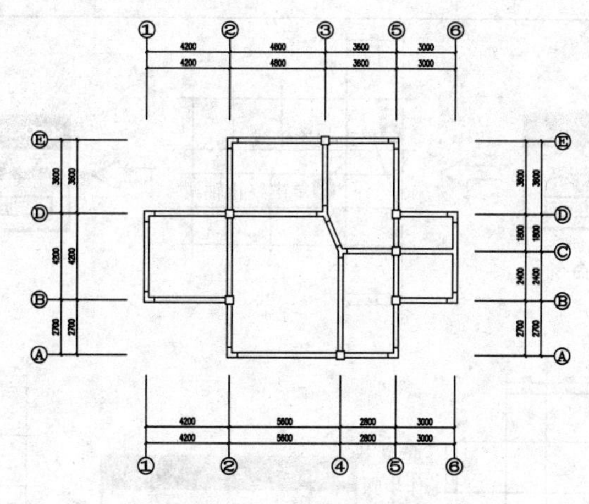

图 2-32　某建筑柱网平面

操作步骤如下：

❶绘制轴网。正常启动 TArch 8.0 情况下，单击【轴网柱子】|【绘制轴网】菜单命令，在弹出的【绘制轴网】对话框中设置轴网各参数后，单击【确定】按钮，然后在绘图区中指定轴网插入位置即可；单击 AutoCAD 绘图工具栏中的 LINE（直线）按钮，在"TODE"图层上绘制一条轴线；单击 AutoCAD 修改工具栏中的 TRIM（修剪）按钮，修剪轴线。绘制轴网的具体操作步骤和效果如图 2-33 所示。

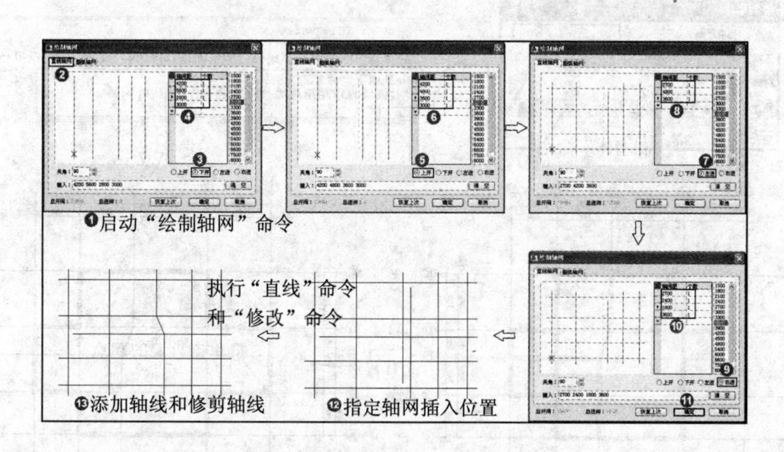

图 2-33　绘制轴网

❷轴号标注。单击【轴网柱子】|【两点轴标】菜单命令，在弹出的【轴网标注】对话框中设置参数后，在绘图区依次指定起始轴线和终止轴线，即可完成"两点轴标"命令。轴号标注的具体操作步骤和效果如图 2-34 所示。

❸绘制墙体。单击【墙体】|【绘制墙体】菜单命令，在弹出的【绘制墙体】对话框中设置参数后，在绘图区中依次指定墙体的起点和下一点，即可完成一段墙体的绘制，按右键开始绘制新的墙体。绘制墙体的具体操作步骤和效果如图 2-35 所示。

❹绘制标准柱。单击【轴网柱子】|【标准柱】菜单命令，在弹出的【标准柱】对话框中，设置合适的参数，并选择"点选插入柱子"方式，在绘图区中指定柱子插入位置即

可创建出标准柱。插入标准柱的具体操作步骤和效果如图 2-36 所示。

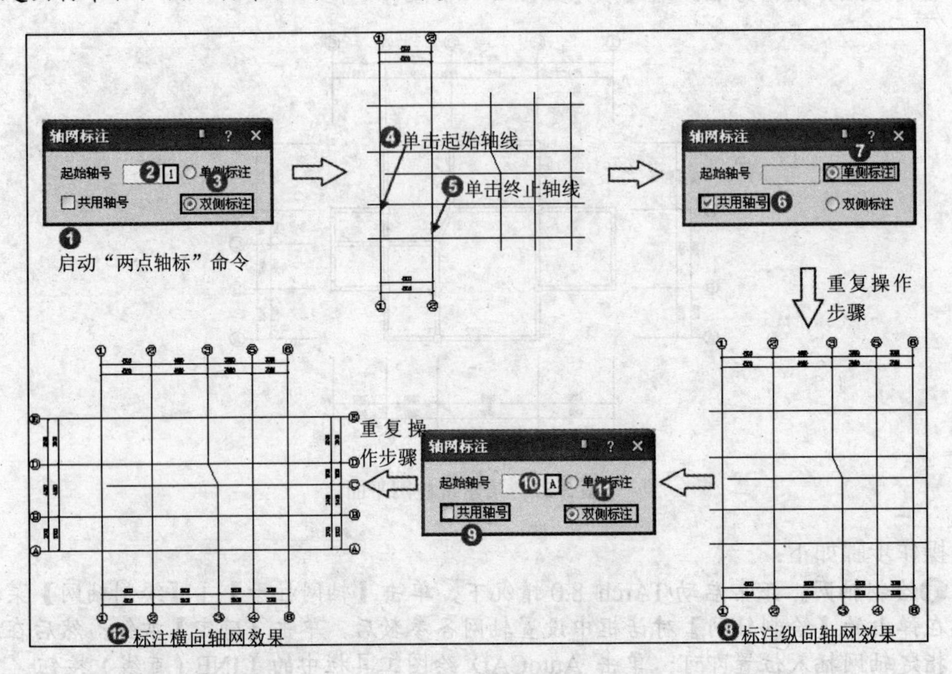

图 2-34 轴号标注

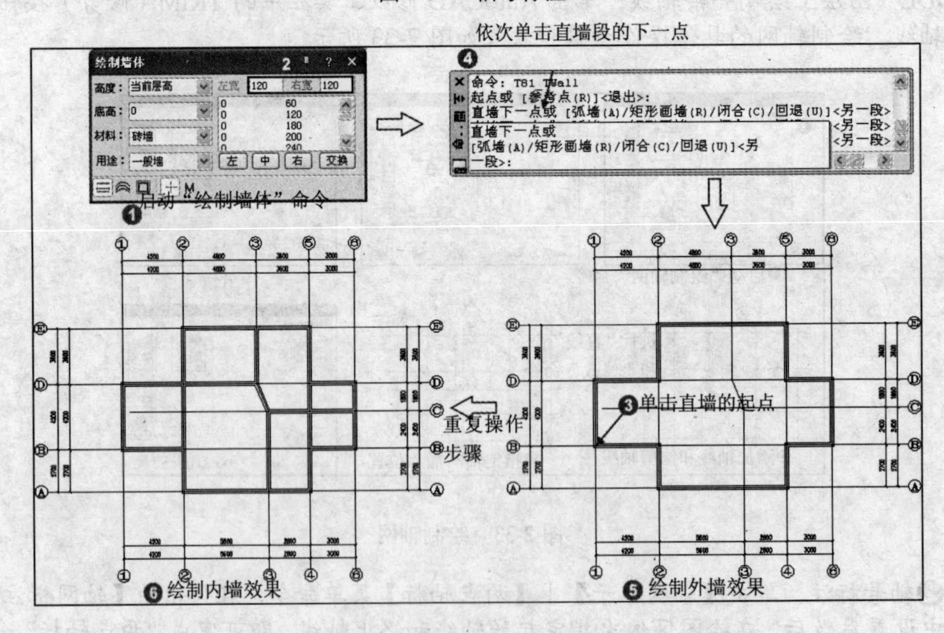

图 2-35 绘制墙体

❺绘制角柱。单击【轴网柱子】|【角柱】菜单命令，首先选取墙内角，然后在弹出的【转角柱参数】对话框中设置转角柱参数，最后单击【确定】按钮，即可完成角柱的创建。创建角柱的具体操作步骤和效果如图 2-37 所示。

❻绘制异形柱。绘制异形柱的方法是首先利用 PLine 工具绘制出异形柱的平面轮廓线，然后利用【标准柱】对话框中的“选择 PLine 线创建异形柱”按钮，创建出异形柱。创

建异形柱的操作步骤和方法如图 2-38 所示。

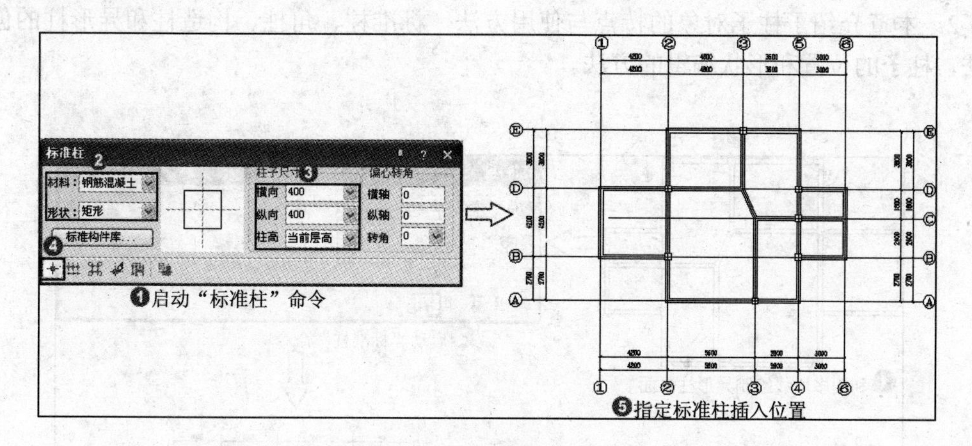

图 2-36　绘制标准柱

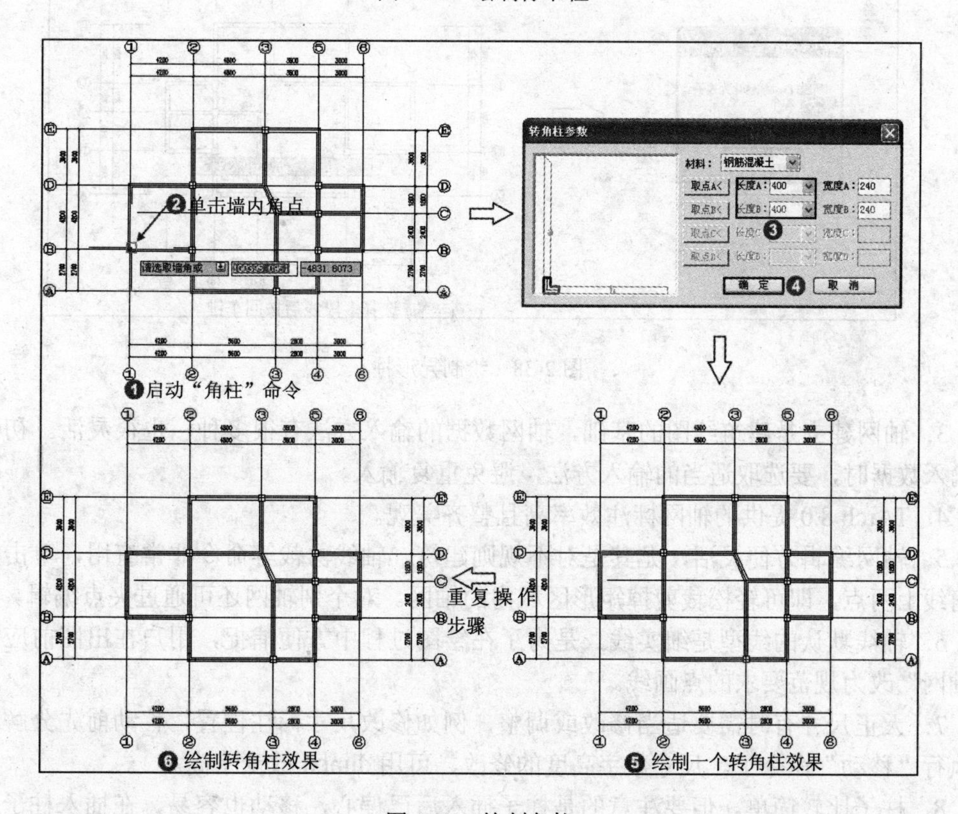

图 2-37　绘制角柱

2.7 本章小结

1．本章介绍了直线轴网与圆弧轴网的创建方法，轴网的标注与编辑，也介绍了直线轴网与圆弧的标注与编辑方法，又介绍了直线轴网与圆弧轴网的轴号对象编辑方法。

2．本章介绍了柱子对象的特点与使用方法，标准柱、角柱、构造柱和异形柱的创建方法，柱子的位置和形状编辑的方法。

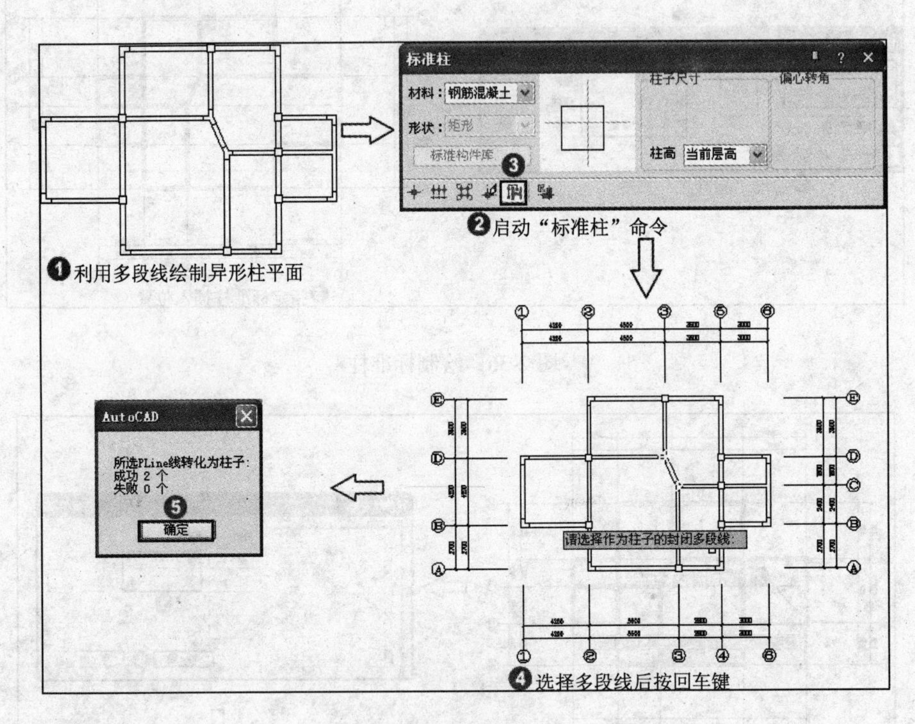

图 2-38　绘制异形柱

3．轴网建立是建筑绘图的基础，轴网数据的输入方法有很多种，也很灵活。初学者在输入数据时，要选取适当的输入方法，避免重复输入。

4．TArch 8.0 提供的轴网标注效率高且整齐美观。

5．轴网编辑方便灵活，尤其是对不规则建筑，轴线剪裁等命令非常有用，单击矩形对角线上两点，即可轻松裁剪掉矩形区域内的轴网。对个别轴网还可通过夹点编辑。

6．轴线默认的线型是细实线，是为了在绘图过程中方便捕捉，用户在出图前应该将“轴网”改为规范要求的点画线。

7．天正尺寸有时需要适当修改或调整，例如修改尺寸标注位置，移动前先分解，就可执行“移动”命令了。尺寸数字高度的修改，可用 dimtxt 改变字高。

8．柱子比较简单，但要注意的是柱子插入后已偏心，移动也容易，在插入柱子过程中要灵活运用“对角捕捉”功能，才能达到满意的效果。

9．TArch 8.0 增强的布尔运算功能，解决了散水、柱子、楼板和线脚等对象之间的剪裁遮挡处理，增强的柱子对象提供边夹点拖动功能，修改快捷，支持与平板和楼梯等对象之间的自动剪裁。

2.8 思考与练习

一、 填空题

1. 完整的轴网是由两组或多组________、________和________3 个相对独立的系统构成的________。

2. “直线轴网”命令用于绘制________、________或________。

3. ________由一组同心弧线和不经过圆心的径向直线组成，常与直线轴网组合使用。

4. 通过________命令可对始末轴线间的一组平行轴线或者径向轴线进行轴号和尺寸标注。

5. 异形柱通过________命令来创建。

二、 问答题

1. 天正建筑软件制图中轴网的主要作用是什么？解释“开间”和“进深”的含义？

2. 利用天正建筑软件绘制柱子应注意哪些问题？

三、 操作题

1. 练习绘制如图 2-39 所示的直线轴网。

上开间：3600，3000，4200，3600

下开间：3600，1800，3600，1800，3600

左进深：1200，3300，2700，2400，3000

右进深：1200，2700，2100，3600，3000

夹角：75°

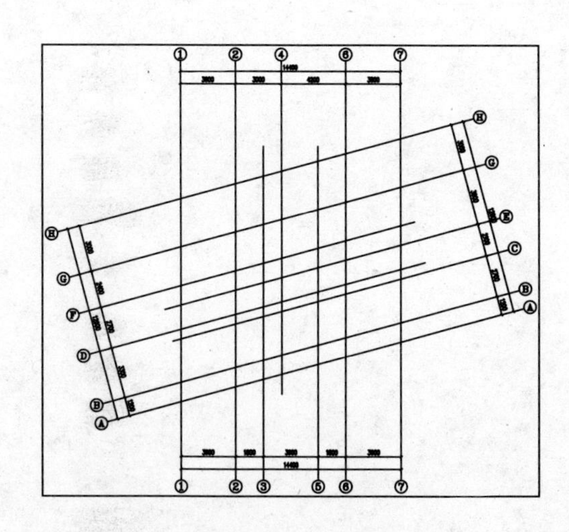

图 2-39　练习图

2. 收集有关建筑图样，制作出相应的轴网，将各种建筑都实践一下。

3. 对制作出的轴网进行添加附加轴线和轴线裁剪，将那些没有墙体的轴网裁剪掉，注意留出线头，操作时关闭对象捕捉，并可局部放大操作。

4. 试插入各种柱子，并使用柱子编辑功能对柱子进行编辑。

5．收集有关信息，参加房交会和房博会，了解房地产市场，收集各房地产公司的宣传材料。特别是房屋建筑图，对其进行研究、分析和对比并提出自己的看法，试制做出相应的轴网。

第3章 绘制与编辑墙体

墙体是组成建筑物最重要的构件，是天正建筑软件的核心对象，墙体的位置和形式直接决定一个建筑设计作品的成功与否。在天正建筑中，墙体摸拟专业对象的实际墙体，因而天正可以实现墙角的自动剪裁、各墙体之间按材料特性进行连接以及墙体与柱子和门窗的相互关联等智能特性。确定天正建筑墙体对象的参数包括墙体位置、墙体高度及厚度、墙体类型及材料、内外墙等属性。

3.1 墙体的基本知识

墙体是建筑房间的划分依据，它模拟实际墙体的专业特性，因此可以实现墙角的自动修剪、墙体之间按材料特性连接、与柱子和门窗互相关联等智能特性，因此理解墙体对象非常重要。墙体对象不仅包含位置、高度和厚度信息，同时还包括了墙类型、材料和内外墙等内在属性。

3.1.1 墙基线的概念

墙基线是指墙体的定位线，它一般位于墙体内部，与轴线重合，有时也位于墙体外部。TArch 建筑中绘制墙体是根据基线按左右宽度来确定的，墙基线同时也是墙内门窗的测量基准，例如墙体长度事实上是指该墙体基线的长度，弧窗宽度指弧窗在墙基线上位置的长度。应注意墙基线只是一个逻辑概念，出图时不会出现上。

墙体的相关操作都依据于基线，包括墙体的连接相交、延伸和剪裁等，因此互相连接的墙体应当使它们的基线准确连接。天正规定墙基线不准重合，如果在绘制过程中重合墙体，命令行会提示“不能与已有墙重叠”；如果在“复制”的过程中重合墙体，会弹出【发现重合的墙体】对话框，要求选择删除重合墙体部分，如图 3-1 所示。

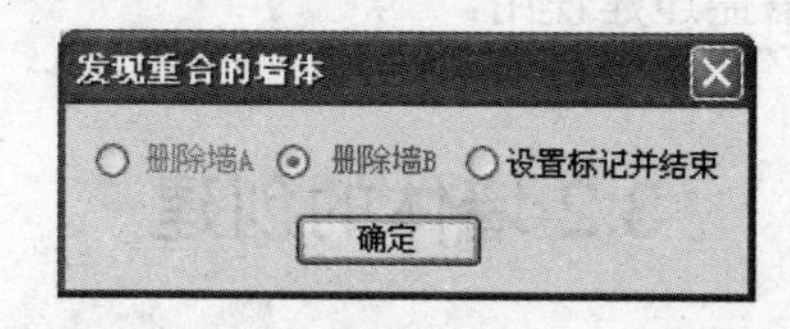

图 3-1 “发现重合的墙体”对话框

一般情况下都不需要显示基线，选中墙对象后，将会在墙线中显示三个夹点，它们的连线就是基线的所在位置，如果需要判断墙体是否准确连接，可以在 TArch 8.0 软件的右下角状态栏中单击【基线】按钮，就会显示出墙体的基线，或者是单击【墙体】|【单线/双线/单双线】菜单命令切换墙的二维显示方式，当切换为“单双线”状态时将显示墙体的基线，如图 3-2 所示是显示墙体基线的效果。

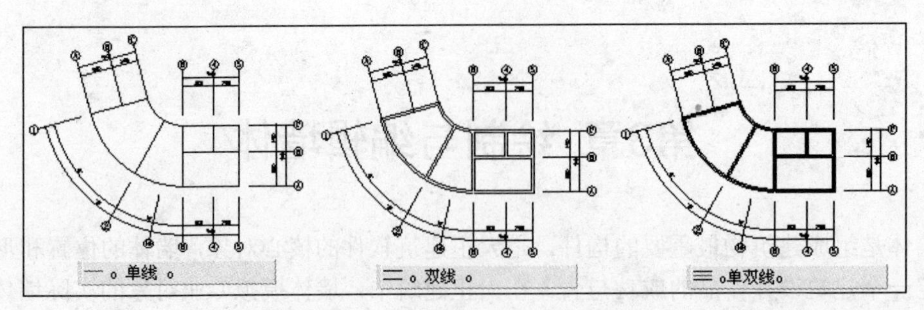

图 3-2　墙体的 3 种显示状态

3.1.2 墙体材料

墙体的材料主要用于控制墙体的二维平面图效果，相同材料的墙体在平面图上墙角会连通一体。墙体的材料按照优先级别，依次可分为钢筋混凝土墙、石墙、砖墙、填充墙、示意幕墙以及轻质隔墙壁等，处在最前面的墙体打断，优先处理墙角清理。

3.1.3 墙体的用途与特征

在 TArch 8.0 中，墙体包括一般墙、卫生隔断、虚墙和矮墙 4 种，其用途与特征介绍如下：

- 一般墙：包括建筑物的内外墙，参与按材料的加粗和填充。
- 卫生隔断：卫生间洁具隔断用的墙体或隔板，不参与加粗填充与房间面积计算。
- 虚墙：用于空间的逻辑分隔，以便于计算房间面积。
- 矮墙：表示在水平剖切线以下的可见墙体（例如女儿墙），不会参与加粗和填充，矮墙的优先级别低于其他所有类型的墙体，矮墙之间的优先级别由墙高决定，不受墙体材料控制。

女儿墙是建筑物屋顶外围的矮墙，主要作用是防止栏杆坠落，以保护安全，另于底处施防水压砖收头，避免防水层渗水及防止屋顶雨水漫流。女儿墙高度依据建筑技术规范规定，视为栏杆的作用，如果建筑物在二层楼以下不得小于 1m，三层楼以上不得小于 1.1m，十层楼以上不得小于 1.2m。另外女儿墙高度不得超过 1.5m，主要为避免建筑物兴建时，刻意加高女儿墙，预留以后搭盖违建使用。

3.2 墙体的创建

在 TArch 8.0 的屏幕菜单中，提供了墙体创建的多个工具，本节主要介绍每个墙体工具的功能和使用方法。

3.2.1 绘制墙体

利用 TArch 8.0 绘制建筑平面图时，绝大部分墙体的创建都是利用“绘制墙体”命令

来实现的。单击【墙体】|【绘制墙体】菜单命令，弹出【绘制墙体】对话框，如图 3-3 所示。

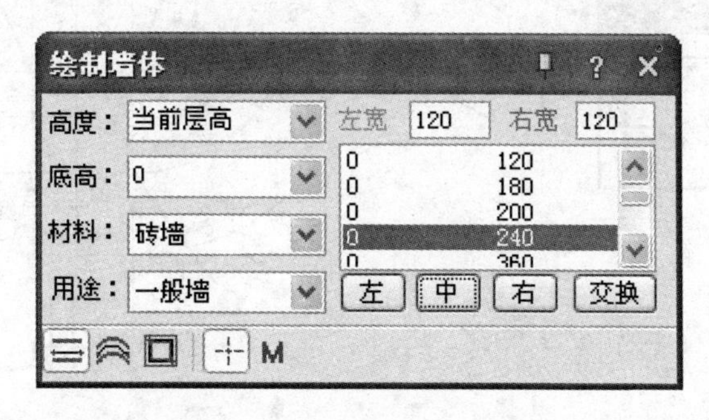

图 3-3　“绘制墙体”对话框

为了能更好地运用该对话框，对其中用到的控件解释如下：

- 高度：表示当前墙体的高度，单击输入高度数据或通过右侧下拉菜单获得。
- 底高：表示墙体底部高度，单击输入高度数据或通过右侧下拉菜单获得。
- 材料：表示墙体的材质，单击右侧下拉菜单获得。
- 用途：表示墙体的类型，单击右侧下拉菜单获得。
- “墙宽”参数：包括“左宽”和“右宽”两个参数项，用于设置中心轴线到墙线两侧偏移的距离，可以控制墙体的宽度值。
- “墙宽组”参数：显示了常用墙宽的数据，可以添加自定义墙宽组，也可按 Delete 键删除墙宽组。
- “墙基线”位置：有“左、中、右和交换”4 种控制方式，“左和右”是指设定当前墙宽以后，全部左偏或全部右偏，当单击“左”时，左宽的值为墙宽，右宽的值为 0; 反之一样。“中”是指墙体总宽值平均分配。交换是指左宽和右宽的数据对调。
- “绘制直墙”按钮：该按钮位于【绘制墙体】对话框底部，单击选中此按钮，即可在绘图区中绘制直线墙体。
- “绘制弧墙”按钮：单击选中此按钮，即可在绘图区中绘制圆弧墙体。
- “矩形绘墙”按钮：单击选中此按钮，即可在绘图区中绘制矩形墙体。
- “自动捕捉”按钮：单击选中此按钮，在绘制墙体时自动捕捉轴网交点。
- “模数开关”按钮 M：单击选中此按钮，墙的拖动长度按“自定义/操作设置”页面中的模数变化。

当启动“绘制墙体”命令后，默认绘制的是直墙，绘制直墙的操作步骤和效果如图 3-4 所示。

当需绘制弧墙时，在启动“绘制墙体”命令后，在弹出的【绘制墙体】对话框中，选中【绘制弧墙】按钮，再依次指定弧墙的起点、终点和圆弧上的一点即可。绘制弧墙的操作步骤和效果如图 3-5 所示。

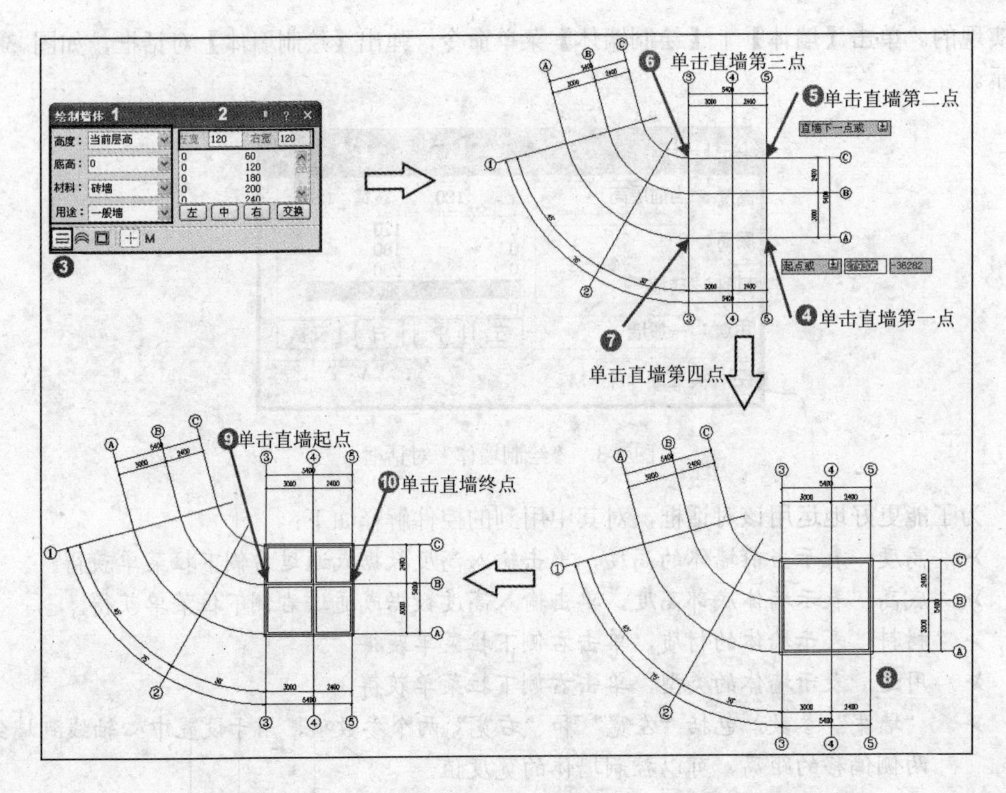

图 3-4　绘制直墙

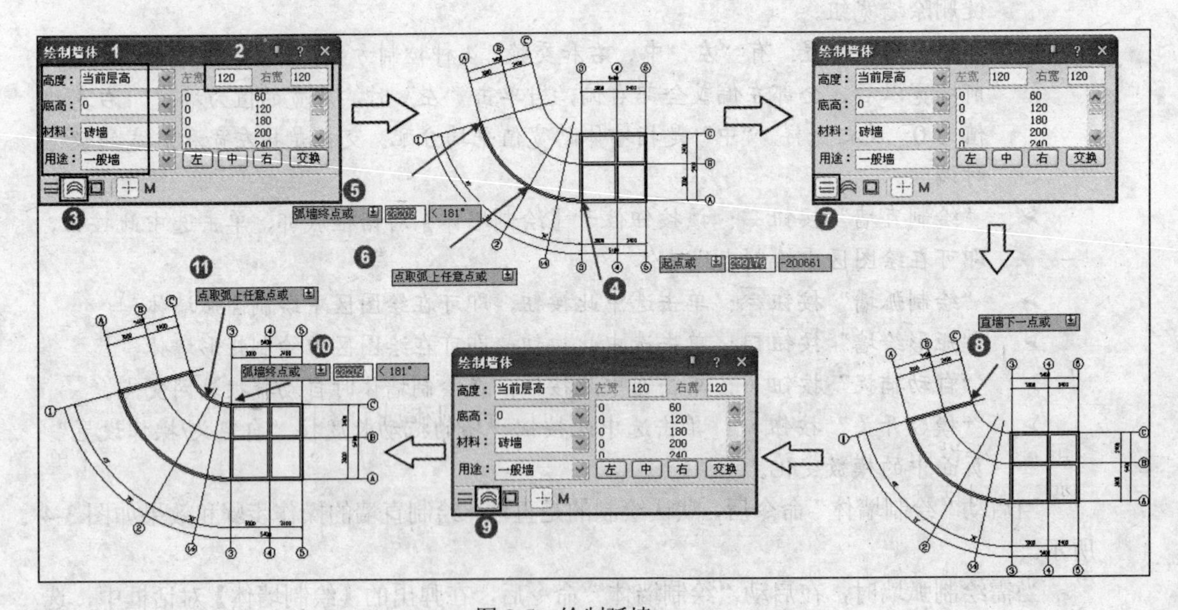

图 3-5　绘制弧墙

3.2.2 等分加墙

“等分加墙”命令是指在墙段的每一等分处，做与所选墙体的垂直墙体，所加墙体延

伸至与指定边界相交。使用该命令将一个房间划分为若干面积相等的小房间，将一段墙在纵向等分，垂直方向加入新墙体。单击【墙体】|【等分加墙】菜单命令，根据命令提示创建等分加墙，创建等分加墙的操作步骤和效果如图 3-6 所示。

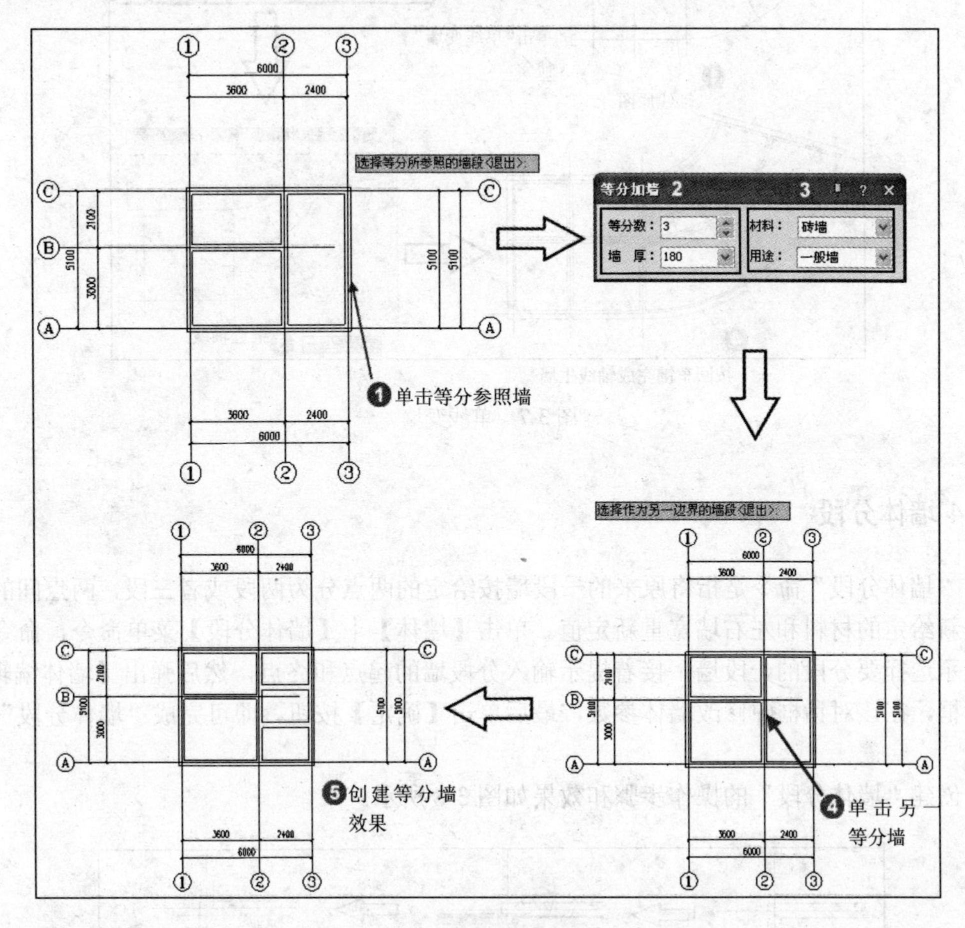

图 3-6　绘制等分加墙

3.2.3 单线变墙

“单线变墙”命令可以把 AutoCAD 绘制的直线、圆和圆弧等生成以它为基准的墙体，也可以基于设计好的轴网生成墙体。单击【墙体】|【单线变墙】菜单命令，会弹出【单线变墙】对话框。为了更好地运用该对话框，对其中用到的控件说明如下：

- 外墙外侧宽：外墙外侧距离定位线的距离，可直接输入。
- 外墙内侧宽：外墙内侧距离定位线的距离，可直接输入。
- 内墙宽：内墙宽度，定位线居中，可直接输入。
- 轴线生墙：勾选此复选框，表示基于轴网创建墙体，此时只选取轴线对象。
- 保留基线：在取消选中“轴线生墙”复选框的前提下，显示该控件，表示单线生墙中原有基线是否保留，一般不选中。

创建“单线变墙”的操作步骤和效果如图 3-7 所示。

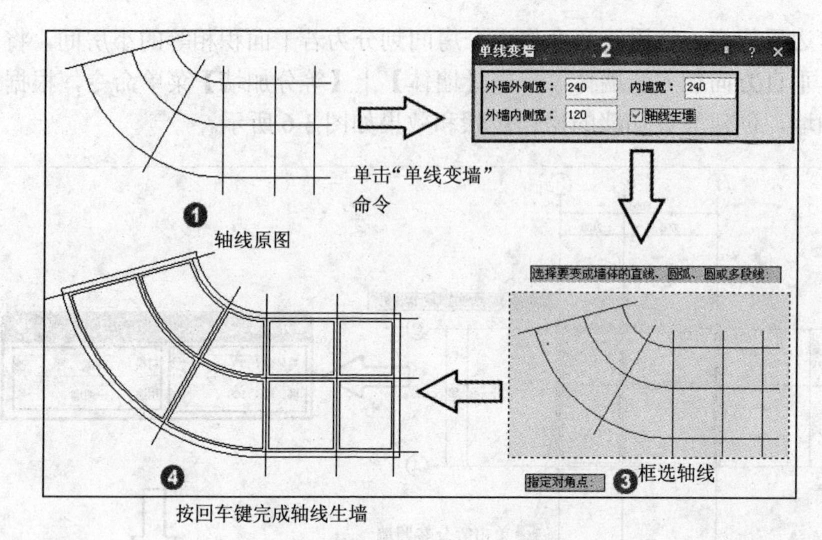

图 3-7　单线变墙

3.2.4 墙体分段

“墙体分段”命令是指将原来的一段墙按给定的两点分为两段或者三段，两点间的墙段按新给定的材料和左右墙宽重新定值。单击【墙体】|【墙体分段】菜单命令，命令行会提示选择要分段的一段墙，接着提示输入分段墙的起点和终点，然后弹出【墙体编辑】对话框，在该对话框中修改墙体参数，最后单击【确定】按钮，即可完成“墙体分段”命令。

创建“墙体分段”的操作步骤和效果如图 3-8 所示。

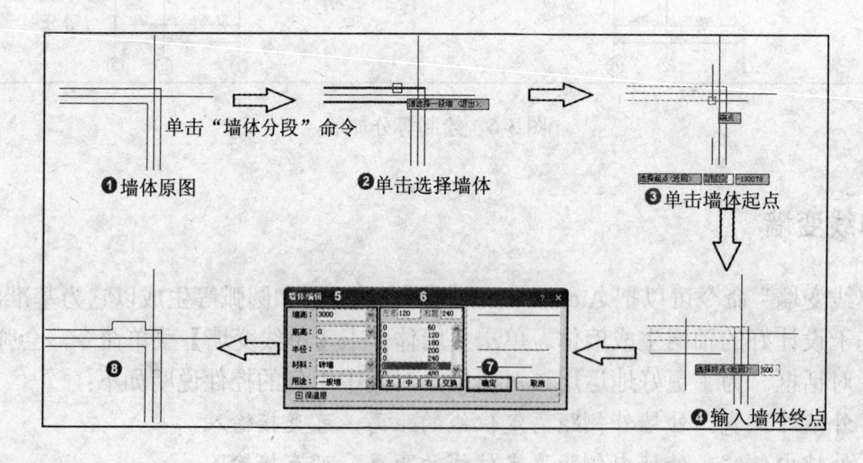

图 3-8　墙体分段

3.2.5 转为幕墙

“转为幕墙”命令是指把墙体改为示意幕墙。利用“墙体分段”命令或者墙体的特性编辑，也可以将墙体改为示意幕墙，但仅用于绘图而不满足节能分析的要求。使用“转为幕墙”命令可以把包括示意幕墙在内的墙对象转换为玻璃幕墙对象，用于节能分析。

单击【墙体】|【转为幕墙】菜单命令，根据命令行提示选择要转换为玻璃幕墙的墙体，转换后的玻璃幕墙改为按玻璃幕墙对象的表示方式和颜色显示，三线或者四线按当前比例是否大于设定的比例限值如 1:100 而定。“转为幕墙”命令的操作步骤和效果如图 3-9 所示。

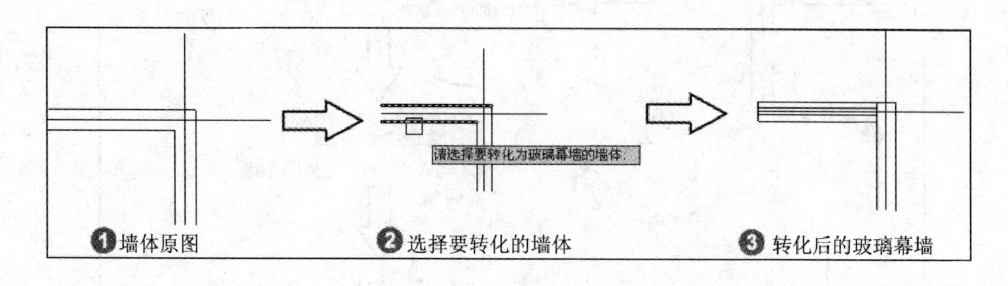

图 3-9　转为幕墙

3.3 墙体的编辑

墙体对象支持 AutoCAD 的通用编辑命令，包括偏移（OFFSET）、修剪（TRIM）、延伸（EXTEND）和删除（ERASE）等，但这些操作不需要显示出墙体的基线。TArch 8.0 提供了专用编辑命令对墙体进行编辑，简单的参数编辑只需要双击墙体即可进入对象编辑对话框，拖动墙体的不同夹点可改变长度和位置。本节介绍墙体编辑工具的使用方法。

3.3.1 基本编辑工具

TArch 8.0 提供的基本编辑工具有很多，主要包括倒墙角、倒斜角、修墙角、基线对齐、边线对齐、净距偏移、墙保温层、墙体造型和墙齐屋顶等。下面分别介绍这些工具的用法。

1. 倒墙角

“倒墙角”命令是指用于处理两段不平行墙体的端头交角，使两段墙以指定圆角半径进行连接，圆角半径按墙中线计算。单击【墙体】|【倒墙角】菜单命令，根据设定的圆角半径生成圆墙角。如图 3-10 所示是倒墙角的操作步骤和效果。

2. 倒斜角

“倒斜角”命令是指用于处理两段不平行墙体的端头交角，使两段墙以指定倒角连接，倒角距离按墙中线计算。单击【墙体】|【倒斜角】菜单命令，根据设定的倒角距离生成斜角。如图 3-11 所示是例斜角的操作步骤和效果。

3. 修墙角

“修墙角”命令是指对多余的墙线进行修剪并连接两段交叉的墙体，对属性完全相同的墙体相交处和绘制失败的墙体进行清理。墙体相交处有时会出现未按要求打断的情况，使用该命令框选墙角可以轻松处理，也可以更新墙体、墙体造型、柱子、以及维护各种自动裁剪关系，如柱子裁剪楼梯，凸窗一侧撞墙等情况。

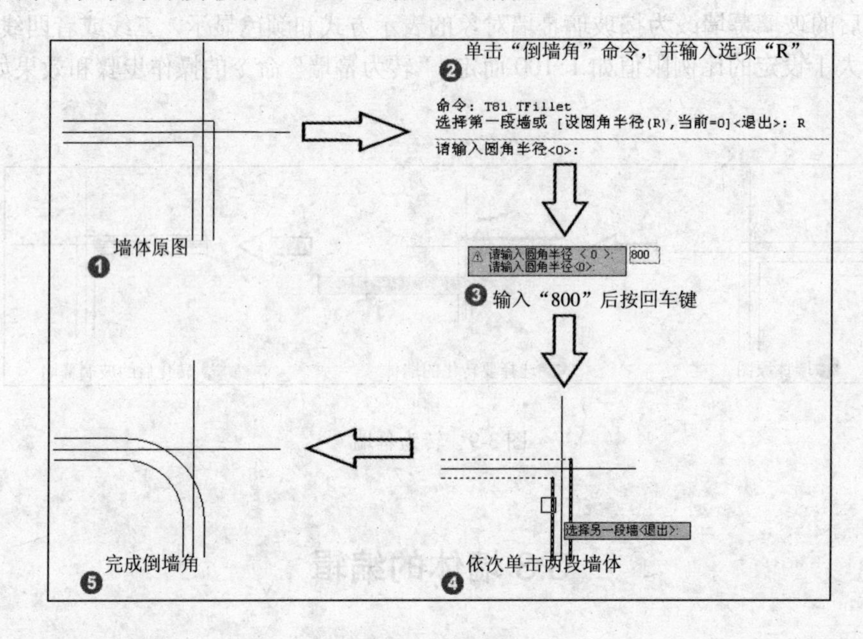

图 3-10　倒墙角

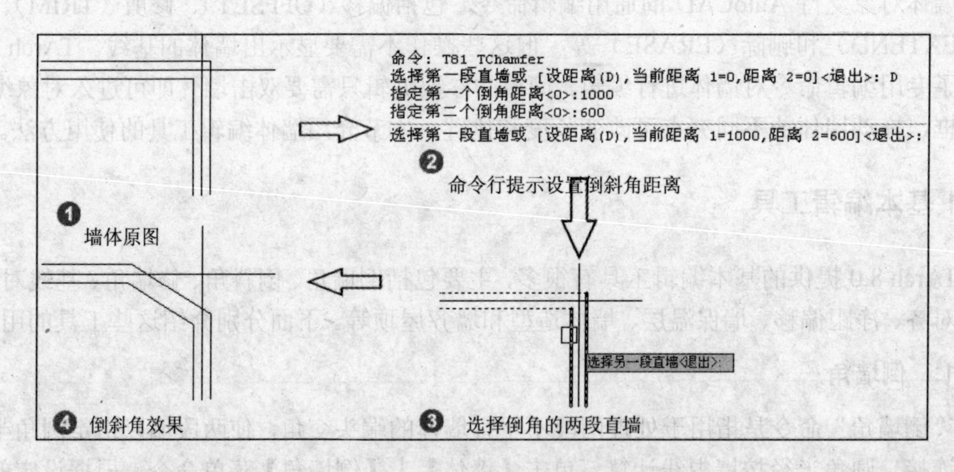

图 3-11　倒斜角

单击【墙体】|【倒墙角】菜单命令，框选需要修墙角的墙角、柱子或墙体造型，并按回车键，即可完成修墙角命令。如图 3-12 所示是执行“修墙角”命令的操作步骤和效果。

4. 基线对齐

“基线对齐”命令是用于纠正墙线编辑过程中的错误，包括基线不对齐或不精确对齐而导致墙体显示或搜索房间出错，以及由于短墙存在而造成墙体显示不正确情况下去除短墙并连接剩余墙体。

单击【墙体】|【基线对齐】菜单命令，根据命令提示单击作为对齐点的一个基线端

点，然后选择要对齐的墙体，最后单击对齐点。如图 3-13 所示是基线对齐的操作步骤和效果。

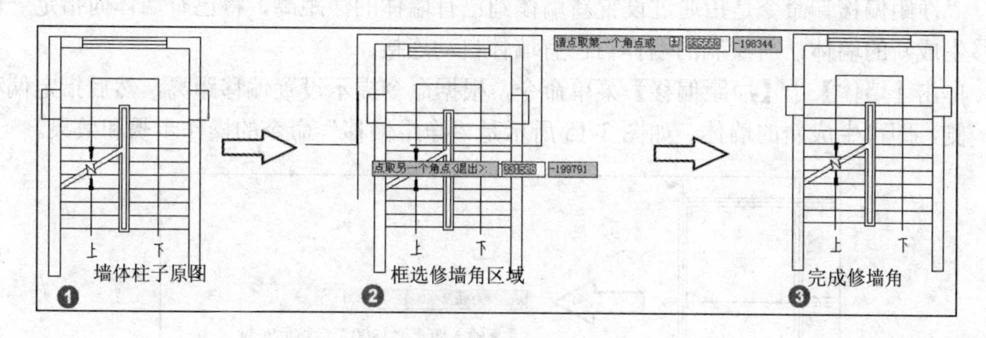

图 3-12　修墙角

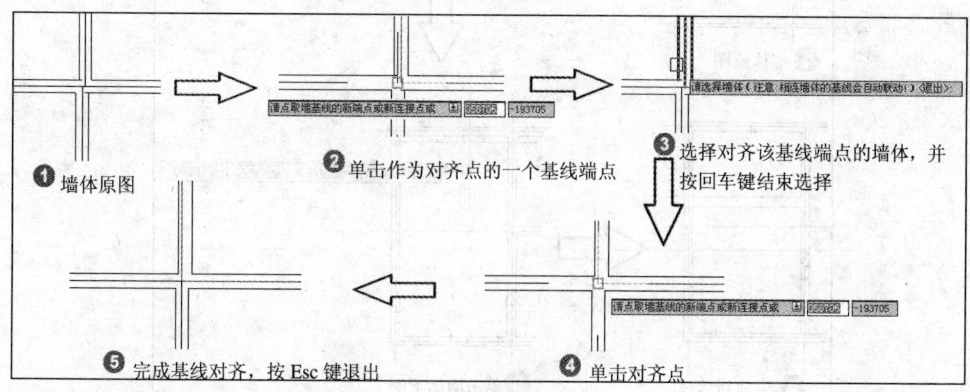

图 3-13　基线对齐

5. 边线对齐

“边线对齐”命令是用于对齐墙边，并维持基线不变，边线偏移到指定的位置。该命令通常用于处理墙体与某此特定位置的对齐，例如墙边与柱边的对齐。

单击【墙体】|【边线对齐】菜单命令，首先选择墙边应通过的一点，然后选择要对齐的一段墙，即可完成“边线对齐”命令。如图 3-14 所示是“边线对齐”操作步骤和效果。

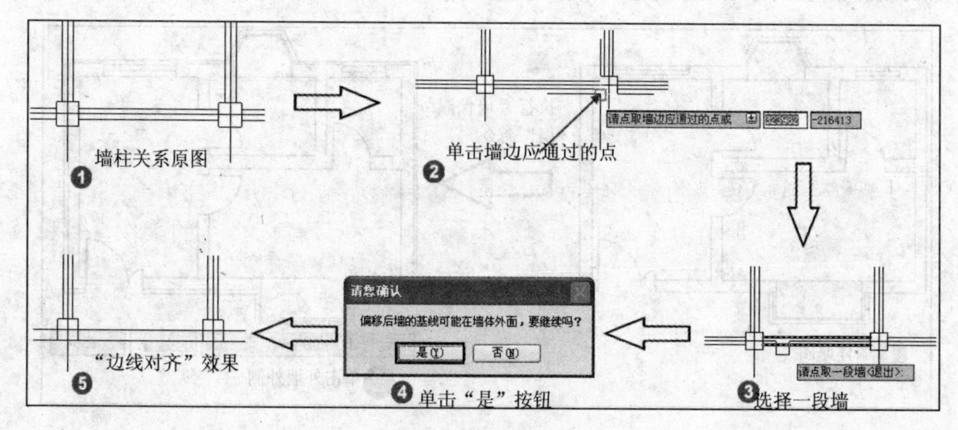

图 3-14　边线对齐

6. 净距偏移

“净距偏移”命令是指通过设置新墙体到已有墙体的净距离，将已有墙体向指定一侧偏移生成新的墙体，新绘制的墙体与已有墙体自动连接。

单击【墙体】|【净距偏移】菜单命令，根据命令提示设置偏移距离，然后指定偏移的一侧，即可生成新的墙体。如图 3-15 所示是“净距偏移”命令的操作步骤和效果。

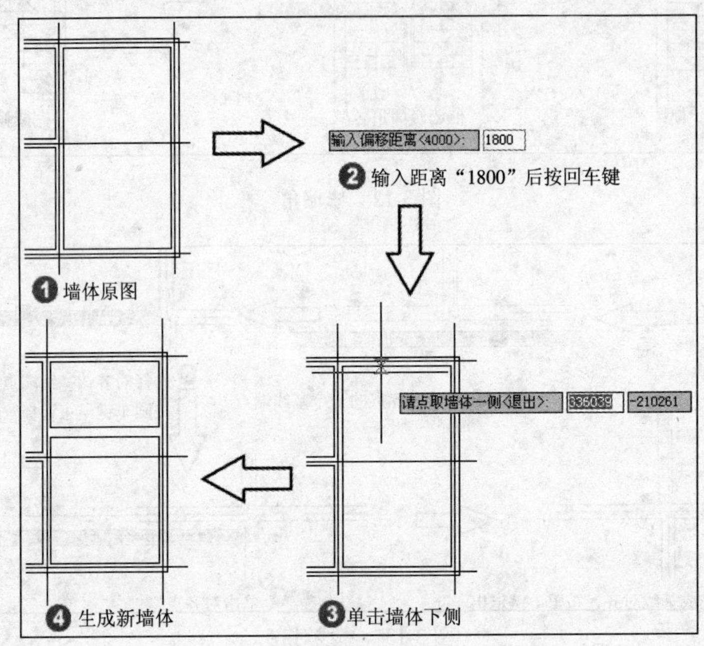

图 3-15　净距偏移

7. 墙保温层

“墙保温层”命令可以在已有的墙段上加入或删除保温层线，当保温层线遇到门时，自动将保温层线打断；遇到窗时，自动增加窗厚。

单击【墙体】|【墙保温层】菜单命令，根据命令行提示依次指定墙体保温的一侧，即可完成墙保温层的添加。如图 3-16 所示是“墙保温层”命令的操作步骤和效果。

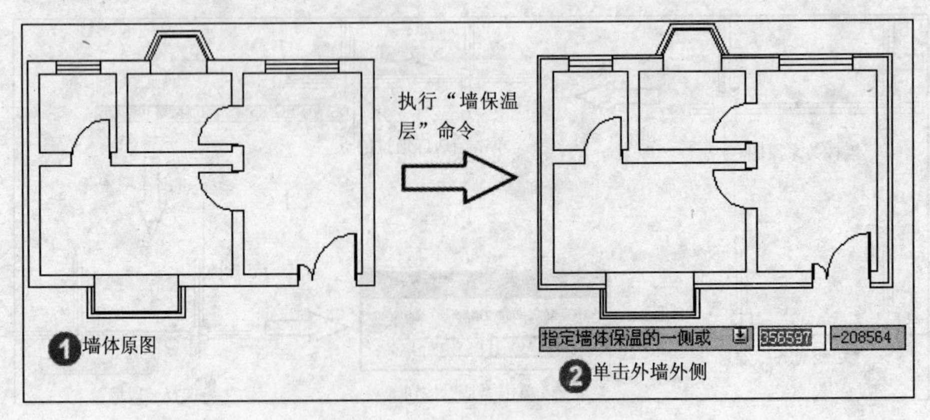

图 3-16　添加外墙保温层

8. 墙体造型

“墙体造型”命令可以根据多段线外框生成与墙体有关的造型。常见的墙体造型包括墙垛、壁炉和烟道等。它常与墙砌筑在一起，平面图与墙连通的建筑构造。墙体造型与其关联的墙高一致，且可以双击进行修改。

单击【墙体】|【墙体造型】菜单命令，根据命令行提示选项“外凸造型”选项，然后选择“点取图中曲线”选项，最后选择需要生成墙体造型的多段线，即可生成墙体造型。如图 3-17 所示是绘制墙体造型的操作步骤和效果。

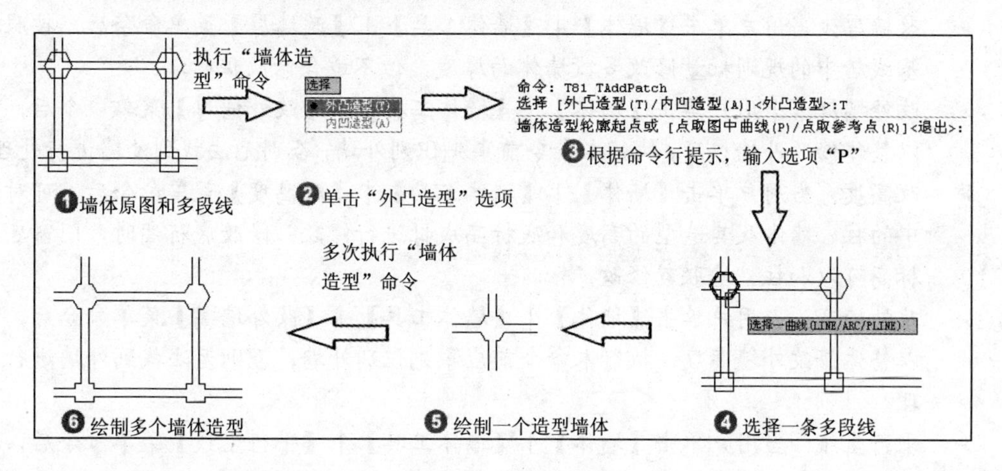

图 3-17　墙体造型

9. 墙齐屋顶

“墙齐屋顶”命令是用来向上延伸墙体和柱子，使原来水平的墙顶成为与天正屋顶一致的斜面。在利用天正建模时，经常会遇到坡屋顶，利用“墙齐屋顶”命令通过延伸墙的竖向对象与人字屋顶相接，解决了坡屋顶在建模时的繁琐与困难。

单击【墙体】|【墙齐屋顶】菜单命令，选择平面图中已绘制好的人字屋顶和两侧山墙，即可完成墙齐屋顶命令，如图 3-18 所示是墙齐屋顶命令的操作步骤和效果。

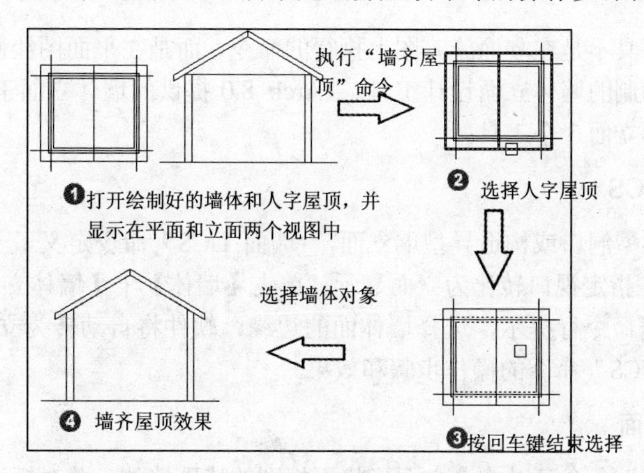

图 3-18　墙齐屋顶

3.3.2 墙体工具

当墙体创建完成以后，一般情况下，用户只需双击需修改参数的墙体，即可弹出【墙体编辑】对话框，通过该对话框可以直接对单个墙体的参数进行修改。若用户需要同时修改多个墙体对象，则可使用 TArch 8.0 提供的墙体工具对墙体参数进行批量修改。

单击【墙体】|【墙体工具】各子菜单命令后，用户可选择相应的编辑工具对墙体参数进行编辑。各命令的含义介绍如下：

- 改墙厚：当用户单击【墙体】|【墙体工具】|【改墙厚】菜单命令后，按照墙基线居中的规则批量修改多段墙体的厚度，但不适合修改偏心墙。
- 改外墙厚：当用户单击【墙体】|【墙体工具】|【改外墙厚】菜单命令后，可以整体修改外墙厚度，执行本命令前事先识别外墙，否则无法找到外墙进行处理。
- 改高度：当用户单击【墙体】|【墙体工具】|【改高度】菜单命令后，可对选中的柱、墙体及其造型的高度和底标高成批进行修改。修改底标高时，门窗底的标高可以和柱、墙联动修改。
- 改外墙高：当用户单击【墙体】|【墙体工具】|【改外墙高】菜单命令后，可以整体修改外墙高度，执行本命令前应事先识别外墙，否则无法找到外墙进行处理。
- 平行生线：当用户单击【墙体】|【墙体工具】|【平行生线】菜单命令后，单击需生成平行线的墙体一侧边线，再输入平行距离并按回车键即可，此时会创建一条与墙体相平行的线段。
- 墙端封口：当用户单击【墙体】|【墙体工具】|【墙端封口】菜单命令后，选择需处理的墙体对象，即可改变墙体对象自由端的二维显示形式，使用该命令可以使墙体一端在“封闭”和“开口”两种形式间互相转换，该命令不影响墙体的三维效果，也不会影响已经与其他墙相接的墙端。

3.3.3 墙体立面

墙体立面工具不是在立面施工图上执行的命令，而是在平面图绘制时，为立面或三维建模做准备而编制的墙体立面设计工具。TArch 8.0 提供的墙体立面工具包括墙面 UCS、异形立面和矩形立面 3 个工具。

1. 墙面 UCS

为了构造异型洞口或构造异型墙立面，“墙面 UCS”命令定义了一个基于所选墙面的 UCS 坐标系，在指定视口转化为立面显示。单击【墙体】|【墙体立面】|【墙面 USC】菜单命令，根据命令行提示，选择墙体面的边缘，软件将自动转为立面显示。如图 3-19 所示是“墙面 UCS”命令的操作步骤和效果。

2. 异形立面

“异形立面”命令可以构造立面形状不规则的特殊墙体，并对矩形墙适当裁剪，如创建双坡或单坡山墙与坡屋顶底面相交等。使用该命令之前，用户应先利用 AutoCAD 绘图工具栏中的 PLINE（多段线）命令绘制出异形裁切线，使用“异形立面”命令将沿该裁切线对墙体进行裁剪，并根据用户的需要将不需要的部分删除。

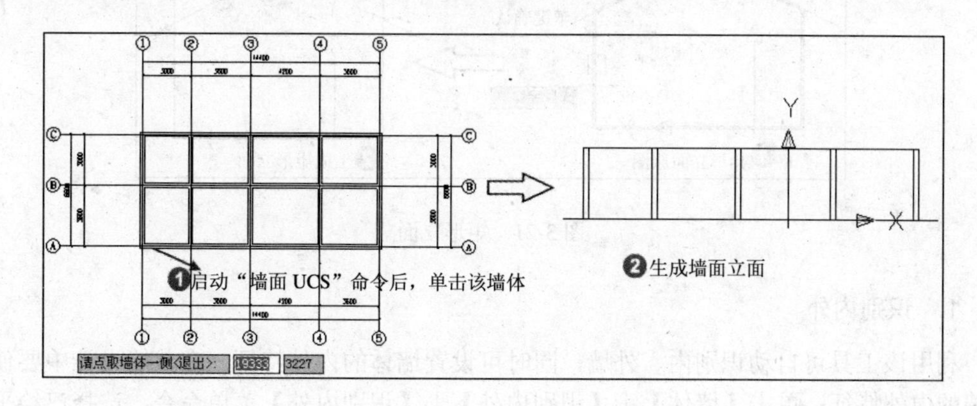

图 3-19　墙面 UCS

单击【墙体】|【墙体立面】|【异形立面】菜单命令，根据命令行提示，依次选择不闭合的 PLINE 和墙体。创建异形立面的操作步骤和效果如图 3-20 所示。

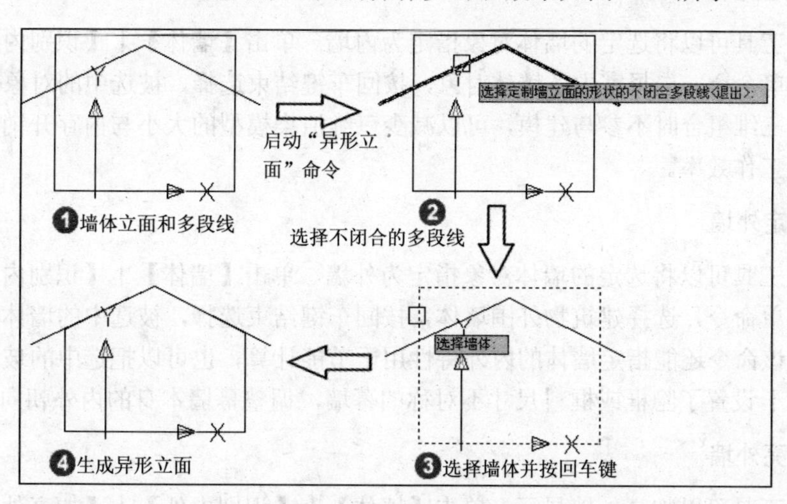

图 3-20　异形立面

3. 矩形立面

当立面墙体为异形墙体时，“矩形立面”命令可将墙体由异形转换为矩形。单击【墙体】|【墙体立面】|【矩形立面】菜单命令，根据命令行提示，选择异形墙体并按回车键确认，即可完成矩形墙体的创建。创建矩形立面的操作步骤和效果如图 3-21 所示。

3.3.4 识别内外墙

TArch 8.0 为用户提供了内外墙识别工具，在建筑施工图中内外墙的识别是为更好地定义墙体类型。内外墙识别工具包括识别内外、指定内墙、指定外墙和加亮外墙 4 个工具。

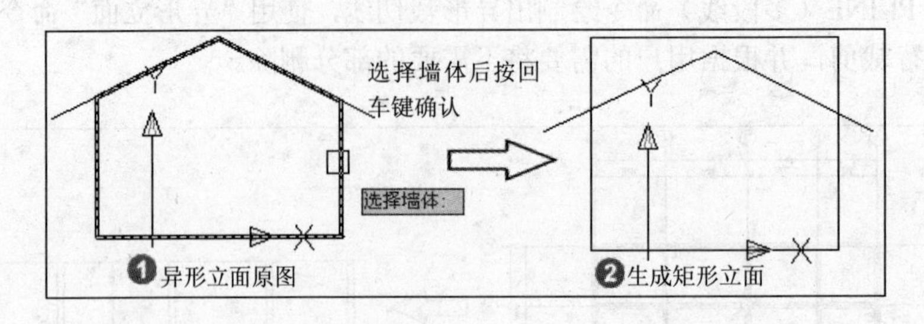

图 3-21　矩形立面

1. 识别内外

利用该工具可自动识别内、外墙，同时可设置墙体的内外特征。在节能设计中要使用外墙的内外特征。单击【墙体】|【识别内外】|【识别内外】菜单命令，选择已绘平面图中的所有墙体对象，按回车键结束选择，系统即可自动识别出内外墙，其中外墙会以一个红色的虚线框显示。

2. 指定内墙

利用该工具可以将选定的墙体对象指定为内墙。单击【墙体】|【识别内外】|【指定内墙】菜单命令，选择室内各墙体对象，按回车键结束选择，被选中的对象被指定为内墙，内墙在三维组合时不参与建模，可以减少三维渲染模型的大小与内存开销，从而提高渲染速度与工作效率。

3. 指定外墙

利用该工具可以将选定的墙体对象指定为外墙。单击【墙体】|【识别内外】|【指定外墙】菜单命令，选择建筑物外围墙体，按回车键结束选择，被选中的墙体被转换为外墙。同时，该命令还能指定墙体的内外特性用于节能计算，也可以把选中的玻璃幕墙两侧翻转，适用于设置了隐框或框料尺寸不对称的幕墙，调整幕墙本身的内外朝向。

4. 加亮外墙

利用该工具可以加亮外墙显示。单击【墙体】|【识别内外】|【加亮外墙】菜单命令，当前图中所有外墙的外边线用红色虚线亮显，以便用户了解哪些是外墙，哪一侧是外侧。单击【视图】|【重画】菜单命令可消除亮显虚线。

3.4 实战演练——绘制某别墅墙体平面图

视频教学	
视频文件:	AVI\第 03 章\3.4.avi
播放时长:	6 分 53 秒

本节以实例的方式讲述墙体平面图的绘制方法和操作步骤。根据前面所学的知识，绘

制某别墅的墙体平面图，最终效果如图 3-22 所示。

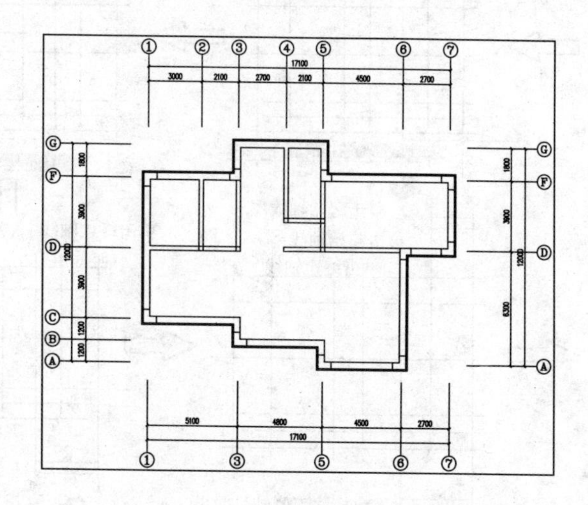

图 3-22　别墅墙体平面图

操作步骤如下：

❶绘制轴网。在正常启动 TArch 8.0 的情况下，单击【轴网柱子】|【绘制轴网】菜单命令，在弹出的【绘制轴网】对话框中设置参数，单击【确定】按钮，然后在绘图区中单击即可创建直线轴网；接着单击 AutoCAD 修改工具栏中的 OFFSET（偏移）按钮和 TRIM（修剪）按钮，添加一条轴线。其操作步骤和效果如图 3-23 所示。

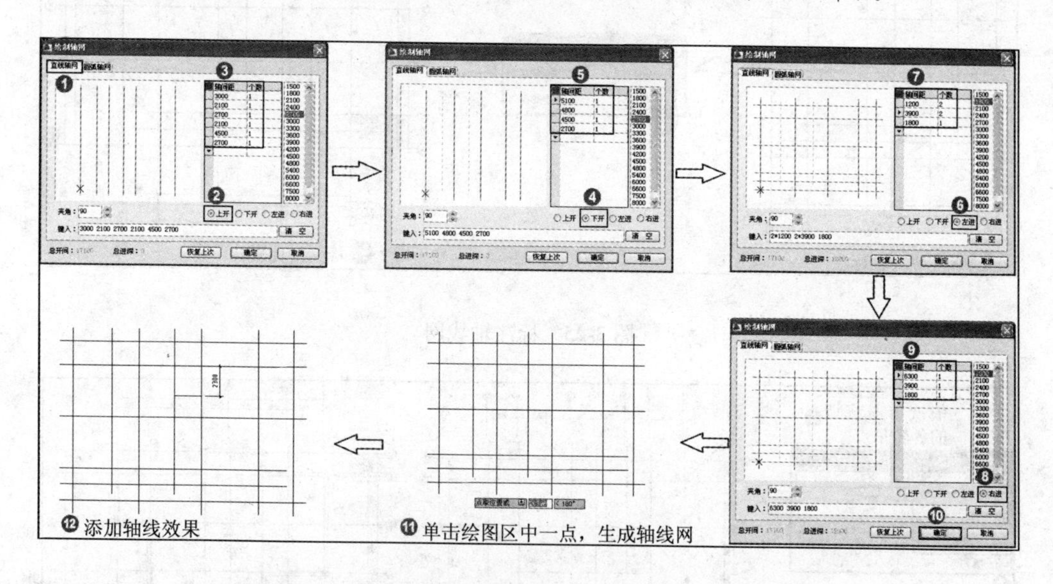

图 3-23　绘制轴网

❷添加轴号标注。单击【轴网柱子】|【两点轴标】菜单命令，在弹出的【轴网标注】对话框中设置参数，对轴网进行尺寸和轴号标注，标注单个轴号标注的具体操作步骤和效果如图 3-24 所示；重复操作步骤，标注轴网标注的具体操作步骤和效果如图 3-25 所示。

❸绘制外墙。单击【墙体】|【绘制墙体】菜单命令，在弹出的【绘制墙体】对话框中设置外墙参数，然后根据命令行提示绘制出外墙，其操作步骤和效果如图 3-26 所示。

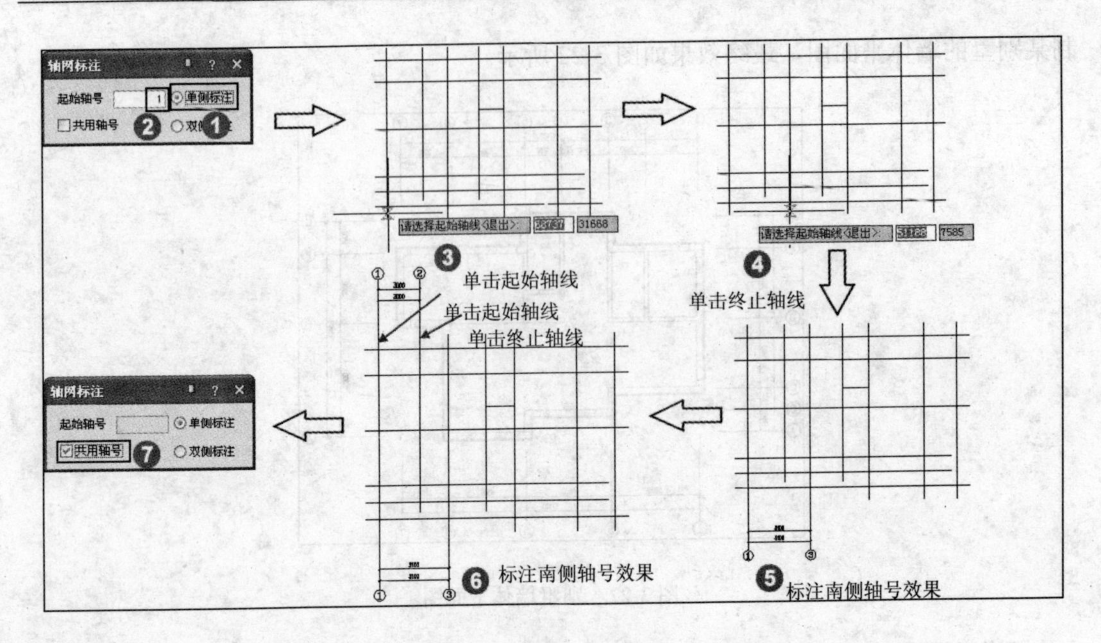

图 3-24　单个轴号标注

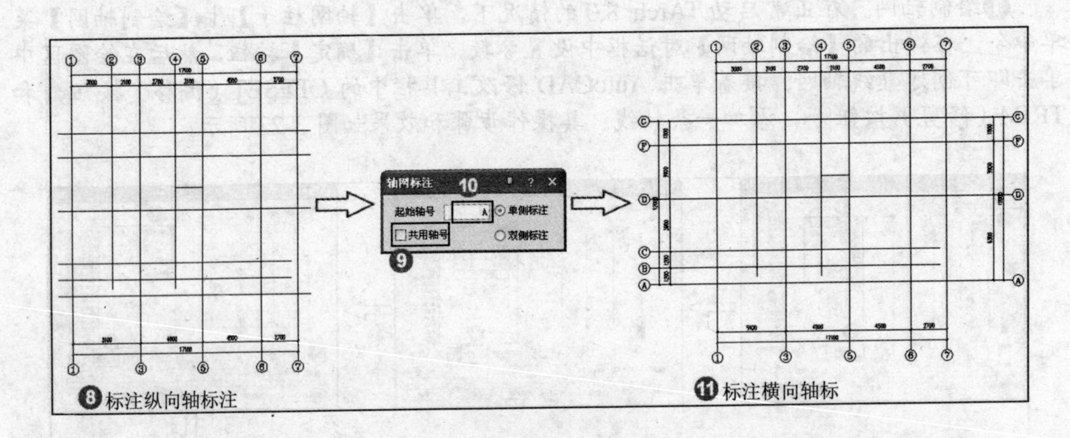

图 3-25　标注轴线网

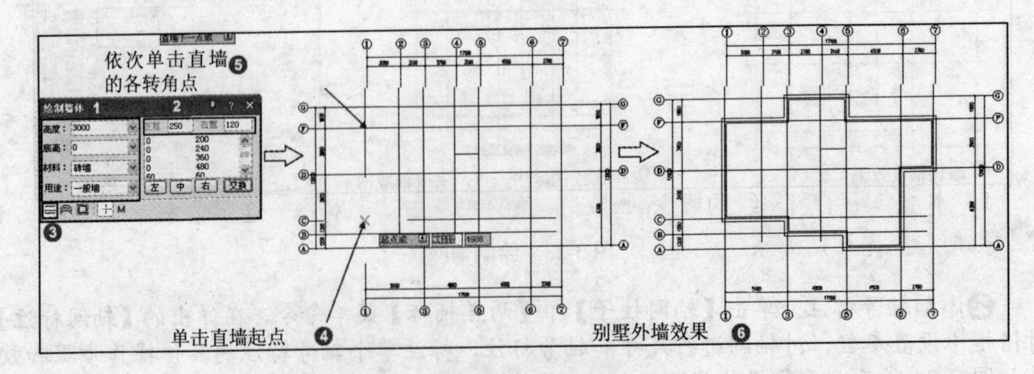

图 3-26　绘制外墙

❹绘制内墙。在【绘制墙体】对话框中修改墙体参数，根据命令行提示依次指定墙体

经过轴线的各个交点，绘制出内墙，其操作步骤和效果如图 3-27 所示。

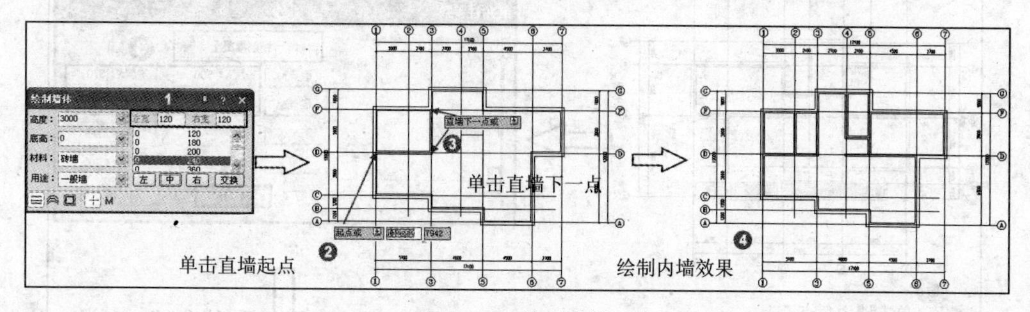

图 3-27　绘制内墙

❺插入标准柱。单击【轴网柱子】|【标准柱】菜单命令，在弹出的【标准柱】对话框中设置参数，根据命令行提示，在墙体平面图中插入标准柱，其操作步骤和效果如图 3-28 所示。

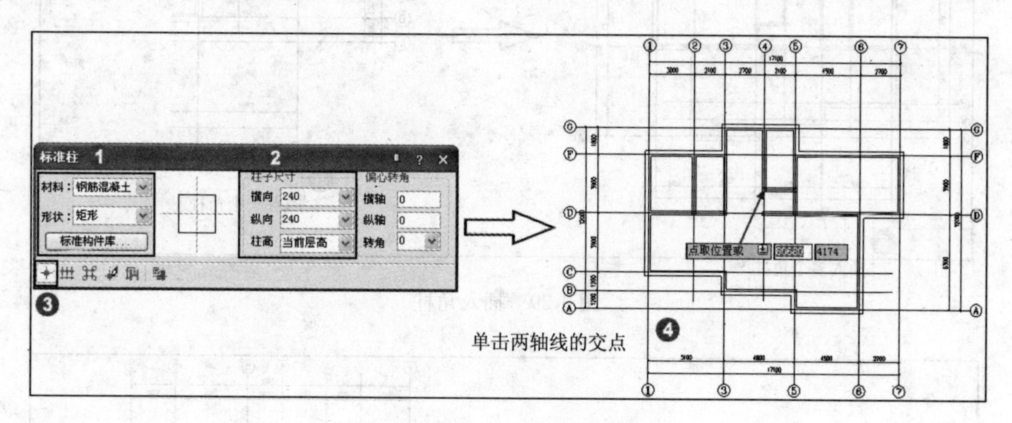

图 3-28　插入标准柱

❻插入角柱。单击【轴网柱子】|【角柱】菜单命令，单击墙角处一点，接着在弹出的【转角柱参数】对话框中设置转角柱参数，然后单击【确定】按钮，即可完成一个角柱的插入。插入角柱的操作步骤和效果如图 3-29 所示。

❼添加墙保温层。首先将“轴线”图层关闭，单击【墙体】|【墙保温层】菜单命令，根据命令行提示单击外墙外侧，为所有外墙添加保温层，其操作步骤和效果如图 3-30 所示。

3.5 本章小结

1．本章介绍了墙基线的概念、墙体对象的特点与其他对象的连接关系，以及墙体材料、类型与优先级别关系。

2．本章介绍了墙体的绘制方法，可由绘制墙体命令直接创建，可绘制直墙和弧墙，或由单线和轴网转化而来，也可以创建等分加墙。

3．绘制墙体的方式类似于绘制直线，也有“回退”和“闭合”等选项，更有转绘制弧墙等功能。利用“单线变墙”效率最高，注意默认的内外墙厚不同，外墙外侧宽为 240。可以根据设计需要而定。

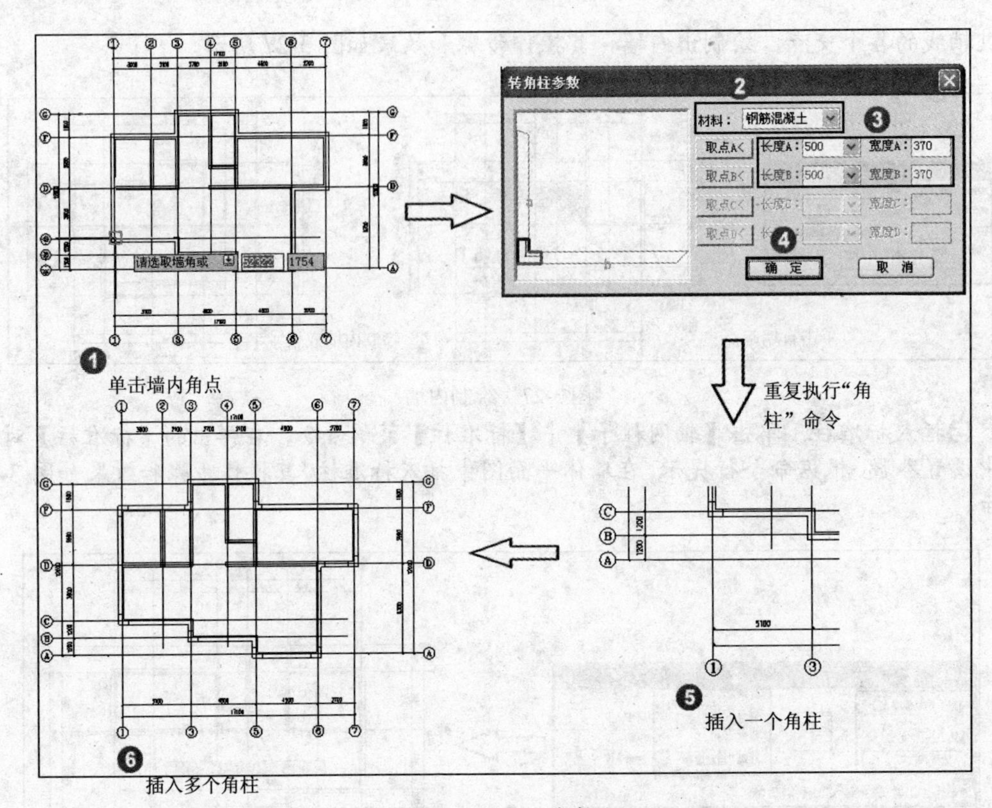

图 3-29 插入角柱

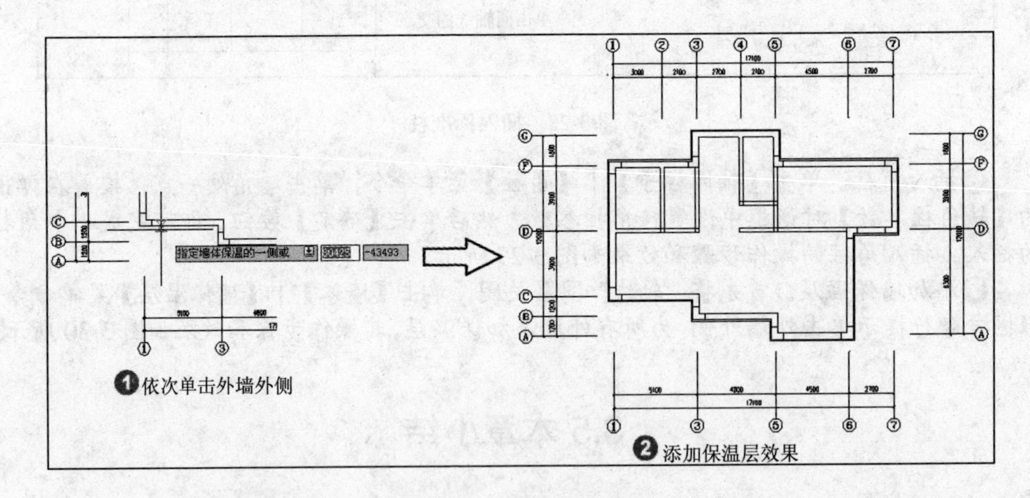

图 3-30 添加墙保温层

4．本章介绍了编辑墙体的各种方法，包括AutoCAD命令直接编辑、对象编辑和对象特性编辑，单段墙的修改使用“对象编辑”命令，平面的修改可以使用夹点拖动和AutoCAD的通用编辑功能。

5．墙体编辑工具中三维参数编辑功能，用于生成三维模型、日照节能模型和立剖面图等。墙体立面工具中介绍了与三维视图有关的墙体立面编辑方法，用于创建异型门窗洞口与非矩形的立面墙体。内外识别工具介绍了识别内墙与外墙的方法，提供自动识别和交互识别命令，用于保温和节能等。

6．墙体是建筑中最基本和最重要的构件，是具有几何和物理意义天正自定义建筑对象，而不是两条（或一组）零散的线。支持对象编辑特性，可使用夹点及对话框对墙体对象进行十分方便地修改。

7．TArch 8.0 支持墙角处墙体造型的绘制，同时提供内凹墙体造型功能，用于平面图中绘制凹槽和壁龛等部位。

3.6 思考与练习

一、 填空题

1．在天正建筑软件中创建的墙体对象不仅包含位置、尺寸和高度等几何信息，还包括墙________、________和________这样的内在属性。

2．________命令用于在一段墙体的等分处，垂直添加新的墙体，新墙体延伸至指定的边界。

3．利用________命令可将绘制好的直线、圆、圆弧和多段线转变为墙体，还可以基于轴网创建出墙体。

4．________命令与 AutoCAD 的“圆角”命令类似，是使用圆角将两段墙体的端点进行连接。

5．“修墙角”命令用于对_______的墙体相交处进行清理。

6．________命令用于向上延伸墙体，使原来水平墙顶变成与当前坡屋顶一致的斜面。

二、 问答题

1．什么是“墙基线”？“基线对齐”命令用于纠正哪些错误？

2．“墙体立面操作”的主要作用是什么？

三、 操作题

1．收集各房地产公司的宣传资料，特别是房屋建筑图，试制作出相应的轴网和墙体。

2．制作如图 3-31 所示建筑户型图的轴网和墙体。

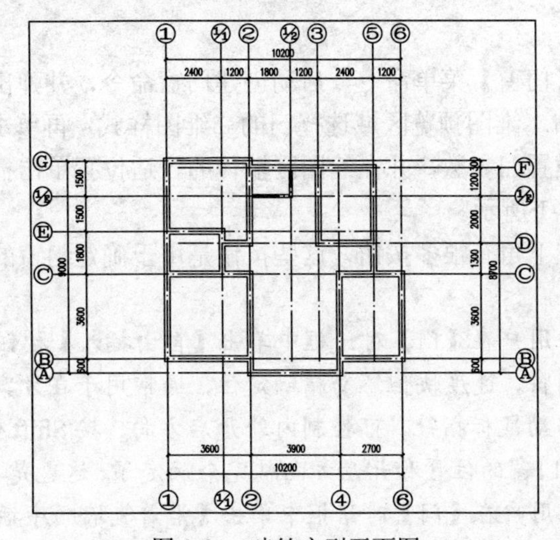

图 3-31　建筑户型平面图

第4章 门　窗

门窗是组成建筑物的重要构件，是建筑设计中仅次于墙体的重要对象，在建筑立面中起着建筑维护及装饰作用。在现代建筑中，不论是外墙还是内墙都设有不同尺寸标准的各类门窗，而且要求越来越高。

本章介绍各种门窗的基本知识与不同绘制方法。

4.1 创建门窗

TArch 8.0 软件中的门窗是一种附属于墙体并需要在墙上开启洞口，带有编号的 AutoCAD 自定义对象，它包括通透的和不通透的墙洞大内。门窗和墙体建立了智能联动关系，门窗插入墙体后，墙体的外观几何尺寸不变，但墙体对象的粉刷面积和开洞面积已经及时更新以备查询。

门窗和其他自定义对象一样可以用 AutoCAD 工具和夹点编辑命令进行修改，并可通过电子表格检查和统计整个工程的门窗情况。门窗对象附属在墙对象之上，离开墙体的门窗就将失去意义。在【门窗】对话框中提供了输入门窗的所有参数，包括编号、几何尺寸和定位参考距离。本节介绍门窗的创建方法。

4.1.1 绘制普通门窗

使用“门窗”命令可以在墙中插入普通门窗、门联窗、子母门、弧窗、凸窗和矩形洞等。普通门窗在二维视图和三维视图都用图块来表示，用户可从门窗图库中分别挑选门窗的二维样式和三维样式。

1. 创建普通门

单击【门窗】|【门窗】菜单命令，启动创建门窗命令，并弹出【门】对话框，单击【插门】按钮，单击二维图预览区域选择门的二维图样式，再单击三维图预览区域，选择三维图样式，最后设置门参数，并在绘图区墙体的合适位置单击插入门即可。其具体的操作步骤和效果如图 4-1 所示。

在【门】对话框左下角有很多按钮，这些按钮是用于确定门窗的插入方式，其意义分别介绍如下：

- 自由插入：当用户在【门】对话框中单击【自由插入】按钮后，可在墙段的任意位置插入门窗，速度快但不易精确定位，通常用于在方案设计阶段，以墙中线为分界内外移动鼠标指针，可控制内外开启方向，按 Shift 键控制左右开启方向。单击墙体后，门窗的位置和开启方向就完全确定了，这也是插入门窗的默认方法。
- 顺序插入：当用户在【门】对话框中单击【沿着直墙顺序插入】按钮后，以距离点取位置较近的墙边端点或基线墙为起点，按给定距离插入选定的门窗，此后顺着前进方向连续插入，插入过程中可以改变门窗类型和参数，在弧墙对象顺序插入门窗时，门窗按照墙基线弧长进行定位。

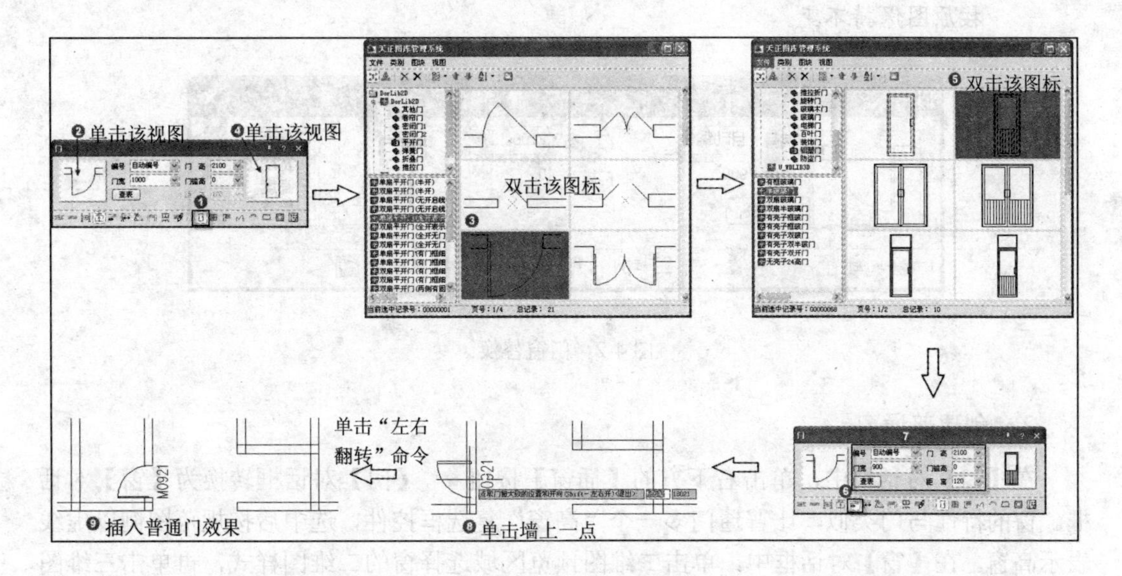

图 4-1　创建普通门

- 轴线等分插入：当用户在【门】对话框中单击【依据点取位置两侧的轴线进行等分插入】按钮后，将一个或多个门窗等分插入到两根轴线间的墙段等分线中间，如果墙段内设有轴线，则该侧按墙段基线等分插入。
- 墙段等分插入：当用户在【门】对话框中单击【在点取的墙段上等分插入】按钮后，与轴线等分插入类似，本功能在一个墙段上按墙体较短的一侧边线，插入若干个门窗，使各门窗之间墙垛的长度相等。
- 垛宽定距插入：当用户在【门】对话框中单击【垛宽定距插入】按钮后，该对话框中的“距离”文本框可用，在该文本框中输入墙垛到门窗的距离值，，然后再在墙体上单击即可插入门窗。
- 轴线定距插入：当用户在【门】对话框中单击【轴线定距插入】按钮后，该对话框中的“距离”文本框可用，在该文本框中输入门窗左侧距离基线的距离，然后再在墙体上单击即可插入门窗。
- 按角度插入弧墙上的门窗：当用户在【门】对话框中单击【按角度插入弧墙上的门窗】按钮后，则以弧度定位的方式插入门窗。
- 充满整个墙段插入门窗：当用户在【门】对话框中单击【充满整个墙段插入门窗】按钮后，单击墙体即可创建与墙体长度相同的门窗。
- 插入上层门窗：当用户在【门】对话框中单击【插入上层门窗】按钮后，在同一个墙体已有的门窗上方再添加一个宽度相同、高度不同的门或窗，这种情况常常出现在高大的厂房外墙中。
- 替换图中已有门窗：当用户在【门】对话框中单击【替换图中已有门窗】后，

可批量修改门窗，包括门窗类型之间的转换，用对话框内的当前参数作为目标参数，替换图中已插入的门窗，在对话框右侧出现参数过滤开关，如图 4-2 所示。如果用户不需要改变某一参数，可取消该参数开关的选中状态，对话框中该参数按原图保持不变。

图 4-2　门窗替换

2. 创建普通窗

在【门】对话框中，单击右下方的【插窗】按钮，【门】对话框转换为【窗】对话框。窗的特性与门类似，比普通门多一个“高窗”复选框控件，选中后按规范图例以虚线表示高窗。在【窗】对话框中，单击二维图预览区域选择窗的二维图样式，再单击三维图预览区域，选择三维图样式，然后设置窗参数，最后在绘图区墙体的适当位置单击插入门窗即可。

设置普通窗户参数的具体操作步骤和效果如图 4-3 所示；创建普通窗的具体操作步骤和效果如图 4-4 所示。

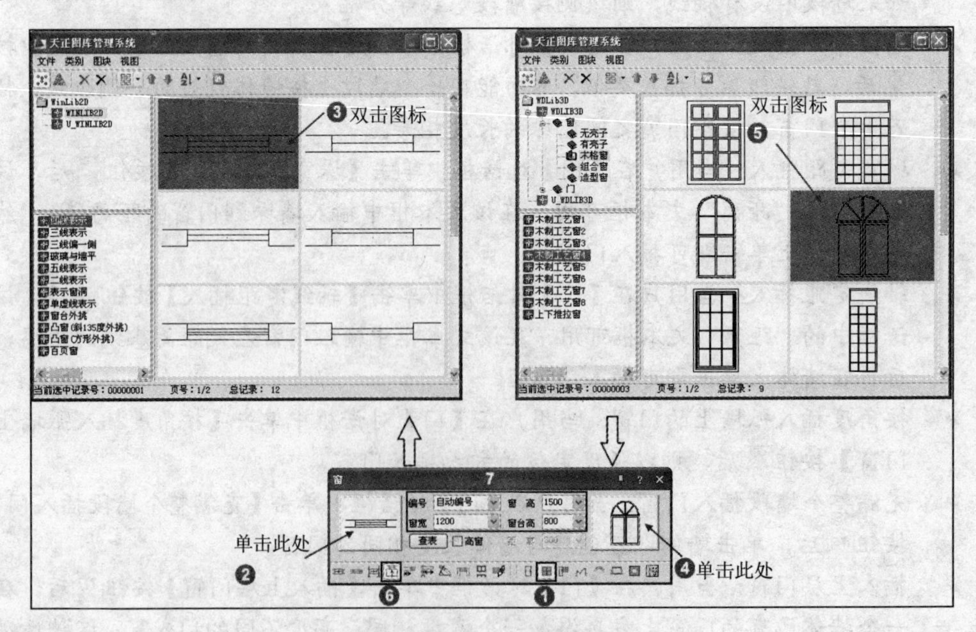

图 4-3　设置窗户参数

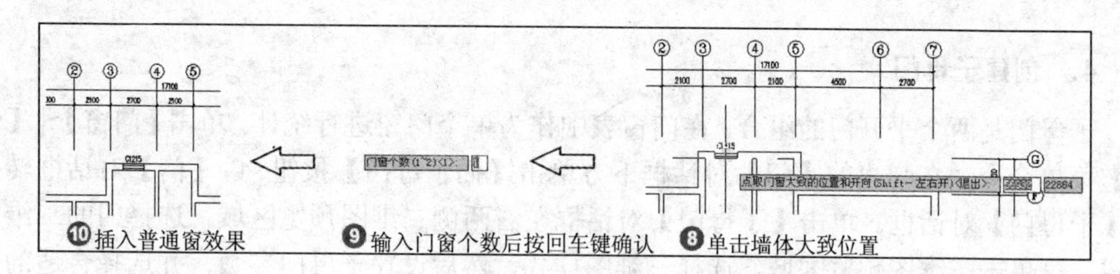

图 4-4 创建普通窗

3. 创建门联窗

门联窗是一个门和一个窗的组合，在门窗表中作为单个门窗进行统计，其门的平面图例固定为单扇平开门。单击【门窗】|【门窗】菜单命令，在弹出的【门】对话框下方单击【插门连窗】按钮，【门】对话框转换为【门连窗】对话框。单击门预览区域选择门样式，再单击窗预览区域选择窗样式，然后设置门联窗参数，并选择合适的插入方法，最后在绘图区中单击插入门连窗即可。

设置门联窗参数的具体操作步骤和效果如图 4-5 所示；创建门联窗的具体操作步骤和效果如图 4-6 所示。

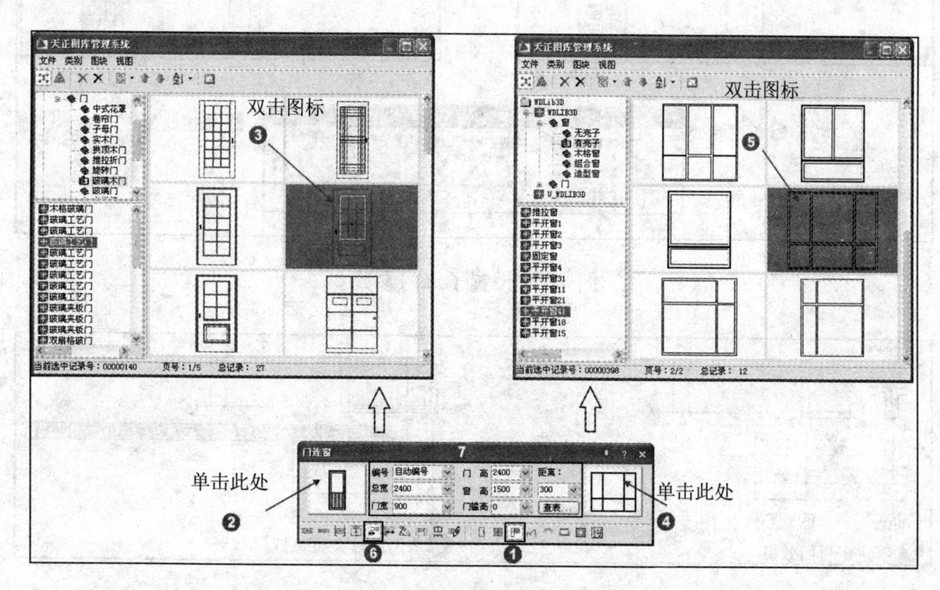

图 4-5 设置门联窗参数

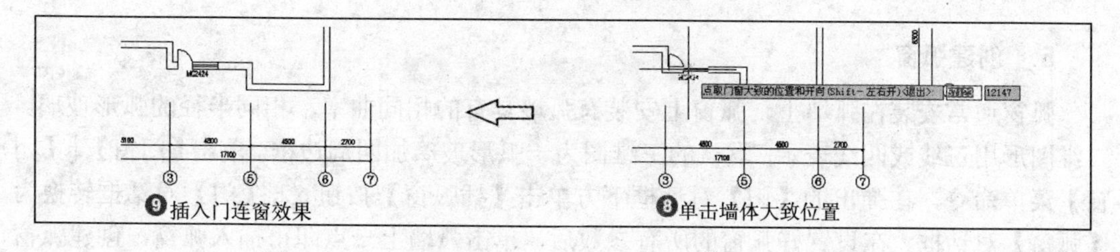

图 4-6 创建门联窗

4. 创建子母门

子母门是两个平开门的组合，在门窗表中作为单个门窗进行统计。单击【门窗】|【门窗】菜单命令，在弹出的【门】对话框下方单击【插子母门】按钮，【门】对话框转换为【子母门】对话框。单击【子母门】对话框左右两侧二维图预览区域，选择门的二维图样式，再单击三维图预览区域，选择三维图样式，然后设置子母门参数，并选择合适的插入方法，最后插入子母门。设置子母门参数的具体操作步骤和效果如图 4-7 所示；创建子母门的具体操作步骤和效果如图 4-8 所示。

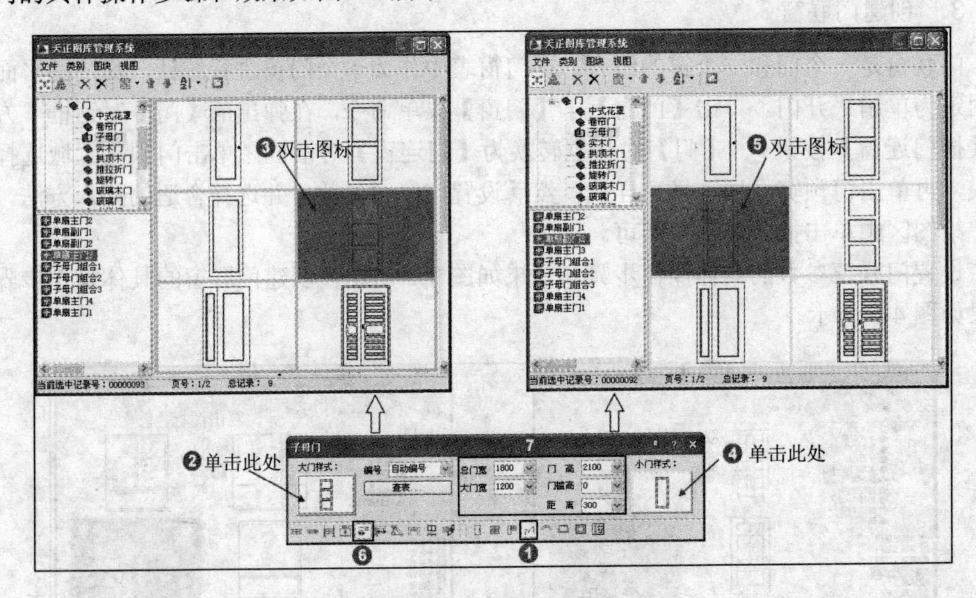

图 4-7 设置子母门参数

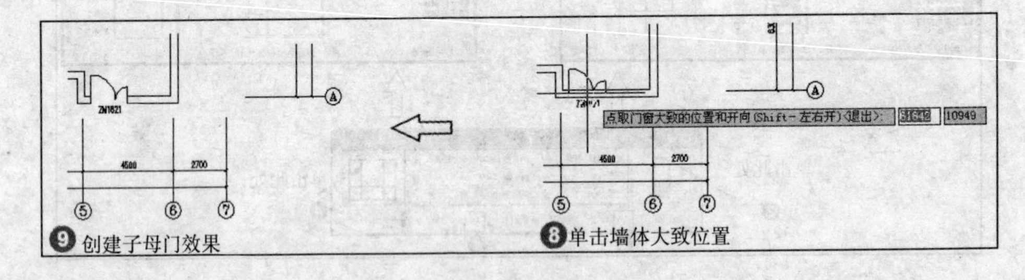

图 4-8 创建子母门

5. 创建弧窗

弧窗通常安装在弧墙上，弧窗上安装有弧墙具有的相同曲率、相同半径的弧形玻璃。二维图形用三线或四线表示，默认的三维图为一弧形玻璃加四周边框。单击【门窗】|【门窗】菜单命令，在弹出的【门】对话框下方单击【插弧窗】按钮，【门】对话框转换为【弧窗】对话框。在设置好弧窗的所有参数后，单击弧墙上一点即可插入弧窗。创建弧窗的具体操作步骤和效果如图 4-9 所示。

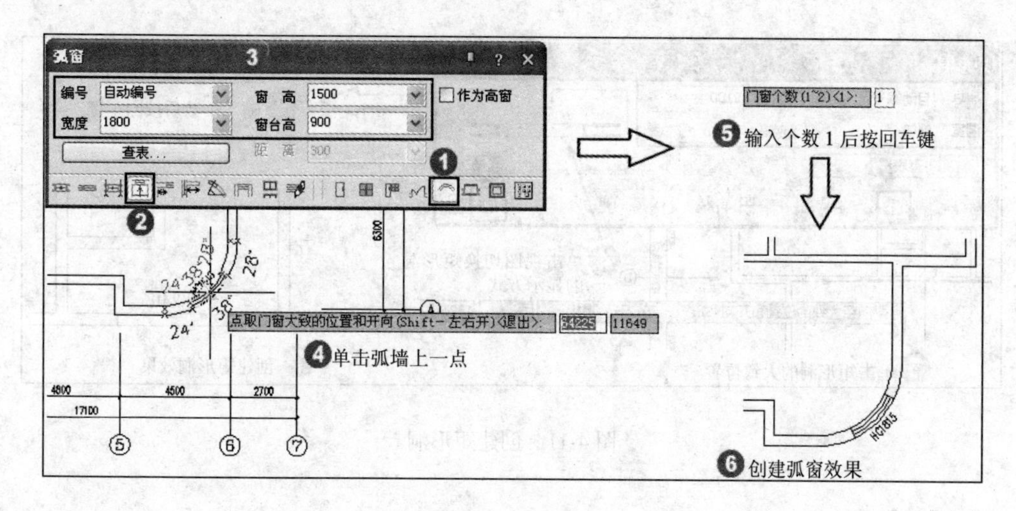

图 4-9　创建弧窗

6. 创建凸窗

凸窗是墙体上凸出的窗体，TArch 8.0 可创建梯形、三角形、圆弧和矩形 4 种形状的凸窗。单击【门窗】|【门窗】菜单命令，在弹出的【门】对话框下方单击【插凸窗】按钮，【门】对话框转换为【凸窗】对话框。在设置好凸窗的各项参数后，然后在墙体确定凸窗的插入位置即可。创建凸窗的具体操作步骤和效果如图 4-10 所示。

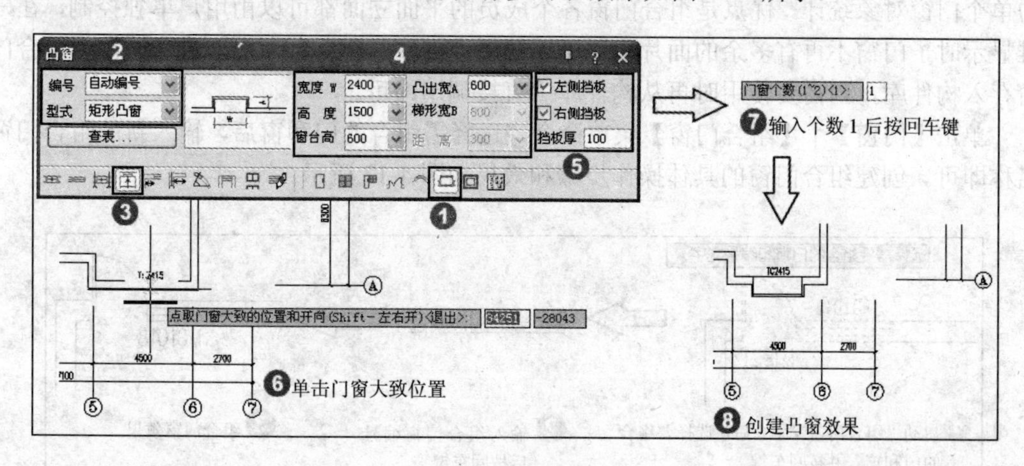

图 4-10　创建凸窗

7. 创建矩形洞

矩形洞是根据需要在墙体上开设的洞口。单击【门窗】|【门窗】菜单命令，在弹出的【门】对话框下方单击【插矩形洞】按钮，【门】对话框转换为【矩形洞】对话框。在设置好矩形洞宽、高和底高参数，并设置矩形洞的显示方式后，然后在墙体上单击确定矩形洞的位置即可。创建矩形洞的具体操作步骤和效果如图 4-11 所示。

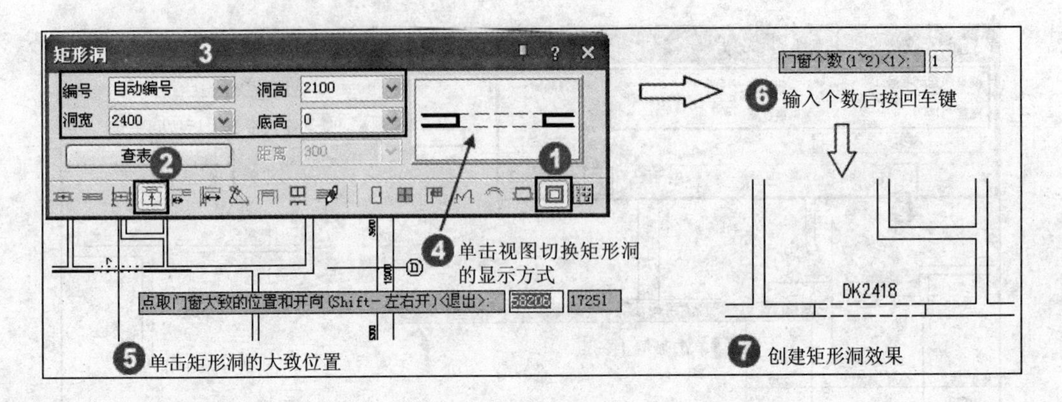

图 4-11　创建矩形洞

4.1.2 创建特殊门窗

TArch 8.0 不但提供了创建普通门窗的工具，还提供了一些创建特殊门窗的工具，包括组合门窗、带形窗、转角窗和异形洞 4 个工具。接下来分别进行介绍。

1. 创建组合门窗

“组合门窗”命令可以把已经插入的两个或两个以上普通门和窗组合为一个对象，作为单个门窗对象统计。优点是组合门窗各个成员的平面立面都可以由用户单独控制，在三维显示时子门窗不再有多余的面片，还可以使用“构件入库”命令把创建好的常用组合门窗存入构件库，当需要使用时再从构件库中直接调用即可。

单击【门窗】|【组合门窗】菜单命令，选择需组合的门和窗后，输入新的组合门窗名称即可。创建组合门窗的具体操作步骤和效果如图 4-12 所示。

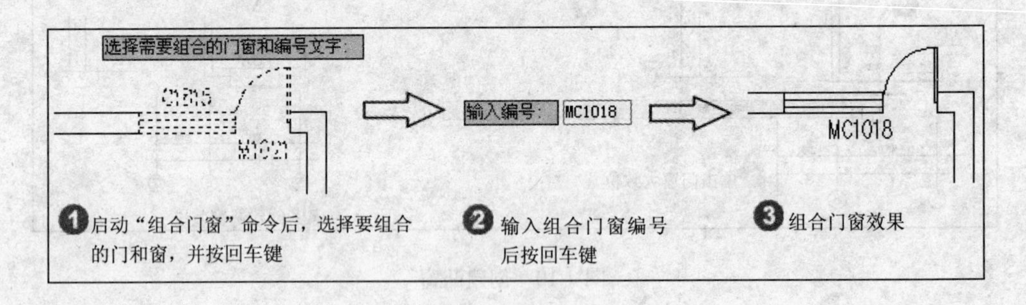

图 4-12　组合门窗

2. 创建带形窗

带形窗是跨越多段墙体的多扇普通窗的组合，各扇窗共用一个编号，它并没有凸窗特性，窗的宽度与墙体宽度一致。

单击【门窗】|【带形窗】菜单命令，在弹出的【带形窗】对话框中设置参数，接着单击带形窗的起点和终点，然后选择带形窗所经过的墙体，并按回车键，即可完成带形窗

的创建。创建带形窗的具体操作步骤和效果如图 4-13 所示。

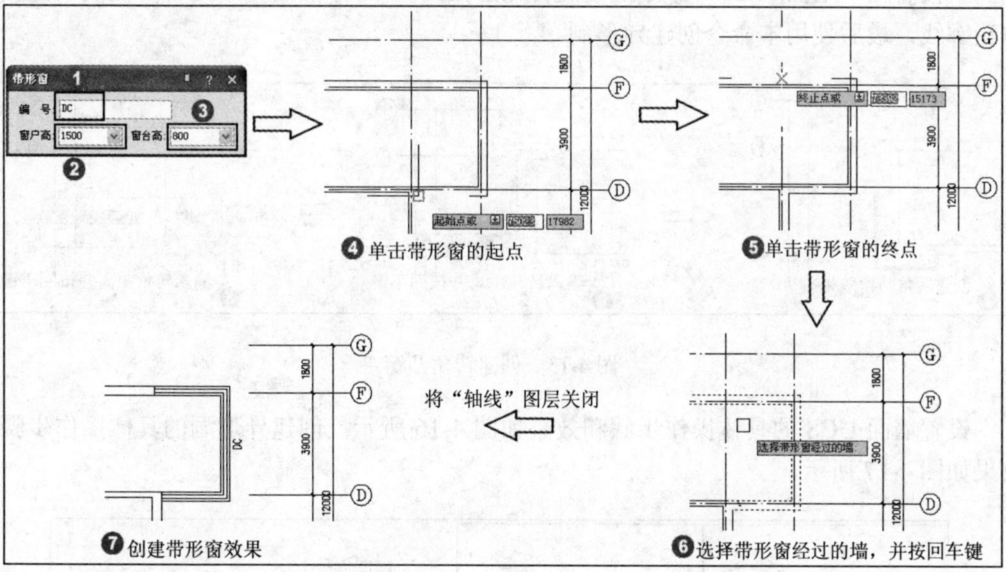

图 4-13　创建带形窗

3. 创建转角窗

跨越两段相邻转角墙体的平窗或凸窗，称为转角窗。转角窗在二维视图中用三线或四线表示（当前出图比例小于 1:100 时用三线表示），三维视图有窗框和玻璃，可在特性栏设置为转角洞口。角凸窗还有窗楣和窗台板，侧面碰墙时自动裁剪，以获得正确定的平面图效果。

单击【门窗】|【转角窗】菜单命令，在弹出的【绘制角窗】对话框中设置参数，接着单击要插入转角窗的墙内角，并输入两侧转角距离，即可完成转角窗的绘制。此处以创建转角凸窗为例，讲述转角窗的创建方法。设置转角凸窗参数和指定转角窗位置的具体操作步骤和效果如图 4-14 所示；创建转角凸窗的具体操作步骤和效果如图 4-15 所示。

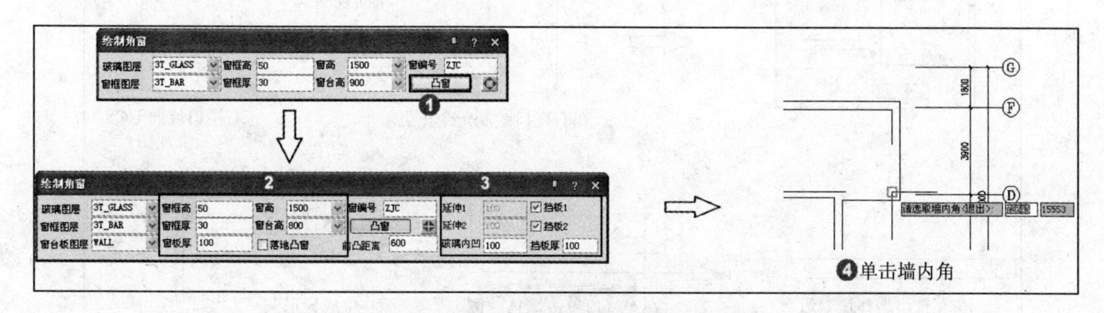

图 4-14　设置转角凸窗参数和指定位置

4. 创建异形洞

“异形洞”命令是指在直墙面上按给定的闭合 PLINE 轮廓线生成任意形状的洞口，平面图例与矩形洞相同。运行该命令前，先将屏幕设置为两个或多个视口，分别显示平面和立面，接着用“墙面 UCS”命令把墙面转化为立面 UCS，然后再用闭合多段线创建出洞口轮廓线，最后使用本命令创建异形洞。

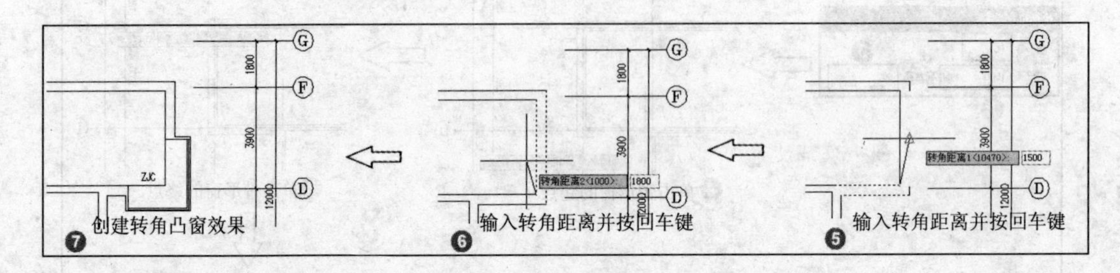

图 4-15　创建转角凸窗

设置墙面 UCS 的具体操作步骤和效果如图 4-16 所示；创建异形洞的具体操作步骤和效果如图 4-17 所示。

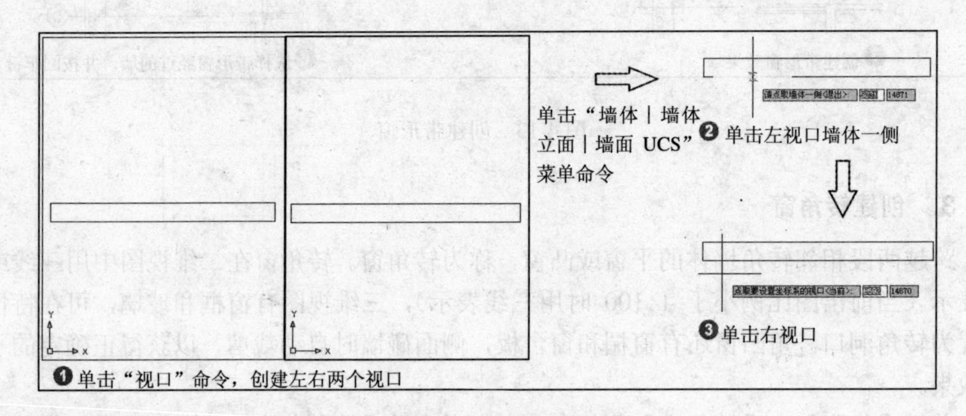

图 4-16　设置立面 UCS

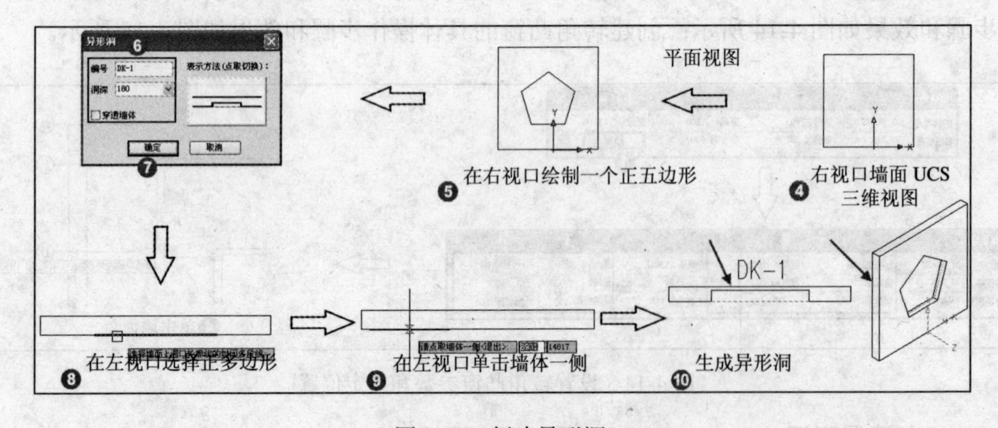

图 4-17　创建异形洞

4.2 门窗编辑和门窗表

前面已经介绍了门窗的创建方法，但在实践过程当中，需要对门窗进行一定的修改，TArch 8.0 提供了一系列门窗编辑工具。本节介绍门窗编辑的使用方法以及门窗表的创建。

4.2.1 门窗工具

TArch 8.0 提供的门窗工具主要包括内外翻转、左右翻转和常用门窗工具等。本小节介绍这些门窗工具的使用方法和用途。

1. 内外翻转

“内外翻转”命令可将当前选中的门窗以门窗所在墙体的基线为中心镜像线进行翻转。单击【门窗】|【内外翻转】菜单命令，选择需要内外翻转的门窗后按回车键，即可完成所选门窗的翻转。该命令可以同时对多个选中的门窗进行翻转。“内外翻转”命令的操作步骤和效果如图 4-18 所示。

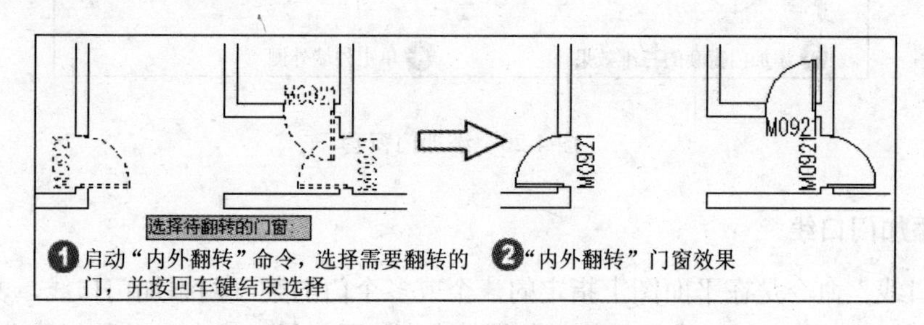

图 4-18 内外翻转

2. 左右翻转

“左右翻转”命令可将当前选中的门窗沿墙体方向进行翻转，该操作可改变门窗的开启方向。单击【门窗】|【左右翻转】菜单命令，选择需左右翻转的门窗后按回车键，即可完成所选门窗的翻转，该命令可以同时对多个选中的门窗进行翻转。“左右翻转”命令的操作步骤和效果如图 4-19 所示。

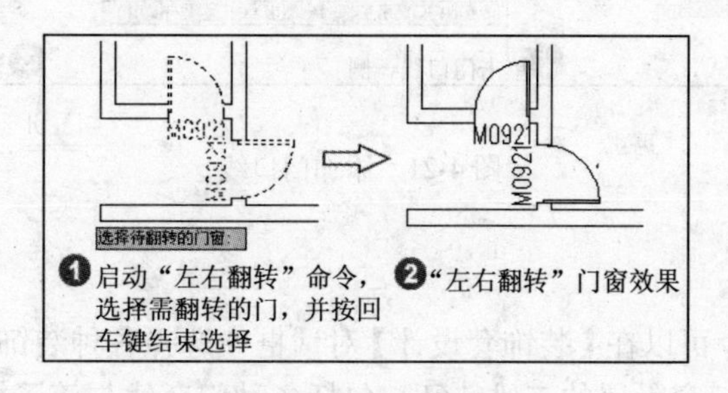

图 4-19 左右翻转

3. 添加门窗套

“门窗套”命令可以在所选门窗上添加门窗套，同时还可为选中的多个门窗添加门窗套造型，并可以对门窗套的尺寸进行设置，添加的门窗套将出现在门窗洞的四周。单击【门窗】|【门窗工具】|【门窗套】菜单命令，在弹出的【门窗套】对话框中设置门窗套参数，然后根据命令行提示，选择外墙上需要添加门窗套的门窗并按回车键，即可完成门窗套的添加。“门窗套”命令的操作步骤和效果如图 4-20 所示。

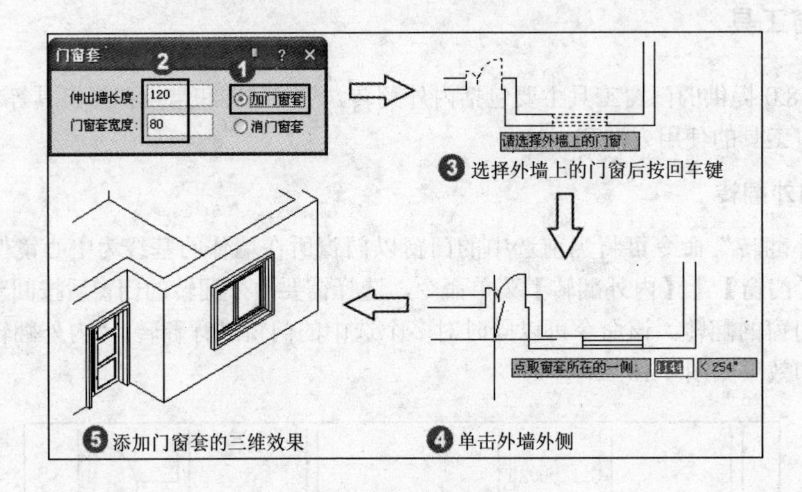

图 4-20 添加门窗套

4. 添加门口线

“门口线”命令是在平面图上指定的一个或多个门的某一侧添加门口线，表示门槛或者两侧地面标高不同，门口线是门的对象属性之一，因此门口线会自动随门移动。单击【门窗】|【门窗工具】|【门口线】菜单命令，选择需要添加门口线的门，并单击确定添加门口线的一侧，即可完成门口线的添加。“门口线”命令的操作步骤和效果如图 4-21 所示。

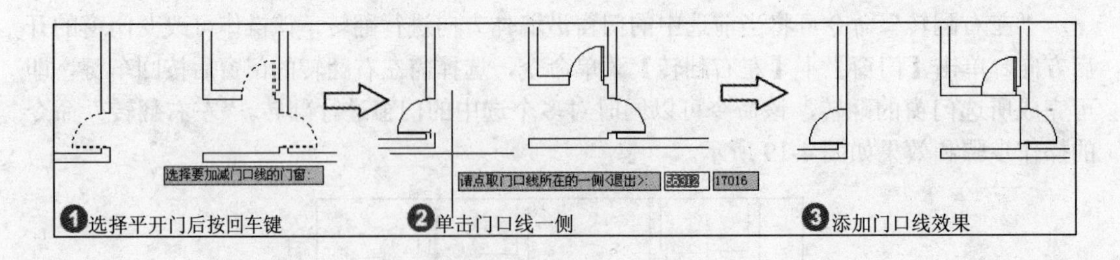

图 4-21 添加门口线

5. 添加装饰套

“加装饰套”命令可以在【装饰套设计】对话框中选择各种装饰风格和参数的装饰套。装饰套细致地描述了门窗附属的三维特征，包括各种门套线与筒子板、檐口板与窗台板的组合，主要用于室内设计的三维建模以及通过立面和剖面模块生成立剖面施工图的相应部

分。如果不需要装饰套，可直接删除装饰套对象。单击【门窗】|【门窗工具】|【加装饰套】菜单命令，在弹出的【装饰套设计】对话框中设置参数后，单击【确定】按钮，选择需要添加装饰套的门窗，并确定装饰套的一侧，即可添加装饰套。“加装饰套”命令的操作步骤和效果如图 4-22 所示。

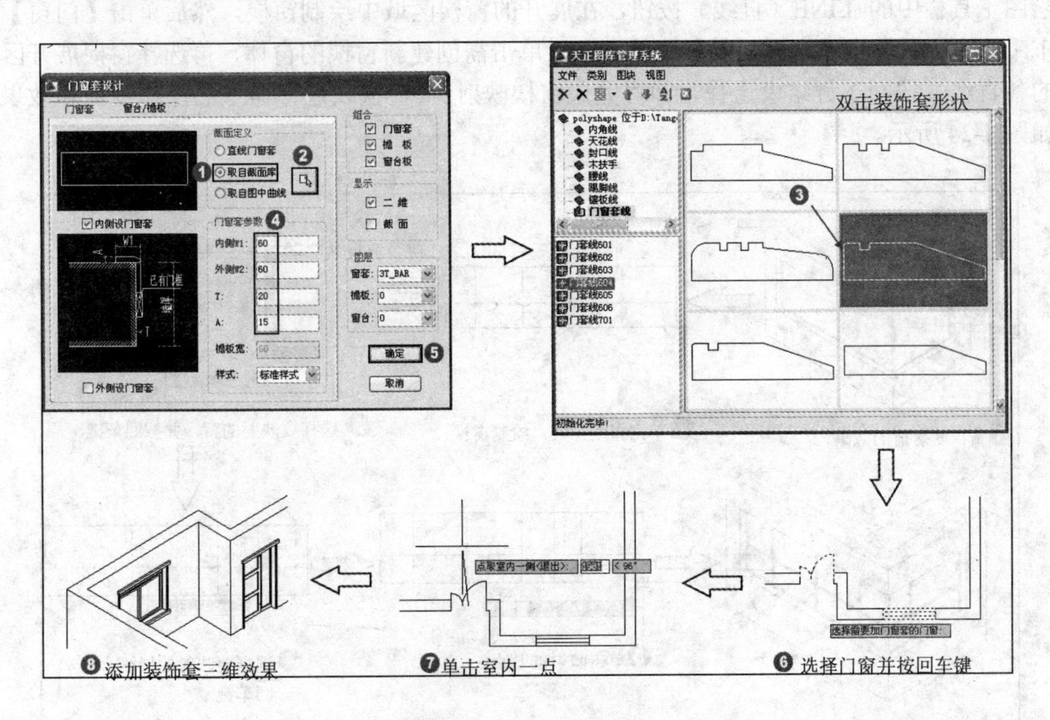

图 4-22　添加装饰套

6. 窗棂展开

“窗棂展开”命令把窗户玻璃在图上按立面尺寸展开，用户可以在展开立面上用直线和圆弧添加窗棂分格线，然后通过“窗棂分格”命令创建窗棂分格。“窗棂展开”的操作步骤和效果如图 4-23 所示。

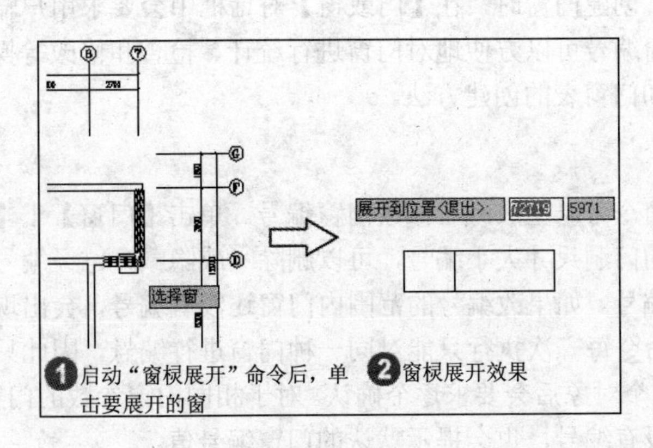

图 4-23　窗棂展开

7. 窗棂映射

“窗棂映射”命令可以把门窗展开立面图上由用户定义的立面窗棂分格线，在目标门窗上按默认尺寸映射，在目标门窗上更新为用户定义的三维窗棂分格效果。单击 AutoCAD 绘图工具栏中的 LINE（直线）按钮，在展开的窗棂区域中绘制窗棂，然后单击【门窗】|【门窗工具】|【窗棂映射】菜单命令，单击需创建新窗棂的窗体，再选择窗棂展开区的各直线，按回车键结束选择，即可完成窗棂映射。“窗棂映射”命令的操作步骤和效果如图 4-24 所示。

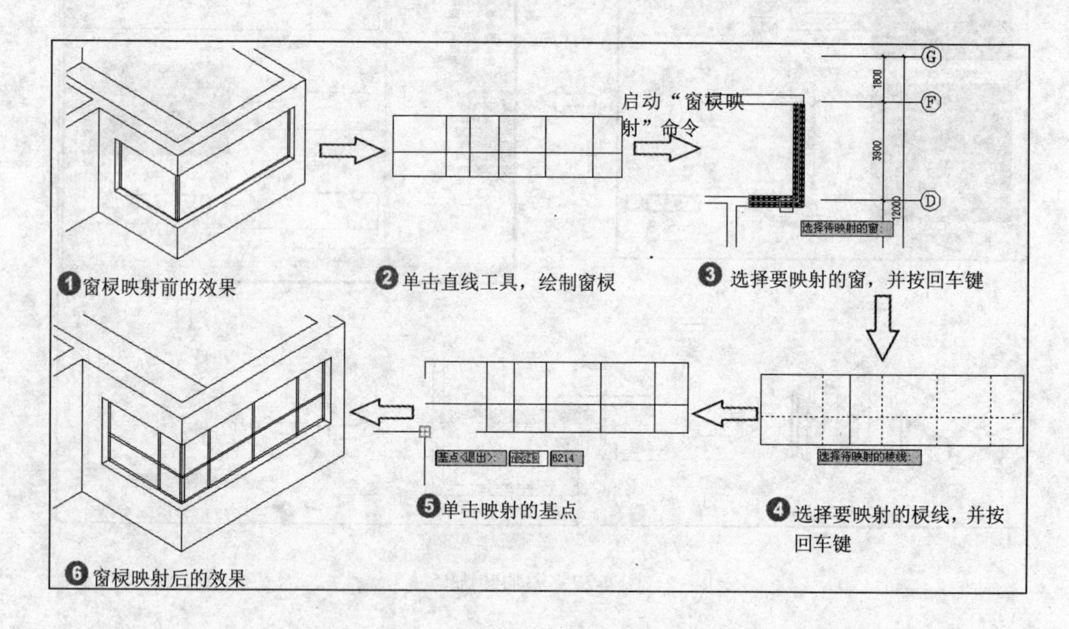

图 4-24　窗棂映射

4.2.2 门窗编号和门窗表

在默认情况下，创建门窗时，在【门或窗】对话框中会要求用户输入门窗编号或选择自动编号。利用门窗编号可以方便地对门窗进行统计、检查和修改等操作。本小节介绍门窗编号的编辑方法和门窗表的创建方法。

1. 门窗编号

“门窗编号”命令可以生成或者修改门窗编号。单击【门窗】|【门窗编号】菜单命令，根据普通门窗的门洞尺寸大小编号，可以删除（或隐藏）已经编号的门窗，转角窗和带形窗按默认规则编号。如果改编号的范围内门窗还没有编号，会出现选择要修改编号样板门窗的提示。该命令每一次执行只能对同一种门窗进行编号，因此只能选择一个门窗作为样板，同时选择多个对象后会要求逐个确认。对于相同门窗参数的门窗编为同一个号码。如果以前这些门窗没有编号，也会提示默认的门窗编号值。

选择要进行门窗编号的门窗，效果如图 4-25 所示；添加门窗编号的具体操作步骤和效果如图 4-26 所示。

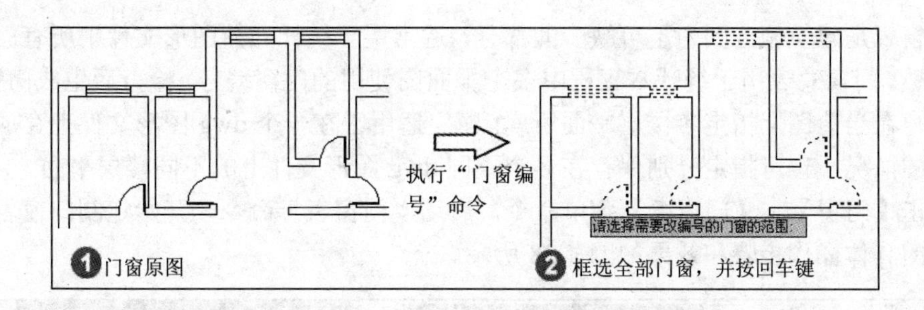

图 4-25　选择要编号的门窗

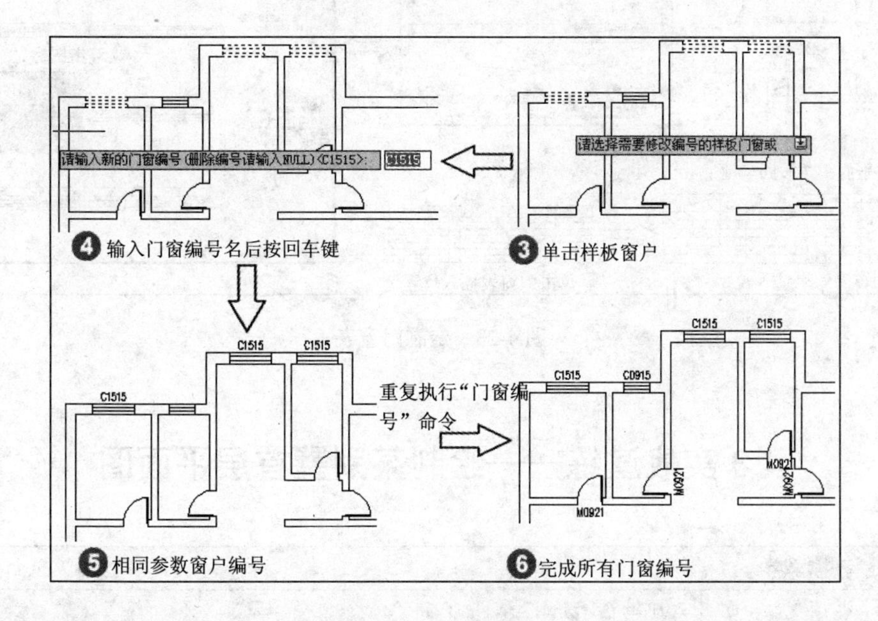

图 4-26　门窗编号

2. 门窗检查

“门窗检查”命令用于检查当前图中已插入的门窗数据是否合理。单击【门窗】|【门窗检查】菜单命令，弹出【门窗编号验证表】对话框，在该对话框中显示了门窗参数电子表格，检查当前图中已插入的门窗数据是否合理，如图 4-27 所示。

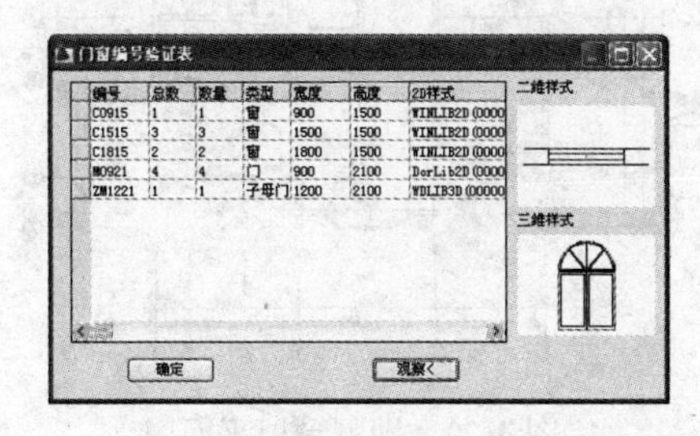

编号	总数	数量	类型	宽度	高度	2D样式
C0915	1	1	窗	900	1500	WINLIB2D (0000
C1515	3	3	窗	1500	1500	WINLIB2D (0000
C1815	2	2	窗	1800	1500	WINLIB2D (0000
M0921	4	4	门	900	2100	DorLib2D (0000
ZM1221	1	1	子母门	1200	2100	WDLIB3D (00000

图 4-27　“门窗编号验证表”对话框

3. 门窗表和门窗总表

门窗表是建筑施工图中不可缺少的部分，通常用于统计当前图形文件中所有门窗的数量和参数。门窗总表用于统计本工程中多个平面图使用的门窗编号，检查后生成门窗总表，可由用户在当前图上指定各楼层平面所属门窗，适用于在一个 dwg 图形文件上存放多楼层平面图的情况，也可指定分别保存在多个不同 dwg 图形文件上的不同楼层平面。

单击【门窗】|【门窗表】菜单命令，启动"门窗表"命令，开始定制门窗表。定制门窗表的具体操作步骤和效果如图 4-28 所示。

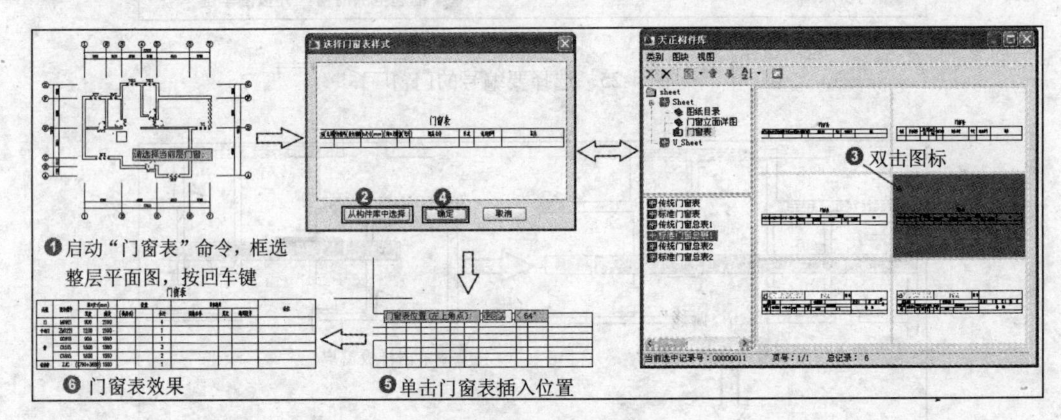

图 4-28　定制门窗表

4.3 实战演练——绘制某别墅首层平面图

视频教学	
视频文件:	AVI\第 04 章\4.3.avi
播放时长:	10 分 53 秒

根据本章所介绍的插入和编辑门窗知识以及前面 2 章所学的知识，绘制出某别墅的首层平面图的轴、网、轴号标注、墙体和门窗。最终效果如图 4-29 所示。

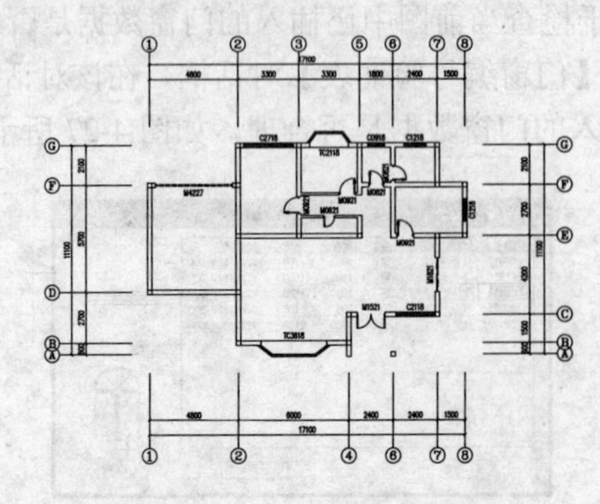

图 4-29　别墅首层平面图

操作步骤如下：

❶绘制轴网。在 TArch 8.0 正常启动的情况下，单击【轴网柱子】|【绘制轴网】菜单命令，在弹出的【绘制轴网】对话框中设置参数，然后单击【确定】按钮，在绘图区中单击即可绘制一个轴网；单击 AutoCAD 修改工具栏中的 OFFSET（偏移）按钮和 TRIM（修剪）按钮，生成内轴线。其操作步骤和效果如图 4-30 所示。

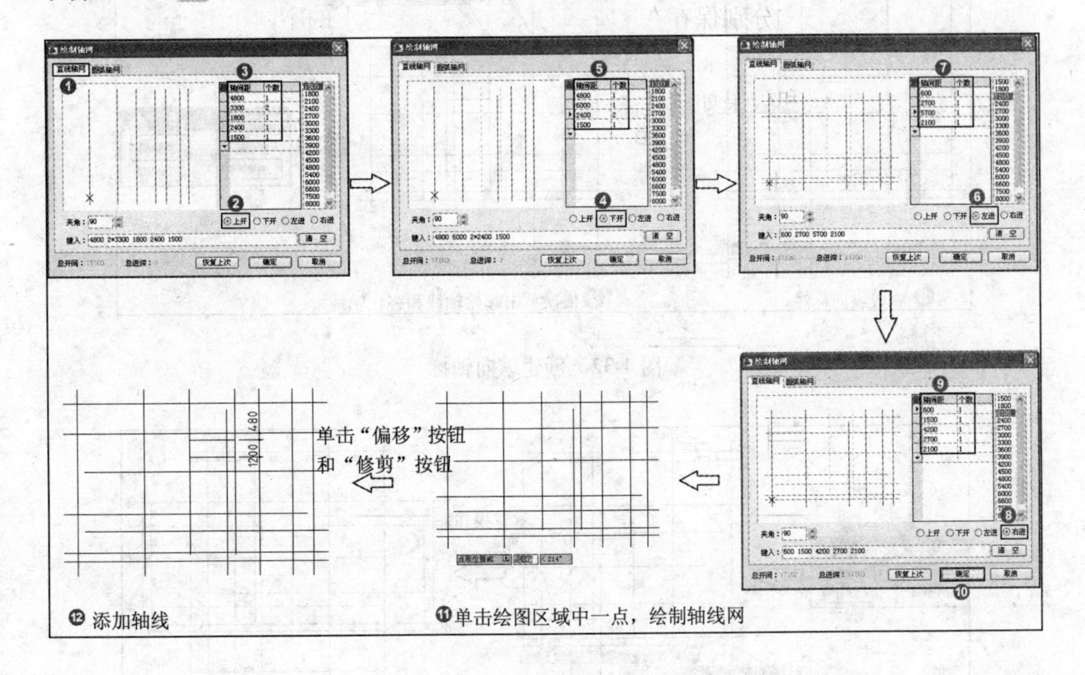

图 4-30 绘制轴网

❷添加轴号标注。单击【轴网柱子】|【两点轴标】菜单命令，在弹出的【轴网标注】对话框中，设置参数，根据命令行提示添加轴号标注。创建一个轴号标注的效果如图 4-31 所示。创建纵向轴标注的效果如图 4-32 所示；创建横向轴标的效果如图 4-33 所示。

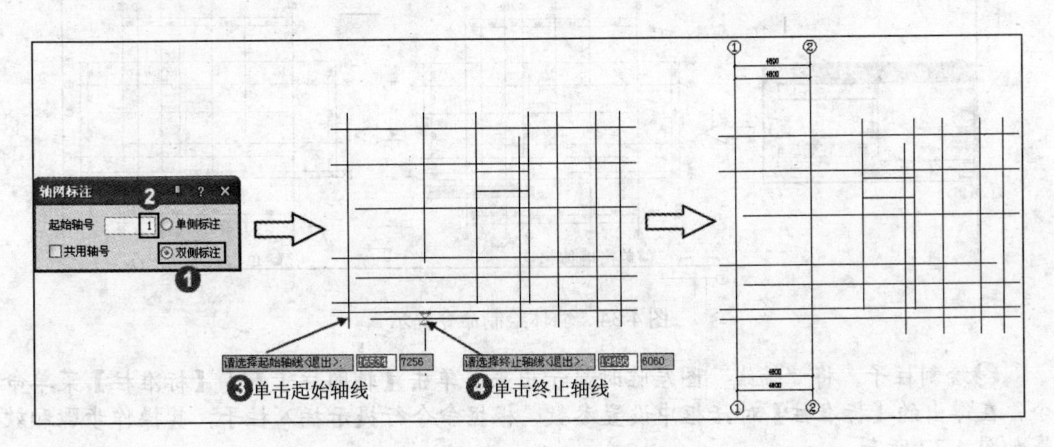

图 4-31 创建一个轴号标注

❸绘制墙体。单击【墙体】|【绘制墙体】菜单命令，在弹出的【绘制墙体】对话框中设置参数后，进入绘图区中，根据命令行提示单击直墙的起点和下一点，如图 4-34 所示；

重复操作步骤，绘制出普通墙体，效果如图4-35所示；修改墙体参数，根据命令行提示依次单击直墙段的起点和下一点，右键结束绘制新的墙体，同样方法绘制出所有墙体，效果如图4-36所示。

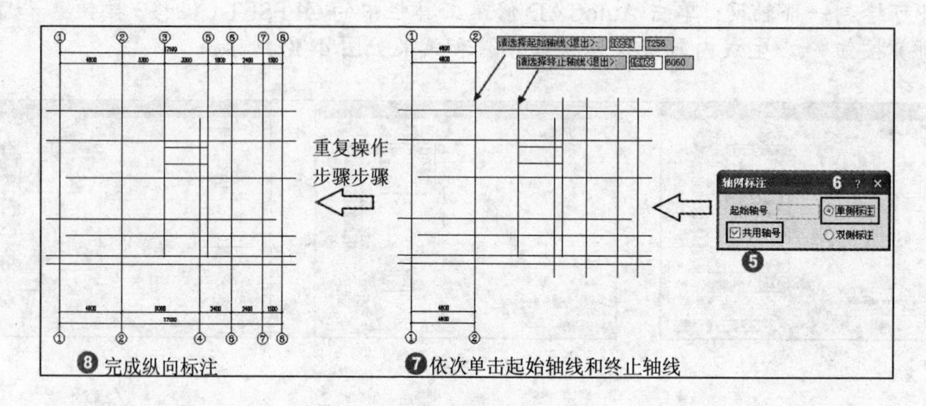

图4-32　创建纵向轴标

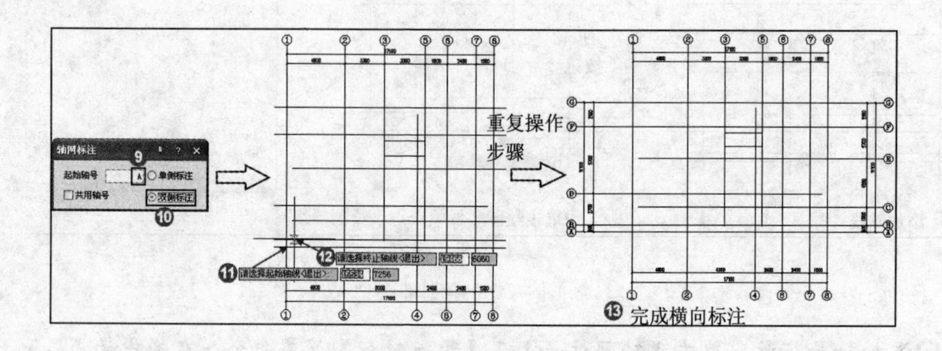

图4-33　创建横向轴标

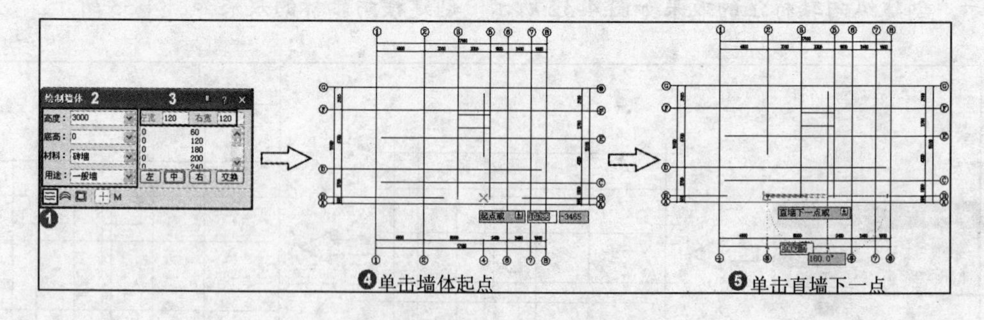

图4-34　墙体绘制命令提示

❹绘制柱子。将“轴线”图层临时显示出来，单击【轴网柱子】|【标准柱】菜单命令，在弹出的【标准柱】对话框中设置参数，根据命令行提示插入柱子，其操作步骤和效果如图4-37所示。

❺绘制普通窗。单击【门窗】|【门窗】菜单命令，在弹出的【门】对话框中，单击【插窗】按钮，弹出【窗】对话框，设置相应的普通窗参数，如图4-38所示；设置窗户样式如图4-39所示；然后创建普通窗，创建普通窗具体操作步骤和效果如图4-40所示。

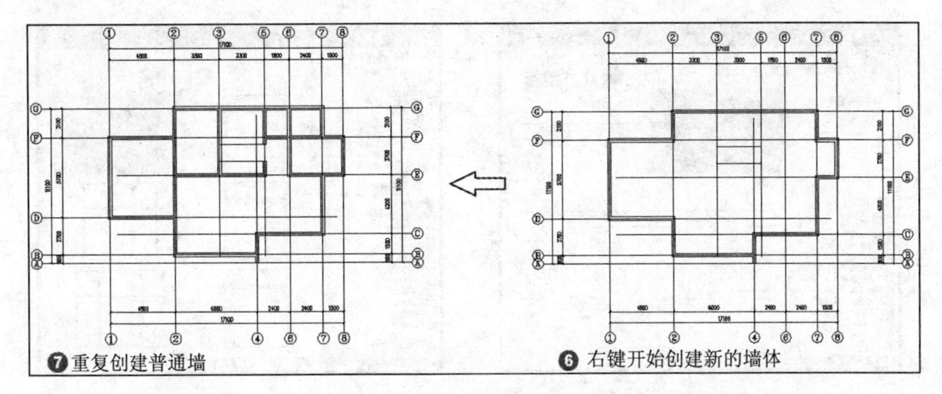

图 4-35　绘制普通墙

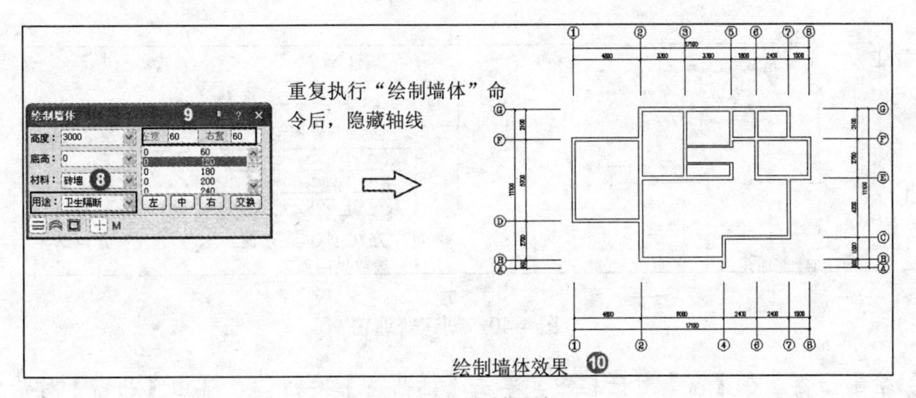

图 4-36　绘制隔墙

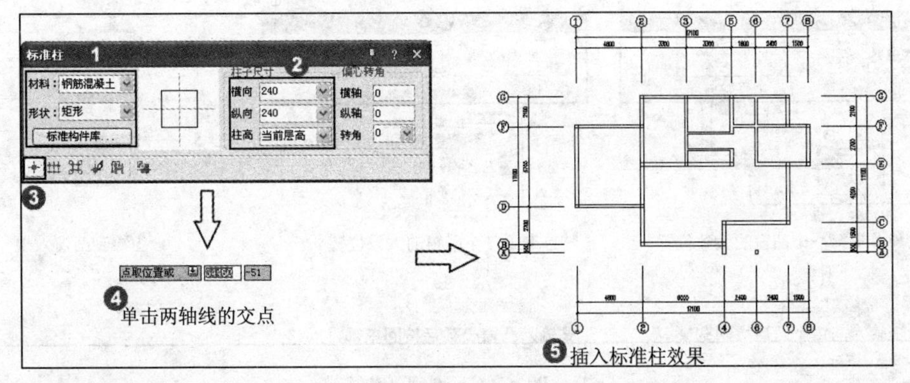

图 4-37　绘制柱子

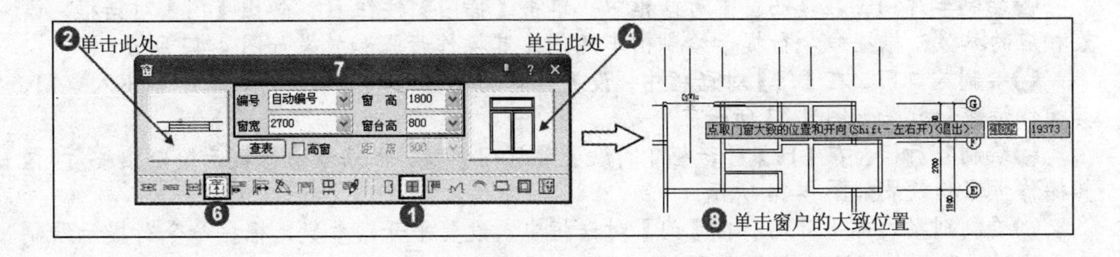

图 4-38　窗户参数

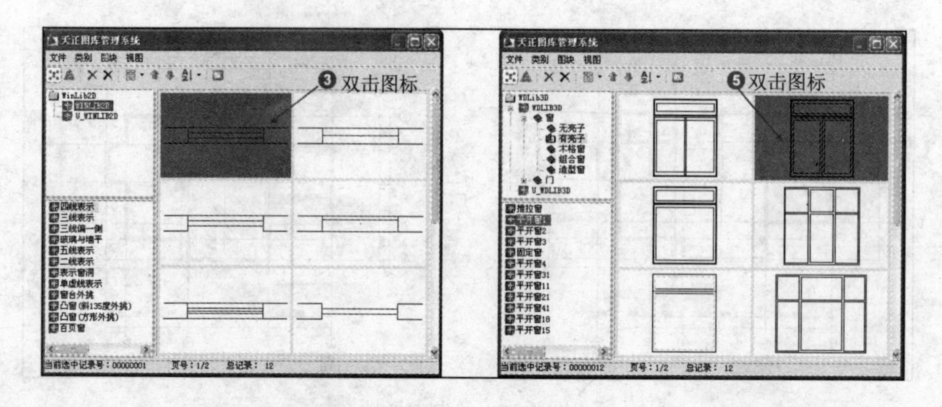

图 4-39　窗户样式

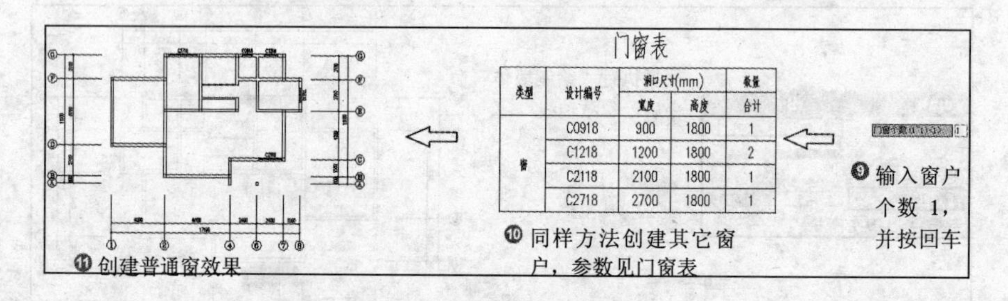

类型	设计编号	洞口尺寸(mm)		数量
		宽度	高度	合计
窗	C0918	900	1800	1
	C1218	1200	1800	2
	C2118	2100	1800	1
	C2718	2700	1800	1

图 4-40　创建普通窗

❻绘制凸窗。在【窗】对话框中，单击【插凸窗】按钮，弹出【凸窗】对话框，设置相应的参数，根据命令行提示插入凸窗。其操作步骤和效果如图 4-41 所示。

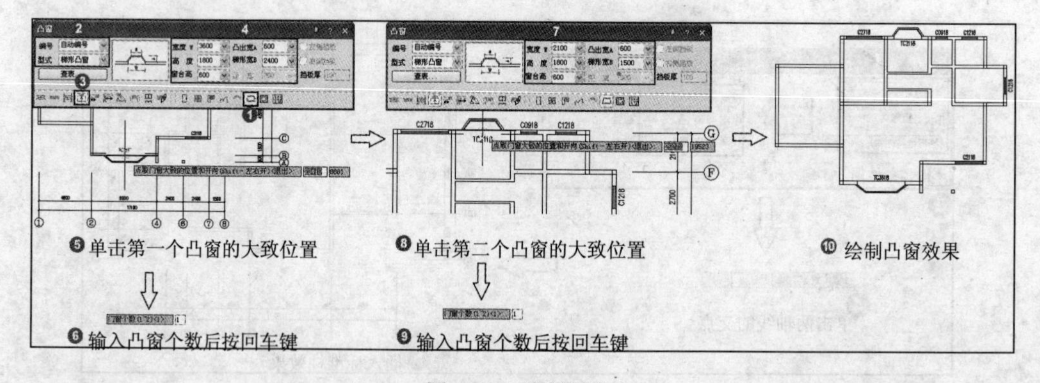

图 4-41　绘制凸窗

❼绘制车库门。在【凸窗】对话框中，单击【插门】按钮，弹出【门】对话框，设置相应的参数，根据命令行提示绘制出车库门。其操作步骤和效果如图 4-42 所示。

❽绘制入口门。在【门】对话框中，设置入口门参数，根据命令行提示绘制出入口门，其操作步骤和效果如图 4-43 所示。

❾绘制餐厅门。在【门】对话框中，设置餐厅门参数，根据命令行提示绘制出餐厅门，其操作步骤和效果如图 4-44 所示。

❿绘制别墅内部平开门。在【门】对话框中，设置平开门参数，根据命令行提示绘制出平开门，其操作步骤和效果如图 4-45 所示。

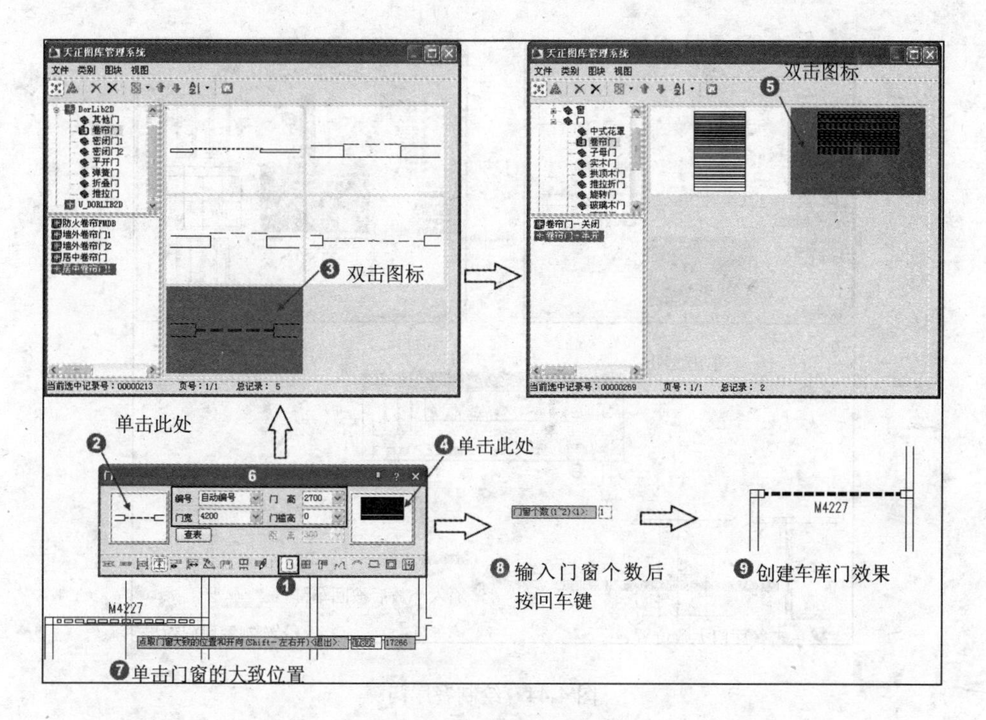

图 4-42　绘制车库门

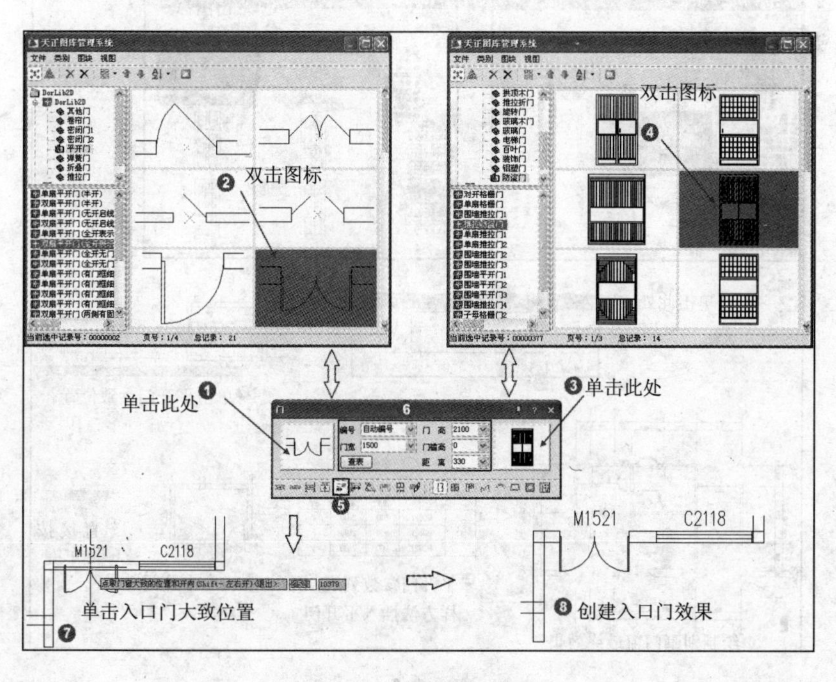

图 4-43　绘制入口门

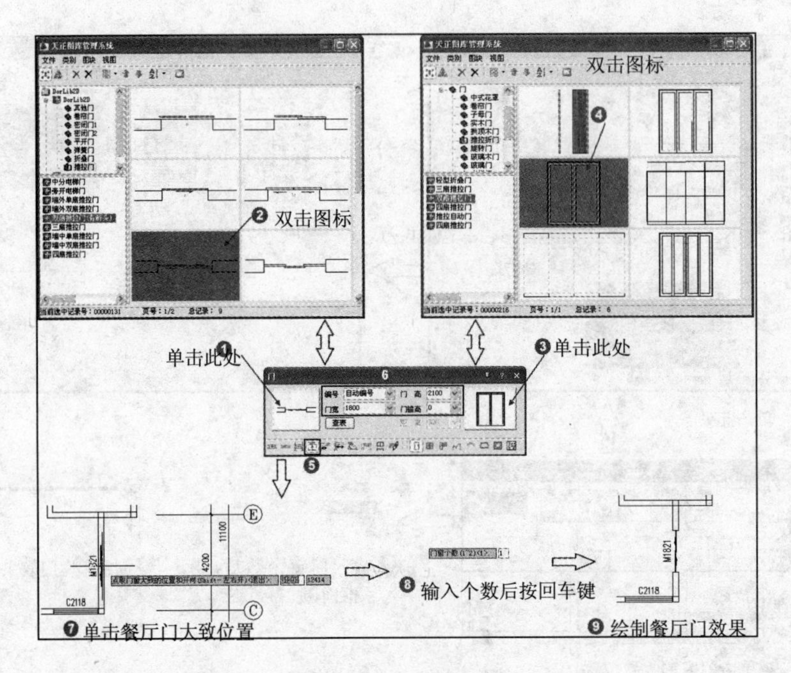

图 4-44　绘制餐厅门

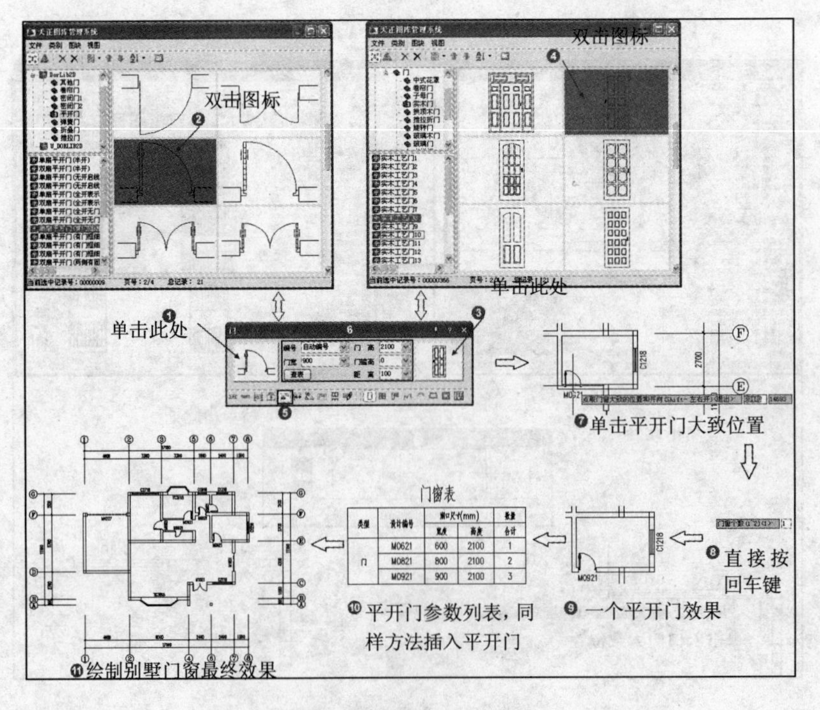

图 4-45　绘制别墅内部平开门

4.4 本章小结

1．本章介绍了门窗的概念，天正门窗分为普通门窗和特殊门窗两类，为自定义门窗对象。

2．本章介绍了各类门窗的定义和创建方法。

3．门窗的编辑主要包括门窗对象的夹点编辑与批量编辑方法。本章主要介绍了门窗编辑工具的使用方法，天正门窗工具用于门窗的图例修改与外观修饰，添加门口线、门窗套和装饰门窗套等特性。

4．本章介绍了门窗编号和门窗表，“门窗编号”命令可对门窗进行自动编号，“门窗总表”命令可从一个 DWG 文档中的多个平面图中提取各楼层的门窗编号，创建整个工程的门窗总表。

5．门、窗和墙洞是室内外空间的过渡部分，是组成建筑物的重要构件。天正门窗（洞）也是一种自定义对象，和墙体建立了智能联动关系。门窗（洞）插入墙体后，墙体的外观几何尺寸不变，但墙体对象的粉刷面积和开洞面积已经立即更新以备查询，为未来工程量统计接口作准备。

6．门窗编辑方便，翻转容易，也可以利用夹点进行编辑。选中门窗，单击鼠标右键，在弹出的快捷方法选择相应的选项，即可进入对象编辑。

4.5 思考与练习

一、 填空题

1．插入门窗的方式包括自由插入、________、________、________、________、________、________、________和充满整个墙段插入门窗。

2．通过“门窗”命令可绘制门窗的样式包括普通门、______、______、______、______、______、______和矩形洞。

3．门窗表具有________和________两种样式。

二、 问答题

1．通过夹点可修改门窗的哪些参数？

2．矩形洞和异形洞有何区别？如何绘制矩形洞和异形洞？

3．门窗表和门窗总表有何区别？如何创建？

4．门窗套和装饰套有何区别？如何创建门窗套和装饰套？

三、 操作题

1．利用门窗插入的各种方式插入门窗，并进行比较分析，总结出各自的特点，以适应在各种不同场合选用不同的插入方法。

2．对已绘制出门窗进行左右翻转、内外翻转和对象编辑等操作。

3．按如下所表的门窗表绘制出以下平面图，并对平面图的门窗进行编辑和替换以及进行门窗检查，绘制门窗表。

门窗表

类别	设计编号	洞口尺寸(mm)		数量	图集名称	页次	选用型号	备注
		宽度	高度					
门	M0721	700	2100	2				
	M0921	900	2100	6				
	M1021	1000	2100	2				
	M1221	1200	2100	2				
门连窗	MC2421	2400	2100	2				
窗	C0615	600	1500	4				
	C1215	1200	1500	6				
	C1515	1500	1500	1				
	C2415	2400	1500	2				
凸窗	TC1815	1800	1500	2				
转角窗	ZJC	(1500+1200)	1500	1				
	ZJC	(1200+1500)	1500	1				
墙洞		800	2100	6				

图 4-46　门窗表

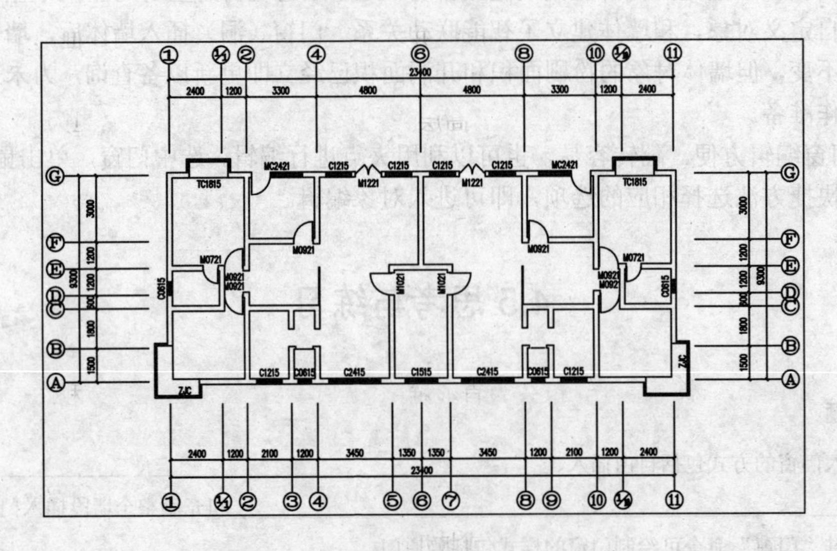

图 4-47　练习图

第5章 创建室内外设施

室内外构件是附属于建筑中并依靠建筑而存在的建筑构件。室内构件主要包括楼梯、电梯、扶手和栏杆等；而室外构件主要包括阳台、台阶、坡道和散水等。本章主要介绍室内外设施的概念和作用，并通过实例讲述室内外设施的创建方法。

5.1 创建室内设施

创建室内设施是建筑设计的重要组成部分，室内设施主要包括各种楼梯、电梯、扶手和栏杆等。楼梯是建筑物的竖向构件，是供人和物上下楼层以及疏散人流之用，因此对楼梯的设计要求是具有足够的通行能力，即保证楼梯有足够的宽度和合适的坡度；使楼梯通行安全，应保证楼梯有足够的强度、刚度，并具有防火、防烟和防滑等方面的要求；另外楼梯造型要美观，增强建筑物内部的观瞻效果。

由于社会发展迅速，城市用地紧张，高层建筑成为城市建设的主流，但为了节省体力，需要设置电梯。在高层建筑中，电梯是主要的垂直交通工具。本节主要介绍楼梯、电梯及其附属构件的创建方法。

5.1.1 创建单跑楼梯

楼梯梯段是联系上下层的垂直交通设施，单跑梯段是指连接上下层楼梯并且中途不改变方向的楼梯梯段。单跑楼梯又可分为直线梯段、圆弧梯段和任意梯段 3 种。

1. 直线梯段

直线梯段一般设计在楼层不高的室内空间中，是众多楼梯中最简单的一种。直线梯段可单独使用，也可用于组合复杂的梯段或坡度。单击【楼梯其他】|【直线梯段】菜单命令，在弹出的【直线梯段】对话框设置参数后，在绘图区中指定直线梯段的插入位置，即可创建直线梯段。

创建直线梯段的具体操作步骤和效果如图 5-1 所示。

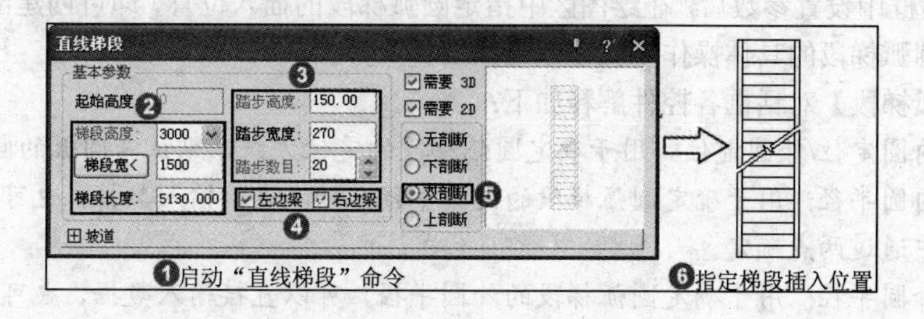

图 5-1 “直线梯段”对话框

【直线梯段】对话框各控件解释如下：

- 起始高度：当前所绘梯段所在楼层地面起算的楼梯起始高度，梯段高也以此算起。
- 梯段高度：当前所绘制直线梯段的总高度。
- 梯段宽：该梯段水平方向上的宽度值。
- 梯段长度：该梯段垂直方向上的长度值。
- 踏步高度：该梯段每一个台阶的高度值。由于踏步数目是整数，梯段高度是一个给定的整数，因此踏步高度并不是都是整数。可以给定一个粗略的目标值后，系统经过计算，确定踏步高度的精确值。
- 踏步宽度：梯段中每个踏步板的宽度。
- 踏步数目：该梯段踏步的总数，可以直接输入数字，也可以用右边的加减标增加或减少踏步数。
- 左边梁/右边梁：是一个复选框组，勾选表示为直线梯段添加梁，反之不添加。
- 需要 2D/需要 3D：是一个复选框组，设置楼梯在视图中的显示方式。
- 剖断组：是一个单选框，用于确定楼梯剖断的方式，包括 4 种方式。
- 坡道：该选项包含一个复选框，选中此复选框，表示将梯段转化为坡道。
- 当用户在插入直线梯段时，命令行会提示一些插入选项，输入不同的选项提示，有不同的插入梯段效果，其含义分别介绍如下：
- 转 90º（A）：当用户按 A 键，即可将当前梯段沿逆时针方向旋转 90°，用于确定梯段的方向。
- 左右翻（S）：当用户按 S 键，即可将梯段以基点所在的铅垂线为镜像线进行左右翻转。
- 上下翻（D）：当用户按 D 键，即可将梯段以基点所在的水平线为镜像线进行上下翻转。
- 对齐（F）：当用户按 F 键，首先指定楼梯上的基点和对齐轴，再指定目标点和对齐轴，即可将梯段移到目标位置。
- 改转角（R）：当用户按 R 键，可为插入的楼梯设置旋转角度。
- 改基点（T）：当用户按 T 键，可重新指定楼梯的插入基点。

2. 圆弧梯段

"圆弧梯段"命令用于创建单段弧线形梯段，适合单独的圆弧楼梯，也可与直线梯段组合创建复杂楼梯和坡道。单击【楼梯其他】|【圆弧梯段】菜单命令，在弹出的【圆弧梯段】对话框中设置参数后，在绘图区中指定圆弧梯段的插入位置，即可创建出圆弧梯段。

创建圆弧梯段的具体操作步骤和效果如图 5-2 所示。

【圆弧梯段】对话框各控件解释如下：

- 内圆定位/外圆定位：用于确定圆弧梯段的定位方式，默认是圆弧的圆心定位。
- 内圆半径：用于确定圆弧梯段的内圆半径，可以直接输入数据，也可以在绘图区中通过两点确定。
- 外圆半径：用于确定圆弧梯段的外圆半径，可以直接输入数据，也可以在绘图区中通过两点确定。

➢ 起始角：用于确定圆弧梯段弧线的起始角度。
➢ 圆心角：用于确定圆弧梯段的夹角，值越大，梯段弧线也越长。

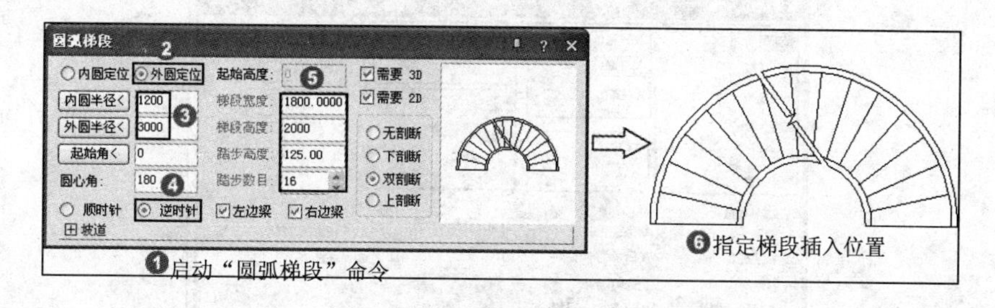

图 5-2　“圆弧梯段”对话框

3. 任意梯段

“任意梯段”是指根据已知的两条任意直线或弧线边界创建出的梯段。单击【楼梯其他】|【任意梯段】菜单命令，根据命令行提示依次选择左右两侧边线，然后在弹出的【任意梯段】对话框中设置参数，最后单击【确定】按钮，即可完成任意梯段的创建。

创建任意梯段的操作步骤和效果如图 5-3 所示。

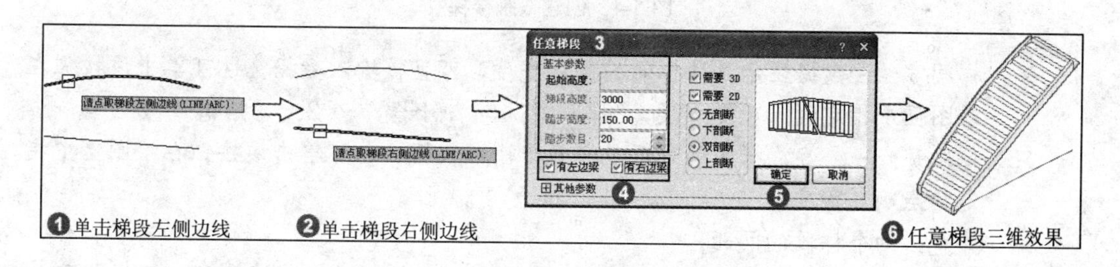

图 5-3　创建任意梯段

5.1.2 创建双跑楼梯和各种多跑楼梯

当建筑物层数较多且层高较大时，就需要设计双跑楼梯或多跑楼梯，并在梯段转角时需要加入休息平台。本小节介绍双跑楼梯和各种多跑楼梯的创建方法。

1. 双跑楼梯

双跑楼梯是最常见的楼梯形式，由两跑直线梯段、一个休息平台、一个或两个扶手和一组或两组栏杆构成的自定义对象。单击【楼梯其他】|【双跑楼梯】菜单命令，在弹出的【双跑楼梯】对话框中设置各项参数，根据命令行提示，插入双跑楼梯。创建双跑楼梯的操作步骤和效果如图 5-4 所示。

【双跑楼梯】对话框与【直线梯段】对话框有很多参数不相同，为了更好地绘制双跑楼梯，对【双跑楼梯】对话框中的各控件解释如下：

➢ 楼梯高度：双跑楼梯的总高。
➢ 踏步总数：指双跑楼梯的踏步数。以踏步总数推算一跑与二跑步数，总数为奇数时先增二跑步数。

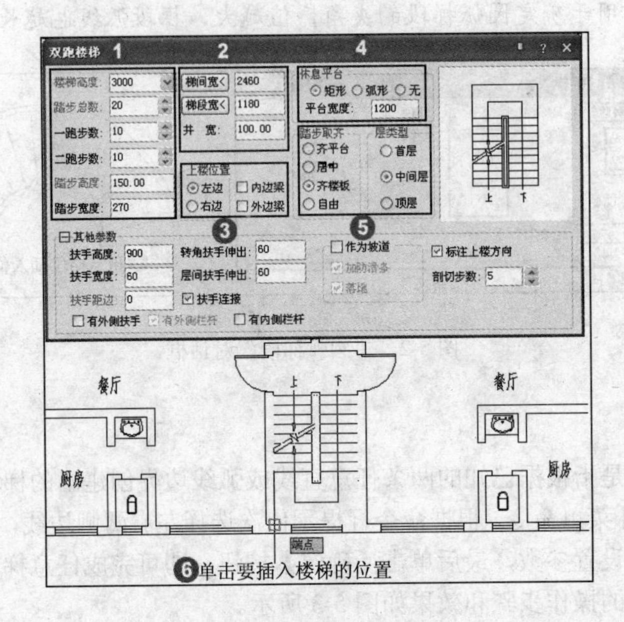

图 5-4　创建双跑楼梯

- 梯间宽：该数据显示了楼梯间的整体宽度，可直接输入数据，也可单击该按钮在绘图区中指定两点确定宽度，“梯间宽”＝“梯段宽”×2＋“井宽”。
- 梯段宽：一个直线梯段的宽度，可直接输入数据，也可单击该按钮在绘图区中指定两点确定宽度。
- 井宽：两个梯段的间距。
- 上楼位置：双跑楼梯在上楼过程中会反转方向，因此在创建楼梯时还需选择目标楼的位置，上楼位置也就是更改梯段的位置。
- 休息平台：休息平台在上楼过程中起中途休息的作用，休息平台可以是矩形的，也可以是弧形的，用户可以根据实际情况选择休息平台的尺寸和实际大小。
- 踏步取齐：当所绘梯段踏步的总高度与楼层高度不相符合时，用户可选择一个基准取齐，包括“齐平台”、“居中”、“齐楼板”和“自由”4个单选按钮，用户可根据实际需要进行选定。
- 层类型：在建筑平面图中，不同的楼层，双跑楼梯图示表达的方式就不同，用户可以根据实际需要进行选择。
- 扶手高度：一般情况下，双跑楼梯都需要添加扶手，在该文本框中输入一个数值，即可设置扶手高度。
- 扶手宽度：在该文本框中输入一个数值，即可设置扶手的宽度。
- 扶手距边：在该文本框中输入一个数值，即可设置扶手距梯段边的距离。
- 有外侧扶手：通常情况下，双跑楼梯的外侧都是紧贴墙壁，不需要设置外侧扶手，但在公共场所，为防止用户在梯段上摔倒，此时需要设置外侧扶手。单击选中此复选框，即可设置外侧扶手，选中此复选框后，可设置是否有外侧栏杆。

- 有内侧栏杆：选中此复选框，表示在内侧扶手处生成内侧栏杆。
- 转角扶手伸出：该文本框用于设置在梯段中间转角扶手伸出的距离。
- 层间扶手伸出：该文本框用于设置在层与层之间转角扶手伸出的距离。
- 扶手连接：选中该复选框，在梯段中的扶手相连接。

2. 直行多跑楼梯

“多跑楼梯”命令用于创建由梯段开始且以梯段结束、梯段和休息平台交替布置、各梯段方向自由变换的多跑楼梯。多跑楼梯一般用于在楼层空间较高并且较大的建筑中，直行多跑楼梯具有多个休息平台。单击【楼梯其他】|【多跑楼梯】菜单命令，在弹出的【多跑楼梯】对话框中设置楼梯的总高度、楼梯宽度、踏步数量、踏步宽度、踏步高度和扶手等，然后根据命令行提示，在绘图区中绘制多跑楼梯即可。

绘制直行多跑楼梯的操作步骤和效果如图 5-5 所示。

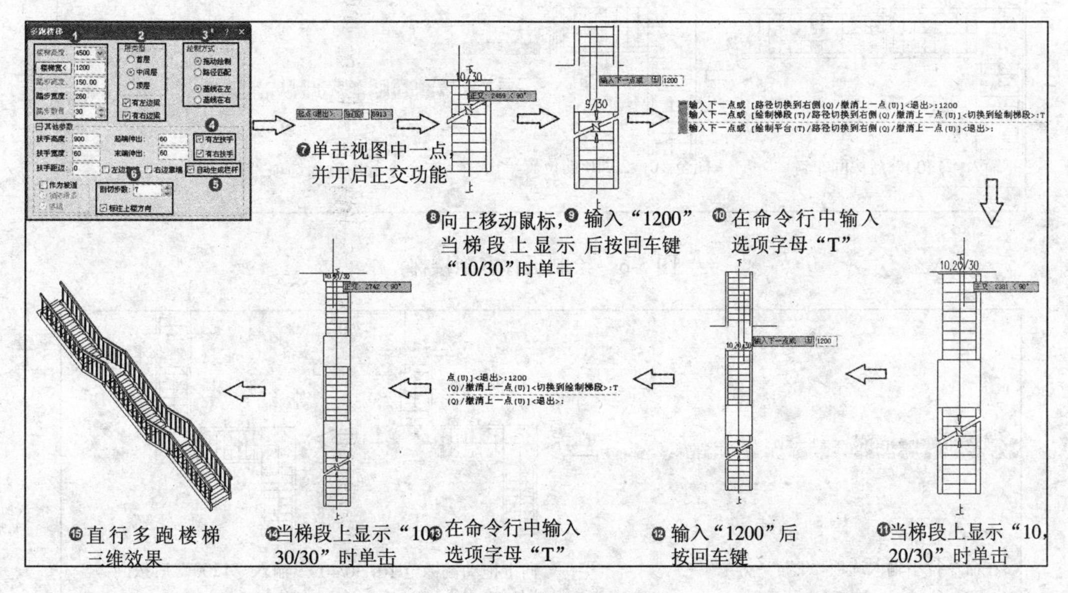

图 5-5　创建直行多跑楼梯

3. 折行多跑楼梯

折行多跑楼梯同样具有多个休息平台，但在各个休息平台上改变梯段的方向。绘制折行多跑楼梯之前，可以先利用 AutoCAD 绘图工具栏中的直线命令绘制出折行楼梯的井宽，然后单击【楼梯其他】|【多跑楼梯】菜单命令，在弹出的【多跑楼梯】对话框中设置楼梯的总高度、楼梯宽度、踏步数量、踏步宽度、踏步高度和扶手等，然后根据命令行提示在绘图区中绘制多跑楼梯即可。

绘制一段折行多跑楼梯的具体操作步骤和效果如图 5-6 所示；绘制折行多跑楼梯的具体操作操作步骤和效果如图 5-7 所示。

4. 双分平行

“双分平行”命令用于创建双分平行楼梯，通过设置平台宽度可以解决复杂的梯段关

系。单击【楼梯其他】|【平行双分】菜单命令，在弹出的【平行双分楼梯】对话框中设置楼梯的基本参数以及楼梯的上楼位置后，单击【确定】按钮，然后在绘图区中指定位置上单击，即可创建双分平行楼梯。

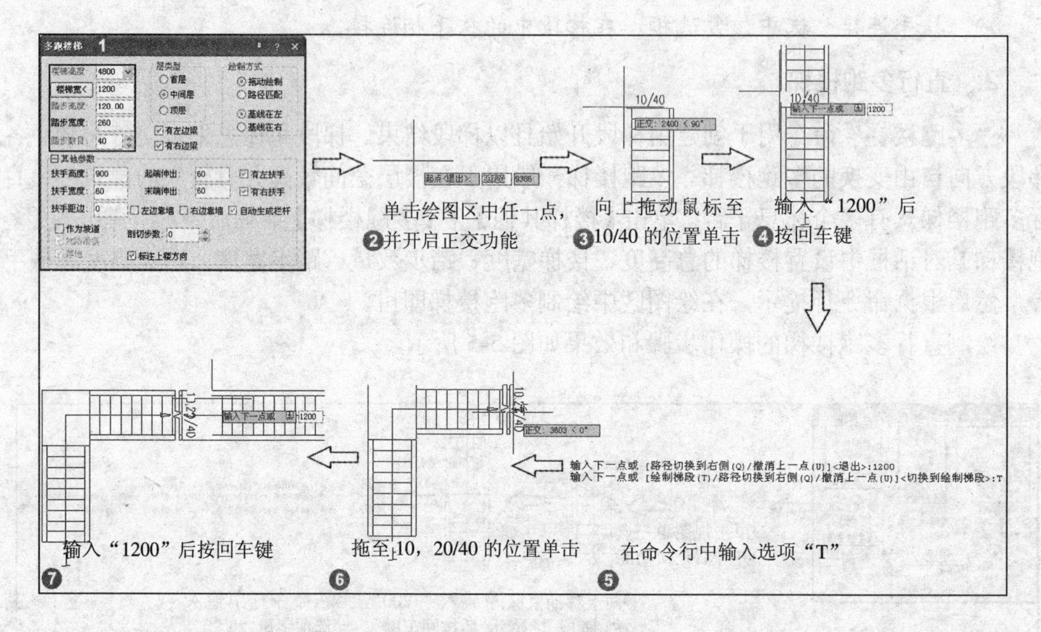

图5-6　绘制折行多跑楼梯

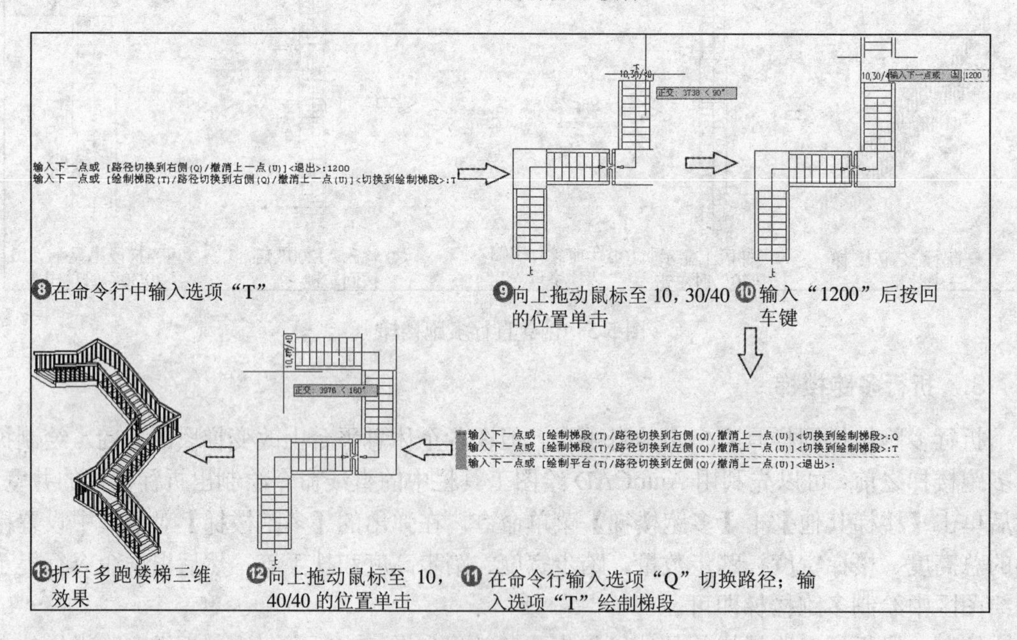

图5-7　绘制折行多跑楼梯

绘制双分平行楼梯的操作步骤和效果如图5-8所示。

5. 双分转角

“双分转角”命令用于创建双分转角楼梯。单击【楼梯其他】|【双分转角】菜单命

令，在弹出的【双分转角楼梯】对话框中设置楼梯的基本参数以及楼梯的上楼位置后，单击【确定】按钮，然后在绘图区中指定位置上单击，即可创建双分转角楼梯。

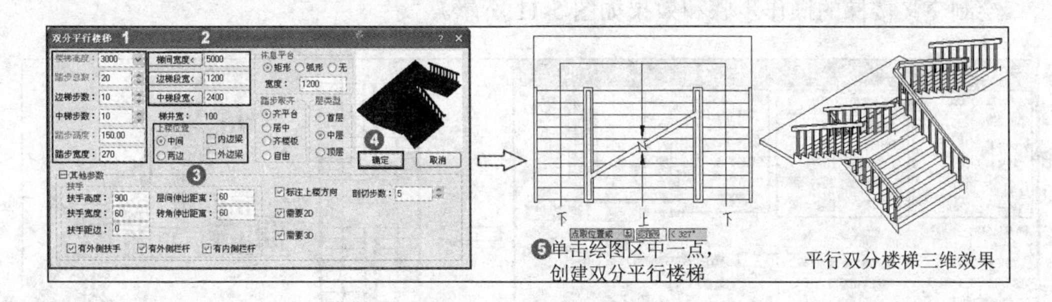

图 5-8　双分平行楼梯

绘制双分转角楼梯的操作步骤和效果如图 5-9 所示。

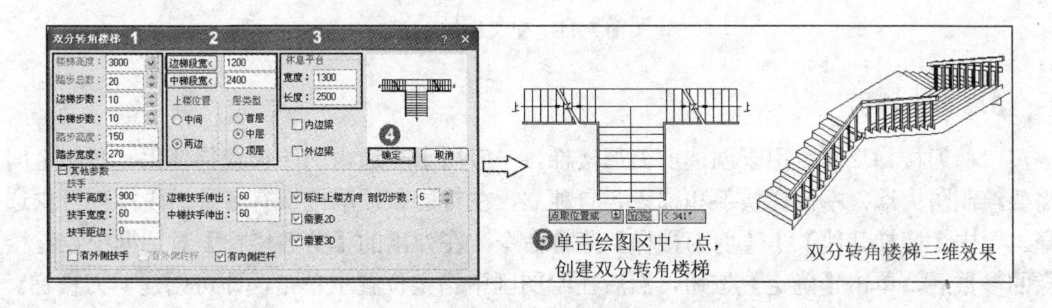

图 5-9　双分转角楼梯

6. 双分三跑

“双分三跑”命令用于创建双分三跑楼梯。单击【楼梯其他】|【双分三跑】菜单命令，在弹出的【双分三跑楼梯】对话框中设置楼梯的参数后，单击【确定】按钮，然后在绘图区中指定位置上单击，即可创建双分转角楼梯。

绘制双分三跑楼梯的操作步骤和效果如图 5-10 所示。

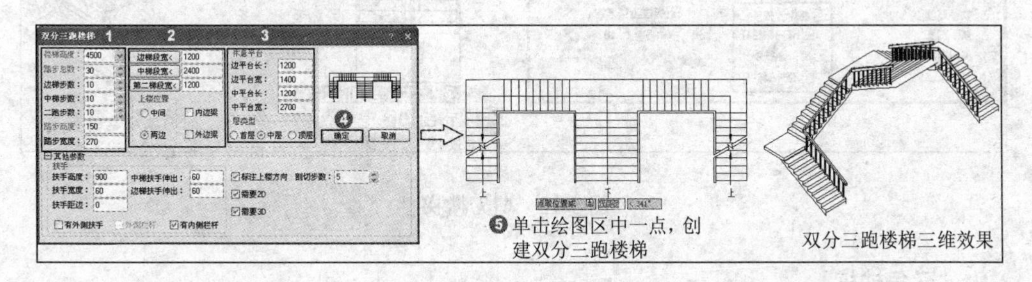

图 5-10　平行三跑楼梯

7. 交叉楼梯

“交叉楼梯”命令用于创建交叉上下的楼梯，可以设置交叉上下的楼梯方向。单击【楼梯其他】｜【交叉楼梯】菜单命令，在弹出的【交叉楼梯】对话框中设置楼梯的参数后，单击【确定】按钮，然后在绘图区中指定位置上单击，即可创建双分转角楼梯。

绘制交叉楼梯的操作步骤和效果如图 5-11 所示。

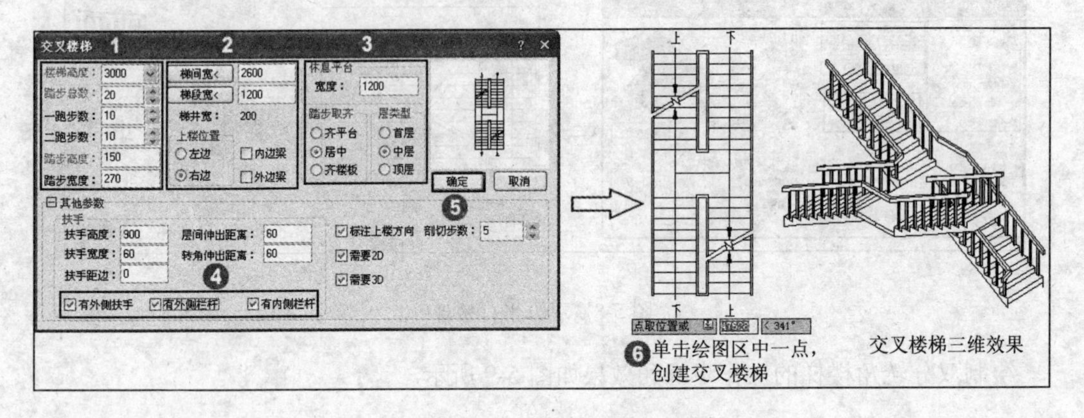

图 5-11　交叉楼梯

8. 剪刀楼梯

“剪刀楼梯”命令用于创建剪刀形楼梯，一般用于交通内的防火楼梯使用，两跑之间需要绘制防火墙，本楼梯扶手和梯段各自独立，在首层和顶层楼梯有多种梯段排列可供选择。单击【楼梯其他】｜【剪刀楼梯】菜单命令，在弹出的【剪刀楼梯】对话框中设置楼梯的参数后，单击【确定】按钮，然后在绘图区中指定位置上单击，即可创建剪刀楼梯。

绘制剪刀楼梯的操作步骤和效果如图 5-12 所示。

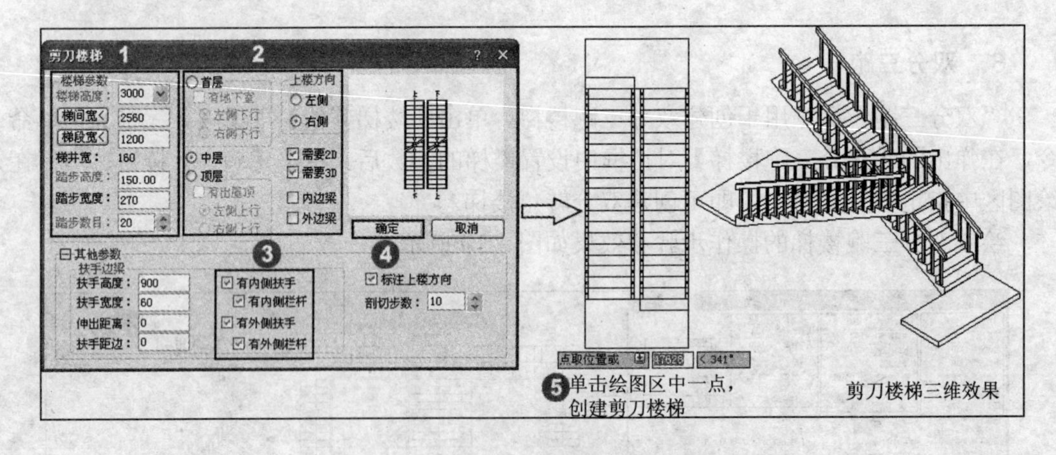

图 5-12　剪刀楼梯

9. 三角楼梯

“三角楼梯”命令用于创建三角形楼梯，可以设置不同的上楼方向。单击【楼梯其他】｜【三角楼梯】菜单命令，在弹出的【三角楼梯】对话框中设置楼梯的参数后，单击【确定】按钮，然后在绘图区中指定位置上单击，即可创建闭合的三角楼梯。

绘制三角楼梯的操作步骤和效果如图5-13所示。

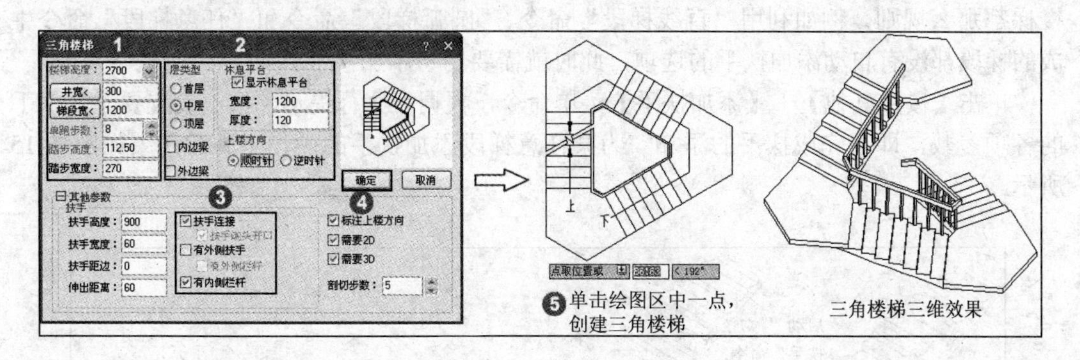

图5-13　三角楼梯

10. 矩形转角

“矩形转角”命令用于绘制矩形转角楼梯，其中梯跑数量可以从两跑到四跑，可选择两种上楼方向。单击【楼梯其他】|【矩形转角】菜单命令，在弹出的【矩形转角楼梯】对话框中设置楼梯的参数后，单击【确定】按钮，然后在绘图区中指定位置上单击，即可创建矩形转角楼梯。

绘制矩形转角楼梯的操作步骤和效果如图5-14所示。

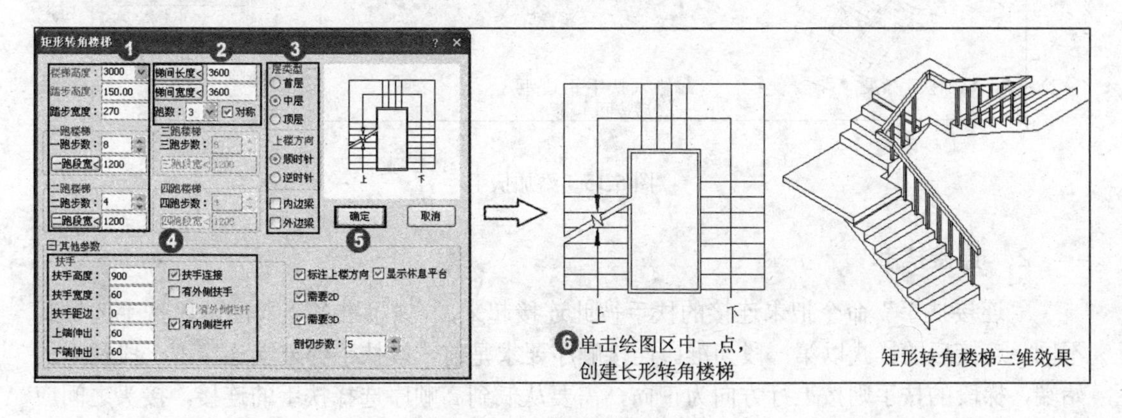

图5-14　矩形转角楼梯

5.1.3 添加扶手和栏杆

大多数数楼梯至少有一侧临空，为了保证使用安全，应在楼梯段临空的一侧设置栏杆或栏板，并在其上部设置供用户用手扶持的扶手。扶手和栏杆作为与梯段配合的构件，与梯段和台阶产生关联。放置在梯段上的扶手，可以遮挡梯段，也可以被梯段的剖切线剖断，通过“连接扶手”命令把不同分段的扶手连接起来。

1. 添加扶手

一般来说，利用“双跑楼梯”命令和其他楼梯的命令创建楼梯时，一般都有“有外侧扶手"、"有内侧扶手"和"自动生成栏杆"等选项。但在实际绘图过程中，并不是每一种楼梯都那么规则，例如利用"直线梯段"命令、"圆弧梯段"命令和"任意梯段"命令生成的梯段都没有自动添加扶手的选项，此时就需要用户添加扶手。

单击【楼梯其他】|【添加扶手】菜单命令，根据命令行提示，依次设置要添加扶手的各项参数，即可完成扶手的添加。为某任意梯段添加扶手的操作步骤和效果如图 5-15 所示。

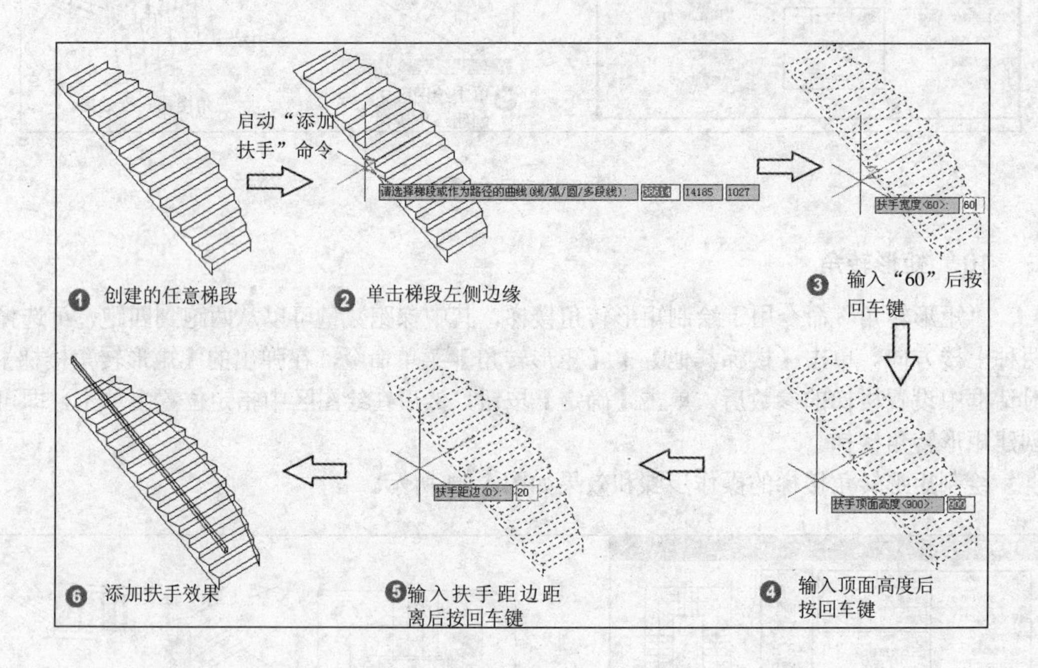

图 5-15　添加扶手

2. 连接扶手

"连接扶手"命令把未连接的扶手彼此连接起来，，如果准备连接的两段扶手的样式不同，连接后的样式以第一段为准。连接顺序要求是前一段扶手的末端连接下一段扶手的始端，梯段的扶手则按上行方向为正向，需要从低到高顺序选择扶手的连接，接头之间应留出空隙，不能相接和重叠。

单击【楼梯其他】|【连接扶手】菜单命令，根据命令行提示依次选择需要连接在一起的扶手，即可完成扶手连接。"连接扶手"命令的操作步骤和效果如图 5-16 所示。

3. 创建栏杆

当梯段和扶手都创建完成后，用户可根据需要创建栏杆。方法是首先单击【三维建模】|【造型对象】|【栏杆库】菜单命令，在弹出的【天正图库管理系统】窗口中选择相应的栏杆样式，接着在弹出的【图块编辑】对话框中设置栏杆的尺寸大小和角度，接下来在视图中指定插入点即可完成一个栏杆的创建，然后单击【三维建模】|【造型对象】|【路径排列】菜单命令，根据命令行提示选择扶手和栏杆，并在弹出的【路径排列】对话框中设置参数后，最后单击【确定】按钮，即可完成栏杆的创建。

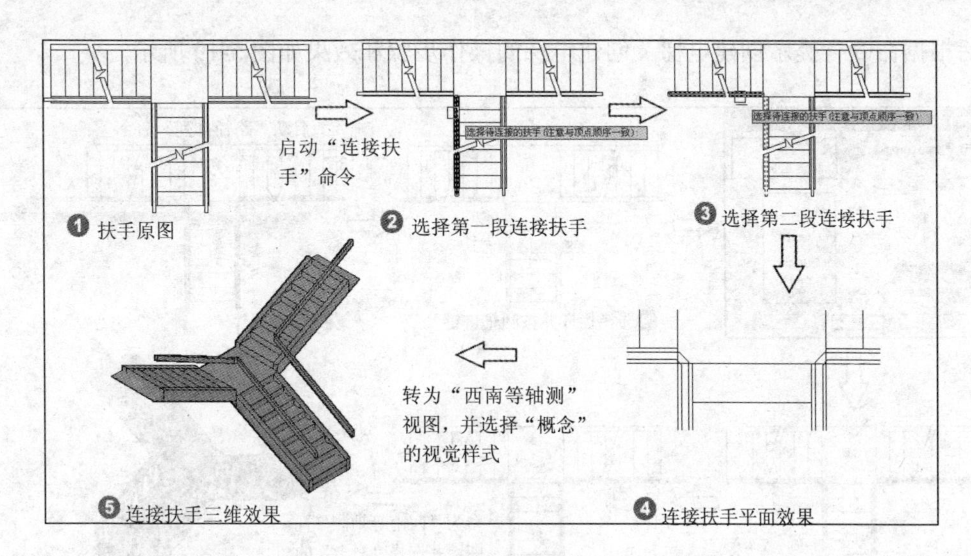

图5-16 连接扶手

创建栏杆样式的具体操作步骤和效果如图5-17所示；排列栏杆的具体操作步骤和效果如图5-18所示。

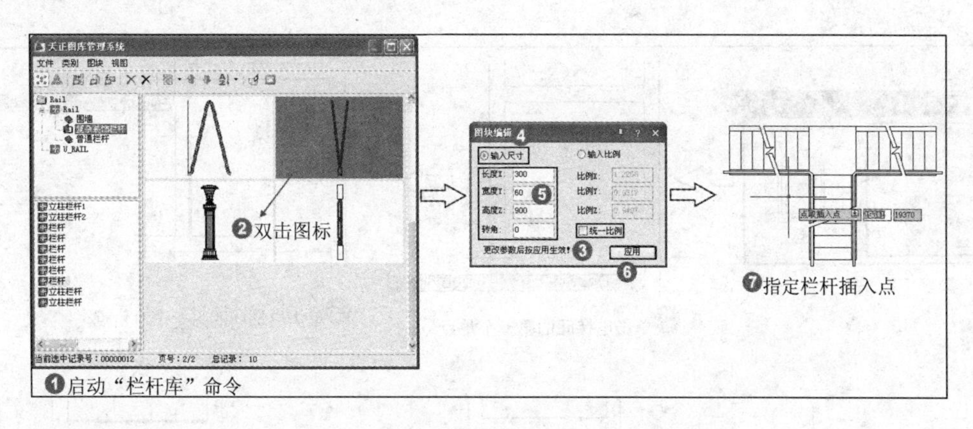

图5-17 创建栏杆

5.1.4 电梯和自动扶梯

由于社会发展，楼层越来越高，电梯可以为人们节省体力，电梯成为高层建筑的主要交通工具。TArch 8.0提供了快速创建电梯和扶梯的功能。

1. 创建电梯

“电梯”命令用于创建电梯平面图形，包括轿厢、平衡块和电梯门。其中轿厢和平衡块是二维线对象，电梯门是天正门窗对象。绘制电梯的条件是每一个电梯周围已经由天正墙体创建了封闭房间作为电梯井，如果要求电梯井贯通多个电梯，需临时加虚墙分隔。电梯间一般为矩形，梯井道宽为开门侧墙长。

单击【楼梯其他】|【电梯】菜单命令，在弹出的【电梯参数】对话框中设置参数，

然后根据命令行提示创建电梯。创建电梯的操作步骤和效果如图 5-19 所示。

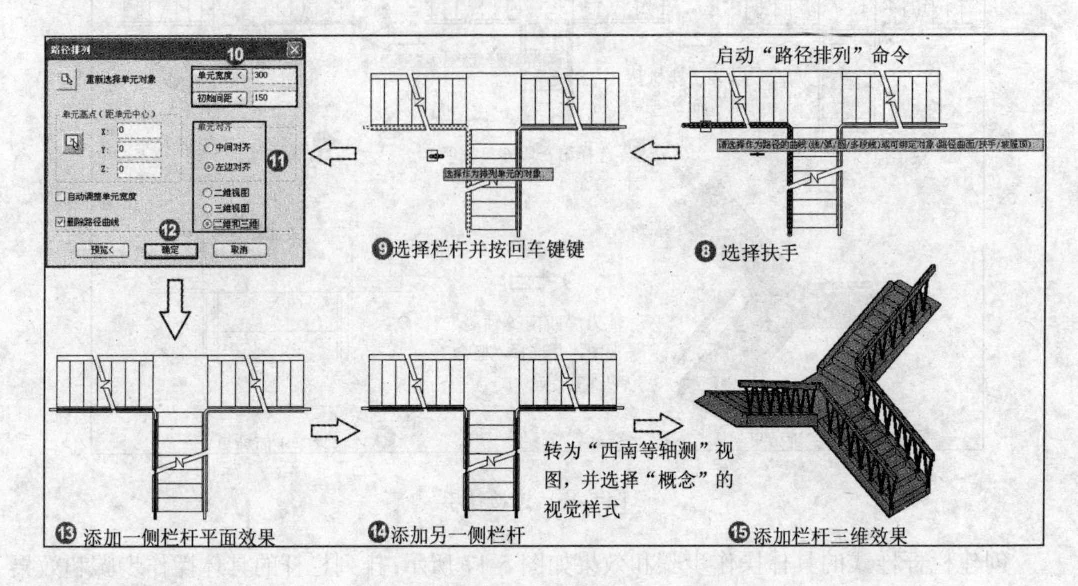

图 5-18　排列栏杆

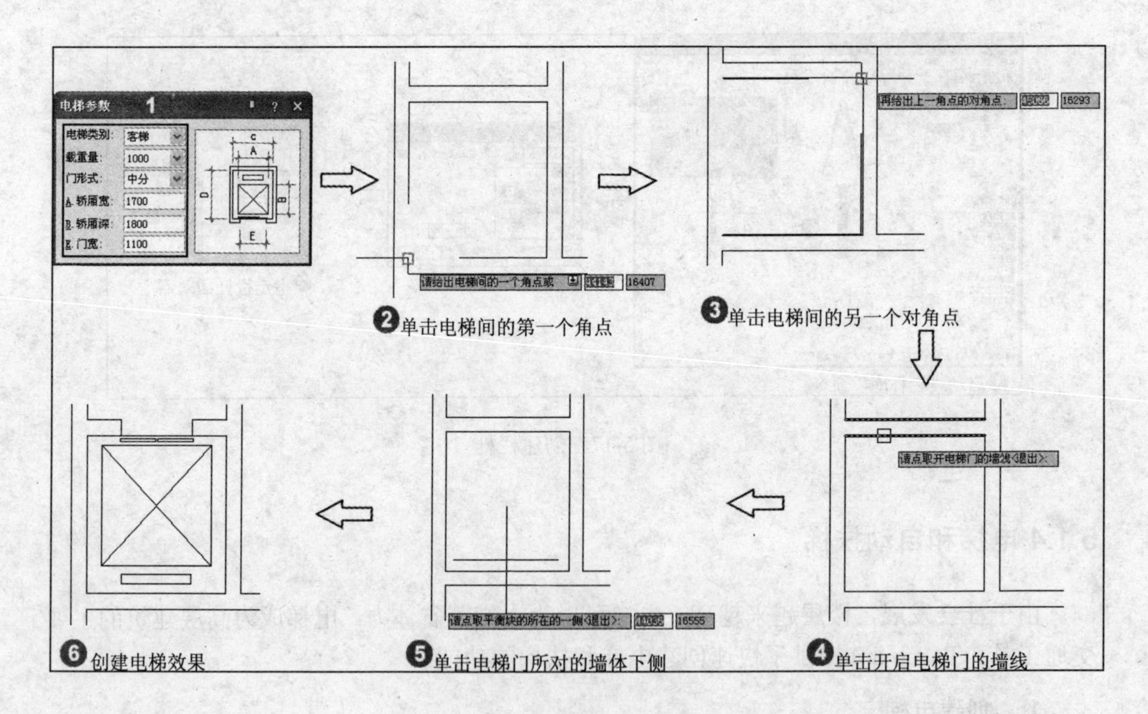

图 5-19　创建电梯

2. 自动扶梯

自动扶梯是一种以运输带方式运送行人或物品的运输工具，一般是斜置的。行人在扶梯的一端上，自动行走的踏步便会将行人或物品带到扶梯的另一端，途中踏步会一路保持水平。扶梯在两旁设有跟踏步同步移动的扶手，供使用者使用。自动扶梯可以是永远向一个方向行走，但多数都可以根据时间和人流等需要，由管理人员控制行走方向。

单击【楼梯其他】|【自动扶梯】菜单命令，在弹出的【自动扶梯】对话框中设置参数，并单击【确定】按钮，然后在绘图区中指定插入位置，即可创建自动扶梯。创建自动扶梯的操作步骤和效果如图5-20所示。

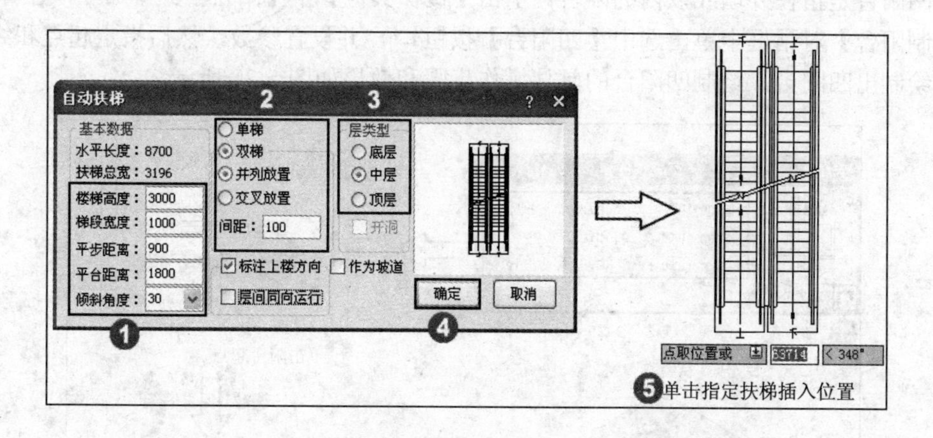

图5-20　创建自动扶梯

【自动扶梯】对话框中各主要控件介绍如下：

➢ 梯段宽度：扶梯梯阶的宽度，随厂家型号不同而异。
➢ 平步距离：从自动扶梯工作点开始到踏步端线的距离，当为水平步道时，平步距离为0。
➢ 平台距离：从自动扶梯工作点开始到扶梯平台安装端线的距离，当为水平步道时，平台距离需用户重新设置。
➢ 倾斜角度：自动扶梯的倾斜角，自动扶梯为30º、35º，坡道为10º、12º，当倾斜角为0º时作为步道，交互界面和参数相应修改。
➢ 单梯与双梯：可以一次创建成对的自动扶梯或者单台的自动扶梯。
➢ 并列与交叉放置：双梯两个梯段的倾斜方向可选方向一致或者方向相反。
➢ 间距：双梯之间相邻裙板之间的净距。
➢ 层类型：3个单选按钮组，表示当前扶梯处于底层、中层和顶层。

5.2 创建室外设施

室外设施是指外墙外侧的建筑构件，包括阳台、台阶、坡道和散水等，这些构件都是建筑设计当中不可缺少的重要组成部分。本节主要介绍室外设施的创建方法。

5.2.1 创建阳台

阳台是指有永久性的上盖、护栏和台面，并与房屋相连，可以加以利用的房屋附带设施，供居住者进行室外活动和晾晒衣物等。阳台根据其与主墙体的关系可分凹阳台和凸阳台，凹阳台是指凹进楼层外墙或柱的阳台，凸阳台是指凸出楼层外墙或柱的阳台。阳台根据其空间位置又可分为底阳台和挑阳台。本小节介绍各种阳台的创建方法。

1. 创建凹阳台

凹阳台是指在外墙线以内的阳台。单击【楼梯其他】|【阳台】菜单命令，在弹出的【绘制阳台】对话框中单击选中【凹阳台】按钮，并设置参数，然后指定起点和终点，即可绘制出凹阳台。绘制凹阳台的具体操作步骤和效果如图 5-21 所示。

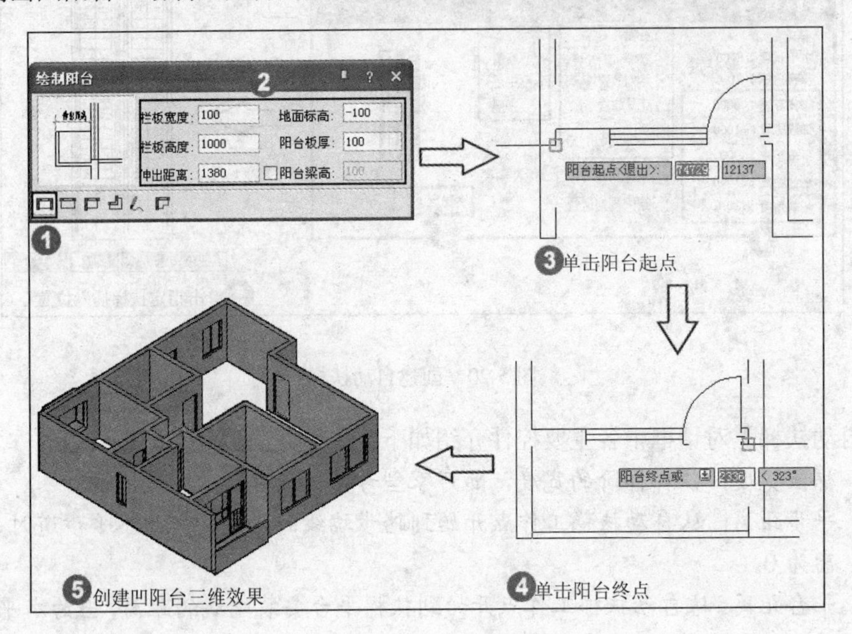

图 5-21　创建凹阳台

2. 矩形三面阳台

矩形三面阳台是凸阳台中的一种，其中一边靠墙，另三边架空。在【绘制阳台】对话框中单击选中【矩形三面阳台】按钮，并设置阳台的各项参数，然后指定阳台的起点和终点即可。创建矩形三面阳台的具体操作步骤和效果如图 5-22 所示。

3. 阴角阳台

阴角阳台是指有两个阳台挡板，另外两边靠墙的阳台。在【绘制阳台】对话框中单击选中【阴角阳台】按钮，并设置阳台的各项参数，然后指定阳台的起点和终点即可。创建阴角阳台的具体操作步骤和效果如图 5-23 所示。

4. 沿墙偏移绘制

沿墙偏移绘制是指根据所选墙体的轮廓，偏移生成的阳台。在【绘制阳台】对话框中单击选中【沿墙偏移绘制】按钮，并设置阳台的各项参数，进入绘图区中依次指定阳台偏移墙线的起点和终点，然后选择相邻接的墙、柱和门窗，即可完成沿墙偏移绘制的阳台。创建“沿墙偏移绘制”阳台的具体操作步骤和效果如图 5-24 所示。

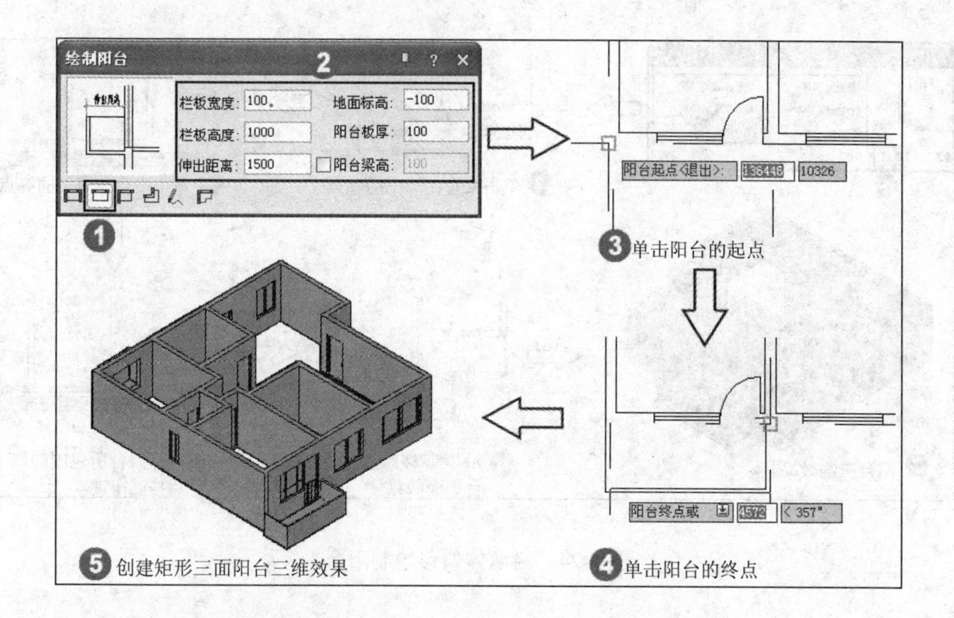

图 5-22　创建矩形三面阳台

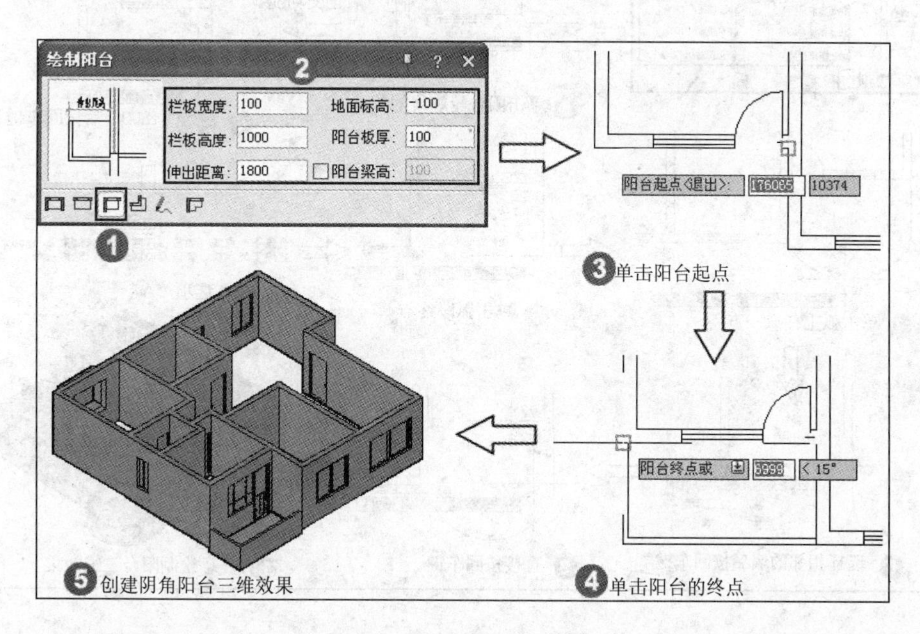

图 5-23　绘制阴角阳台

5．任意绘制

“任意绘制”功能是根据 PLINE 功能绘制出阳台的外轮廓线，并选择相邻接的墙、柱和门窗等，生成向内偏移的阳台。在【绘制阳台】对话框中单击选中【任意绘制】按钮，设置阳台参数，根据命令行提示，绘制出直线或弧线的阳台外轮廓线，然后选择相邻的墙、柱和门窗并按回车键，即可完成任意绘制的阳台。创建“任意绘制”阳台的具体操作步骤和效果如图 5-25 所示。

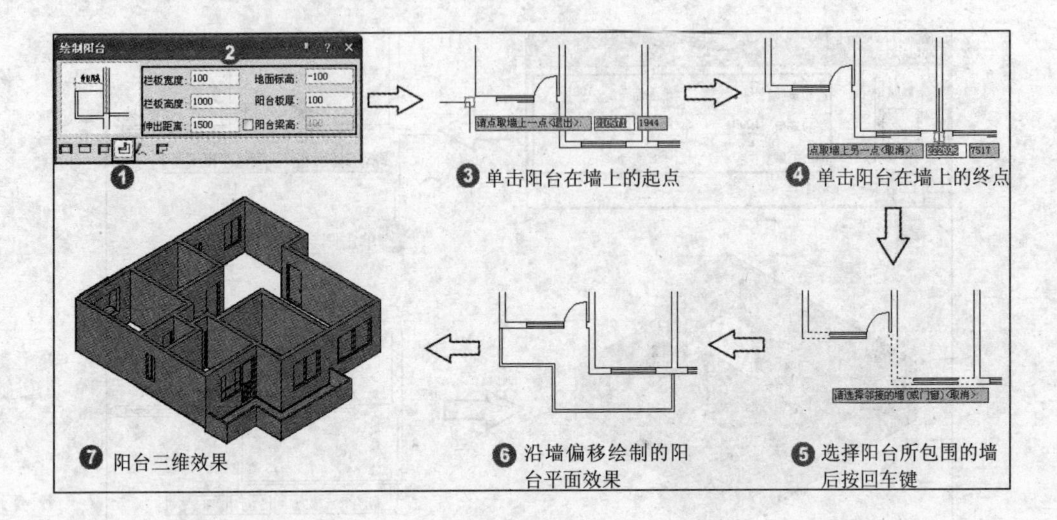

图 5-24　沿墙体偏移绘制阳台

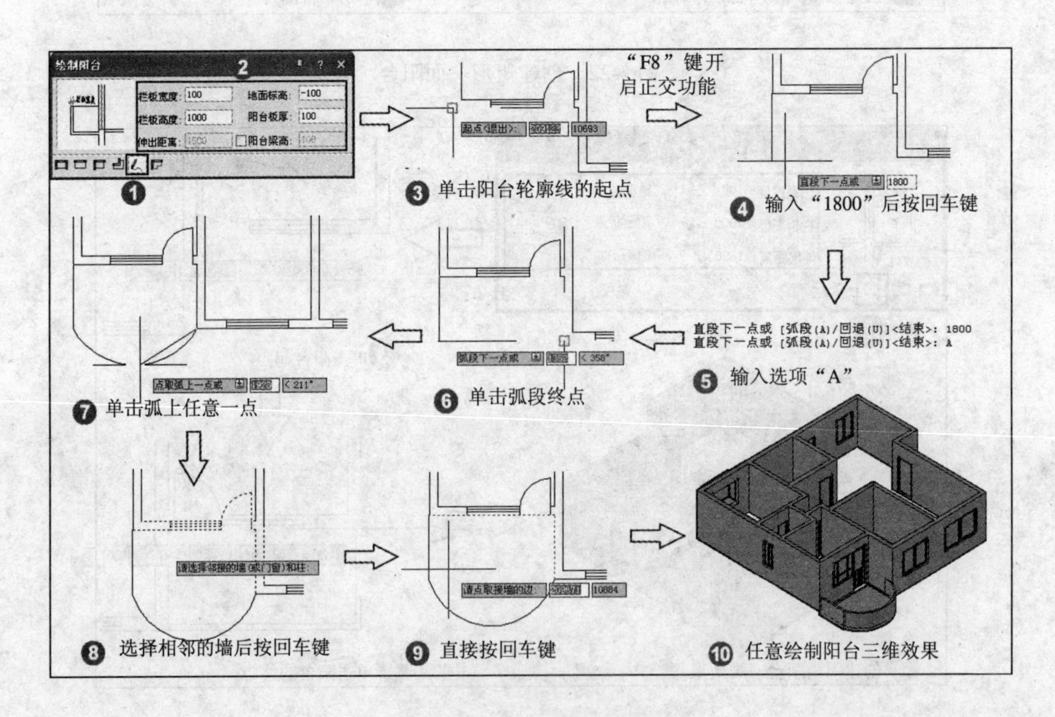

图 5-25　创建任意绘制的阳台

6. 选择已有路径生成

“选择已有路径生成”功能是通过选择已绘制好的直线、圆弧或多段线作为阳台的外轮廓线。并选择相邻接的墙和接墙的边，即可按照已有路径生成阳台。在【绘制阳台】对话框中单击选中【选择已有路径生成】按钮，设置阳台参数，然后根据命令行提示按已有路径生成阳台。“选择已有路径生成”阳台的具体操作步骤和效果如图 5-26 所示。

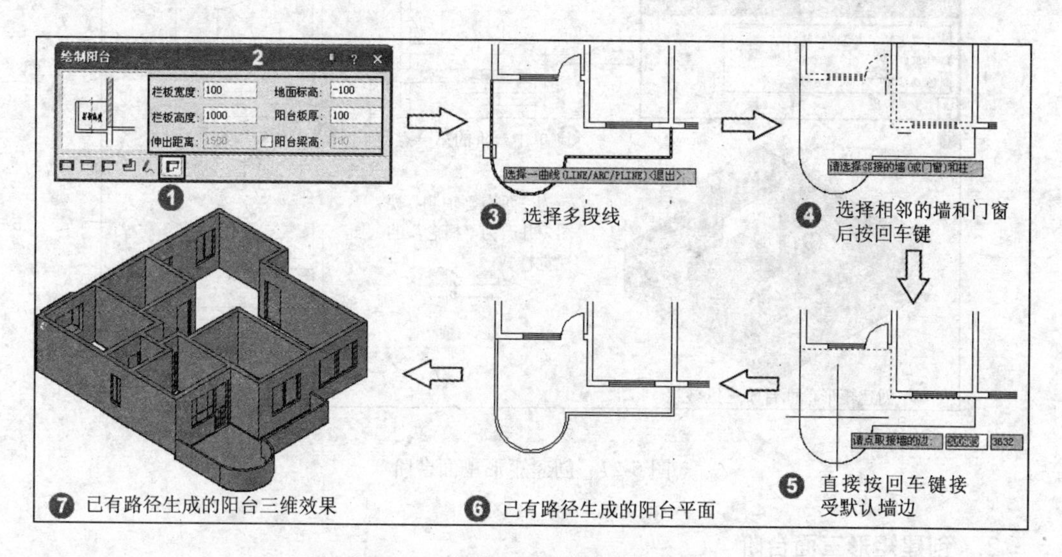

图 5-26　选择已有路径生成阳台

5.2.2 创建台阶

当建筑物室内地坪存在高差时，如果这个高差过大，就需在建筑入口处设置台阶作为建筑物室内外的过渡，台阶是人们进出房屋之用，所以台阶踏步数不宜过多。利用“台阶”命令可以设置预定样式绘制台阶，还可以根据已有轮廓线生成台阶。

通常情况下，台阶顶面平面的宽度应大于所连通门洞宽度的尺寸，最好是每边宽出500mm。室外台阶常受雨水和风雪的影响，为确保用户使用安全，需将台阶的坡度减小，并且台阶的单踏步宽度不应小于 300mm，单踏步的高度不应大于 150mm。为了更精确地绘制台阶，用户一般可以预先单击 AutoCAD 绘制工具栏中的 PLINE（多段线）按钮，绘制出台阶造型的轮廓线，然后再执行“台阶”命令。

台阶根据基面的高低关系，可分为普通台阶（台阶顶面面积小，低面面积大）和下沉式台阶（台阶顶面面积大，低面面积小）。在绘制台阶时，要求用户选择基面，在【台阶】对话框中，默认状态下为“基面为平台面”，即在创建台阶时所指定的大小是台阶顶面的大小，而底面大小等于顶面大小加踏步宽度乘以数目。用户也可根据需要选择基面为外轮廓面，此时指定的台阶尺寸是台阶的外轮廓。

1. 创建矩形单面台阶

单击【楼梯其他】|【台阶】菜单命令，在弹出的【台阶】对话框中，单击选中【矩形单面台阶】按钮，并指定台阶的各项参数，然后根据命令行提示，依次指定台阶的第一点和第二点，可以重复执行命令，按回车键退出命令。

创建矩形单面台阶的具体操作步骤和效果如图 5-27 所示。

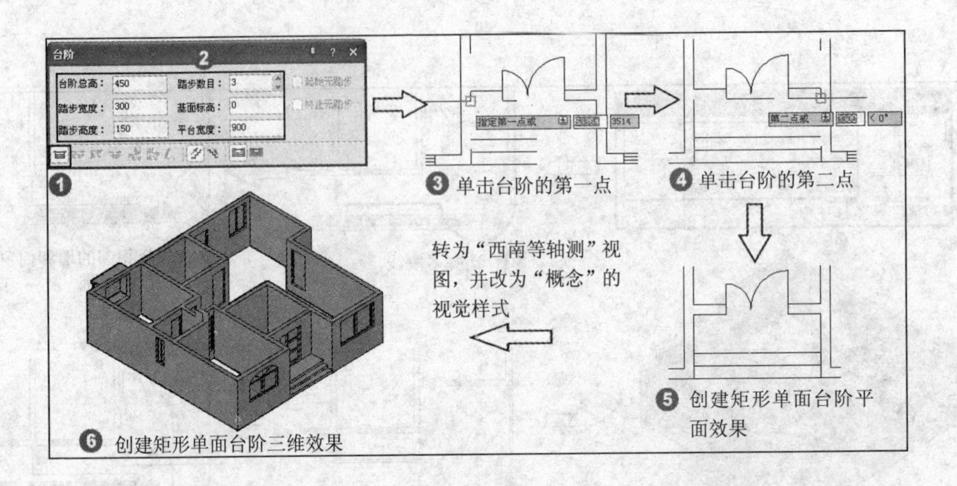

图 5-27　创建矩形单面台阶

2. 创建矩形三面台阶

在【台阶】对话框中，单击选中【矩形三面台阶】按钮，设置台阶参数，根据命令行提示依次指定台阶的第一点和第二点，即可创建矩形三面台阶。创建矩形三面台阶的具体操作步骤和效果如图 5-28 所示。

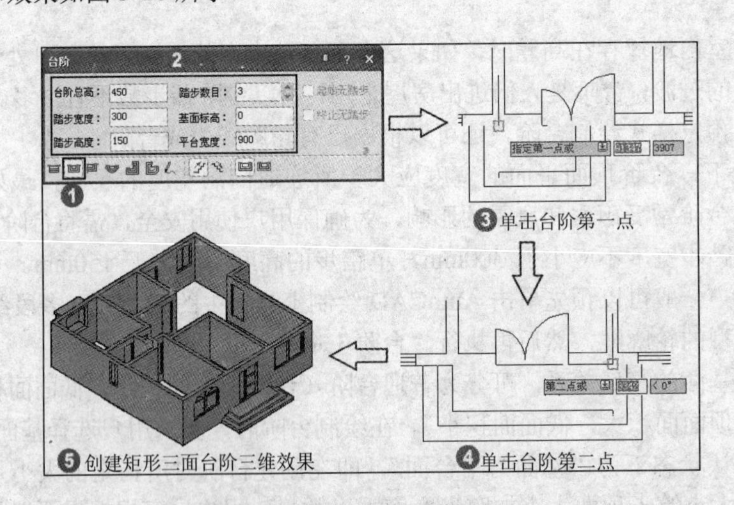

图 5-28　创建矩形三面台阶

3. 创建矩形阴角台阶

在【台阶】对话框中，单击选中【矩形阴角台阶】按钮，设置台阶参数，根据命令行提示，即可创建矩形三面台阶。创建矩形阴角台阶的具体操作步骤和效果如图 5-29 所示。

4. 创建圆弧台阶

在【台阶】对话框中，单击选中【圆弧台阶】按钮和【基面为外轮廓面】按钮，设置台阶参数，根据命令行提示，指定圆弧的起点和终点，即可创建圆弧台阶。创建圆弧台阶的具体操作步骤和效果如图 5-30 所示。

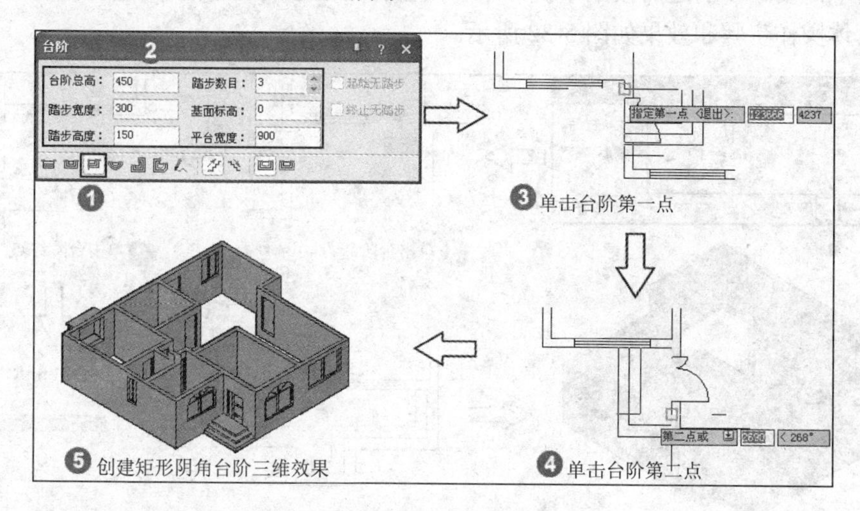

图 5-29　创建矩形阴角台阶

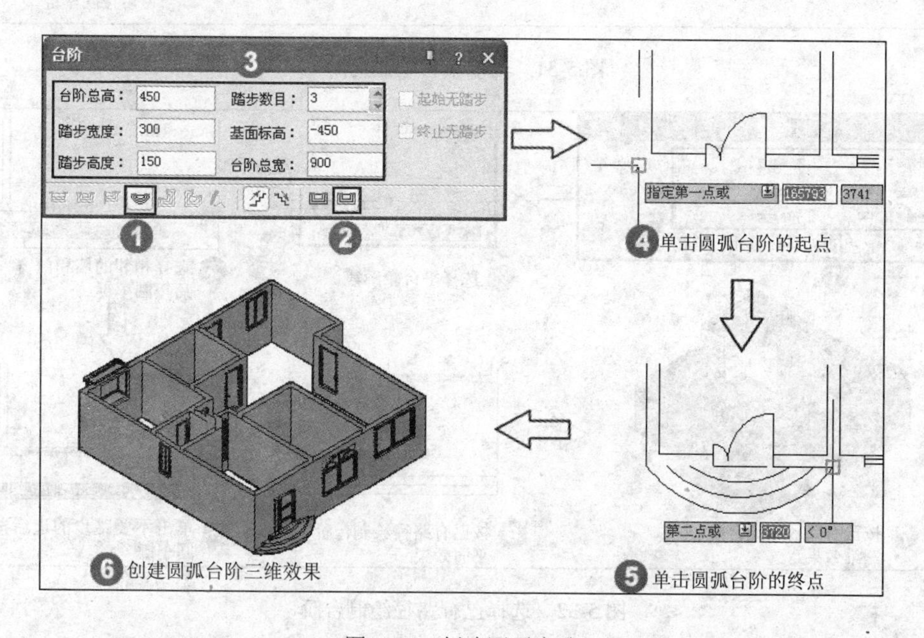

图 5-30　创建圆弧台阶

5．沿墙偏移绘制台阶

在【台阶】对话框中，单击选中【沿墙偏移绘制】按钮，设置台阶参数，根据命令行提示，指定台阶的起点和终点，然后选择相邻接的墙体门窗，即可沿墙偏移绘制出台阶。“沿墙偏移绘制”台阶的具体操作步骤和效果如图 5-31 所示。

6．选择已有路径绘制

在【台阶】对话框中，单击选中【选择已有路径绘制】按钮，设置台阶参数，根据命令行提示，选择闭合的多段线作为平台轮廓线，然后选择相邻的墙体和门窗后按回车键，接着单击不需要踏步的边后按回车键，即可按已有路径绘制出台阶。“选择已有路径绘制”台阶的具体操作步骤和效果如图 5-32 所示。

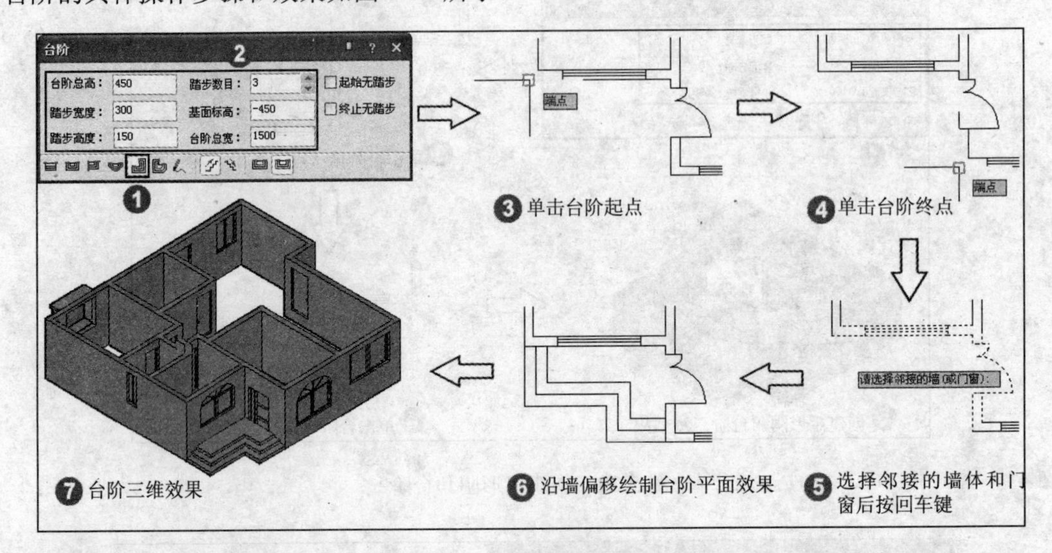

图 5-31　沿墙偏移绘制台阶

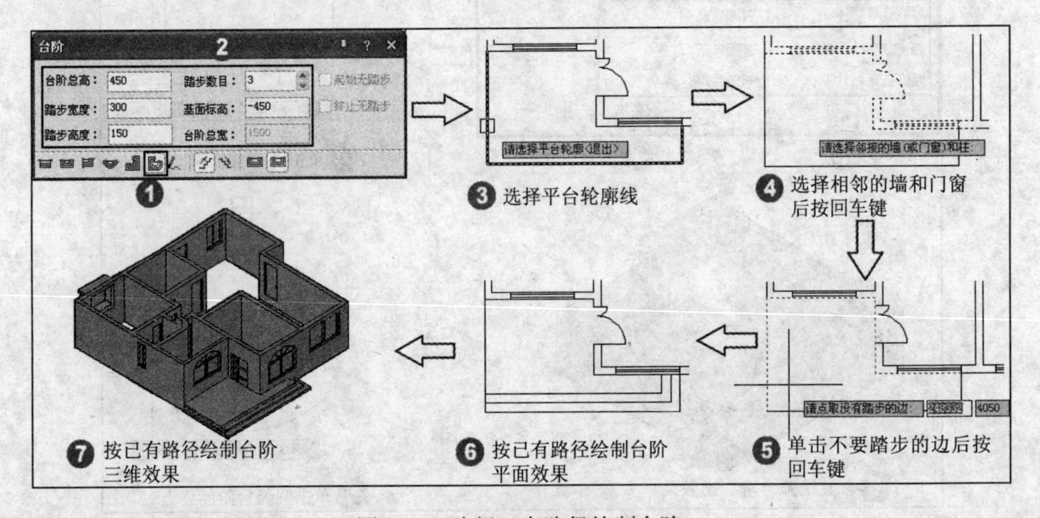

图 5-32　选择已有路径绘制台阶

7. 任意绘制

在【台阶】对话框中，单击选中【任意绘制】按钮，设置台阶参数，根据命令行提示，依次指定平台轮廓线的各个转角点后按回车键，然后选择相邻接的墙体和门窗，最后单击选择没有踏步的边并按回车键，即可完成任意绘制的台阶。设置台阶参数效果如图 5-33 所示；“任意绘制”台阶的具体操作步骤和效果如图 5-34 所示。

5.2.3 创建坡道

坡道按其用途可分为车行坡道和轮椅坡道，坡道的用途是为车辆推行和残疾人的通行提供便利。利用“坡道”命令可以创建单跑坡道（其中多跑、曲边和圆弧坡道由相应“绘制楼梯”命令中的“作为坡道”选项创建）。

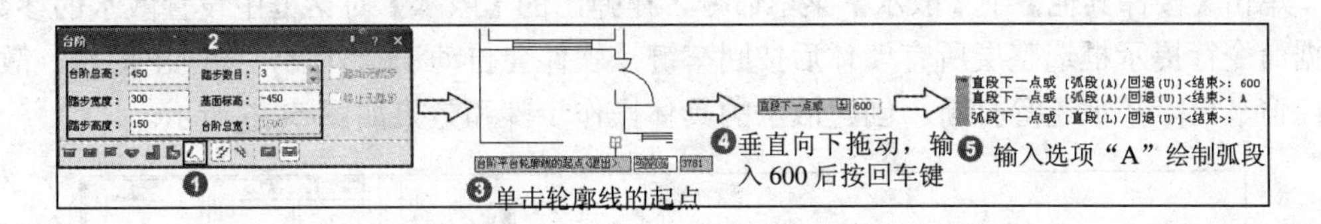

图 5-33　设置台阶参数

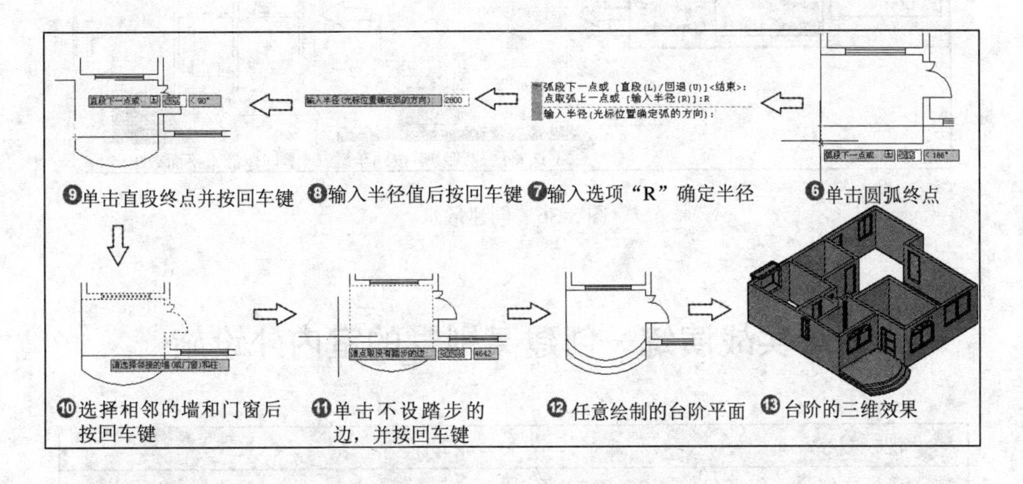

图 5-34　任意绘制的台阶

单击【楼梯其他】|【坡道】菜单命令，在弹了的【坡道】对话框中设置坡道的参数后，然后在绘图区中指定位置单击即可完成坡道的创建。创建坡道的具体操作步骤和效果如图 5-35 所示。

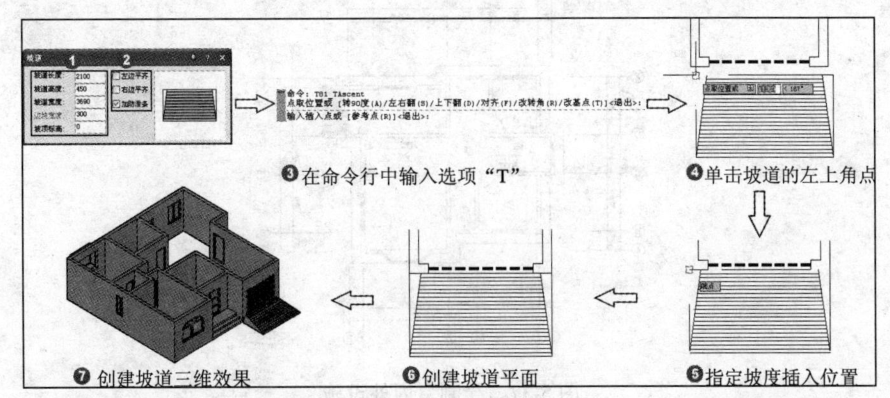

图 5-35　创建坡道

5.2.4 创建散水

散水是指在房屋外墙的外侧，用不透水材料建造的具有一定宽度，且向外倾斜的保护带。散水的坡度一般为3%～5%，宽度一般0.6～1.0m，其目的是迅速将地表水排除，以避免勒脚和下部砌体受潮。散水包括砖铺、现浇细石混凝土和混凝土散水等几种。

单击【楼梯其他】|【散水】菜单命令，在弹出的【散水】对话框中设置散水的参数，根据命令行提示框选整层所有墙体后按回车键，软件会自动识别外墙，创建出散水，散水被门窗、台阶和坡道等打断。创建散水的具体操作步骤和效果如图5-36所示。

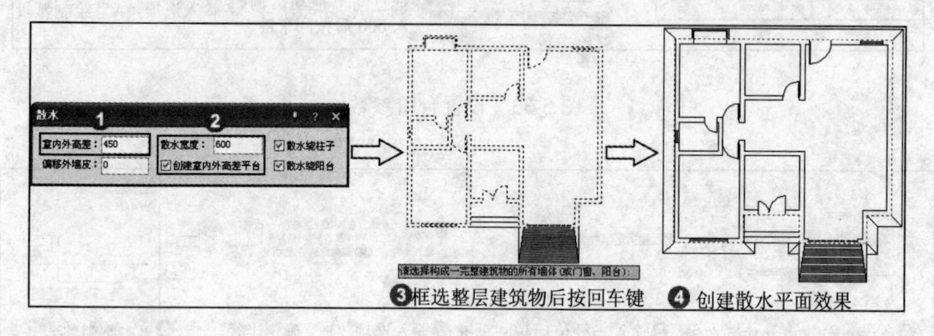

图5-36　创建散水

5.3 实战演练—创建某别墅的室内外设施

视频教学	
视频文件：	AVI\第05章\5.3.avi
播放时长：	2分26秒

在本节中，以创建某别墅的室内外设施为例讲述室内外设施的方法，绘制出楼梯、台阶、坡道和散水。绘制别墅室内外设施的最终效果如图5-37所示。

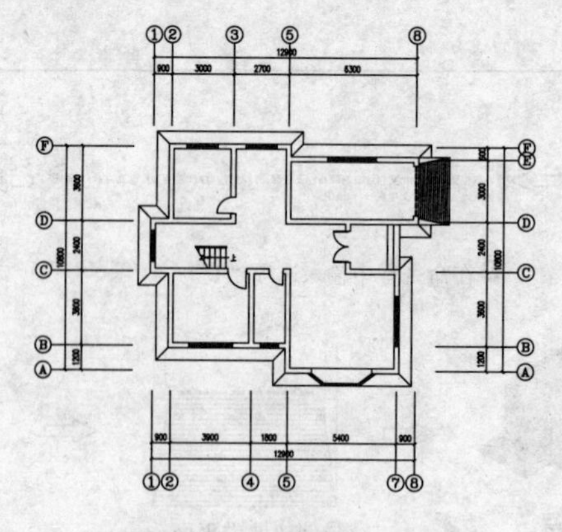

图5-37　绘制室内外设施

操作步骤如下：

❶创建楼梯。打开本书光盘的素材文件“05章\5.3别墅平面图原文件.dwg”。单击【楼梯其他】|【双跑楼梯】菜单命令，在弹出的【双跑楼梯】对话框中设置参数，然后在平面图中指定插入位置，即可完成别墅楼梯的创建，具体操作步骤和效果如图5-38所示。

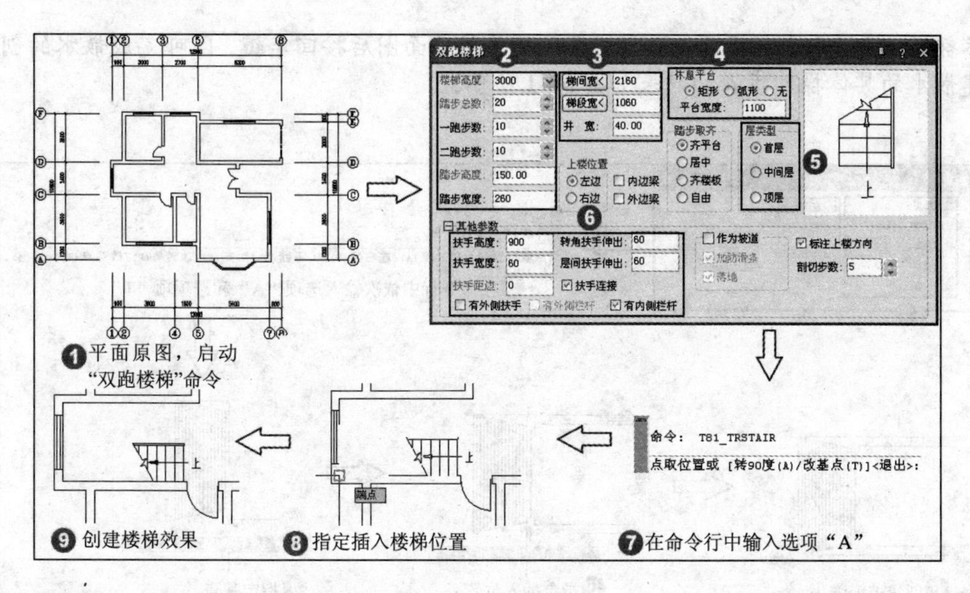

图 5-38　创建楼梯

❷创建台阶。单击【楼梯其他】|【台阶】菜单命令，在弹出的【台阶】对话框中设置参数，并在绘图区中指定两点确定台阶的位置，创建台阶的具体操作步骤和效果如图 5-39 所示。

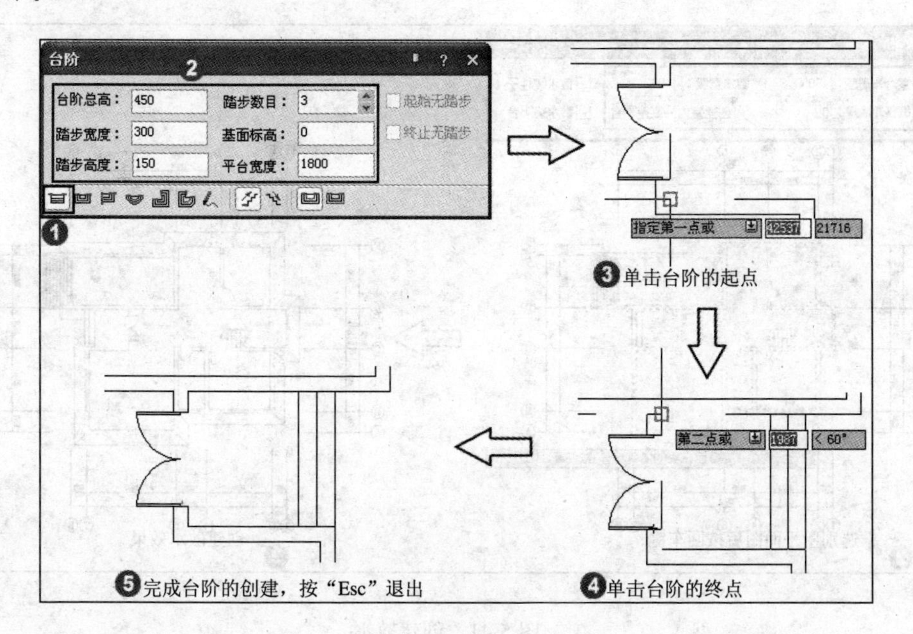

图 5-39　绘制台阶

❸创建坡道。单击【楼梯其他】|【坡道】菜单命令，在弹出的【坡道】对话框中设置坡度参数，接着在命令中输入选项“A”将插入的坡道逆时针旋转 90º，接下来输入选项“T”，在绘图区中指定插入基点，然后在单击指定坡道插入位置，最后按“Esc”键退出命令。创建坡道的具体操作步骤和效果如图 5-40 所示。

❹创建散水。单击【楼梯其他】|【散水】菜单命令，在弹出的【散水】对话框中设

置参数后，根据命令行提示，框选整层别墅首层平面图后按回车键，即可完成散水的创建。创建散水的具体操作步骤和效果如图 5-41 所示。

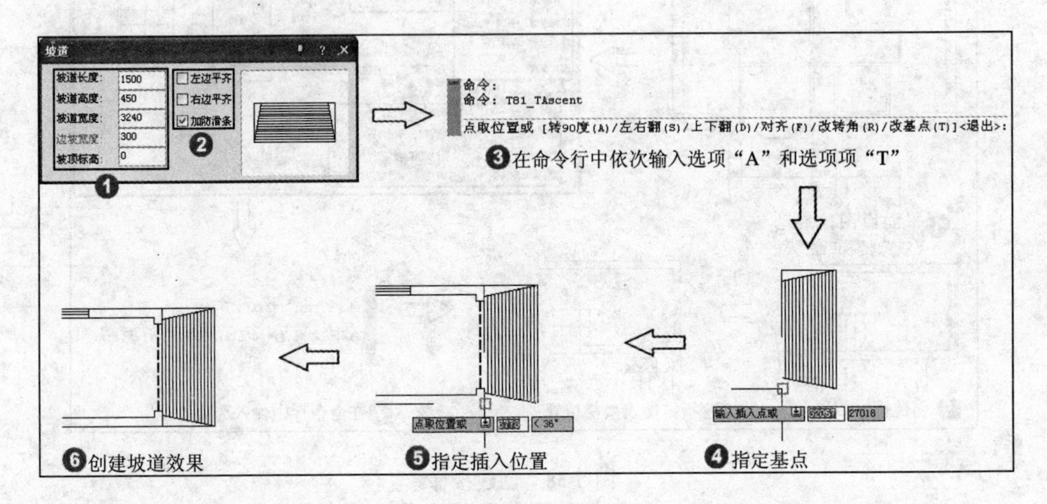

图 5-40　创建坡道

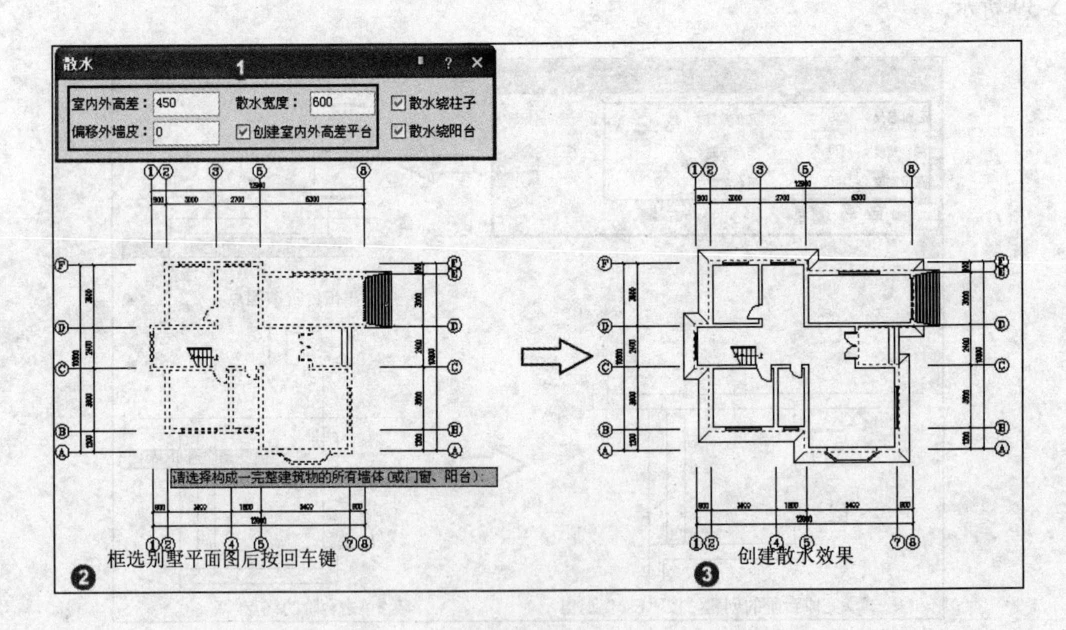

图 5-41　创建散水

5.4 本章小结

1. 本章介绍了各种楼梯的创建，包括单跑楼梯、双跑楼梯和各种多跑楼梯的创建方法，其中最常见的是双跑楼梯的绘制。

2．扶手和栏杆都是楼梯的附属构件，本章介绍了单独添加扶手和栏杆的方法，在天正建筑中栏杆专用于三维建模，平面图时仅需绘制扶手。

3．本章介绍了电梯和自动扶梯的创建方法。电梯和自动扶梯是现代社会中主要的垂直交通设施。

4．本章介绍了室外设施的创建方法，包括阳台、台阶、坡道和散水，同时还对这些构件的编辑方法进行了详细介绍。

5．本章重点是双跑楼梯，楼梯中直线梯段、圆弧梯段、任意梯段和电梯生成等相对容易。双跑楼梯应熟练掌握，特别要充分利用双跑楼梯夹点编辑，包括移动楼梯、改楼梯宽度、改楼梯间宽度和改休息平台尺寸等。

6．本章最终通过实例对本章所学内容进行了一次巩固练习，让读者更好的掌握绘制室内设施的方法。

5.5 思考与练习

一、　填空题

1．折行多跑楼梯中由________命令来创建扶手，然后由________命令连接扶手。

2．选中“矩形双跑楼梯”对话框中的________复选框可将楼梯转换为坡道。

3．建筑物室外设施包括________、________、________和________等。

4．通过“绘制阳台”命令对话框可绘制的阳台样式包括________、________、________、________、__________和选择已有路径生成的阳台。

二、　问答题

1．直线梯段和圆弧梯段的定位点分别位于何处？

2．坡道防滑条的间距取决于什么？

3．通过天正绘制的楼梯、电梯和自动扶梯中哪些不具有三维信息？

4．在“矩形双跑楼梯”对话框中“踏步取齐”选项组的意义是什么？

三、　操作题

1．依据本章内容，上机对照进行练习。

2．多留言周边的建筑，尤其是对建筑的楼梯和室内外设施，多观察分析，进行对比，并发表自己的看法和主张。

3．收集各房地产公司的房屋建筑图宣传资料，试制作相应的楼梯及室内外设施。对收集到的建筑图进行研究、分析和对比，提出自己的看法，改变其楼梯及室内外设施的设计。

4．参加有关专题讲座，相互交流有关建筑资料，开展讨论并充分发表个人意见。

5．制作如图 5-42 所示的办公楼首层平面图，可对该图进行必要的修改。

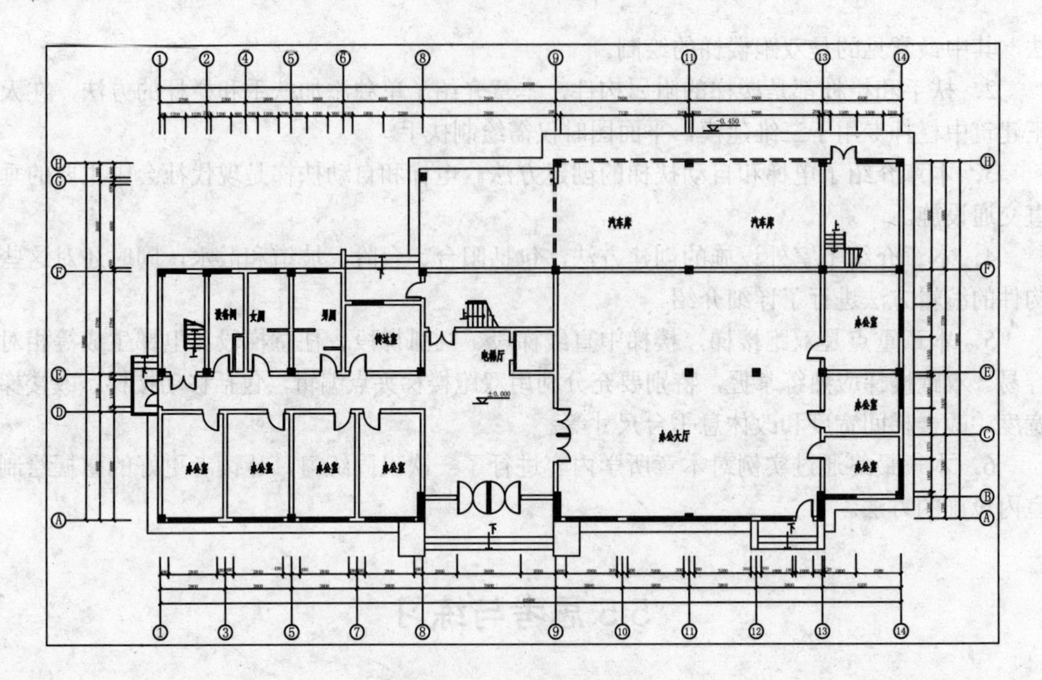

图 5-42　办公楼首层平面图

第6章 房间和屋顶

当建筑平面图中的墙体、门窗和各种室内外设施创建完成后，就需要将其面积计算出来，用作其他用途，同时还需在建筑平面图内布置各种设施，也需要根据已有建筑平面图创建其屋顶。本章主要介绍房间面积的查询、房间的布置和屋顶的创建。

6.1 房间查询

建筑各封闭区域（由墙体、门窗和柱子围合而成）的面积计算和标注是建筑设计中的一个重要内容。房间对象可以使用房间标识，并可以选择和编辑。房间名称和编号是房间的标识，主要用于描述房间的功能和区别。

利用 TArch 8.0 进行房间查询主要为以下建筑区域查询并标注面积：

➢ 房间面积：表示室内净面积，即使用面积，阳台则按栏杆内侧全面积标注。可以通过“搜索房间”命令或“查询面积”命令查询并标注房间面积。

➢ 套内面积：按照国家房屋测量规范的规定，套内面积是由多个房间组成的，由分户墙以及外墙中线围成的住宅单元面积，可以通过“套内面积”命令计算并标注套内面积。

➢ 建筑面积：是整个建筑物外墙皮构成的区域面积。可以通过“搜索房间”命令或“查询房间”命令标注单个房间、多个房间或某个楼梯的建筑面积。

6.1.1 搜索房间

“搜索房间”命令用来批量搜索建立或更新已有的普通房间和建筑轮廓，建立房间信息并标注室内使用面积，标注位置自动置于房间的中心，同时可生成室内地面。

1. 创建房间对象

单击【房间屋顶】|【搜索房间】菜单命令，在弹出的【搜索房间】对话框中设置参数后，根据命令行提示框选所要标注的房间墙体，并按回车键，再通过单击指定建筑面积的标注位置，完成所选区域的建筑面积标注。“搜索房间”命令的操作步骤和效果如图 6-1 所示。

【搜索房间】对话框中各控件解释如下：

➢ 显示房间名称/显示房间编号：房间的标识内容，建筑平面图标注房间名称，其他专业标识房间编号。

➢ 标注面积：房间使用面积的标注形式，是否显示面积数值。

➢ 面积单位：是否标注面积单位，默认以平方米（m^2）单位标注。

➢ 三维地面：选中此复选框，表示同时沿着房间对象边界生成三维地面。

- 屏蔽背景：取消选中该复选框，利用Wipeout的功能屏蔽房间标注下方的填充图案。
- 板厚：生成三维地面时，给出地面的厚度。
- 生成建筑面积：在搜索生成房间面积的同时，计算建筑面积。
- 建筑面积忽略柱子：根据建筑面积测量规范，建筑面积忽略凸出墙面的柱子与墙垛。
- 识别内外：选中此复选框，同时执行识别内外墙功能，用于建筑节能。

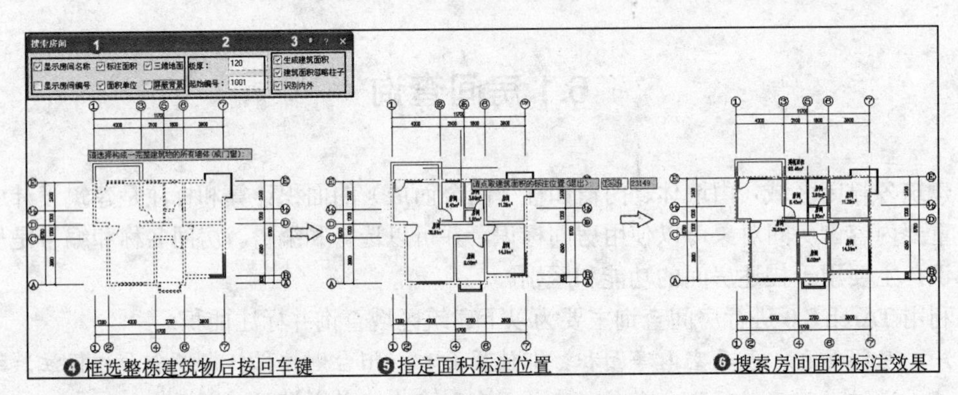

图6-1 “搜索房间”创建面积

2. 编辑房间对象

利用“搜索房间”命令生成了房间对象，并显示为房间面积的文字对象，但还需根据实际情况编辑房间标识文本。其方法是双击房间名称标识文本，进入在位编辑状态，再输入新的标识文本即可。当用户需要编辑房间对象的其他参数时，将光标移至房间对象上，启动鼠标右键菜单，在弹出的快捷菜单中选择“对象编辑”选项，在弹出的【编辑房间】对话框中更改房间编号、名称、高度和地板参数等，单击【确定】按钮，完成房间对象的编辑。编辑房间对象的具体操作步骤和效果如图6-2所示。

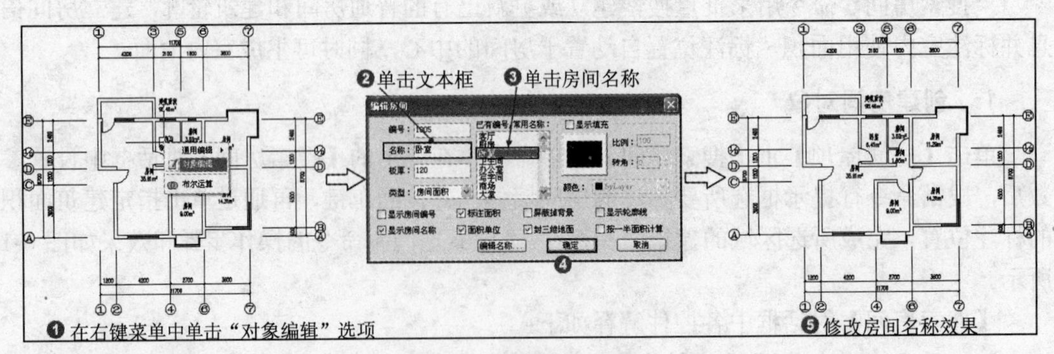

图6-2 编辑房间对象

6.1.2 房间轮廓

“房间轮廓”命令用于在房间内部创建封闭的多段线，轮廓线可用作其他用途，例如转换为地面或用来作为生成踢脚线等装饰线脚的边界。

单击【房间屋顶】|【房间轮廓】菜单命令，根据命令行提示指定房间内一点，并选择是否生成房间轮廓，即可创建房间轮廓。创建房间轮廓的具体操作步骤和效果如图 6-3 所示。

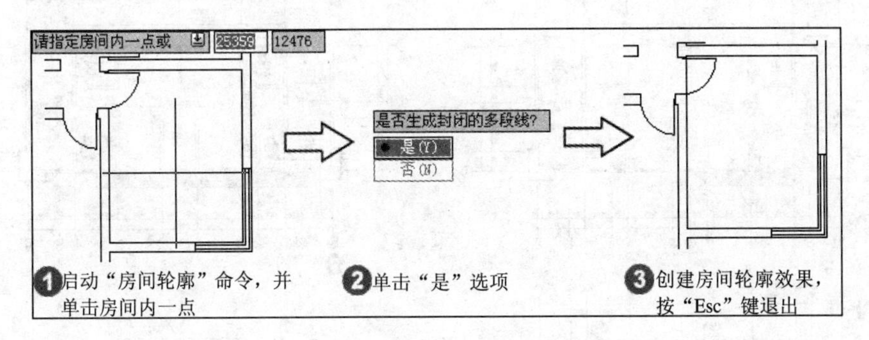

图 6-3　创建房间轮廓

6.1.3 房间排序

“房间排序”命令用于按某种排序方式对房间对象编号重新排序，参加排序的除了普通房间外，还包括公摊面积、洞口面积等对象，这些对象参与排序主要用于节能和暖通设计。

单击【房间屋顶】|【房间排序】菜单命令，根据命令行提示框选排序的范围，可以多次选择，按回车键结束选择，并在命令行确认各项参数，即可完成房间的排序。房间排序的具体操作步骤和效果如图 6-4 所示。

6.1.4 查询面积

“查询面积”命令用于创建由天正墙体组成的房间面积、阳台面积以及闭合多段线围合的区域面积，并可将创建的面积对象标注在图上。使用该命令查询获得的建筑平面面积不包括墙垛和柱子凸出部分。

单击【房间屋顶】|【查询面积】菜单命令，在弹出的【查询面积】对话框中设置参数，并在该对话框中底部选择相应的查询类型（依次为房间面积查询、封闭曲线面积查询、阳台面积查询和绘制任意多边形面积查询），根据命令行提示进行相应的操作。接下来分别介绍其查询面积的方法。

1. 房间面积查询

在【查询面积】对话框中设置参数，单击选中【房间面积查询】按钮，框选要查询面积的平面范围后按回车键，并在指定位置标注房间面积，按“Esc”键退出。

“房间面积查询”具体操作步骤和效果如图 6-5 所示。

2. 封闭曲线面积查询

利用该工具可以查询任意闭合曲线的面积并进行面积标注。在【查询面积】对话框中设置参数，单击选中【封闭曲线面积查询】按钮，单击选择闭合的多段线或圆后，指定面积标注位置或直接按回车键，将面积标注在图形中心位置。

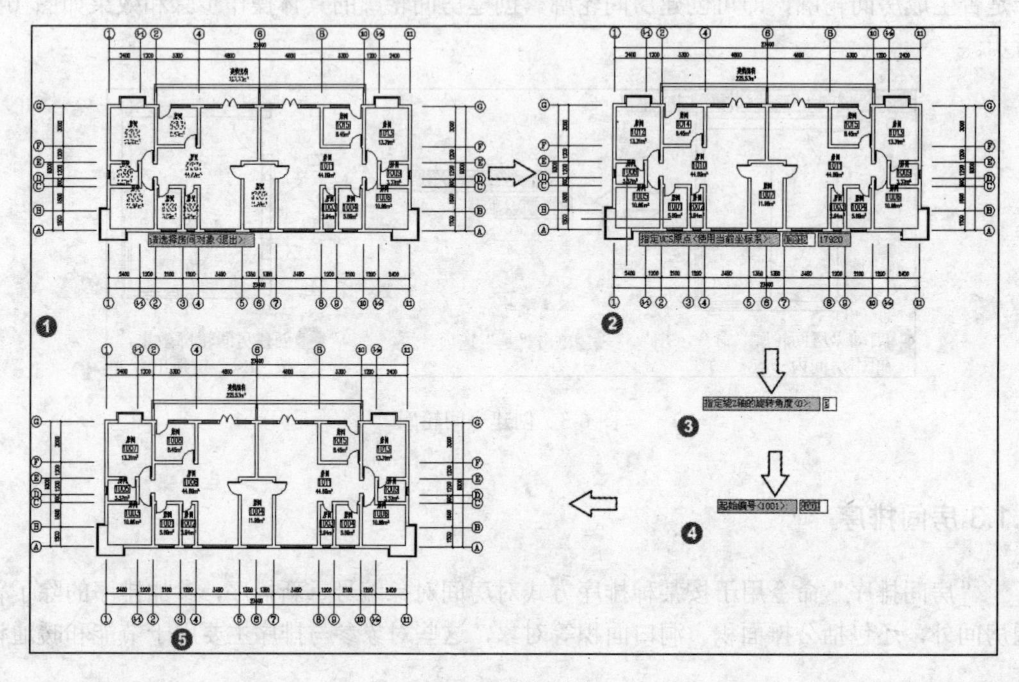

图 6-4　房间排序

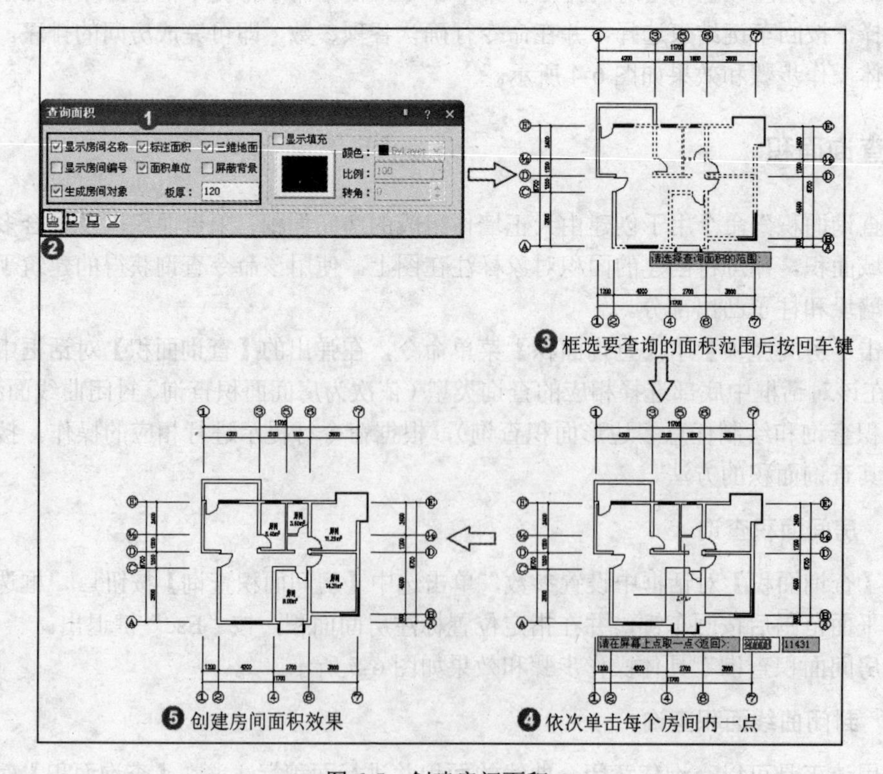

图 6-5　创建房间面积

“封闭曲线面积查询”的具体操作步骤和效果如图 6-6 所示。

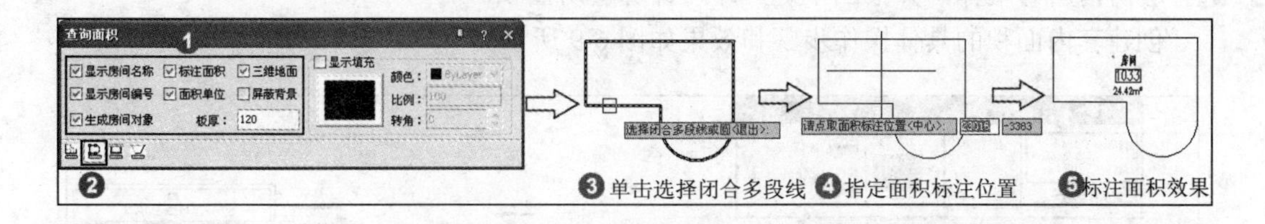

图 6-6　封闭曲线面积查询

3．阳台面积查询

利用该工具可以查询阳台的面积并进行面积标注。在【查询面积】对话框中设置参数，单击选中【阳台面积查询】按钮，在绘图区中选择阳台，并指定面积标注位置，即可完成阳台面积查询。

“阳台面积查询”的具体操作步骤和效果如图 6-7 所示。

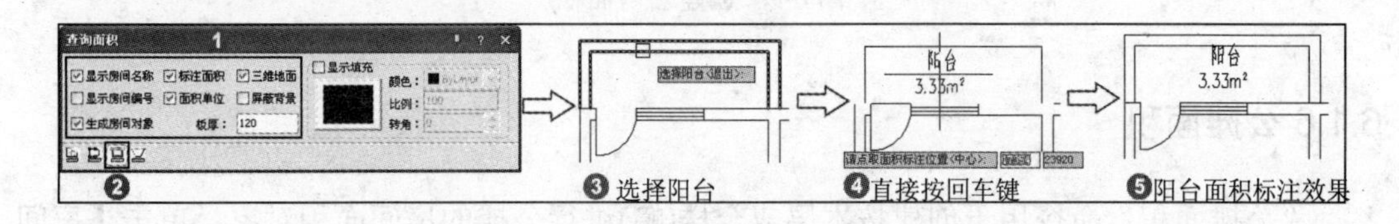

图 6-7　查询阳台面积

4．绘制任意多边形面积查询

利用该工具可以查询任意多边形的面积。在【查询面积】对话框中设置参数，单击选中【绘制任意多边形面积查询】按钮，在绘图区中依次指定多边形的各个点，按回车键结束指定，然后指定面积标注位置，即可完成任意多边形面积的查询。

“绘制任意多边形面积查询”的具体操作步骤和效果如图 6-8 所示。

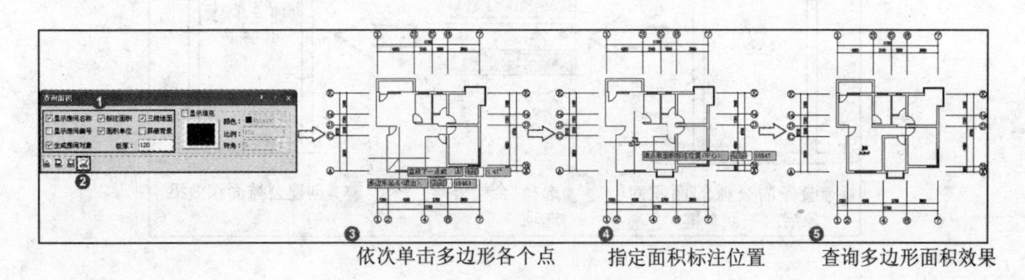

图 6-8　查询任意多边形面积

6.1.5 套内面积

如果用户绘制的建筑平面图中包含了多套住房，此时根据需要可能要求计算单套住房

的面积。单击【房间屋顶】|菜单命令，在弹出的【套内面积】对话框中设置参数，然后选择套房内所有墙体，并按回车键，即可计算套房面积。

创建套内面积的具体操作步骤和效果如图 6-9 所示。

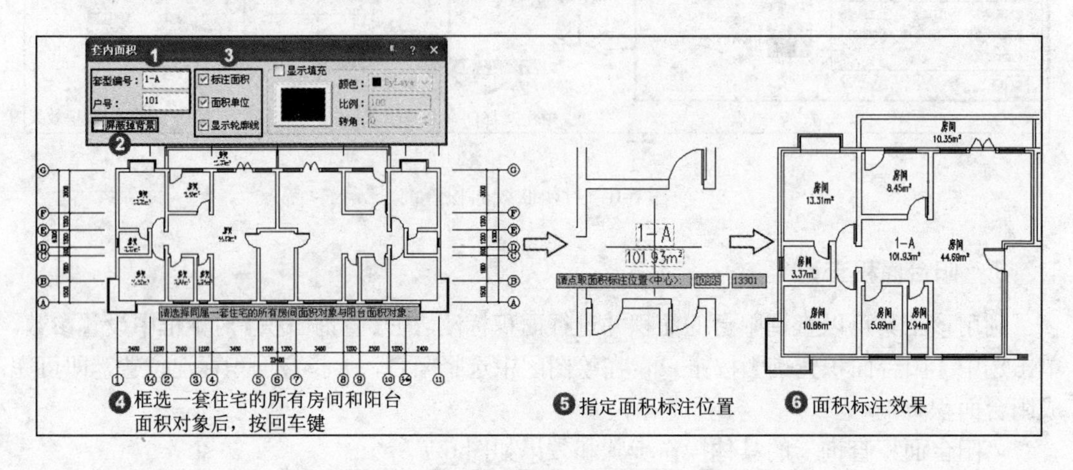

图 6-9　创建套内面积

6.1.6 公摊面积

“公摊面积”命令用于创建按本层或全楼(幢)进行公摊的房间面积对象。单击【房间屋顶】|【公摊面积】菜单命令，选择需公摊的房间面积对象或数字（多选表示累加）后，按回车键，然后确定公摊类型 B，即可完成公摊面积的创建，此时，软件把这些面积对象归入“SPACE_SHARE”图层，并把房间名称标记为“全楼公摊”，以备面积统计时使用。

创建公摊面积的具体操作步骤和效果如图 6-10 所示。

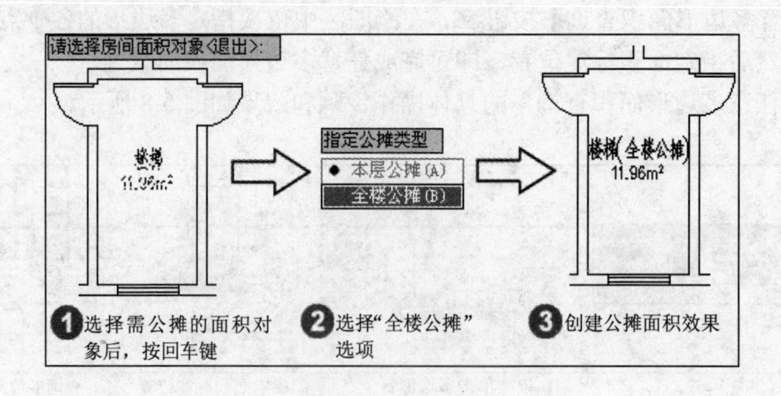

图 6-10　公摊面积

6.1.7 面积计算

“面积计算”命令用于统计“查询面积”和“套内面积”等命令获得的房间使用面积、

阳台面积和建筑面积等，用于不能直接测量到所需面积的情况，取面积对象或者标注数字均可。单击【房间屋顶】|【面积计算】菜单命令，弹出【面积计算】对话框中，然后选择需进行统计的面积对象或数字后按回车键，则在【面积计算】的文本框显示了面积的相加，单击【等于】按钮，可将选定面积相加，接着单击【标在图上】按钮，在绘图区中指定面积标注位置，即可完成面积的计算。

面积计算的具体操作步骤和效果如图 6-11 所示。

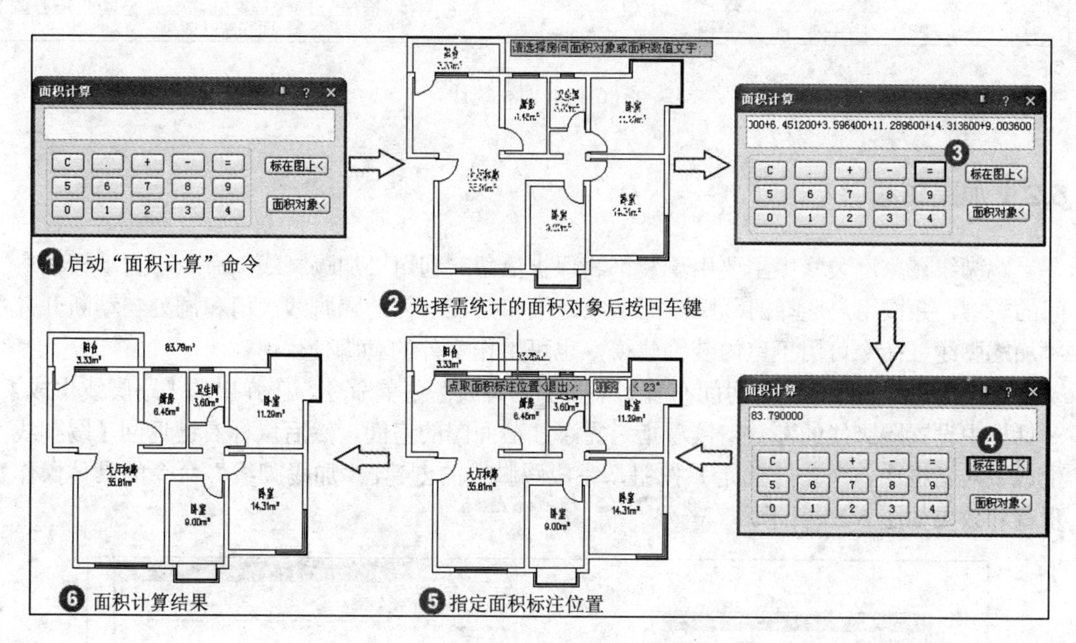

图 6-11　面积计算

6.1.8 面积统计

“面积统计”命令是按《房产测量规范》和《住宅建筑设计规范》以及建设部限制大套型比例的有关文件，统计住宅的各项面积指标，为管理部门进行设计审批提供参考依据。

在创建已有工程的情况下，单击【房间屋顶】|【面积统计】菜单命令，根据命令行提示，依次确认各选项后，弹出【面积统计】窗口，然后单击【标在图上】按钮，即可将统计楼据标注在图上。“面积统计”的具体操作步骤和效果如图 6-12 所示。

6.2 房间布置

TArch 8.0 为房间和天花的布置提供了多种工具，主要包括加踢脚线、奇数分格、偶数分格、布置洁具、布置隔板和布置隔断等。下面分别介绍这些工具的使用方法。

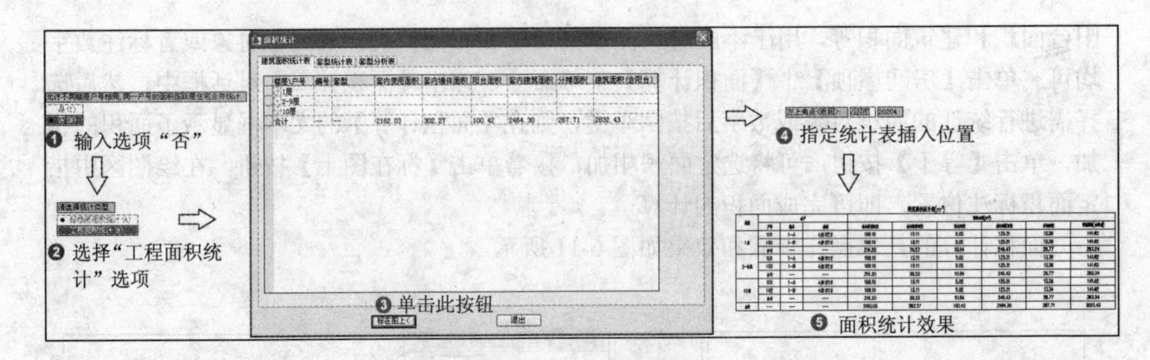

图 6-12　面积统计

6.2.1 加踢脚线

踢脚线在家庭装修中主要用于装饰和保护墙角。利用“加踢脚线”命令可自动搜索房间的轮廓，并按用户选择的踢脚截面生成二维和三维一体的踢脚线（门和洞处自动断开）。“加踢脚线”命令可用于室内装饰建模，也可用作室外的勒脚使用。

单击【房间屋顶】|【房间布置】|【加踢脚线】菜单命令，在弹出的【踢脚线生成】对话框中设置踢脚线的参数，接着指定需添加截面图的房间，然后鼠标右键返回【踢脚线生成】对话框中，单击【确定】按钮，完成踢脚线的创建。“加踢脚线”命令的具体操作步骤和效果如图 6-13 所示。

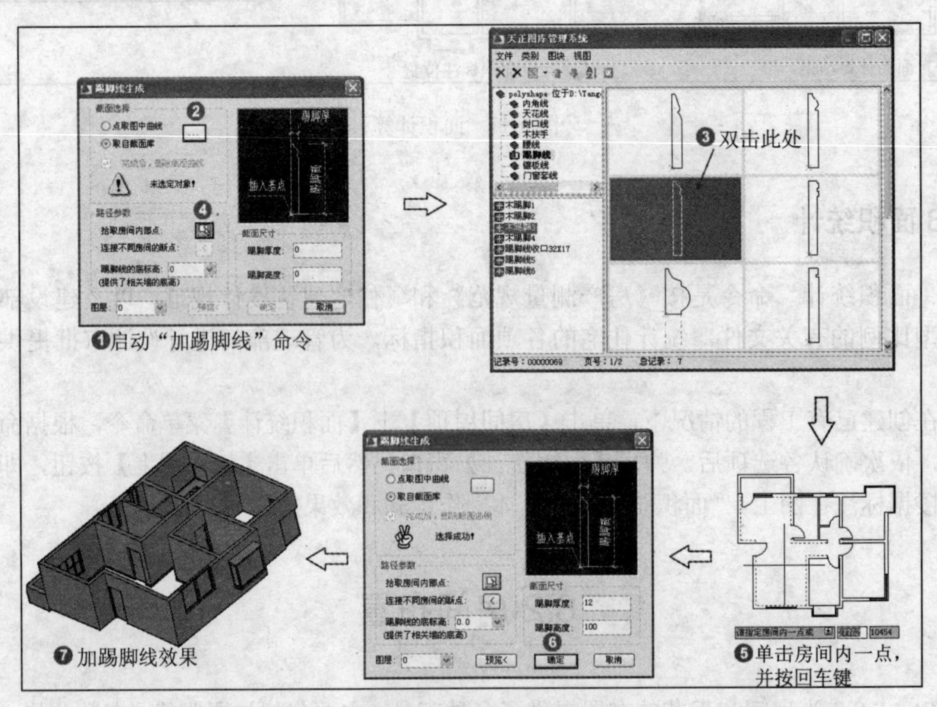

图 6-13　加踢脚线

【踢脚线生成】对话框中各控件解释如下：

➢ 点取图中曲线：当用户选择了该单选框，单击其右方的按钮【<】，再在绘图区中选择一个踢脚线的截面形状（截面形状必须是一条闭合的多段线），按回车键结束选择。
➢ 取自截面库：当用户选择了该单选框，单击其右方的按钮【...】，即可在弹出的【天正图库管理系统】窗口中选择相应的踢脚线形状。
➢ 完成后删除截面曲线：当用户选择了【点取图中曲线】单选框后，该复选框可用，当选中了该复选框，则在完成踢脚线创建后，软件自动将原有的踢脚线截面图形删除。
➢ 拾取房间内部点：当用户单击“拾取房间内部点”右侧的按钮后，再在绘图区分别单击各个需添加踢脚线的房间，按回车键返回到【踢脚线生成】对话框中。
➢ 连接不同房间的断点：若多个房间之间有门洞，但不安装门，此时在门洞底部也应创建踢脚线。此时单击其右方的按钮【<】，再在绘图区中依次单击门洞内外两侧的点，按回车键后返回到【踢脚线生成】对话框中，完成房间断点的创建。
➢ 踢脚线的底标高：用户可在该文本框中输入踢脚线的底标高，在房间内有高差时指定标高处生成踢脚线，一般情况下，由于天花位于屋顶，创建天花线时需要设置标高。
➢ 截面尺寸：在该区域内有“踢脚厚度”和“踢脚高度”两个尺寸，用户可依据实际需要确定。

6.2.2 奇数分格和偶数分格

在绘制建筑装饰图时，经常使用线框网格来表示地板及天花吊顶，从而合理地布置地板砖和天花板。TArch 8.0 提供了两种绘制网格的方法，包括“奇数分格”和“偶数分格”。

1. 奇数分格

单击【房间屋顶】|【房间布置】|【奇数分格】菜单命令，然后依次指定房间内的三个角点和分格的宽度，即可创建出奇数分格。

创建奇数分格的具体操作步骤和效果如图 6-14 所示。

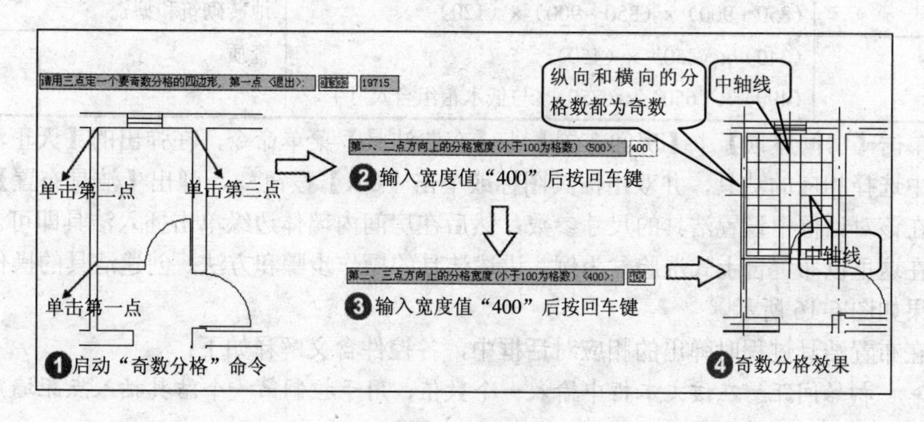

图 6-14　奇数分格

2. 偶数分格

单击【房间屋顶】|【房间布置】|【偶数分格】菜单命令，然后依次指定房间内的三个角点和分格的宽度，即可创建出偶数分格。

创建偶数分格的具体操作步骤和效果如图 6-15 所示。

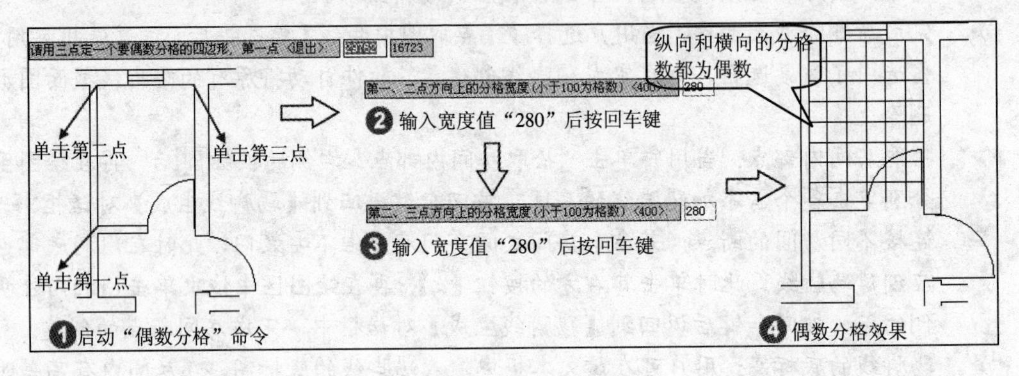

图 6-15　偶数分格

6.2.3 布置洁具

洁具主要是指浴室和厕所的专用设施。在住宅建筑中，浴室和厕所一般与卧室靠近，对于小面积的住宅来说，浴室和厕所共用，所以洁具都会摆放在同一个小空间内。对于住宅面积较大的套房，则可能将浴室和厕所分开，当然可能还专门设有洗衣间等。浴室或厕所用具的一般尺寸如表 6-1 所示。

表 6-1　浴室厕所用具尺寸参考　（mm）

名　称	尺 寸（长×宽×高）	材　质
洗脸盆	(360～560)×(200～420)×(250～302)	瓷质
浴缸	（1200/1550/1680）×（750）×（400/440/460）	压克力、钢板、铸铁和木材
淋浴器	（850～900）×（850～900）×（120）	地砖砌筑和搪瓷
坐便器	（340）×（450）×（450） （490）×（650）×（850）（与低水箱组合尺寸）	瓷质

单击【房间屋顶】|【房间布置】|【布置洁具】菜单命令，在弹出的【天正洁具】窗口中选择相应的洁具，并双击洁具图标或单击【OK】按钮，弹出【洁具布置】对话框，在该对话框中设置洁具的尺寸参数，然后在房间内墙体边缘单击插入洁具即可。

在这里以布置台上式洗脸盆为例，讲述洁具的操作步骤和方法。创建洁具的操作步骤和效果如图 6-16 所示。

在布置洁具过程时弹出的相应对话框中，各控件含义解释如下：

- 初始间距：在该文本框中输入一个数值，用于控制第一个洁具插入点距墙角点的距离。
- 设备间距：在该文本框中输入一个数值，用于控制插入洁具间的距离。

- 离墙间距：在该文本框中输入一个数值，用于控制洁具距墙体的间隙，默认值为 20。
- 长度：在该文本框中输入一个数值，用于设置洁具的长度。
- 宽度：在该文本框中输入一个数值，用于设置洁具的宽度。
- 自由插入：单击选中此按钮，以所绘设备的某一点为基点自由插入设备。
- 均匀分布：单击选中此按钮，可将指定个数的设备均匀分布在所选墙线上。
- 沿已有洁具布置：单击选中此按钮，可将指定设备沿所选设备进行布置。

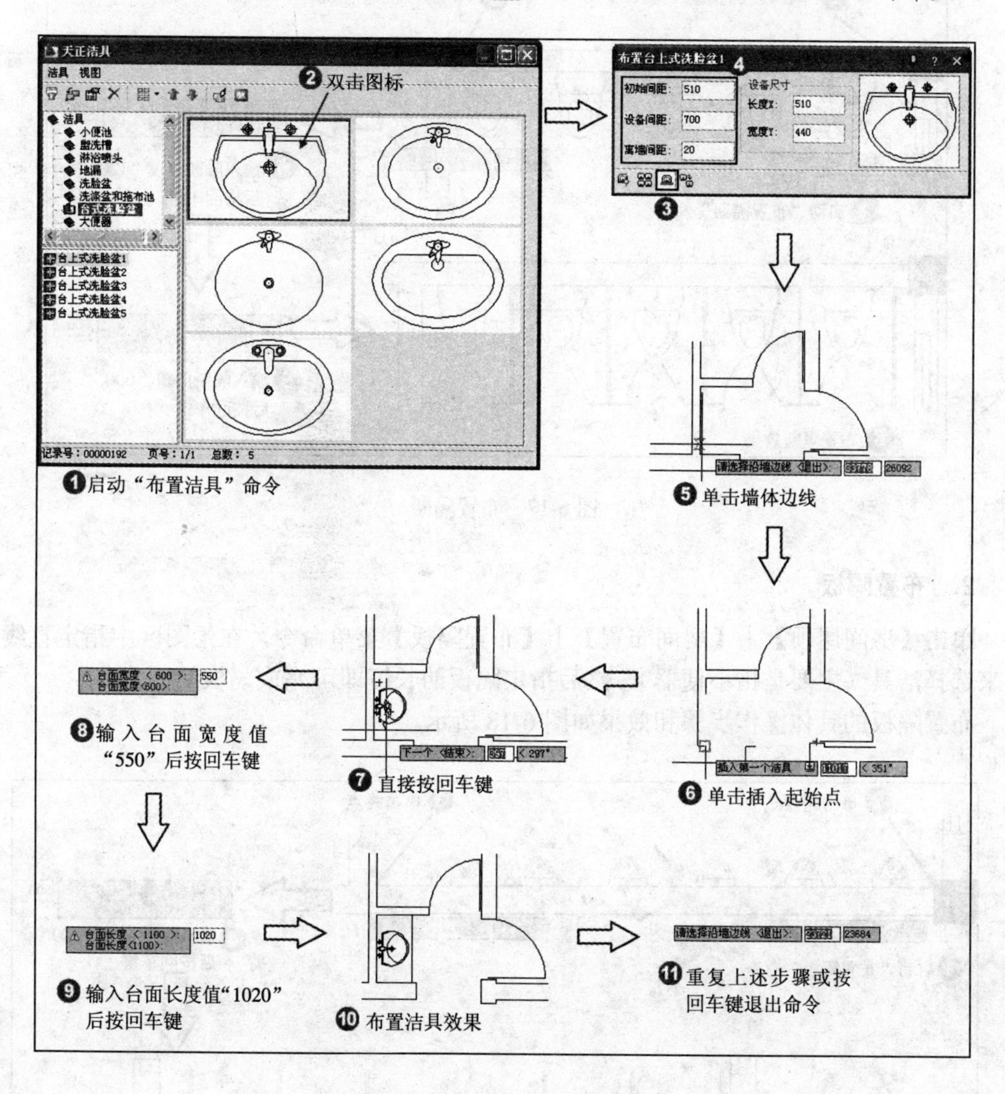

图 6-16　创建台上式洗脸盆

6.2.4 布置隔断和布置隔板

隔断和隔板的作用是对卫生间进一步分割与完善，是建筑设计的深化。TArch 8.0 提供了“布置隔断”和“布置隔板”两个命令，接下来分别进行介绍。

1. 布置隔断

单击【房间屋顶】|【房间布置】|【布置隔断】菜单命令，在绘图区中指定直线两点来选择洁具，并输入隔板长度和隔断门宽后，即可完成隔断的创建。

布置隔断的具体操作步骤和效果如图 6-17 所示。

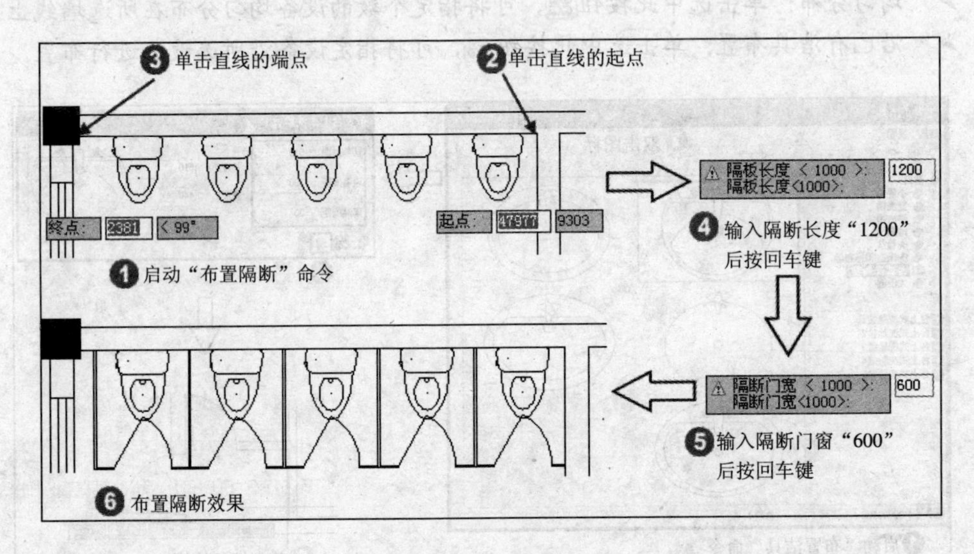

图 6-17　布置隔断

2. 布置隔板

单击【房间屋顶】|【房间布置】|【布置隔板】菜单命令，在绘图区中指定直线两点来选择洁具（主要是指小便器），然后指定隔板的长度即可完成隔板的创建。

布置隔板的具体操作步骤和效果如图 6-18 所示。

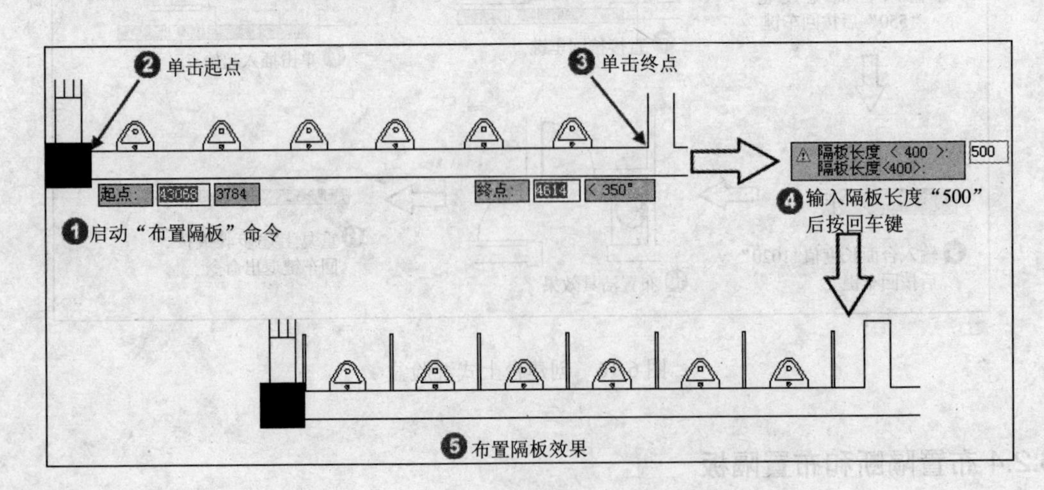

图 6-18　布置隔板

6.3 创建屋顶

屋顶是房屋建筑的重要组成部分，其作用主要包括：隔绝风霜雨雪和阳光辐射，为室内创造良好的生活空间；承受和传递屋顶上各种荷载，对房屋起着支撑作用，是房屋主要水平构件；屋顶的形状和颜色对建筑艺术有着很大的影响，也是建筑造型设计的重要部分。

TArch 8.0 提供了多种屋顶造型功能，包括任意坡顶、人字坡顶、攒尖屋顶和矩形屋顶 4 种。当然用户还可以利用三维造型工具自建其他形式的屋顶。例如用平板对象和路径曲面对象相结合构造带有复杂檐口的平屋顶，利用路径曲面构建曲面屋顶等。利用 TArch 创建的屋顶，支持对象编辑、特性编辑和夹点编辑等方式，可用于天正节能和日照模型。

6.3.1 搜屋顶线

屋顶线是指屋顶平面图的边界线，TArch 8.0 提供了自动创建屋顶线的功能。单击【房间屋顶】|【搜屋顶线】菜单命令，根据命令行提示，框选整栋建筑物的所有墙线，按外墙的外皮边界生成屋顶平面轮廓线。屋顶线在属性上为一条闭合的 PLINE，可以作为屋顶轮廓线，进一步绘制出屋顶的施工图，可用于构造其他楼层平面的辅助边界或用于外墙装饰线脚的路径。

绘制屋顶线的具体操作步骤和效果如图 6-19 所示。

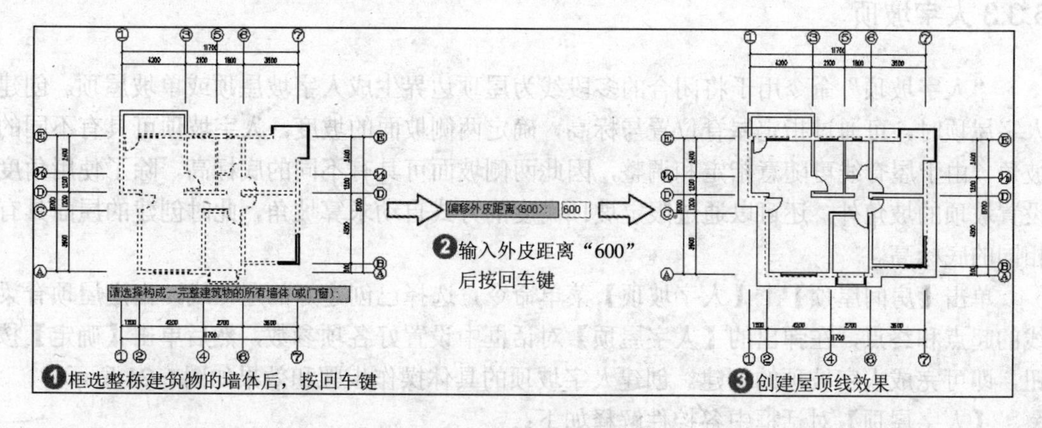

图 6-19　创建屋顶线

6.3.2 任意坡顶

任意坡顶是指由任意多段线围合而成的四坡屋顶。“任意坡顶”命令可以利用屋顶线或封闭的多段线，生成任意形状和坡度角的坡形屋顶。

单击【房间屋顶】|【任意坡顶】菜单命令，根据命令行提示选择一条多段线后，然后再依次输入“坡度角”和“出檐长”值后，即可创建出任意坡顶。创建任意坡顶的具体操作步骤和效果如图 6-20 所示。

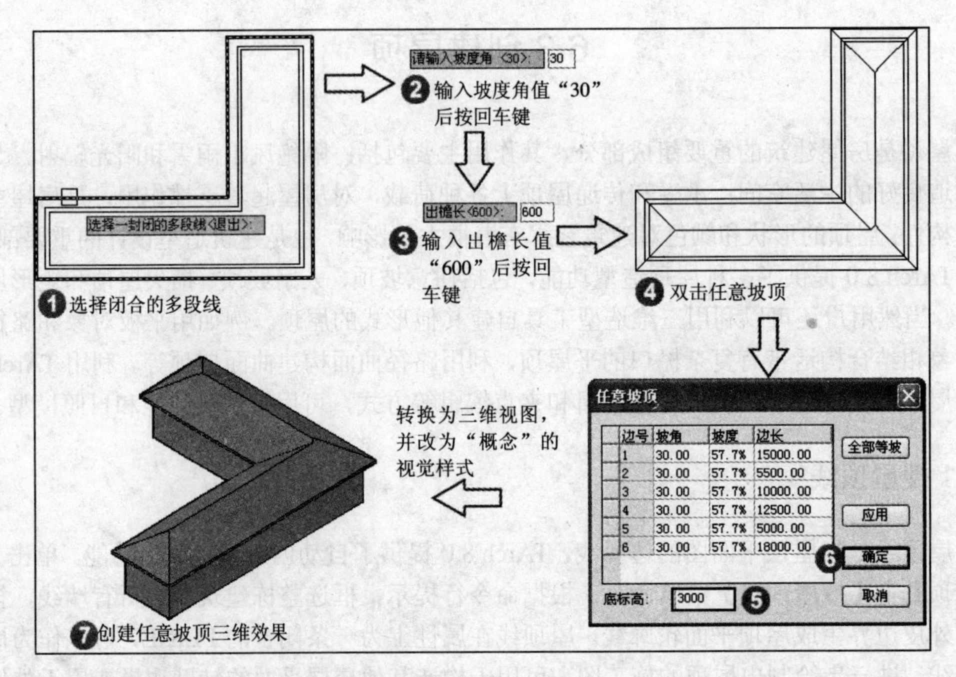

图 6-20　创建任意坡顶

6.3.3 人字坡顶

“人字坡顶”命令用于将闭合的多段线为屋顶边界生成人字坡屋顶或单坡屋顶。创建人字屋顶时，可通过指定屋脊位置与标高，确定两侧坡面的坡度，人字坡顶可具有不同的坡角，由于屋脊线可随意指定和调整，因此两侧坡面可具有不同的底标高，除了使用角度设置坡顶的坡角外，还可以通过限定坡顶高度的方式自动求算坡角，此时创建的屋面具有相同的底标高。

单击【房间屋顶】|【人字坡顶】菜单命令，选择已创建好的屋顶线，指定屋顶脊梁线的起点和终点，在弹出的【人字屋顶】对话框中设置好各项参数，然后单击【确定】按钮，即可完成人字坡顶的创建。创建人字坡顶的具体操作步骤和效果如图 6-21 所示。

【人字屋顶】对话框中各控件解释如下：

- “左坡角”和“右坡角”：左右两侧屋顶与水平线的夹角，在右侧的文本框中输入角度，无论脊线是否居中，默认左右坡角相等。
- 限定高度：当用户选中此复选框后，则用高度而非坡度定义屋顶，脊线不居中时左右坡度不相等。
- 高度：当用户选中“限定高度”复选框后，在此文本框中输入坡屋顶高度。
- 屋脊标高：在该文本框中输入一个数值，用于确定顶对象的屋脊高度。
- 参考墙顶标高：当用户单击此按钮，可在绘图区中选择相关墙对象，系统将沿选中墙体高度方向移动坡顶，使屋顶与墙顶关联。

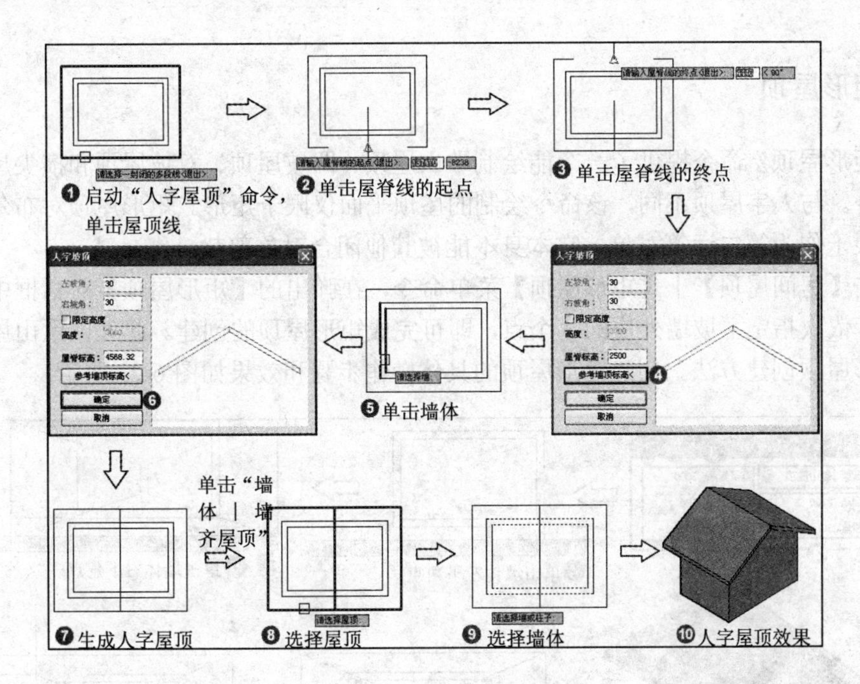

图 6-21 创建人字屋顶

6.3.4 攒尖屋顶

“赞尖屋顶”命令用于构造攒尖屋顶三维模型，但不能生成曲面构成的中国古建亭子顶，此对象对布尔运算的支持仅限于作为第二运算对象，它本身不能被其他闭合对象剪裁。

单击【房间屋顶】｜【攒尖屋顶】菜单命令，在弹出的【攒尖屋顶】对话框中设置屋顶的边数、屋顶高度和出檐长度后，然后在绘图区中指定插入基点（屋顶中心点）和第二点，即可完成攒尖屋顶的创建。创建攒尖屋顶的具体操作步骤和效果如图 6-22 所示。

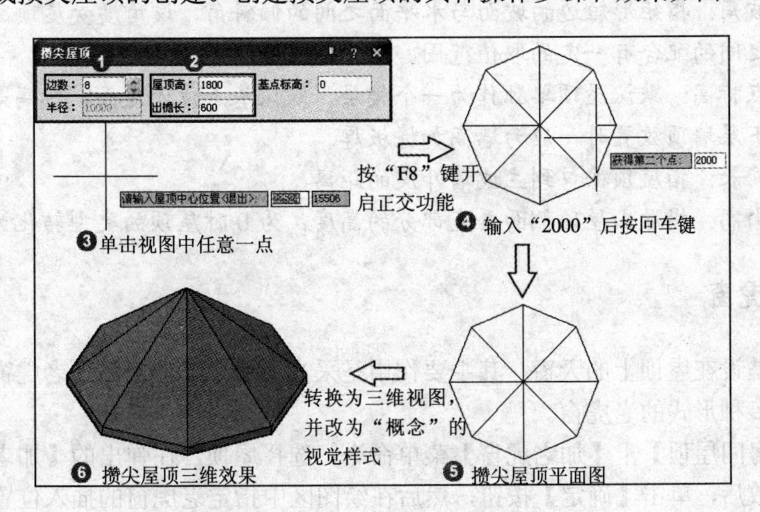

图 6-22 创建攒尖屋顶

6.3.5 矩形屋顶

“矩形屋顶”命令提供了一个能绘制歇山屋顶、四坡屋顶、双坡屋顶和攒尖屋顶的新屋顶命令。与人字屋顶不同，该命令绘制的屋顶平面仅限于矩形。矩形屋顶对布尔运算的支持仅限于作为第二运算对象，它本身不能被其他闭合对象剪裁。

单击【房间屋顶】|【矩形屋顶】菜单命令，在弹出的【矩形屋顶】对话框中设置参数，然后依次指定主坡墙外皮的 3 个点，即可完成矩形屋顶的创建。此处以歇山屋顶为例讲述矩形屋顶创建方法。创建矩形屋顶的具体操作步骤和效果如图 6-23 所示。

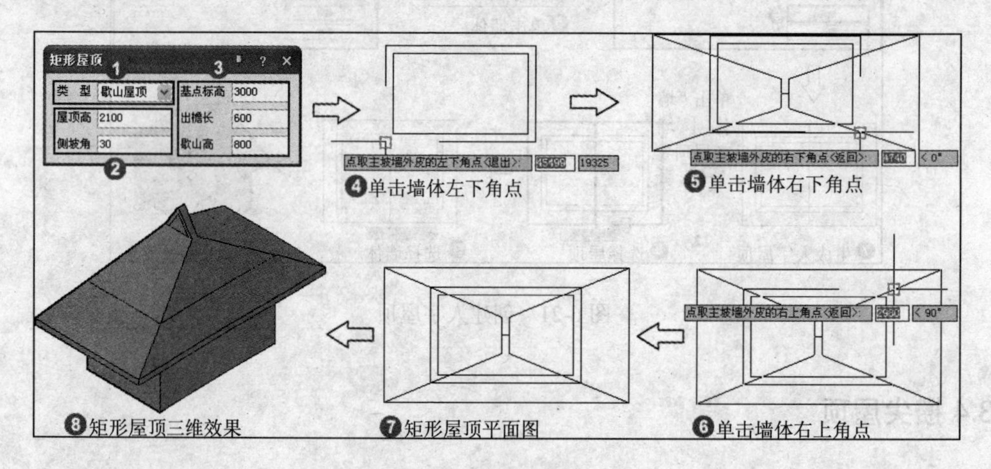

图 6-23　创建矩形屋顶

【矩形屋顶】对话框中各控件解释如下：

- 类型：创建矩形屋顶的类型，包括歇山、四坡、人字和攒尖 4 种类型。
- 屋顶高：指从插入基点开始到屋脊的高度。
- 侧坡角：指矩形短边的坡面与水平面之间的倾斜角，该角度受屋顶高的限制，两者之间的配合有一定的取值范围。
- 基点标高：默认屋顶单独作为一个楼层，默认基点位于屋面，标高是 0，屋顶在其下层墙顶放置时，应为墙高加檐板厚。
- 出檐长：指屋顶檐口到主坡墙外皮的距离。
- 歇山高：指歇山屋顶侧面垂直部分的高度，为 0 时屋顶的类型转化为四坡屋顶。

6.3.6 加老虎窗

老虎窗是设在屋顶上的天窗，其主要作用是采光和通风。使用“加老虎窗”命令可在屋顶上添加多种形式的老虎窗。

单击【房间屋顶】|【加老虎窗】菜单命令，选择屋顶，在弹出的【加老虎窗】对话框中设置参数后，单击【确定】按钮，然后在绘图区中指定老虎窗的插入位置，即可创建老虎窗。创建老虎窗的具体操作步骤和效果如图 6-24 所示。

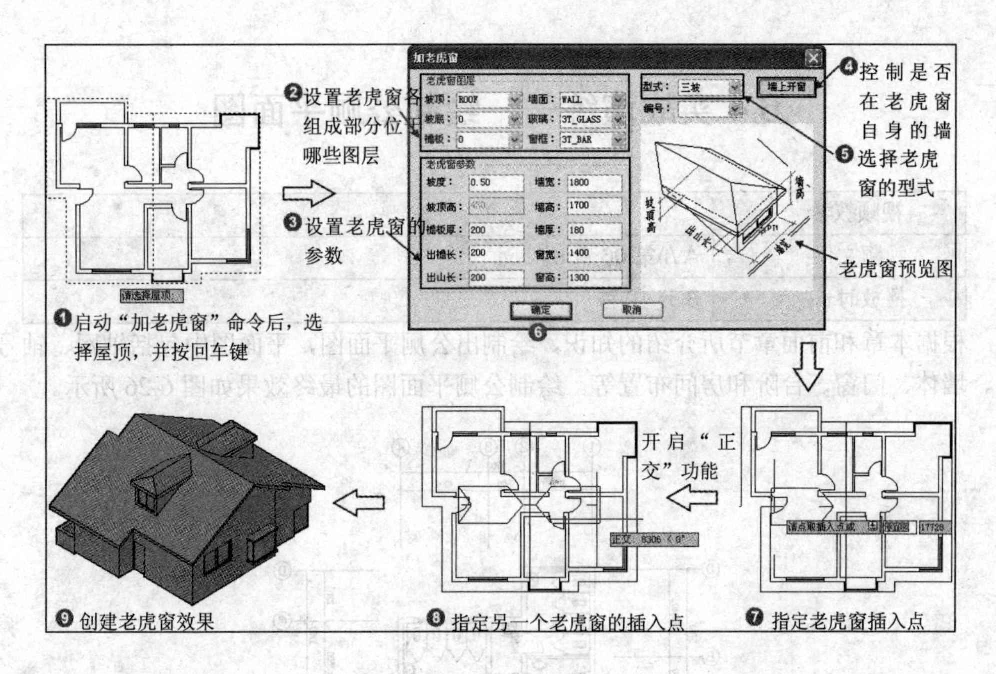

图 6-24　加老虎窗

6.3.7 加雨水管

利用“加雨水管”命令可在屋顶平面图上绘制穿过女儿墙或檐板的雨水管（雨水管只具有二维特性）。单击【房间屋顶】|【加雨水管】菜单命令，在屋顶平面图上指定入水口，然后指定水管的结束点，即可完成雨水管的创建。

添加雨水管的具体操作步骤和效果如图 6-25 所示。

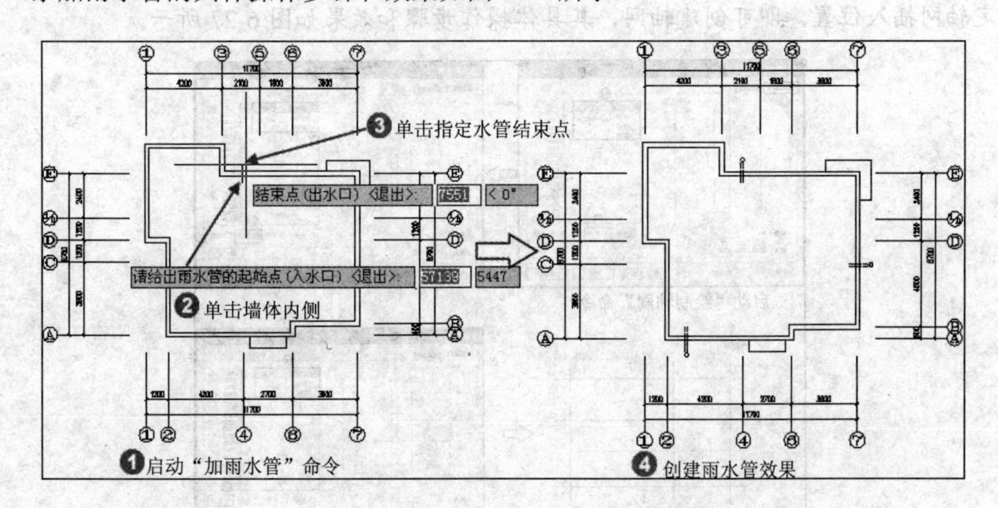

图 6-25　创建雨水管

6.4 实战演练——绘制公厕平面图

视频教学	
视频文件:	AVI\第 06 章\6.4.avi
播放时长:	8 分 10 秒

根据本章和前面章节所介绍的知识，绘制出公厕平面图，平面图中包括轴网、轴号标注、墙体、门窗、台阶和房间布置等。绘制公厕平面图的最终效果如图 6-26 所示。

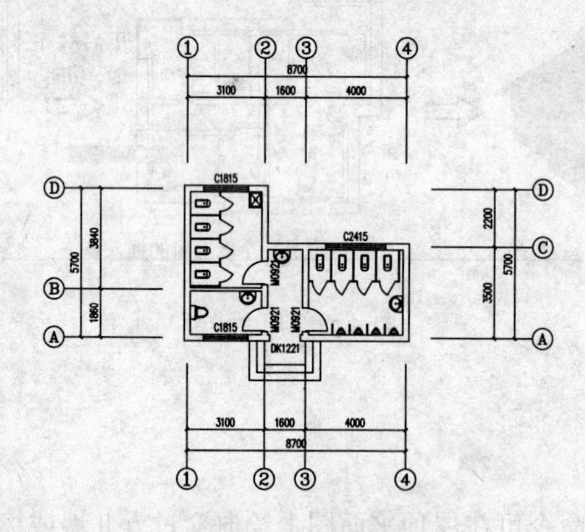

图 6-26　公厕平面图

❶绘制轴网。正常启动 TArch 8.0 的情况下，单击【轴网柱子】|【绘制轴网】菜单命令，在弹出的【绘制轴网】对话框中设置参数后，单击【确定】按钮，然后在绘图区中指定轴网插入位置，即可创建轴网，其具体操作步骤和效果如图 6-27 所示。

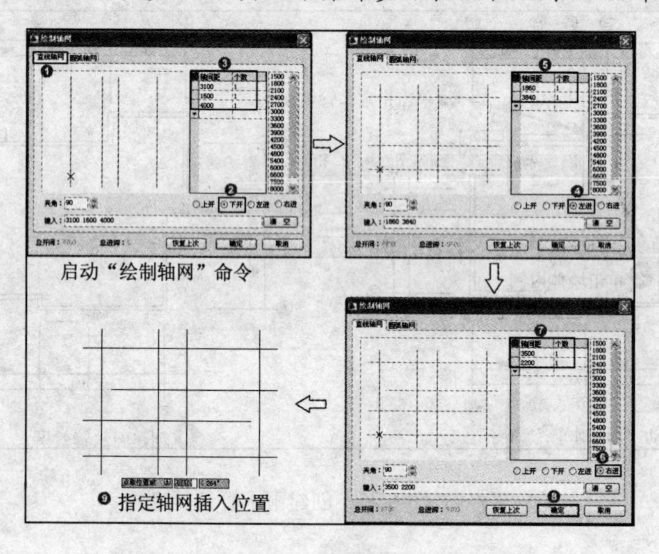

图 6-27　绘制轴网

❷轴号标注。单击【轴网柱子】|【两点轴标】菜单命令，在弹出的【轴网标注】对话框中设置参数，根据命令行提示依次单击起始轴线和终止轴线，即可创建轴号标注。创建轴号标注的具体操作步骤和效果如图 6-28 所示。

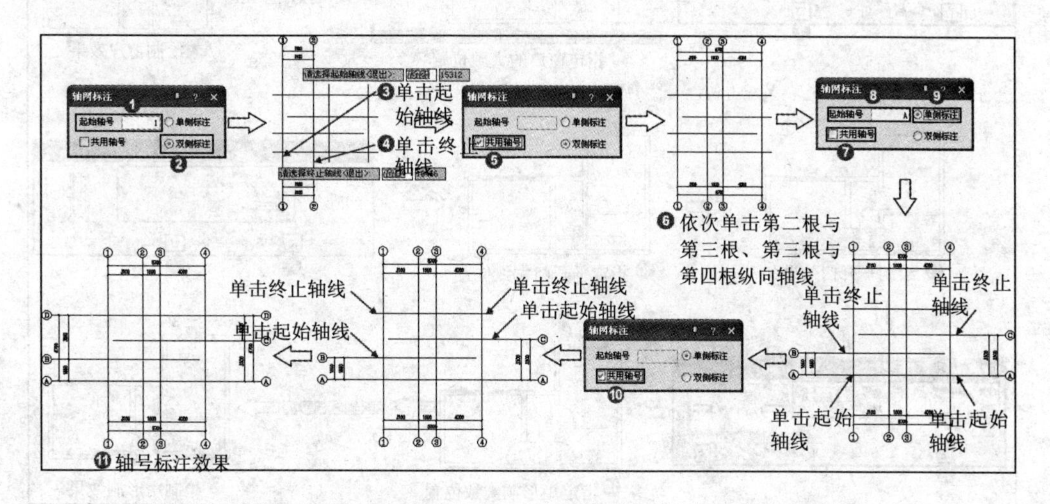

图 6-28　轴号标注

❸绘制墙体。单击【墙体】|【绘制墙体】菜单命令，在弹出的【绘制墙体】对话框中设置参数，根据命令行提示，依次单击墙体所经过轴线的交点，即可完成墙体的绘制。绘制墙体的具体操作步骤和效果如图 6-29 所示。

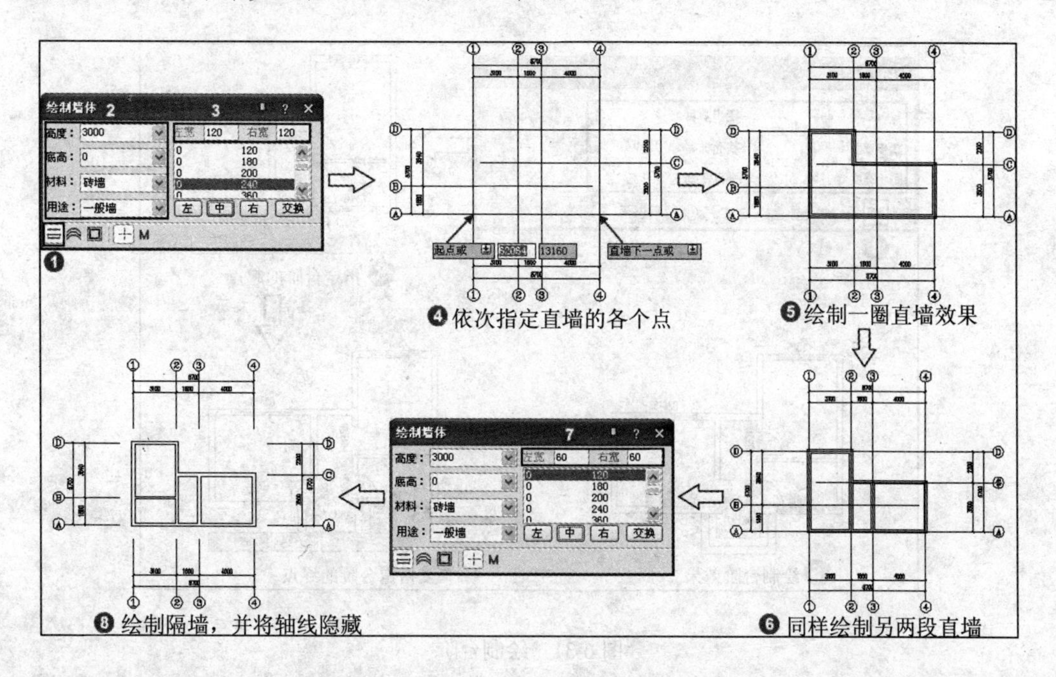

图 6-29　绘制墙体

❹绘制门窗。单击【门窗】|【门窗】菜单命令，在弹出的【窗】对话框中设置参数，然后根据指定方法插入门窗。绘制门窗的具体操作步骤和效果如图 6-30 所示。

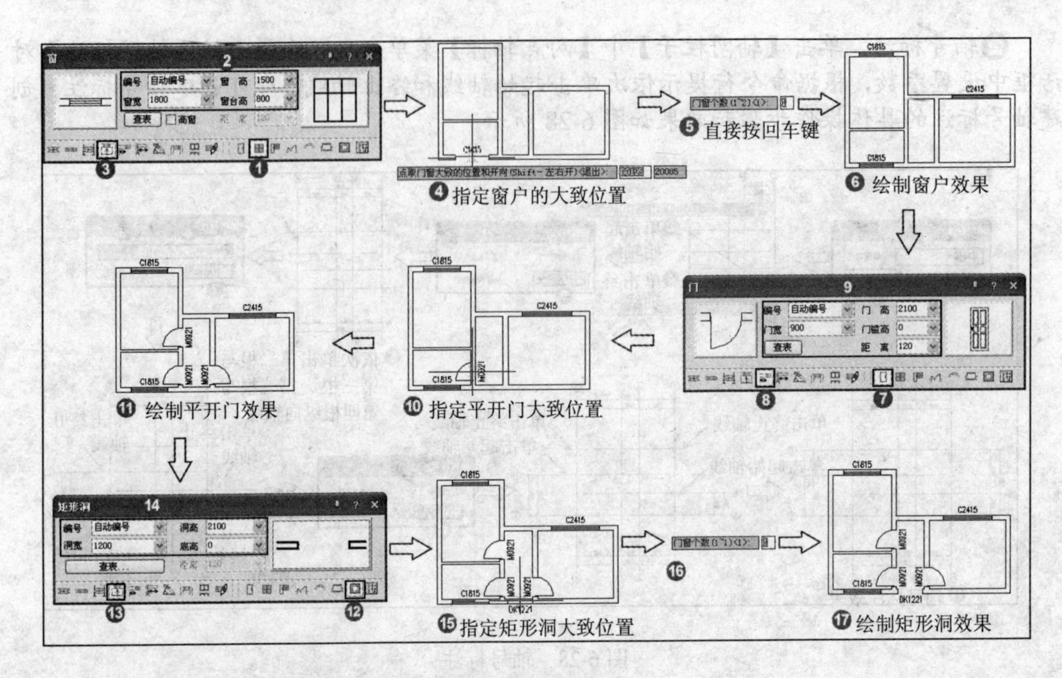

图 6-30　绘制门窗

❺绘制台阶。单击【楼梯其他】|【台阶】菜单命令，在弹出的【台阶】对话框中设置参数后，根据命令行提示绘制出台阶。绘制台阶的具体操作步骤和效果如图 6-31 所示。

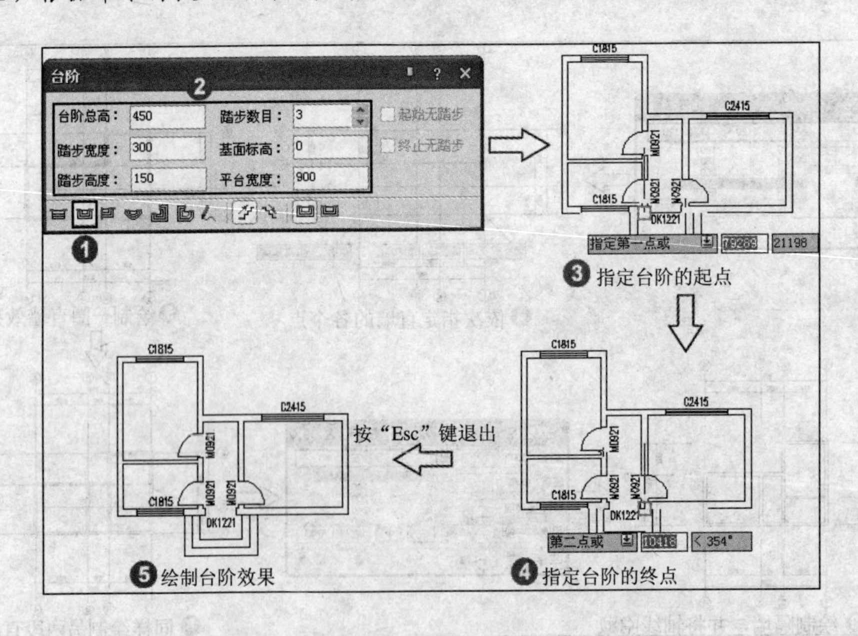

图 6-31　绘制台阶

❻布置蹲便器。单击【房间屋顶】|【房间布置】|【布置洁具】菜单命令，在弹出的【天正洁具】窗口双击相应的蹲便器类型，接着在弹出的【布置蹲便器（高位水箱）】对话框中设置参数，然后根据命令行提示依次布置蹲便器。布置蹲便器的具体操作步骤和效果如图 6-32 所示。

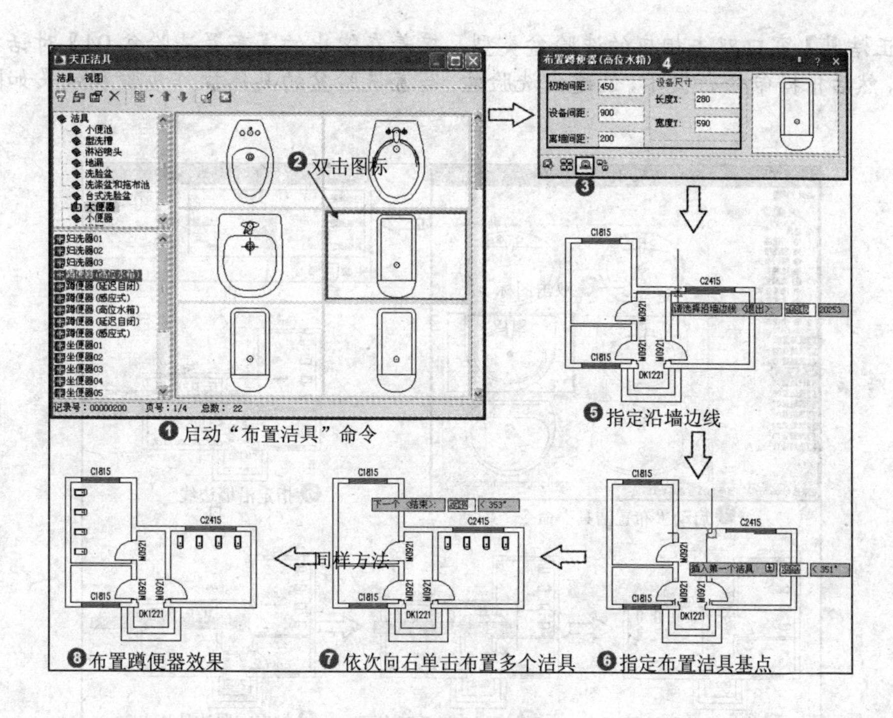

图6-32　布置蹲便器

❼布置小便器。单击【房间屋顶】|【房间布置】|【布置洁具】菜单命令，在弹出的【天正洁具】窗口双击相应的小便器类型，接着在弹出的【布置小便器（感应式）01】对话框中设置参数，然后根据命令行提示，创建出小便器。布置小便器的具体操作步骤和效果如图6-33所示。

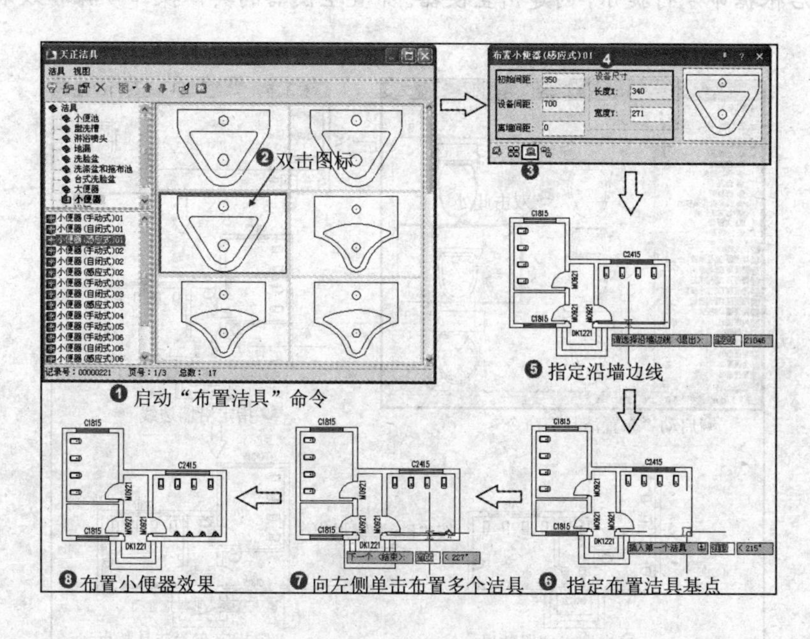

图6-33　布置小便器

❽布置洗脸盆。单击【房间屋顶】|【房间布置】|【布置洁具】菜单命令，在弹出

的【天正洁具】窗口双击相应的洗脸盆类型，接着在弹出的【布置洗脸盆04】对话框中设置参数，然后根据命令行提示，创建出洗脸盆。布置洗脸盆的具体操作步骤和效果如图6-34所示。

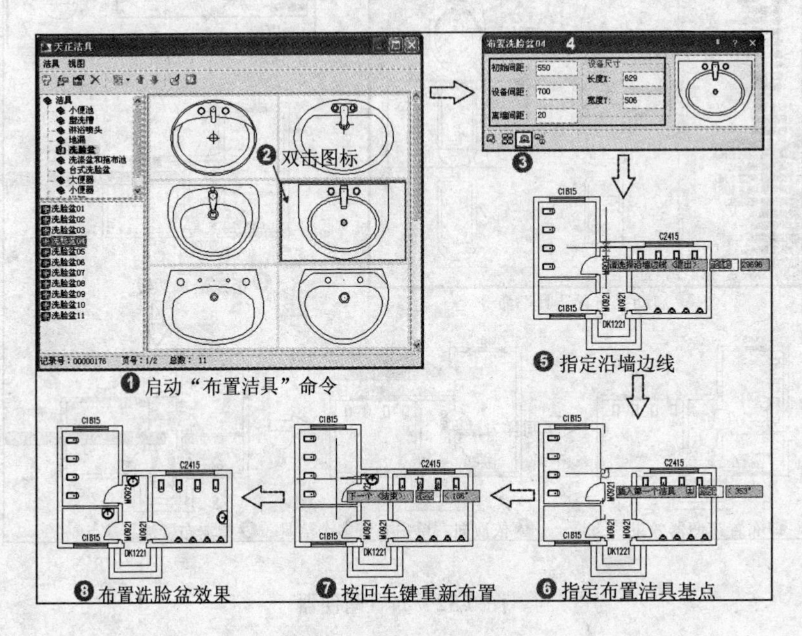

图6-34 布置洗脸盆

❾布置坐便器。单击【房间屋顶】|【房间布置】|【布置洁具】菜单命令，在弹出的【天正洁具】窗口双击相应的坐便器类型，接着在弹出的【布置坐便器07】对话框中设置参数，然后根据命令行提示，创建出坐便器。布置坐便器的具体操作步骤和效果如图6-35所示。

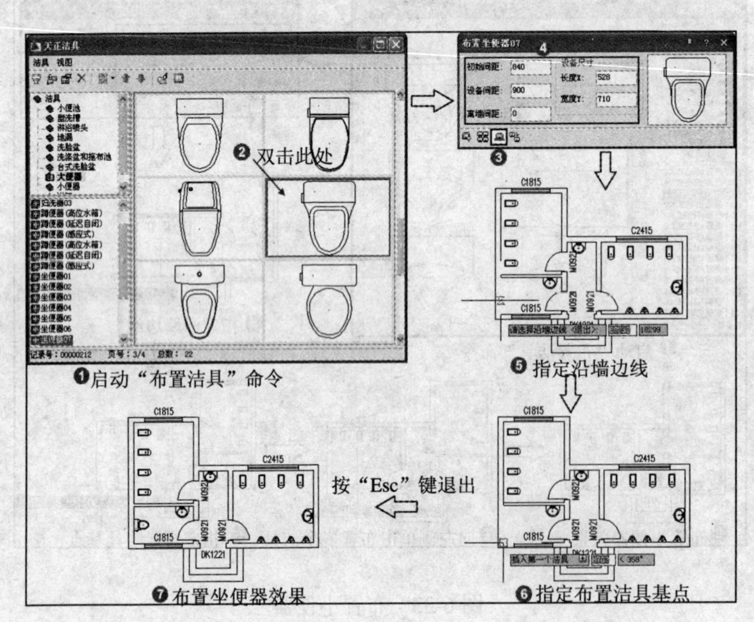

图6-35 布置坐便器

⑩布置拖布池。单击【房间屋顶】|【房间布置】|【布置洁具】菜单命令，在弹出的【天正洁具】窗口双击相应的坐便器类型，接着在弹出的【布置拖布池】对话框中设置参数，然后根据命令行提示，创建出拖布池。布置拖布池的具体操作步骤和效果如图 6-36 所示。

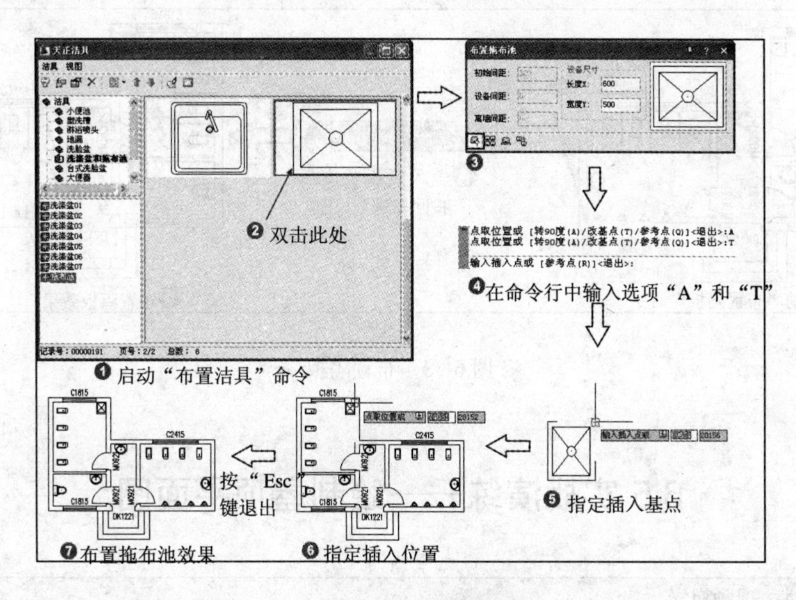

图 6-36　布置拖布池

⑪布置隔断。单击【房间屋顶】|【房间布置】|【布置隔断】菜单命令，根据命令行提示指定直线的起点和终点来选取洁具，然后输入确认隔板的长度和隔断的门宽，即可完成隔断的布置。布置隔断的具体操作步骤和效果如图 6-37 所示。

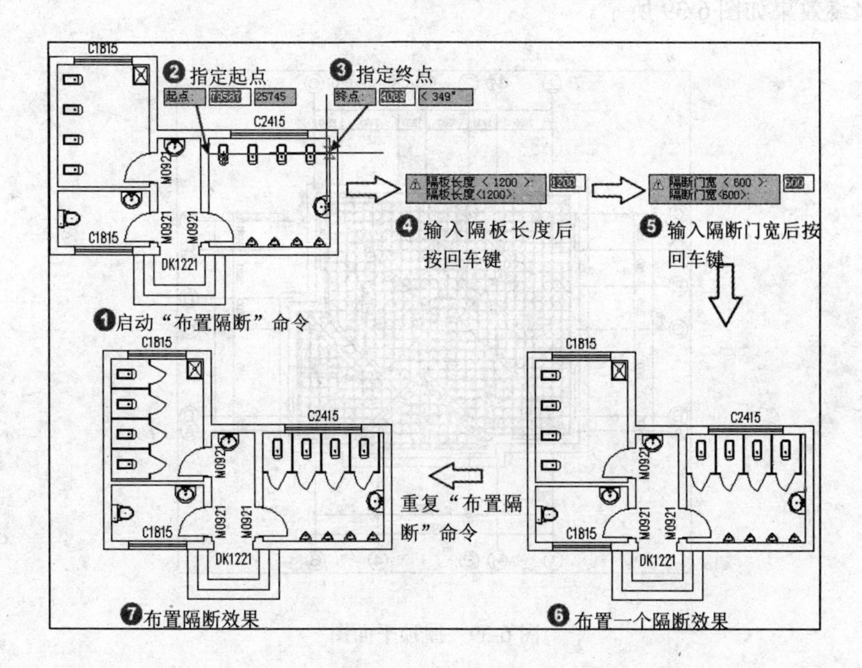

图 6-37　布置隔断

⑫布置隔板。单击【房间屋顶】|【房间布置】|【布置隔板】菜单命令，根据命令行提示指定直线的起点和终点来选取洁具，然后确认隔板的长度，即可完成隔板的创建。布置隔板的具体操作步骤和效果如图 6-38 所示。

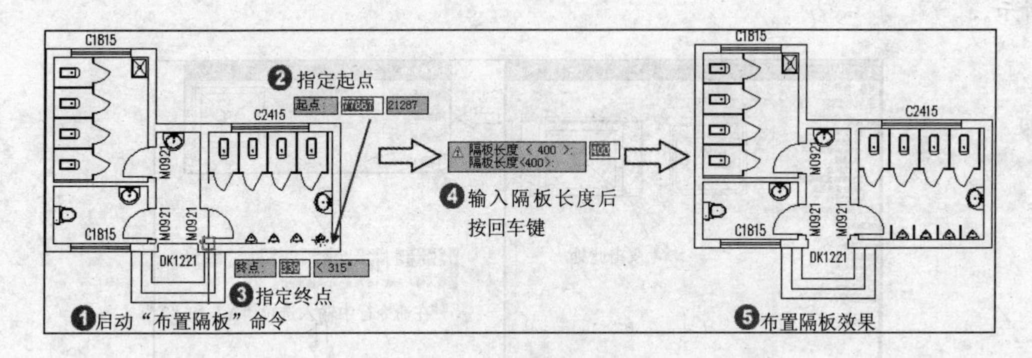

图 6-38　布置隔板

6.5 实战演练——绘制屋顶平面图

视频教学	
视频文件:	AVI\第 06 章\6.5.avi
播放时长:	9 分 05 秒

依据本章所学的创建屋顶的方法，绘制出某建筑物的屋顶平面图。绘制某建筑屋顶平面图的最终效果如图 6-39 所示。

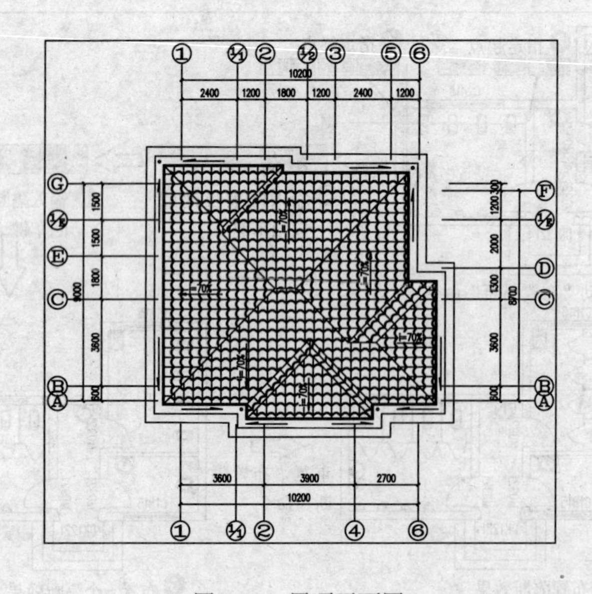

图 6-39　屋顶平面图

操作步骤如下：

❶绘制屋顶轮廓线。打开本书光盘自带的素材文件“第 6 章\素材 6-5.dwg”，将其另存为屋顶平面图；单击【房间屋顶】|【搜屋顶线】菜单命令，选择构成一完整建筑物的所有墙体和门窗后按回车键，然后指定偏移外皮距离，即可完成屋顶轮廓线的创建。绘制屋顶轮廓线的具体操作步骤和效果如图 6-40 所示。

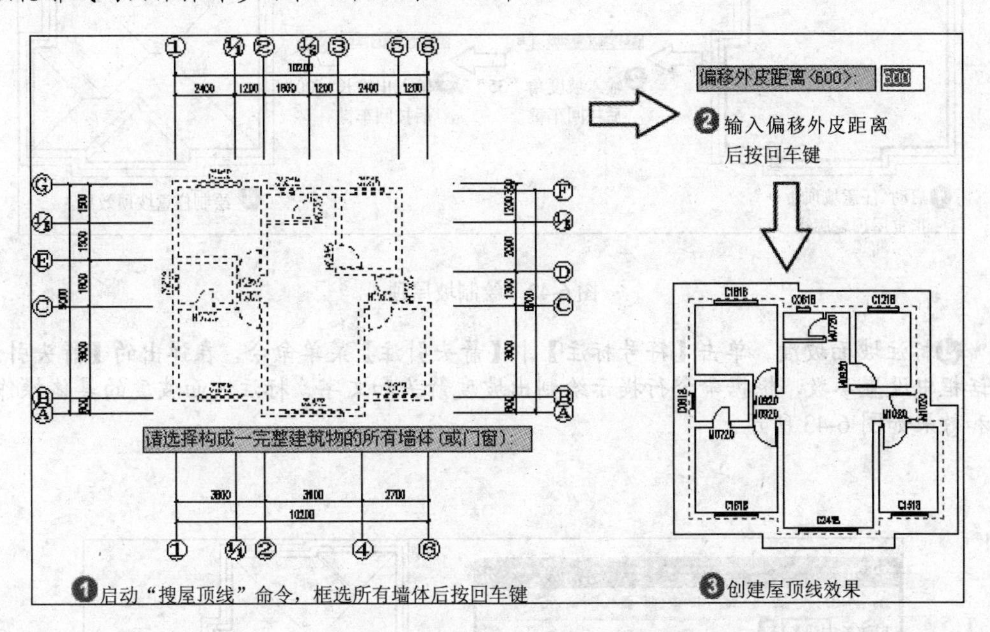

图 6-40　绘制屋顶线

❷绘制檐沟线。单击 AutoCAD 修改工具栏中的 MOVE（移动）按钮，将图中的屋顶轮廓线、轴线、轴号和标注移动空白位置，然后删除其他多余图线；单击 AutoCAD 修改工具栏中的 OFFSET（偏移）按钮，将屋顶依次向外偏移，偏移距离为 60、260 和 380，将得到的闭合多段线作为檐沟线。绘制檐沟线的具体操作步骤和效果如图 6-41 所示。

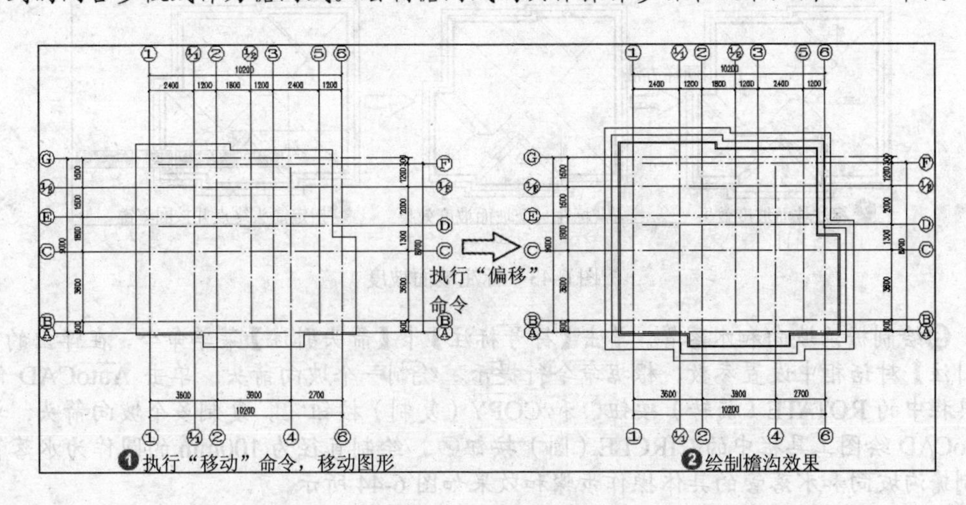

图 6-41　绘制檐沟线

❸绘制坡屋顶。单击【房间屋顶】|【任意坡顶】菜单命令，根据命令行提示，选择创建好的屋顶线，然后依次指定坡度角和出檐长值，即可完成坡屋顶的创建。绘制坡顶屋

顶的具体操作步骤和效果如图 6-42 所示。

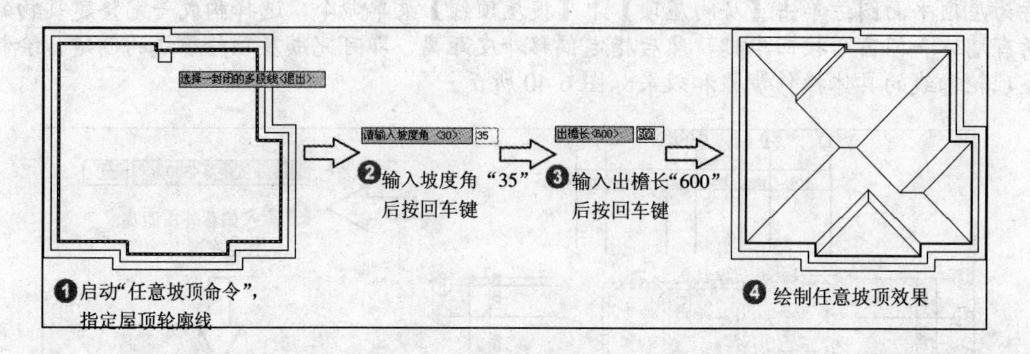

图 6-42 绘制坡屋顶

❹标注坡面坡度。单击【符号标注】|【箭头引注】菜单命令，在弹出的【箭头引注】对话框中设置参数，根据命令行提示绘制出坡度箭头和文字。标注坡面坡度的具体操作步骤和效果如图 6-43 所示。

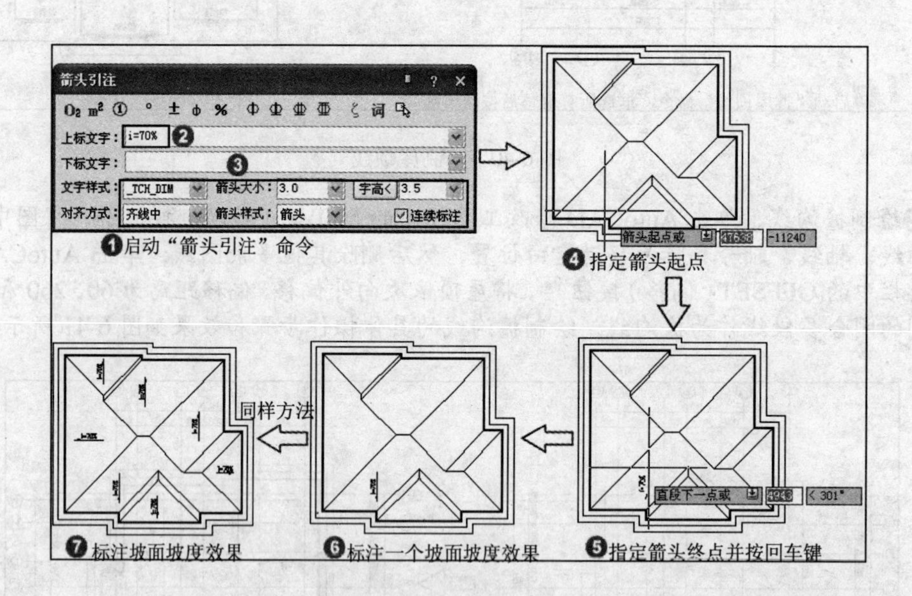

图 6-43 标注坡面坡度

❺绘制檐沟坡向和水落管。单击【符号标注】|【箭头引注】菜单命令，在弹出的【箭头引注】对话框中设置参数，根据命令行提示，绘制一个坡向箭头；单击 AutoCAD 修改工具栏中的 ROTATE（旋转）按钮和 COPY（复制）按钮，复制多个坡向箭头；单击 AutoCAD 绘图工具栏中的 CIRCLE（圆）按钮，绘制直径为 100mm 的圆作为水落管。绘制檐沟坡向和水落管的具体操作步骤和效果如图 6-44 所示。

❻填充瓦面材料。单击 AutoCAD 绘图工具栏中的 HATCH（图案填充和渐变色）按钮，在弹出的【图案填充和渐变色】对话框中，选择相应的瓦面材料图例，并设置参数，即可完成瓦面材料的图案填充。填充瓦面材料的具体操作步骤和效果如图 6-45 所示。

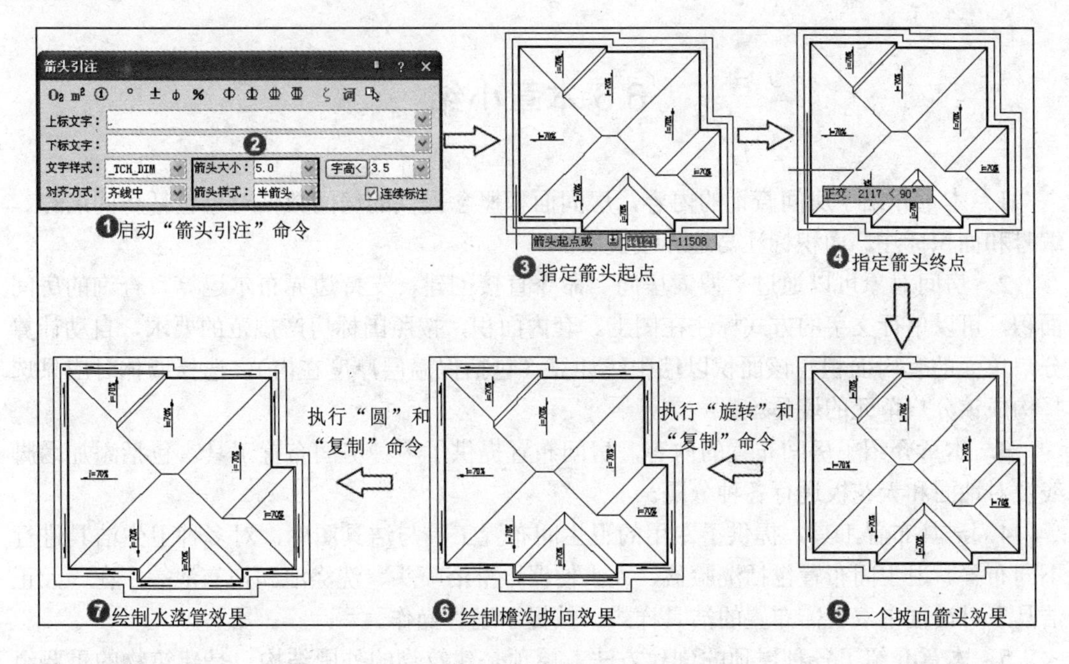

图 6-44　绘制檐沟坡向和水落管

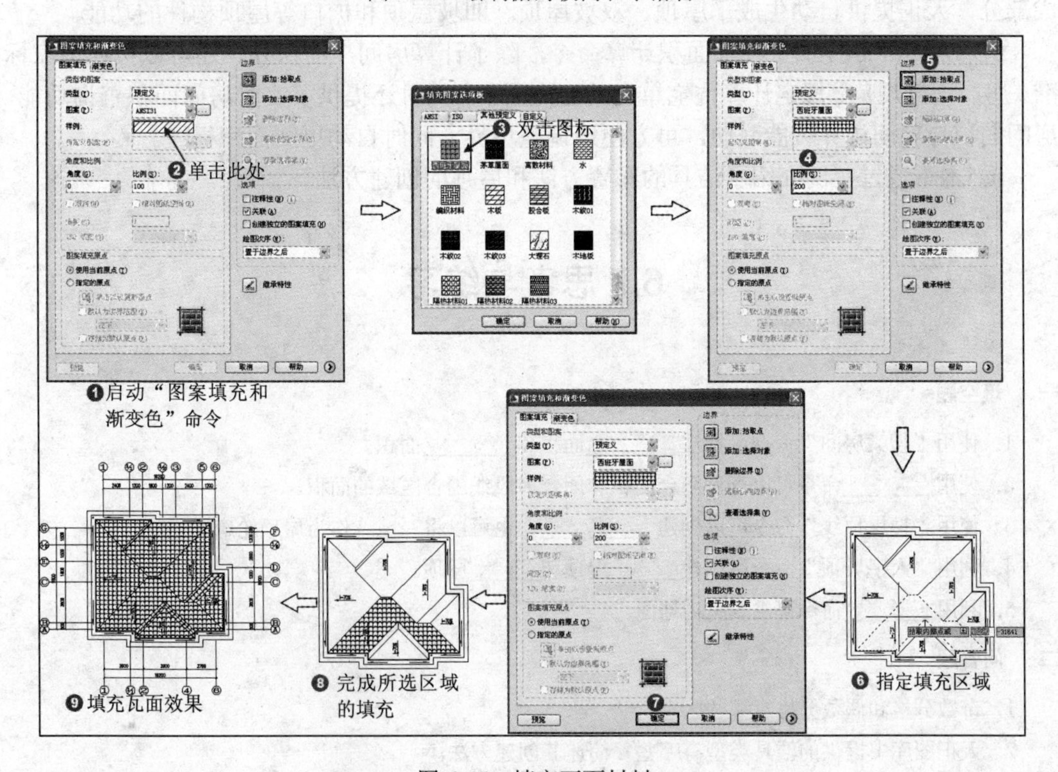

图 6-45　填充瓦面材料

6.6 本章小结

1．本章介绍了房间查询的内容，房间面积概念提供的房间数据对象包括房间名称、编号和面积标注，面积标注与边界线关联。

2．房间对象可以通过“搜索房间”命令直接创建，支持边界布尔运算。查询的房间面积，可以单行文字的方式标注在图上。套内面积，按照国标房产规范的要求，自动计算分户单元的套内面积，该面积以墙中线计算（包括保温层厚度在内），选择墙体时应只选择构成该分户单元的墙体。

3．本章介绍了房间布置的内容，房间布置提供了多种房间布置工具，包括添加踢脚线及对地面和天花板进行各种分隔。

4．洁具布置工具，提供了专用的卫生间布置工具与洁具图库，对多种卫生洁具进行不同布置。卫生间布置包括洗脸盆、大小便器、淋浴喷头、洗涤池和拖布池等，在“天正洁具”对话框中双击需布置的洁具样式，按提示进行操作。

5．本章介绍了各种屋顶的创建方法。屋顶是建筑物的外围结构，是建筑物的重要组成部分，天正提供自动生成平屋顶、双坡屋顶、四坡屋顶和檐口等屋顶构件的功能。

6．TArch 8.0 提供了各种面积计算命令，除了计算房间净面积外，还可以按照国家标准《房产测量规范》规定计算住宅单元的套内面积，同时还提供了实时房间面积查询功能。房间面积与房间边界智能联动，可方便地调整边界，同时自动更新面积标注。

6．本章通过实例介绍了洁具的布置方法和屋顶的创建方法。

6.7 思考与练习

一、 填空题

1．使用“搜索房间”命令可标注________面积和________面积。

2．使用________命令可以查询阳台面积和闭合多段线围合区域的面积。

3．使用“搜屋顶线”命令可以创建__________，也可以将______作为屋顶轮廓线。

4．利用“人字坡顶”命令可创建______屋顶和______屋顶。

5．利用________命令可生成室内地面。

二、 问答题

1．奇数分格和偶数分格有哪些区别？

2．天正图库中提供的洁具类型有哪些？简述其创建方法。

3．如何修改任意坡顶某一坡面的坡度？

4．什么是老虎窗？利用天正建筑软件可绘制哪些类型的老虎窗？简述老虎窗的创建方法。

三、 操作题

1．计算前几章练习中绘制出的建筑图面积，并布置卫生洁具。

2．绘制如图 6-46 所示的建筑平面图，标注房间面积，并布置卫生洁具。

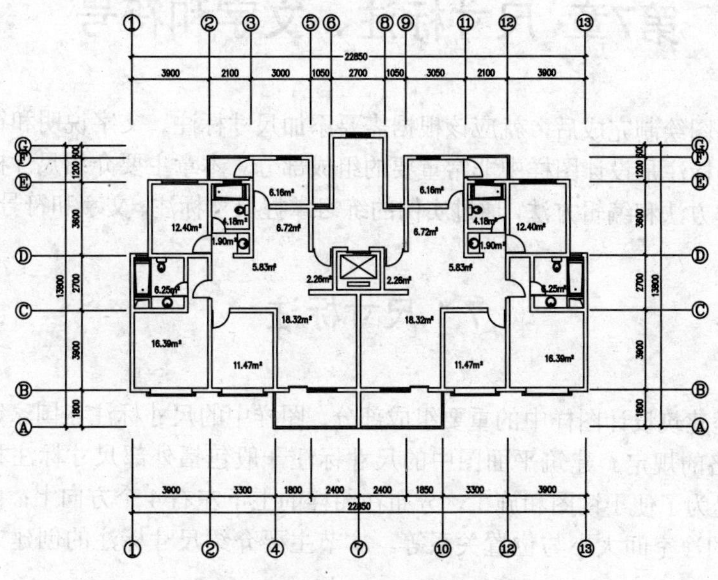

图 6-46　建筑平面图

3．绘制如图 6-47 所示的建筑卫浴平面图。

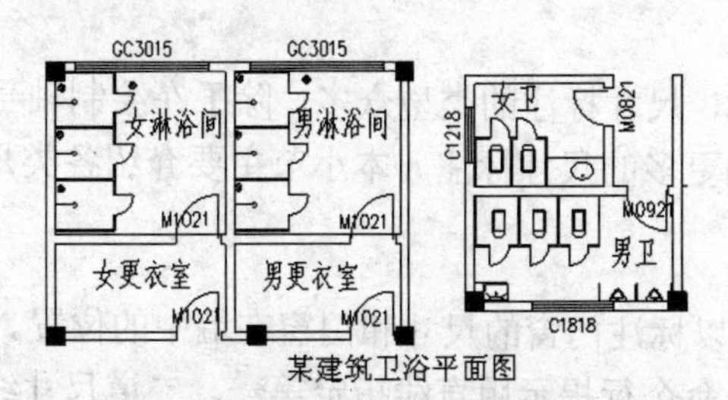

图 6-47　建筑卫浴平面图

4．利用“任意坡顶”命令，为如图 6-48 所示的建筑户型平面图创建出屋顶平面图。

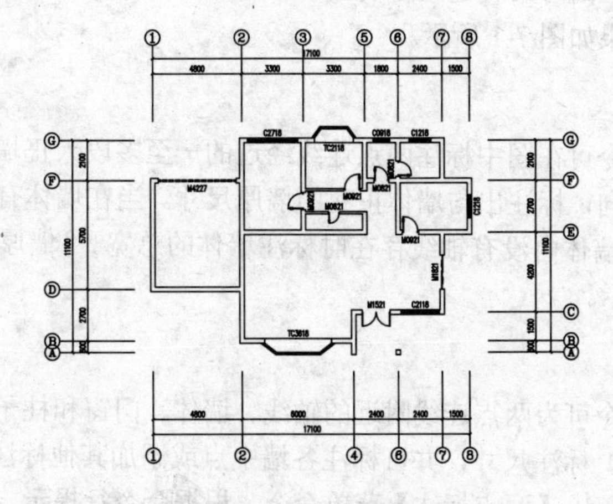

图 6-48　建筑户型平面图

第7章 尺寸标注、文字和符号

当建筑平面图绘制完成后，就应该根据需要添加尺寸标注、文字说明和符号。尺寸标注、文字和符号标注是设计图样中非常重要的组成部分。本章主要介绍尺寸标注、文字和符号标注的创建方法和编辑方法，通过实例的练习掌握尺寸标注、文字和符号标注的用法。

7.1 尺寸标注

尺寸标注是建筑设计图样中的重要组成部分，图样中的尺寸标注在国家颁布的建筑制图标准中有严格的规定。建筑平面图中的尺寸标注一般包括外部尺寸标注和内部尺寸标注，外部标注是为了便于读图和施工，分布在图样的上下左右 4 个方向上；内部尺寸则是为了说明房间的净空间大小与位置关系等。本节主要介绍尺寸标注的创建方法和编辑方法。

7.1.1 创建尺寸标注

在绘制建筑平面图时，尺寸标注的类型众多，除了在绘制轴号标注时生成的外部开间和进深尺寸外，还需添加更多的尺寸标注。本小节主要介绍各类尺寸标注的创建方法。

1. 门窗标注

“门窗标注”命令可以标注门窗的尺寸和门窗在墙中的位置。单击【尺寸标注】|【门窗标注】菜单命令，根据命令行提示用直线指定第一、二道尺寸线及墙体，即可完成门窗标注，当指定单独的门窗时，在用户选定的位置标注出门窗尺寸线。值得注意的是，第一道尺寸线至第二道的距离与第二道尺寸线至第三道尺寸线的距离必须相等。创建门窗标注的具体操作步骤和效果如图 7-1 所示。

2. 墙厚标注

“墙厚标注”命令可在图中标注两点连线经过的一至多段天正墙体对象的墙厚尺寸，标注可识别墙体的方向，标注出与墙体正交的墙厚尺寸。当在墙体有轴线存在时，标注以轴线划分左右宽，当墙体内没有轴线存在时标注墙体的总宽。“墙厚标注”的具体操作步骤和效果如图 7-2 所示。

3. 两点标注

“两点标注”命令可为两点连线附近的轴线、墙体、门窗和柱子等构件（各构件之间需要具有一定的关系）标注尺寸，并可标注各墙中点或添加其他标注点。

单击【尺寸标注】|【两点标注】菜单命令，根据命令行提示，指定标注尺寸线的起点和终点，接着确认不需要标注的轴线和墙体，然后指定其他要标注的门窗和柱子，最后

指定其他要标注的点，并按回车键，即可完成“两点标注”命令。创建“两点标注”的具体操作步骤和效果如图 7-3 所示。

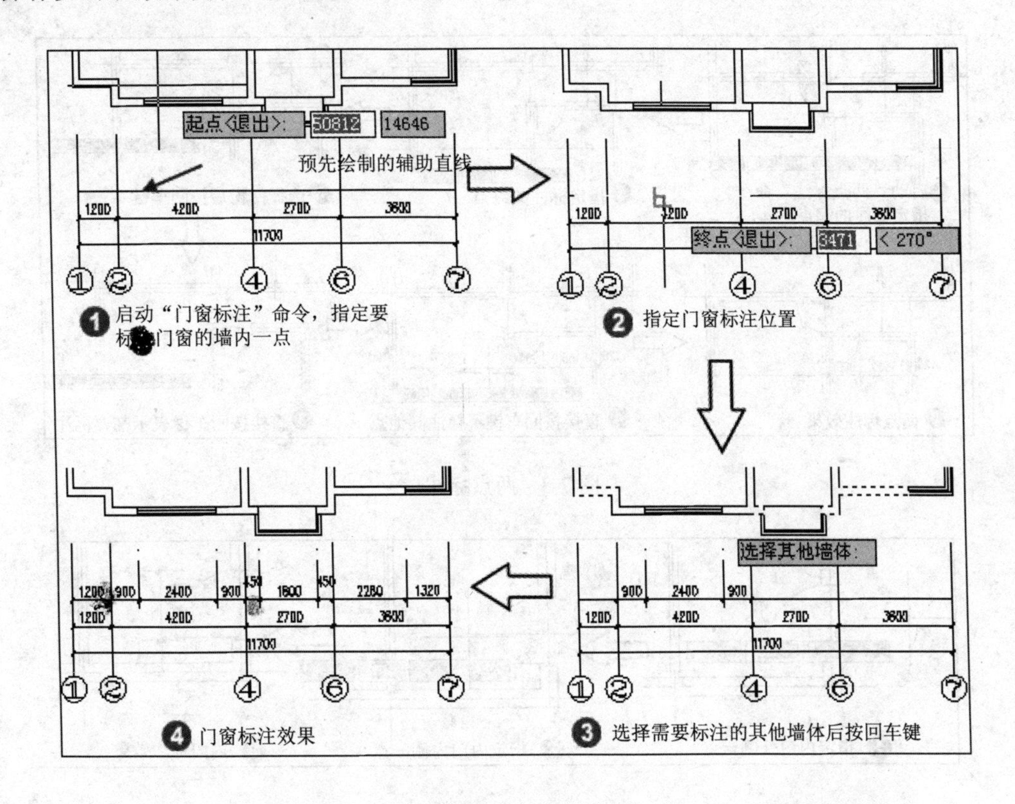

图 7-1　门窗标注

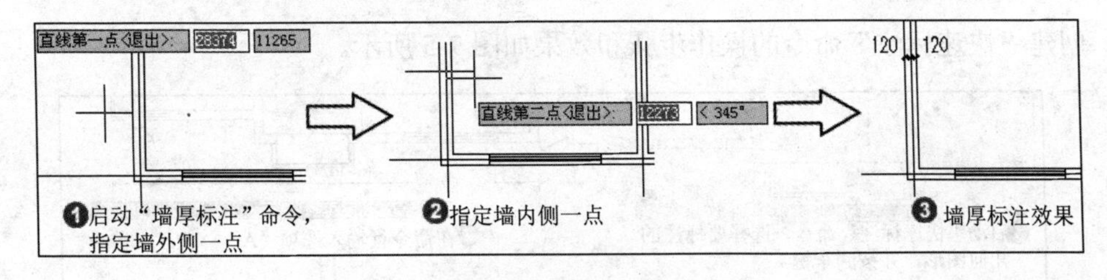

图 7-2　墙厚标注

4. 内门标注

“内门标注”命令可以标注室内门窗的尺寸，以及门窗与相邻的正交轴线或墙角（墙垛）的距离。单击【尺寸标注】|【内门标注】菜单命令，根据命令行提示指定直线的起点和终点，通过两点连线选中门窗，标注门窗尺寸和门窗与相邻轴线的距离。

创建“内门标注”的具体操作步骤和效果如图 7-4 所示。

5. 快速标注

“快速标注”命令可快速识别图形的外轮廓线或对象节点并标注尺寸，该命令特别适用于选择平面图后快速标注其外包尺寸线。单击【尺寸标注】|【快速标注】菜单命令，

根据命令行提示，窗选要标注的图形对象或平面图，按回车键结束选择，然后在命令行中指定标注方式，最后指定标注位置，即可完成快速标注命令。

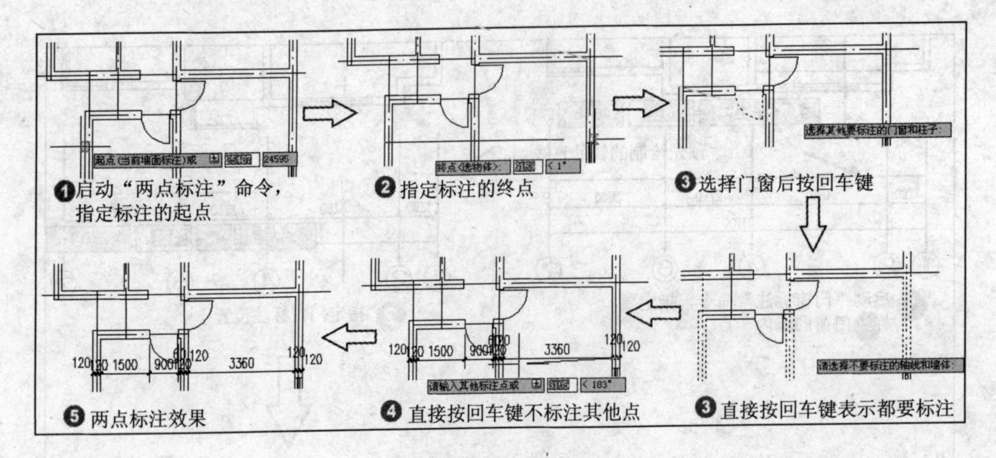

图 7-3　两点标注

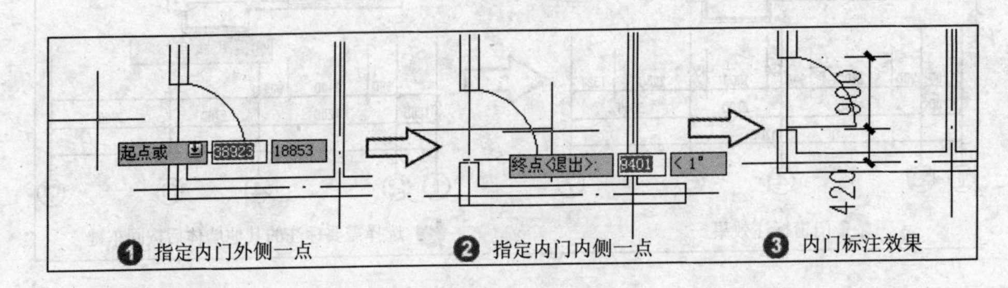

图 7-4　内门标注

创建“快速标注”命令的操作步骤和效果如图 7-5 所示。

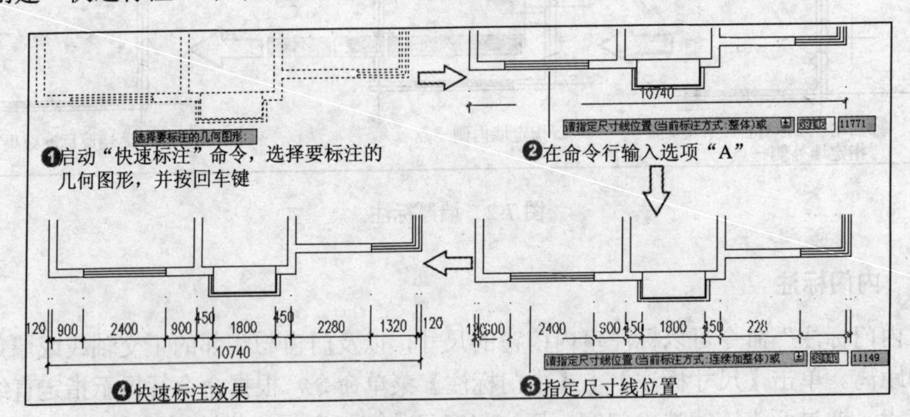

图 7-5　快速标注

6. 外包尺寸

“外包尺寸”命令可将原有轴网标注修改为符合规范要求的外包尺寸标注（外包尺寸即包含外墙外侧厚度的总尺寸）。单击【尺寸标注】|【外包尺寸】菜单命令，根据命令

行提示，窗选建筑构件，然后选择轴网标注中第一和第二道尺寸线，即可将其修改为外包尺寸标注。

创建外包尺寸的具体操作步骤和效果如图 7-6 所示。

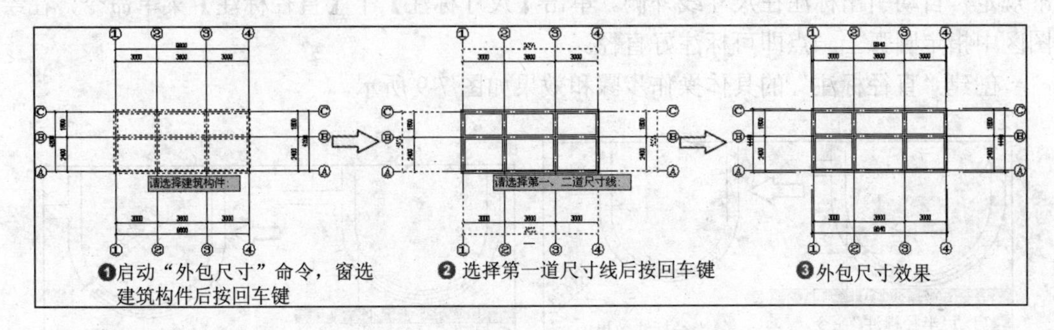

图 7-6　外包尺寸

7. 逐点标注

“逐点标注”命令可指定一串点，沿指定方向和选定的位置标注尺寸。“逐点标注”特别适应于没有指定天正对象特征，需要取点定位标注的情况，以及其他标注命令难以完成的尺寸标注。单击【尺寸标注】|【逐点标注】菜单命令，根据命令行提示，依次指定第一个标注点和第二个标注，接着拖动尺寸线，指定尺寸线位置，然后逐点给出标注点，按回车键即可完成逐点标注。

创建“逐点标注”的具体操作步骤和效果如图 7-7 所示。

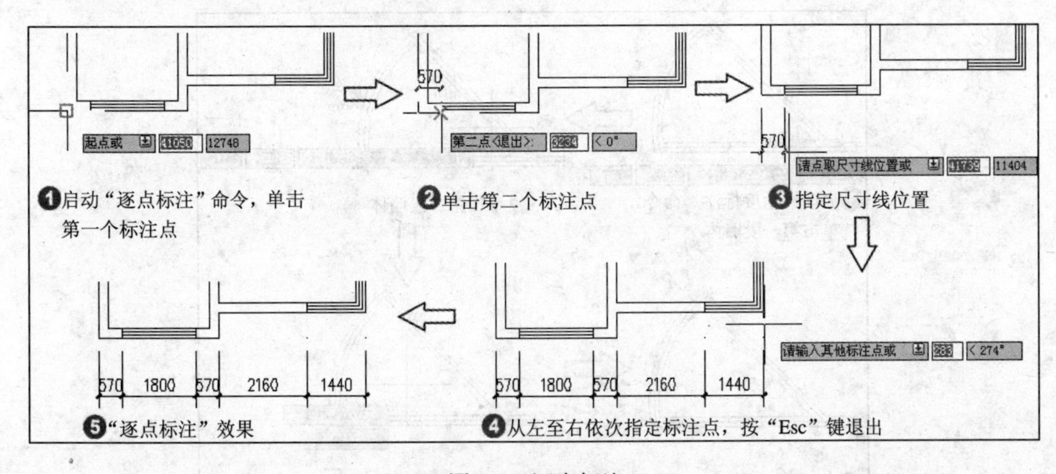

图 7-7　逐点标注

8. 半径标注

“半径标注”命令标注弧线或圆弧墙的半径，尺寸文字容纳不下时，会按照制图标准规定，自动引出标注在尺寸线外侧。单击【尺寸标注】|【半径标注】菜单命令，在绘图区中指定圆弧上一点即可标注好半径。

创建“半径标注”的具体操作步骤和效果如图 7-8 所示。

9. 直径标注

“直径标注” 命令标注弧线或圆弧墙的直径，尺寸文字容纳不下时，会按照制图标准规定，自动引出标注在尺寸线外侧。单击【尺寸标注】|【直径标注】菜单命令，在绘图区中指定圆弧上一点即可标注好直径。

创建“直径标注”的具体操作步骤和效果如图 7-9 所示。

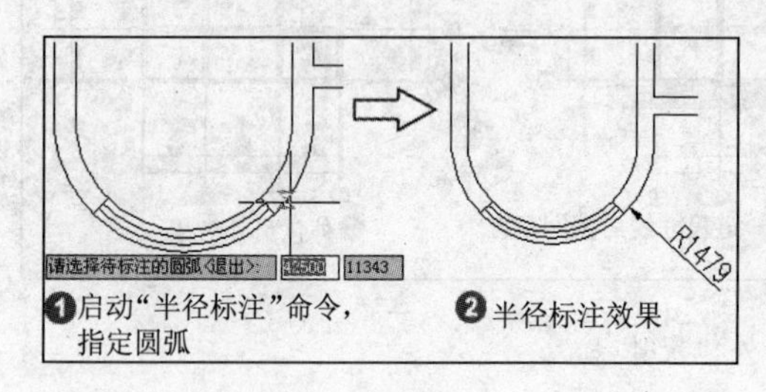

图 7-8 半径标注

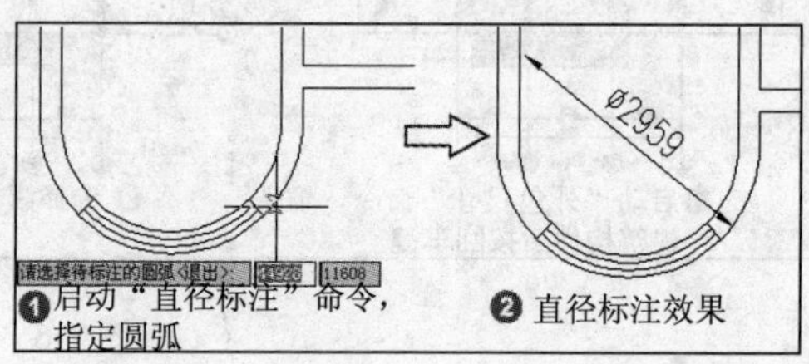

图 7-9 直径标注

10. 角度标注

“角度标注”命令可以按逆时针方向标注两根直线之间的夹角。单击【尺寸标注】|【角度标注】菜单命令，根据命令行提示，按逆时针方向依次选择要标注角度的两条直线，即可完成角度的标注。

创建“角度标注”的具体操作步骤和效果如图 7-10 所示。

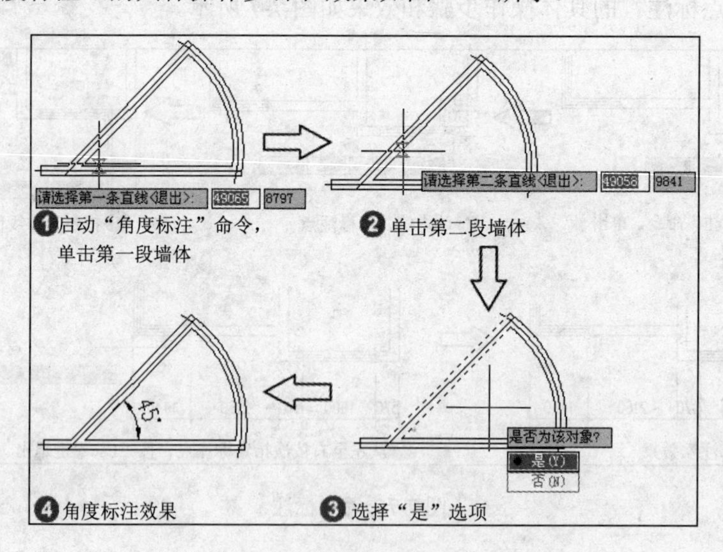

图 7-10 角度标注

11. 弧长标注

“弧长标注”命令以国家建筑制图标准规定的弧长标注画法分段标注弧长，保持整体的一个角度标注对象，可在弧长、角度和弦长三种状态下相互转换。单击【尺寸标注】|【弧长标注】菜单命令，选择需要标注的弧墙或弧线，然后指定尺寸线位置，最后指定其

标注点，按回车键退出，即可完成弧长标注。

创建"弧长标注"的具体操作步骤和效果如图 7-11 所示。

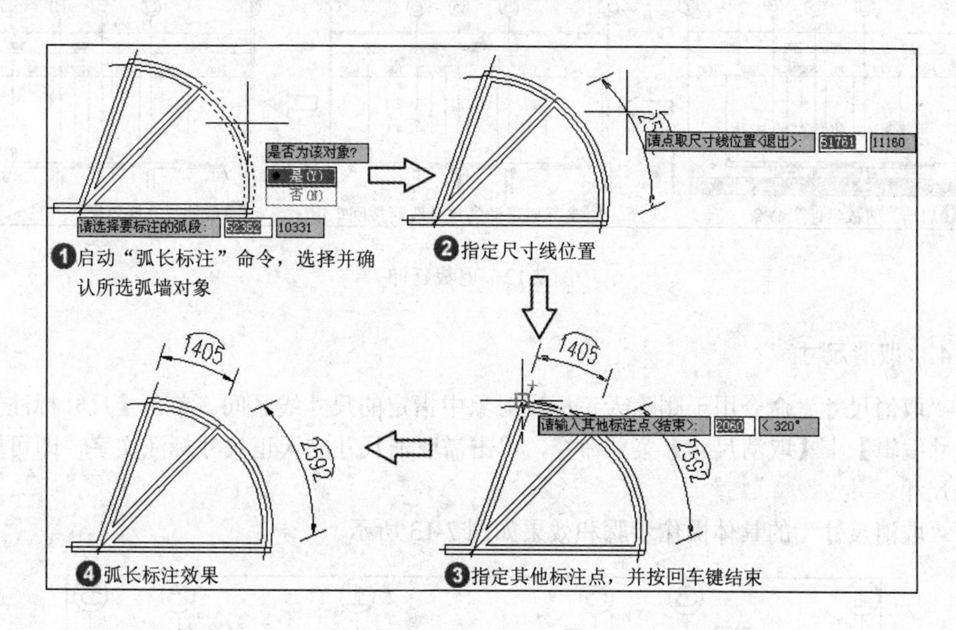

图 7-11　弧长标注

7.1.2 编辑尺寸标注

TArch 8.0 提供的尺寸标注对象是天正自定义对象，支持裁剪、延伸和打断等编辑命令，其使用方法与 AutoCAD 的尺寸对象相同。本节主要介绍天正提供的专用尺寸编辑命令，主要包括文字复位、文字复值、剪裁延伸、取消尺寸和连接尺寸等。

1. 文字复位

"文字复位"命令将尺寸标注中用拖动夹点移动过的文字恢复回原来的初始位置。单击【尺寸标注】|【尺寸编辑】|【文本复位】菜单命令，然后选择需要复位的天正尺寸标注，按回车键结束选择，即可将标注文本还原到初始位置。

2. 文字复值

"文字复值"命令将尺寸标注中被有意修改的文字恢复回尺寸的初始数值。单击【尺寸标注】|【尺寸编辑】|【文本复值】菜单命令，然后选择需要进行文字复值的天正尺寸标注，按回车键结束选择，即可将有意修改的文字恢复到初始数值。

3. 剪裁延伸

"剪裁延伸"命令是指在尺寸线的某一端，按指定点剪裁或延伸该尺寸线。该命令自动判断对尺寸线的剪裁和延伸。单击【尺寸标注】|【尺寸编辑】|【剪裁延伸】菜单命令，指定裁剪或延伸的基准定，然后选择需裁剪和延伸的尺寸线，按回车键结束选择，即可完成尺寸标注的裁剪或延伸。

“剪裁延伸”命令的具体操作步骤和效果如图 7-12 所示。

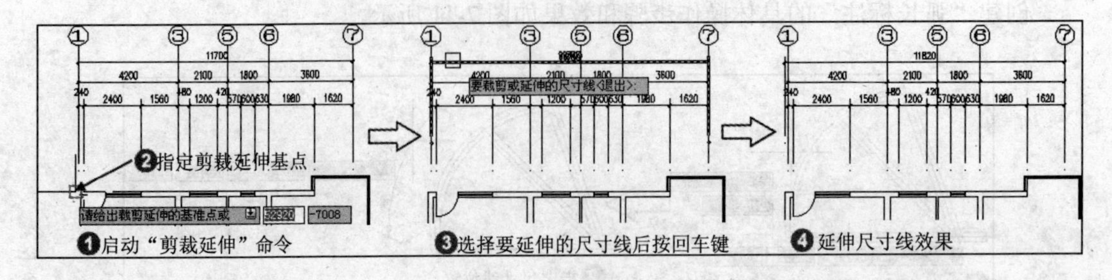

图 7-12　剪裁延伸

4. 取消尺寸

“取消尺寸”命令用于删除天正标注对象中指定的尺寸线区间。单击【尺寸标注】|【尺寸编辑】|【取消尺寸】菜单命令，单击需取消尺寸的天正尺寸标注文字，即可取消所选尺寸。

“取消尺寸”的具体操作步骤和效果如图 7-13 所示。

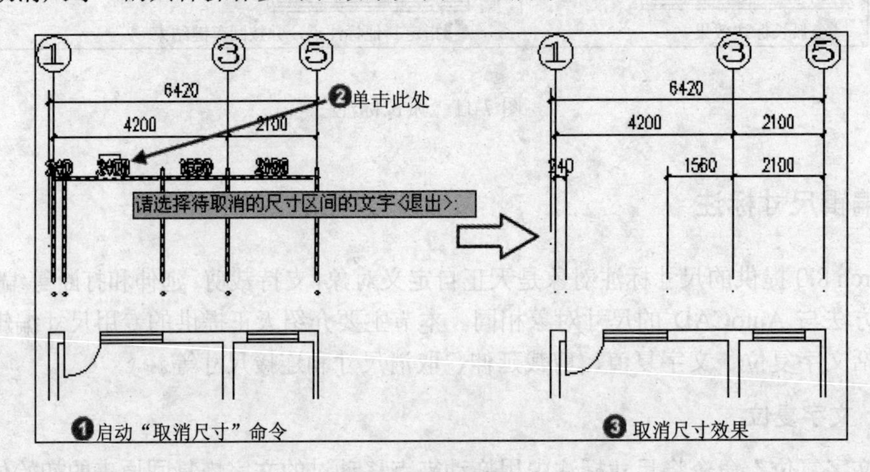

图 7-13　取消尺寸

5. 连接尺寸

“连接尺寸”命令用于连接两个独立的天正自定义直线或圆弧标注对象，将选择的两尺寸线区间加以连接，原有的两个标注对象合并成为一个标注对象，如果准备连接的标注对象尺寸线之间不共线，连接后的标注对象以第一个选择的标注对象为主标注尺寸对齐。该命令通常还用于将 AutoCAD 的尺寸标注对象转为天正尺寸标注对象。单击【尺寸标注】|【尺寸编辑】|【连接尺寸】菜单命令，然后依次指定需连接的两段尺寸标注即可。

“连接尺寸”命令的具体操作步骤和效果如图 7-14 所示。

6. 尺寸打断

“尺寸打断”命令可将整体的天正自定义尺寸标注对象在指定的尺寸界线上打断，成为两段互相独立的尺寸标注对象，可以各自拖动夹点、移动和复制等操作。单击【尺寸标

注】|【尺寸编辑】|【尺寸打断】菜单命令，指定打断一侧的尺寸线即可将尺寸打断。

“尺寸打断”的具体操作步骤和效果如图 7-15 所示。

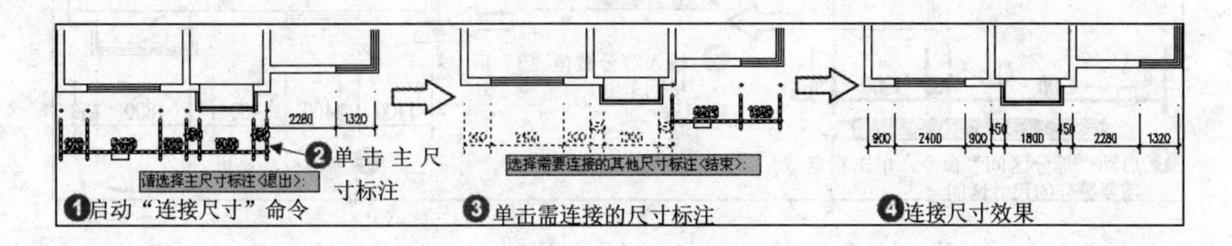

图 7-14　连接尺寸

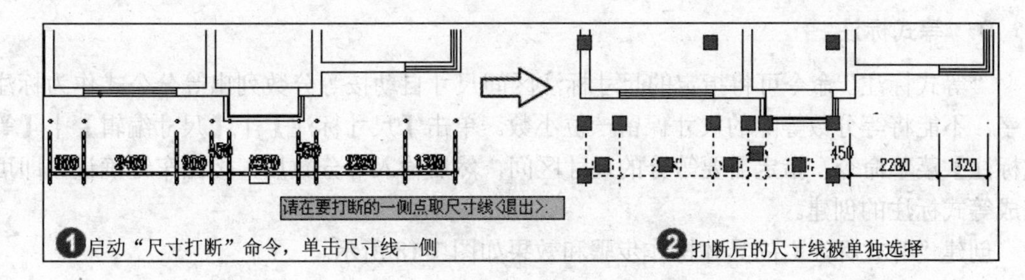

图 7-15　尺寸打断

7. 合并区间

“合并区间”命令可将两个或两个以上的区间尺寸进行合并，当多个小区间被合并以后将会形成一个大的区间尺寸标注。单击【尺寸标注】|【尺寸编辑】|【合并区间】菜单命令，在绘图区中窗选要合并区间中的尺寸线箭头，即可将所框选箭头的尺寸线进行合并。

合并区间的具体操作步骤和效果如图 7-16 所示。

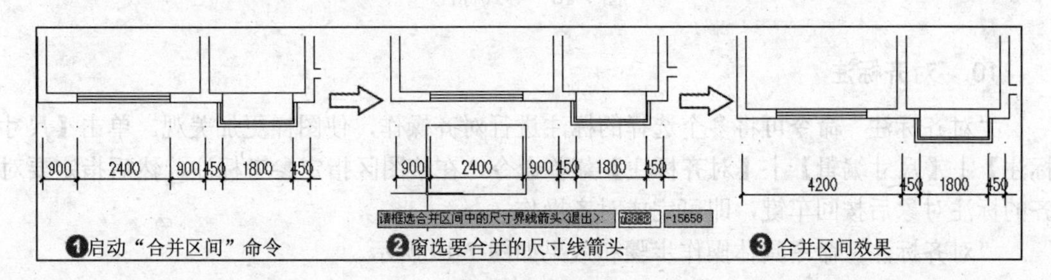

图 7-16　合并区间

8. 等分区间

“等分区间”命令用于等分指定的尺寸标注区间。单击【尺寸标注】|【尺寸编辑】|【等分区间】菜单命令，在绘图区中指定要等分的尺寸区间，然后输入等分数值后按回车键确认，即可完成“等分区间”命令。

创建“等分区间”的具体操作步骤和效果如图 7-17 所示。

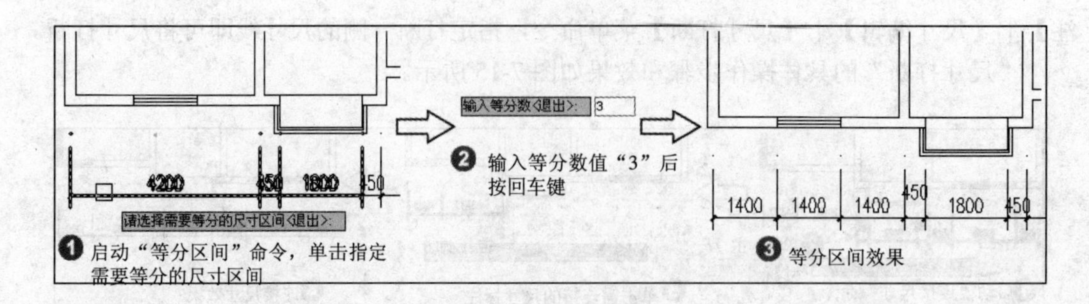

图 7-17　等分区间

9. 等式标注

“等式标注”命令可将指定的尺寸标注区间尺寸自动按等分数列出等分公式作为标注文字，不能将等分数等除的尺寸保留一位小数。单击【尺寸标注】|【尺寸编辑】|【等式标注】菜单命令，指定需要等分的尺寸区间，然后输入等分数后，按回车键确认，即可完成等式标注的创建。

创建“等式标注”的具体操作步骤和效果如图 7-18 所示。

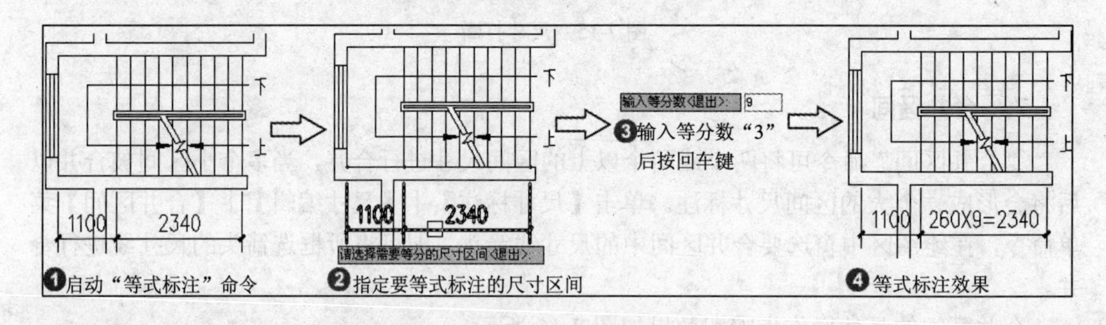

图 7-18　等式标注

10. 对齐标注

“对齐标注”命令可将多个选择的标注进行对齐操作，使图样更加美观。单击【尺寸标注】|【尺寸编辑】|【对齐标注】菜单命令，在绘图区指定参考标注，然后指定要对齐的标注对象后按回车键，即可完成对齐操作。

“对齐标注”命令具体操作步骤和效果如图 7-19 所示。

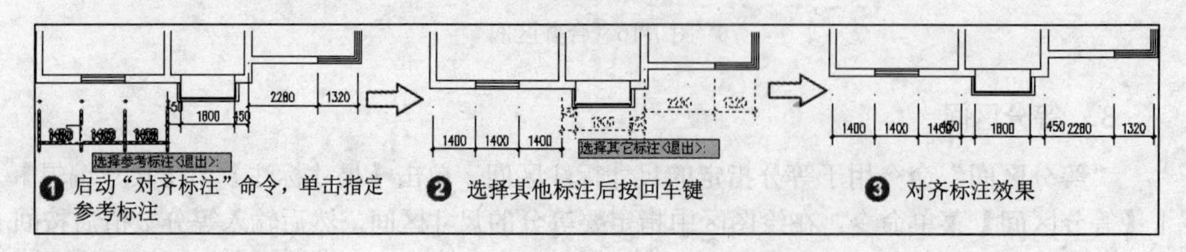

图 7-19　对齐标注

11．增补尺寸

"增补尺寸"命令可在一个天正自定义直线标注对象中增加区间，增补新的尺寸界线对象断开原有开间，但不增加新标注对象。双击尺寸标注对象或者单击【尺寸标注】|【尺寸编辑】|【增补尺寸】菜单命令，都可启动该命令，接着在绘图区选择需要增补尺寸的尺寸标注对象，然后指定增补的标注点位置，即可增补尺寸。

"增补尺寸"的具体操作步骤和效果如图 7-20 所示。

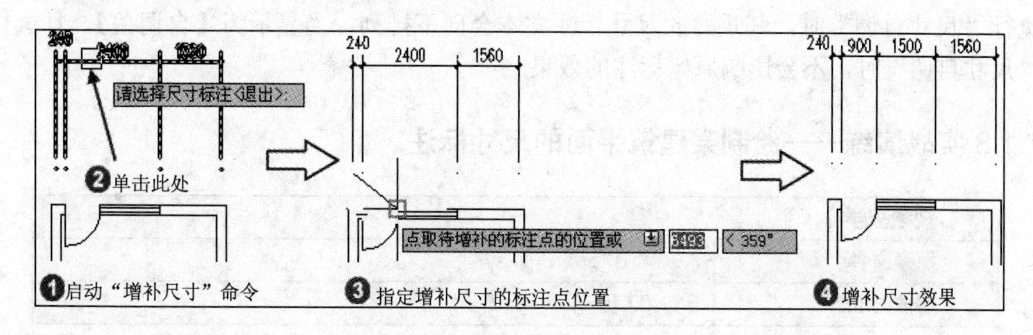

图 7-20　增补尺寸

12．切换角标

"切换角标"命令可将已有尺寸标注在角度标注、弦长标注和弧长标注 3 种模式之间切换。连续单击【尺寸标注】|【尺寸编辑】|【切换角标】菜单命令，即可将尺寸标注在角度标注、弦长标注和弧长标注 3 种模式之间切换。

"切换角标"命令的方法和效果如图 7-21 所示。

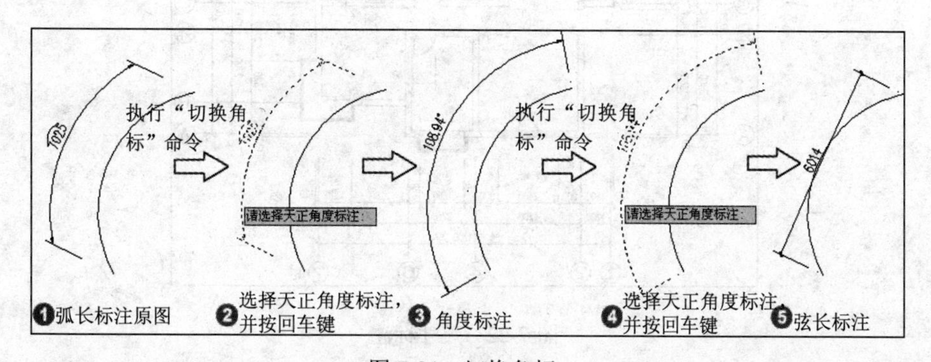

图 7-21　切换角标

13．尺寸转化

"尺寸转化"命令可将 AutoCAD 尺寸标注对象转化为天正标注对象。单击【尺寸标注】|【尺寸编辑】|【尺寸转化】菜单命令，在绘图区中选择需要转化为天正标注对象的 AutoCAD 尺寸标注对象，然后按回车键即可完成尺寸标注的转化。

14．尺寸自调

"尺寸自调"命令可将尺寸标注文本重叠的对象进行重新排列，使其能达到最佳观看

效果。单击【尺寸标注】|【尺寸编辑】|【尺寸自调】菜单命令，在绘图区选择需要调整标注文本的标注，然后按回车键结束选择，即可完成尺寸自调操作。

15．上调、下调或自调关

该命令包含“自调关”、“上调”和“下调”3 个命令，单击【尺寸标注】|【尺寸编辑】|【自调关/上调/下调】菜单命令，即可在这三个命令之间互相切换。当显示为【上调】，且执行“尺寸自调”时，其重叠的尺寸标注文本会向上排列；当显示为【下调】，且执行“尺寸自调”时，其重叠的尺寸标注文本会向下排列；当显示为【自调关】，且执行“尺寸自调”时，不会影响原始标注的效果。

7.1.3 实战演练——绘制某建筑平面的尺寸标注

视频教学	
视频文件:	AVI\第 07 章\7.1.3.avi
播放时长:	5 分 07 秒

根据本节所学内容，对已绘制好的建筑平面图进行标注，最终效果如图 7-22 所示。

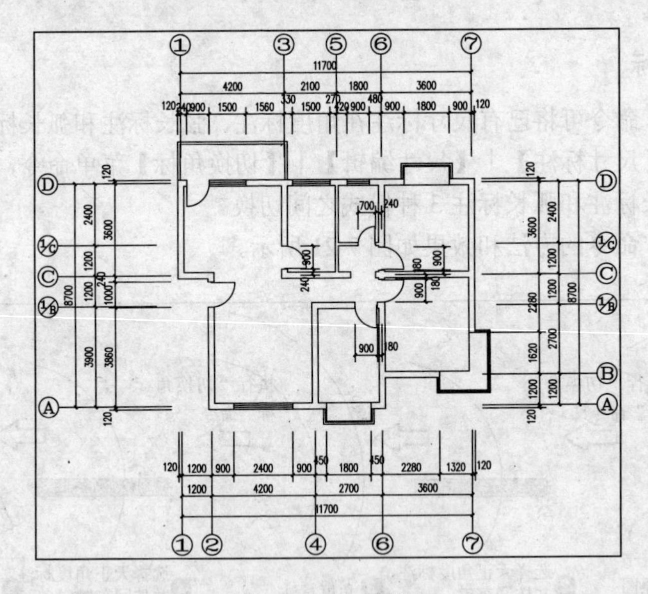

图 7-22　尺寸标注

操作步骤如下：

❶合并第一道尺寸线。正常启动 TArch 8.0，打开随书光盘文件“07 章\7.1.3 素材.dwg”文件，单击【尺寸标注】|【尺寸编辑】|【连接尺寸】菜单命令，将每个方向上的第一道尺寸线连接为一个整体；单击【尺寸标注】|【尺寸编辑】|【合并区间】菜单命令，将第一道尺寸线合并为一个整体。具体操作步骤和效果如图 7-23 所示。

❷绘制第三道尺寸标注线。单击 AutoCAD 绘图工具栏中的 LINE（直线）按钮和修改工具栏中的 OFFSET（偏移）按钮，生成第三道尺寸线的位置线；单击【尺寸标注】|【快速标注】菜单命令，标注出第三道尺寸线。具体操作步骤和效果如图 7-24 所示。

❸尺寸上调。单击【尺寸标注】|【自调关】菜单命令，将其显示为【上调】按钮时，

单击【尺寸标注】|【尺寸自调】菜单命令，选择第三道尺寸线后按回车键，即可将尺寸上调。具体操作步骤和效果如图7-25所示。

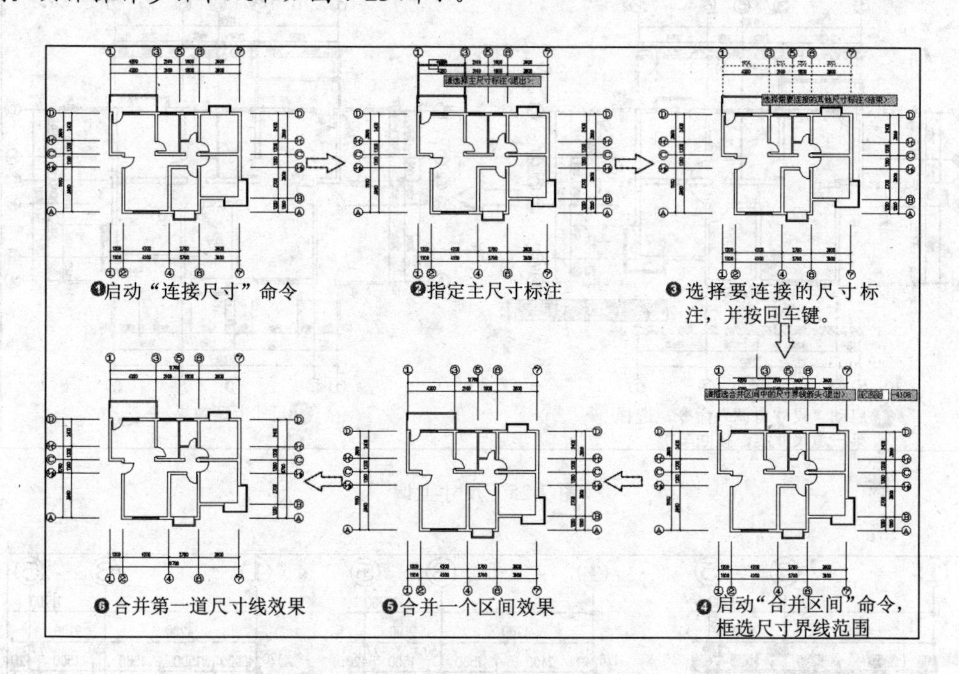

图7-23 合并第一道尺寸线

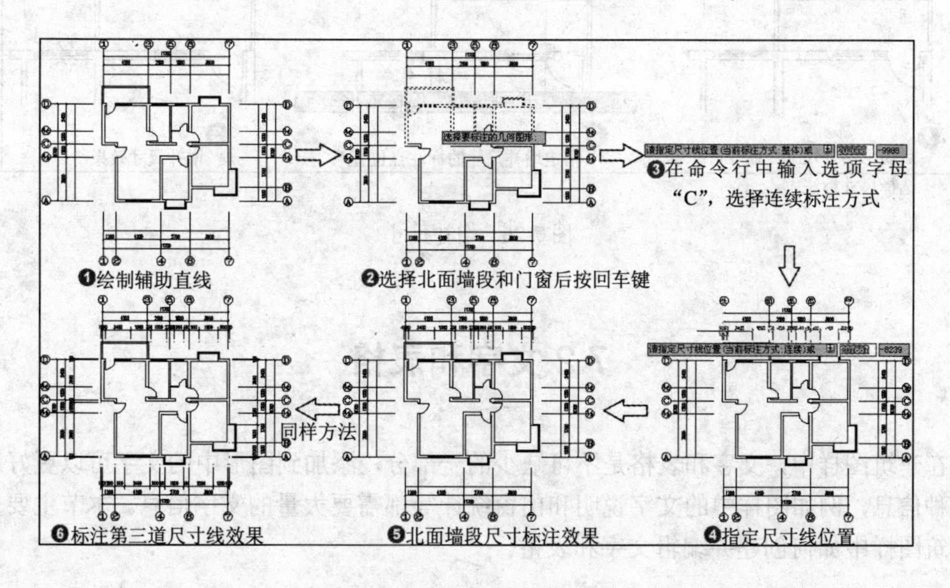

图7-24 绘制第三道尺寸线

❹增补尺寸。单击【尺寸标注】|【尺寸编辑】|【增补尺寸】菜单命令，在绘图区中选择需增补尺寸的尺寸标注，然后指定需增补尺寸的标注点，按回车键退出命令，即可为门联窗增加尺寸。具体操作步骤和效果如图7-26所示。

❺内门标注。单击【尺寸标注】|【内门标注】菜单命令，在绘图区中单击内门外侧一点，拖动鼠标单击内门内侧一点，两点连线必须经过该平开门，此时即可创建一个内门

标注，同样方法，创建所有内门标注。创建内门标注的具体操作步骤和效果如图 7-27 所示。

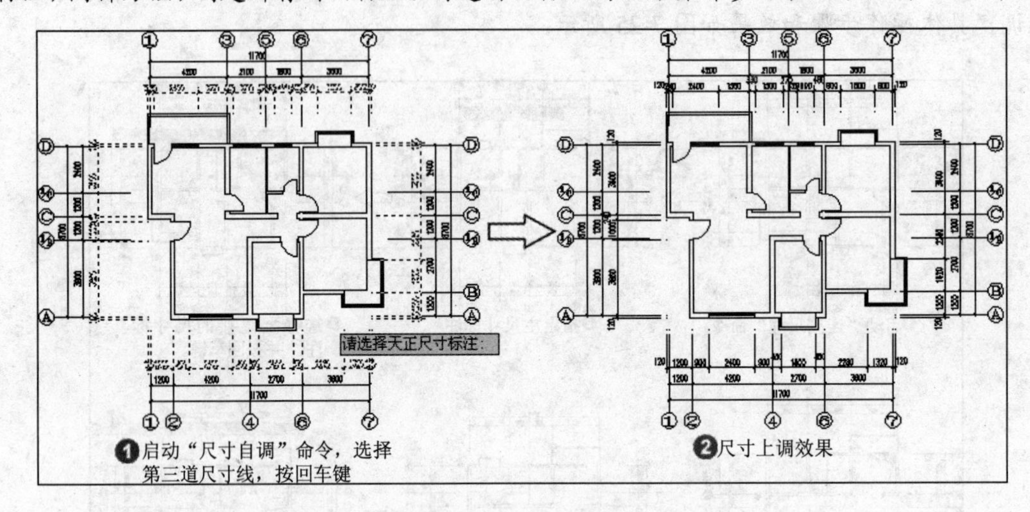

图 7-25　尺寸上调

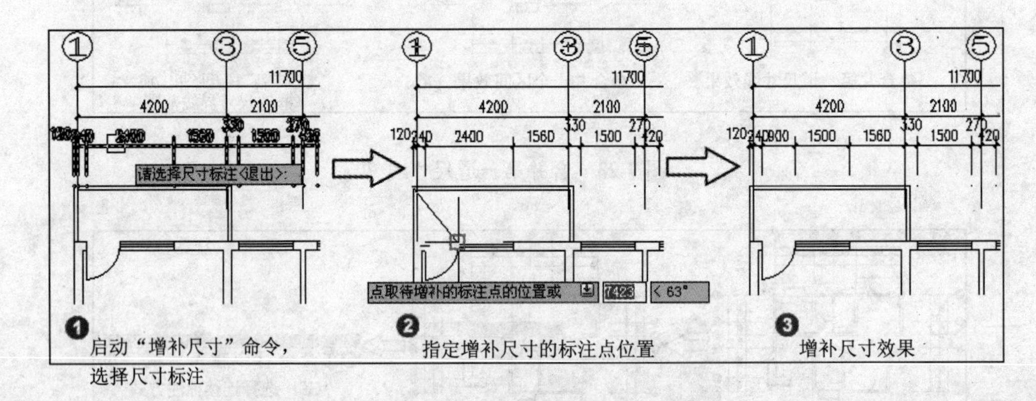

图 7-26　增补尺寸

7.2 文字和表格

在建筑图样中，文字和表格是不可缺少的一部分，添加到图形中的文字可以更好地表达各种信息，例如图样中的文字说明和门窗统计等都需要大量的文字信息。本节主要介绍在建筑图样中如何创建并编辑文字和表格。

7.2.1 创建和编辑文字

利用 TArch 8.0 可以创建单行文字、多行文字和曲线文字，还可以对创建好的文字进行各种编辑。在天正建筑软件当中，通常使用文字样式来统一设置和修改相关文字的格式。本小节主要介绍文字的创建方法与编辑方法。

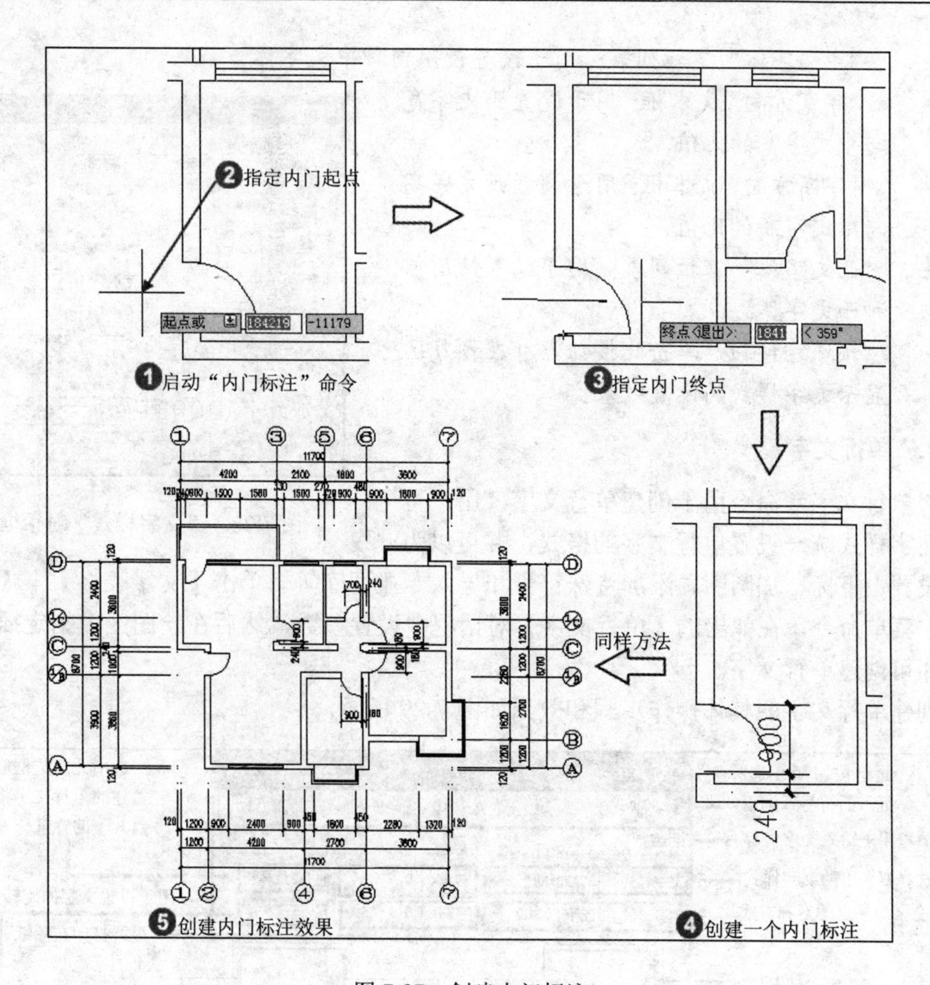

图 7-27　创建内门标注

1. 文字样式

“文字样式”命令可以创建新的文字样式，或修改已存的文字样式，主要包括设置文字的高度、宽度、字体和样式名称等。修改文字样式后，在当前图样中使用此样式的文字随之被更改。

单击【文字表格】|【文字样式】菜单命令，弹出了【文字样式】对话框，如图 7-28 所示。在该对话框中设置好参数以后，单击【确定】按钮，即可完成“文字样式”的设置。

【文字样式】对话框各控件解释如下：

- “样式名”下拉列表：用于选择已存在的文字样式，选择某文字样式后，可通过对话框下方的各个选项对其进行修改。
- “新建”、“重命名”和“删除”按钮：分别用于新建文字样式，以及对当前所选的文字样式进行重命名或删除操作。
- “AutoCAD 字体”和“Windows 字体”单选按钮：用于设置使用 AutoCAD 字体还是使用 Windows 字体。
- “高宽比”文本框：用于设置中文字宽度与高度的比值。

➢ “中文字体”下拉列表：用于设置使用何种中文字体。

➢ “字宽方向”文本框：用于设置西文字宽与中文字宽的比值。

➢ “字高方向”文本框：用于设置西文字高与中文字高的比值。

➢ “西文字体”下拉列表：用于设置使用何种西文字体。

➢ “预览”按钮，单击此按钮，可在预览区显示文字样式的设置效果。

图 7-28 “文字样式”对话框

2. 单行文字

“单行文字”命令用于创建单行文字，用户可通过文字样式统一设置单行文字的格式，并可以为文字设置上下标、加圆圈、添加特殊符号和导入专业词库等。单击【文字表格】|【单行文字】菜单命令，在弹出的【单行文字】对话框中设置参数，然后在绘图区中指定插入位置，即可创建单行文字。

创建单行文字的具体操作步骤和效果如图 7-29 所示。

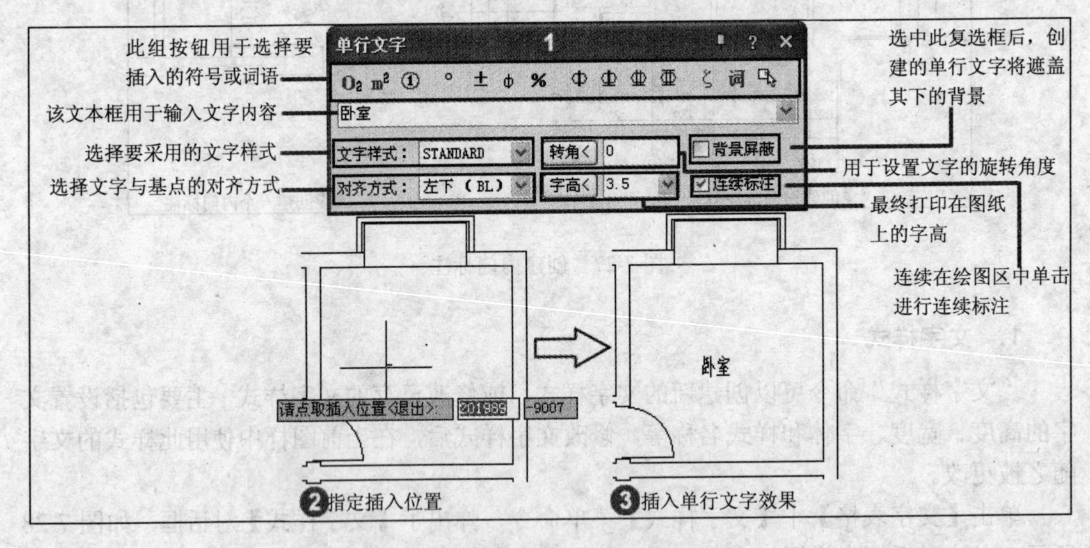

图 7-29 创建单行文字

3. 多行文字

“多行文字”命令用于根据设置好的文字样式按段落输入文字，并且可以方便地设置行距和页宽等。单击【文字表格】|【多行文字】菜单命令，在弹出的【多行文字】对话框中设置参数后，单击【确定】按钮，然后在绘图区中指定多行文字插入位置，即可创建出多行文字。

创建多行文字的具体操作步骤和效果如图 7-30 所示。

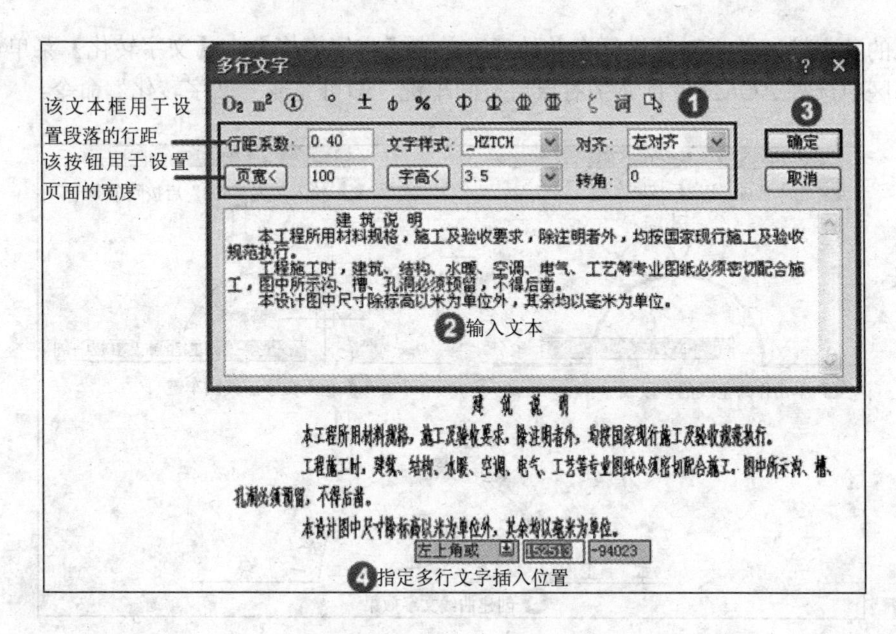

图 7-30　创建多行文字

4. 曲线文字

“曲线文字”命令用于按弧线或沿着某条曲线绘制文字。单击【文字表格】|【曲线文字】菜单命令，根据命令行提示，选择绘制曲线文字的方式。当选择“直接写弧线文字”选项时，依次指定弧线文字圆心位置、弧线文字中心位置和文字相关参数，即可直接创建曲线文字；当选择“按已有曲线布置文字”选项时，接着指定文字的基线，然后确认文字的内容和参数，即可创建曲线文字。

在这里以“按已有曲线布置文字”为例，讲述曲线文字的创建方法。创建曲线文字的具体操作步骤和效果如图 7-31 所示。

5. 专业词库

“专业词库”命令为用户提供一个扩充的专业词库。单击【文字表格】|【专业词库】菜单命令，会弹出的【专业词库】对话框，在该对话框中可手工输入自定义字符串，单击【入库】按钮，即可将其添加到词库中，用户也可以通过导入外部文本文件的方式向词库中批量添加专业词库。

【专业词库】对话框各按钮的含义如图 7-32 所示。

6. 转角自纠

“转角自纠”命令用于翻转调整图中单行文字的方向，使其符合制图标准规定的文字方向，同时可以一次选取多个文字象一起纠正。单击【文字表格】|【转角自纠】菜单命令，在绘图区选择需纠正转角的天正文字对象，并按回车键，即可完成“转角自纠”命令。

7. 文字转化

“文字转化”命令用于将 AutoCAD 单行文字转化为天正文字对象，并保持第一个文

字对象的独立性，并不对其进行合并处理。单击【文字表格】|【文字转化】菜单命令，在绘图区中选择 ACAD 单行文字对象后按回车键，即可完成“文字转化”命令。

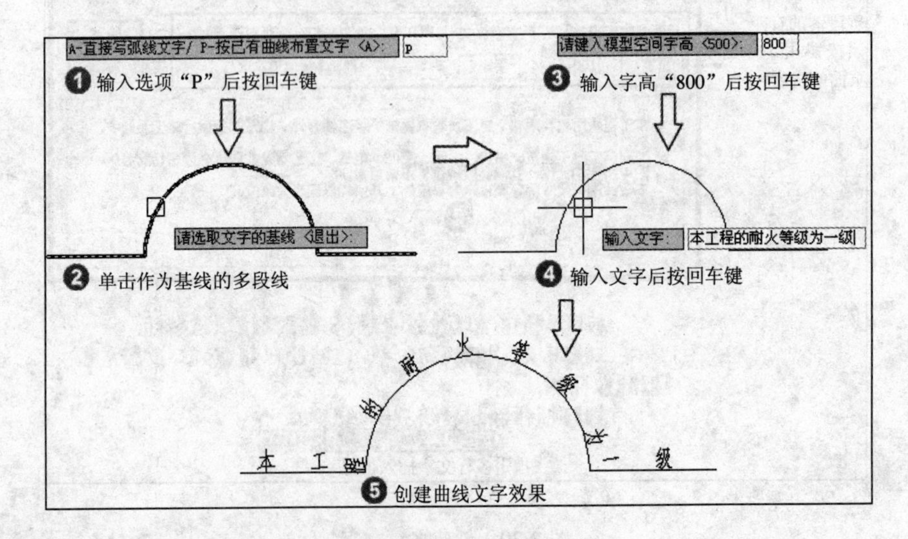

图 7-31　创建曲线文字

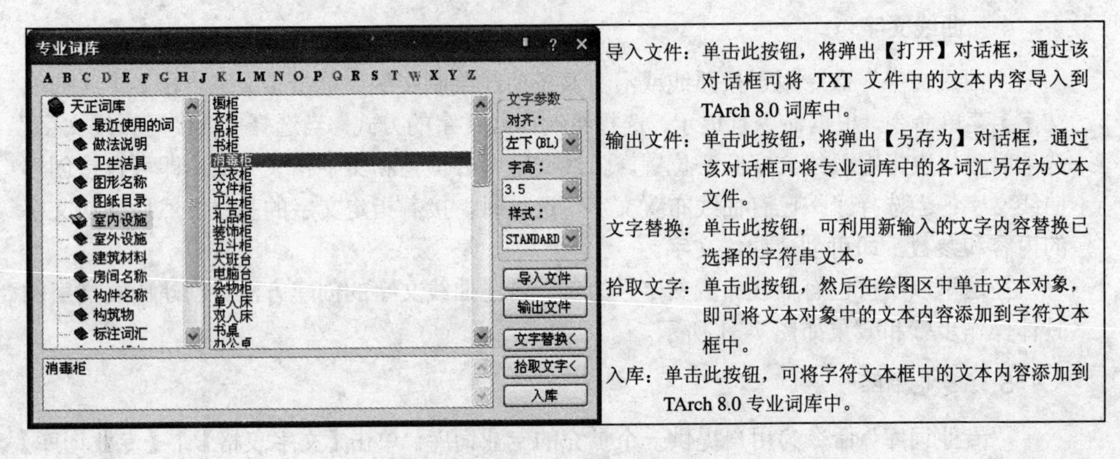

图 7-32　“专业词库”对话框

8. 文字合并

“文字合并”命令可将 AutoCAD 单行文字对象转化为天正文字对象，并将与被同时选中的文本进行合并处理，被合并后的文本被转换为单行或多行文本由用户确定。单击【文字表格】|【文字合并】菜单命令，在绘图区中选择需合并的文字段落并按回车键，然后输入合并后的文字类型，最后指定目标文字位置即可完成文字合并。创建文字合的具体操作步骤和效果如图 7-33 所示。

9. 统一字高

“统一字高”命令可将 AutoCAD 或天正文字对象进行统一字高设置。单击【文字表格】|【统一字高】菜单命令，在绘图区中选择需统一设置字高的全部文本并按回车键，

然后确认新的字高尺寸，即可为选中的全部文本指定相同的字高。

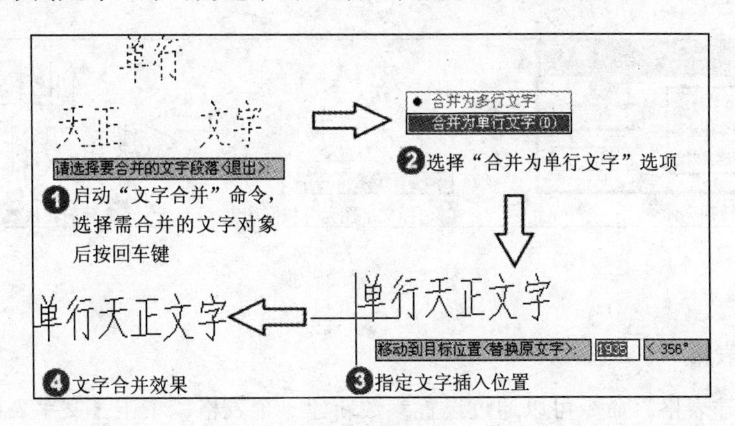

图 7-33　文字合并

10. 查找替换

“查找替换”命令用于查找替换当前图形中的所有文字，包括 AutoCAD 文字、天正文字和包含在其他对象中的文字，但不包括在图块内的文字和属性文字。单击【文字表格】|【查找替换】菜单命令，在弹出的【查找和替换】对话框中设置参数后，单击【查找】按钮，如果要替换单个，就单击【替换】按钮；如果要替换全部，单击【全部替换】按钮即可。

“查找替换”命令的具体操作步骤和效果如图 7-34 所示。

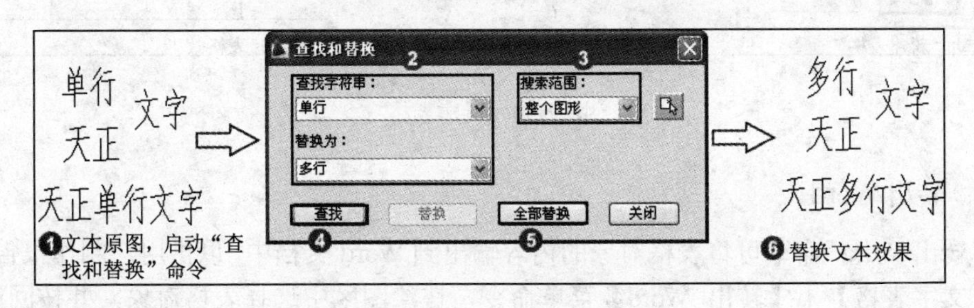

图 7-34　查找和替换

11. 繁简转换

“繁简转换”命令用于将当前图档的内码在 Big5 与 GB 之间转换。单击【文字表格】|【繁简转换】菜单命令，在弹出的【繁简转换】对话框设置参数后，单击【确定】按钮，然后在绘图区选择需转换的文字图元并按回车键，即可完成文本的繁简转换。

“繁简转换”命令的具体操作步骤和效果如图 7-35 所示。

7.2.2 创建表格及数据交换

利用 TArch 8.0 的表格功能，只需进行简单地设置，就可以快速、完整地创建出表格，并可方便地对表格内容进行编辑。本小节主要介绍表格的创建方法以及与其他软件之间的数据交换方法。

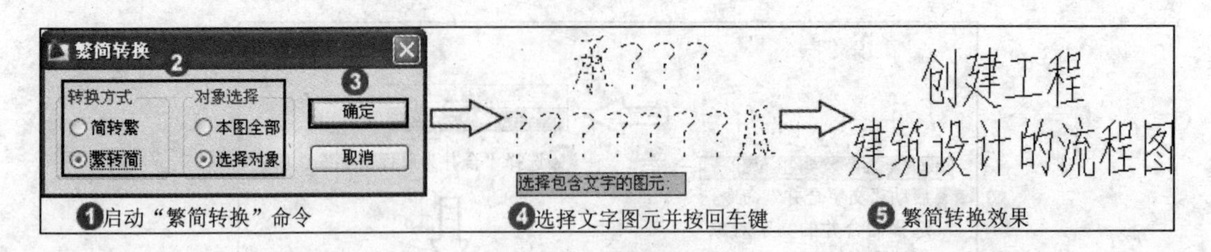

图 7-35 繁简转换

1. 新建表格

利用“新建表格”命令可以通过设置参数新建一个表格。单击【文字表格】|【新建表格】菜单命令，在弹出的【新建表格】对话框中设置表格行列数、表格行高和列宽，以及表格的标题后，单击【确定】按钮，然后在绘图区中指定表格的左上角点，即可新建一个表格。

新建表格的具体操作步骤和效果如图 7-36 所示。

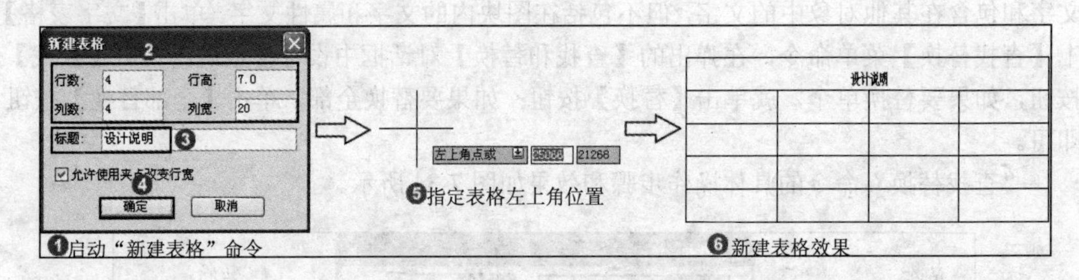

图 7-36 新建表格

2. 转出 Word

“转出 Word”命令可将表格对象的内容输出到 Word 文档中，以供用户制作报告文件。单击【文字表格】|【转出 Word】菜单命令，在绘图区中选择表格对象，并按回车键，即可将选定的表格内容输出到 Word 文档中。“转出 Word”命令的具体操作步骤和效果如图 7-37 所示。

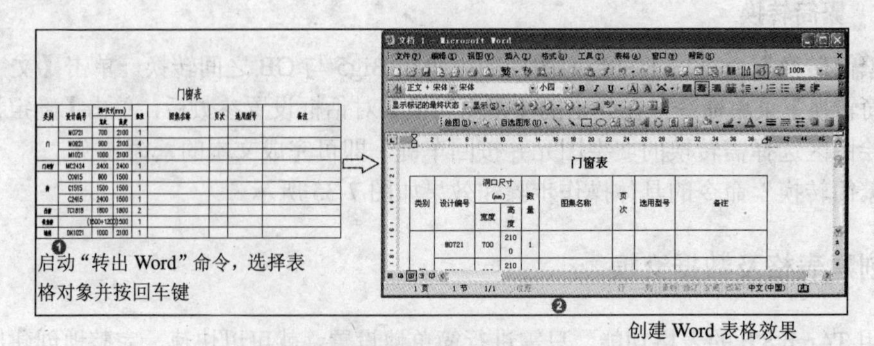

图 7-37 转出 Word

3. 转出 Excel

“转出 Excel”命令可将表格对象的内容输出到 Excel 文档中，以供用户在其中进行统计和打印。单击【文字表格】|【转出 Excel】菜单命令，在绘图区中选择表格对象，即可将选定的表格内容输出到 Excel 文档中。“转出 Excel”命令的具体操作步骤和效果如图 7-38 所示。

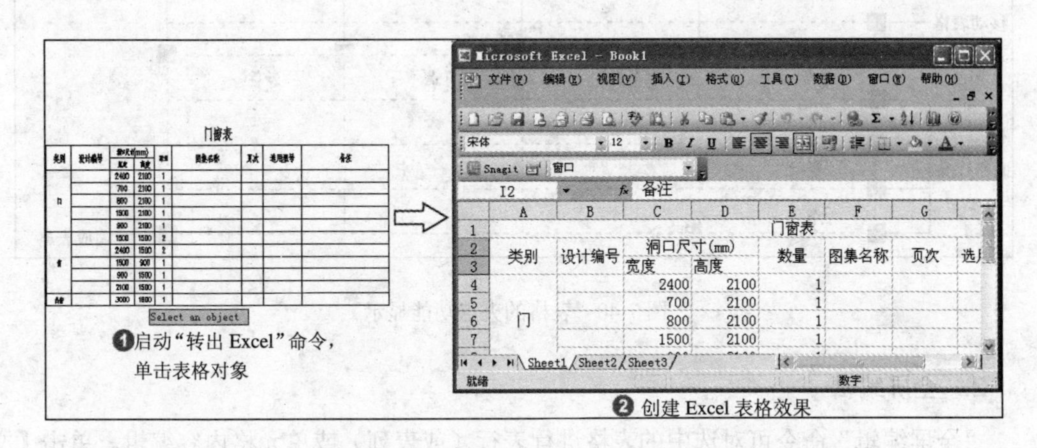

图 7-38　转出 Excel

4. 读入 Excel

“读入 Excel”命令可当前 Excel 表单中选中的数据更新到指定的天正表格中，支持 Excel 中保留的小数位数。当用户打开了一个 Excel 文件，并框要输出表格的范围后时，然后在 TArch 8.0 软件当中，单击【文字表格】|【读入 Excel】菜单命令，会弹出 AutoCAD 信息提示框，单击【是（Y)】铵钮，最后指定表格左上角位置即可创建表格。在没有打开 Excel 文件的前提下，会提示用户打开一个 Excel 文件并框选要复制的范围。

“读入 Excel”命令的具体操作步骤和效果如图 7-39 所示。

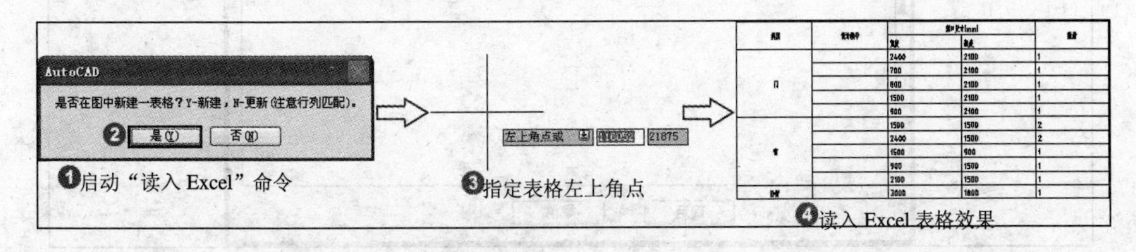

图 7-39　读入 Excel

7.2.3 编辑表格

表格绘制完成后，并不是一成不变的，还需要对其进行编辑操作，包括调整行高、列宽和修改表格内容等。本小节详细介绍编辑表格的方法。

1. 夹点编辑

表格创建完成后，可通过拖动表格的夹点调整表格的行高、列宽、移动和缩放表格。表格各夹点的功能显示如图7-40所示。

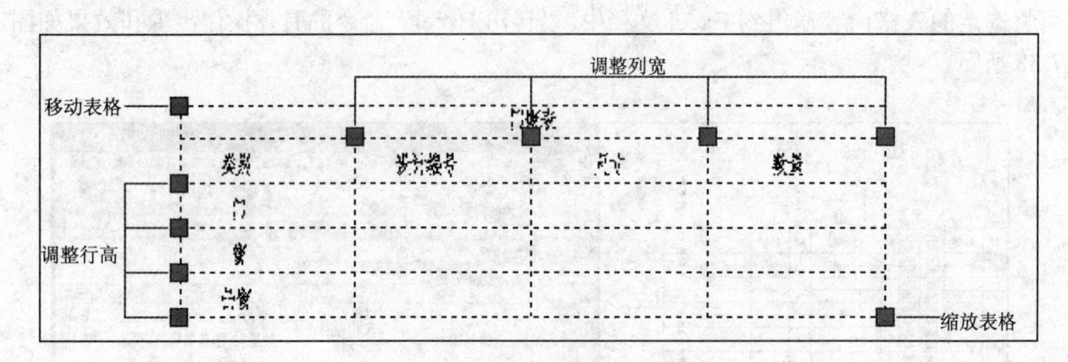

图7-40　表格的夹点功能显示

2. 全屏编辑

“全屏编辑”命令可对选中的表格进行表行（或表列）或单元格内容编辑。单击【文字表格】|【表格编辑】|【全屏编辑】菜单命令，在绘图区中选择表格对象，弹出【表格内容】对话框，在该对话框中可修改表格内容，或执行新建与删除行（或列）等操作，操作完成后，单击【确定】按钮，即可完成编辑表格的操作，如图7-41所示。

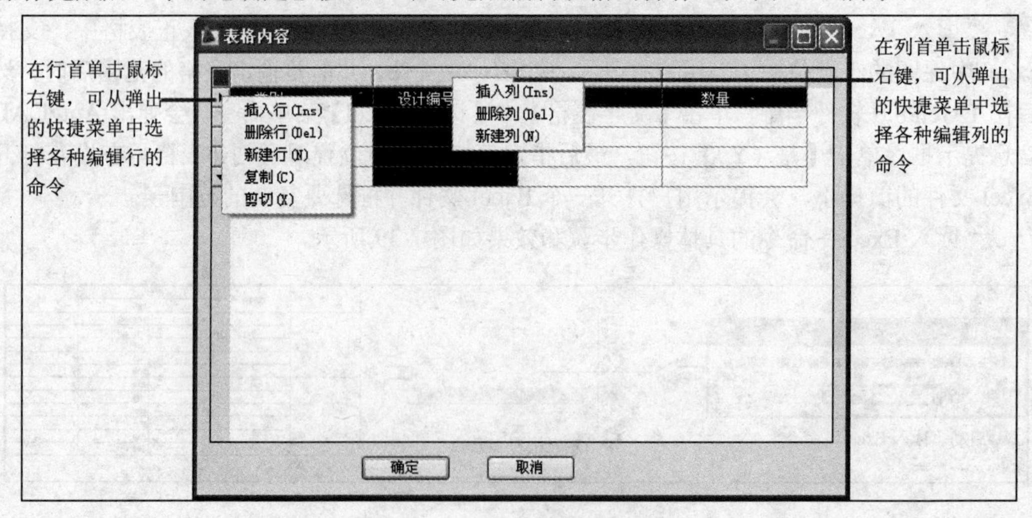

图7-41　“表格内容”对话框

3. 拆分表格

“折分表格”命令把表格按行或者按列拆分为多个表格，也可以按用户设定的行列数自动拆分。单击【文字表格】|【表格编辑】|【折分表格】菜单命令，在弹出的【折分表格】对话框中设置参数并选中【自动拆分】复选框，单击【折分】按钮后，在绘图区中

选择需拆分的标格，软件随即根据设定的参数拆分两个表格。当取消选中【自动拆分】复选框，单击【拆分】按钮后，在绘图区中指定需拆分的起始行（或列），并指定表格插入位置即可。

拆分表格的具体操作步骤和效果如图 7-42 所示。

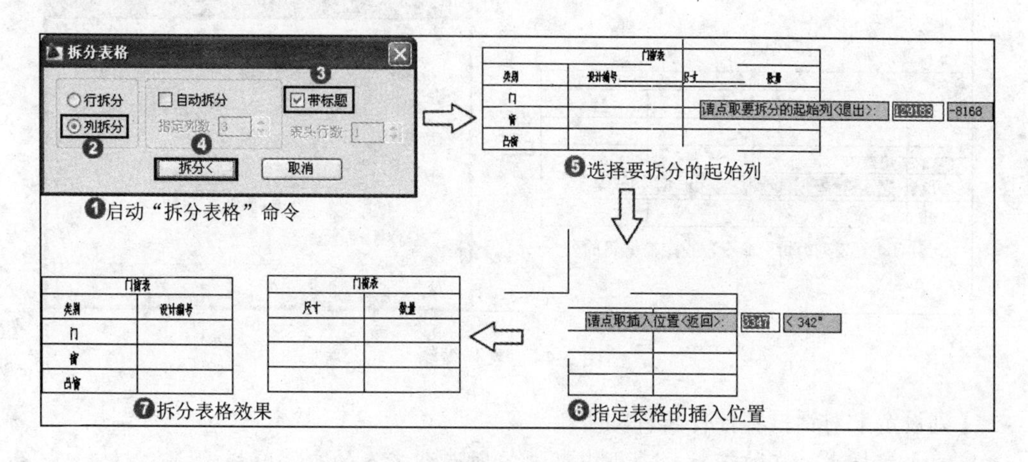

图 7-42　拆分表格

4. 合并表格

“合并表格”命令将多个表格逐次合并为一个表格，这些待合并的表格行列数可以与原来表格不等，默认按行合并，也可以改为按列合并。单击【文字表格】|【表格编辑】|【合并表格】菜单命令，根据命令行提示确认合并的类型，输入选项“C”切换表格类型，然后指定要合并的多个表格，即可完成表格的合并。此处以合并表列为例，讲述“合并表格”的方法。合并表格的具体操作步骤和效果如图 7-43 所示。

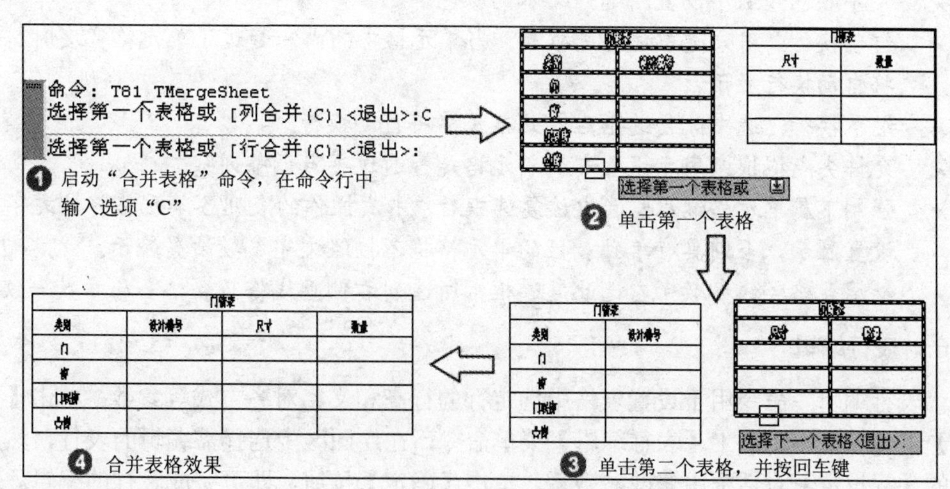

图 7-43　合并表格

5. 表列编辑

“表列编辑”命令用于设置表格中选定列的列宽、文字样式、大小和对齐方式等参数。

单击【文字表格】|【表格编辑】|【表列编辑】菜单命令，在绘图区中指定需编辑的列，在弹出的【列设定】对话框中设置参数后，单击【确定】按钮，即可完成表列的修改。“表列编辑”的具体操作步骤和效果如图 7-44 所示。

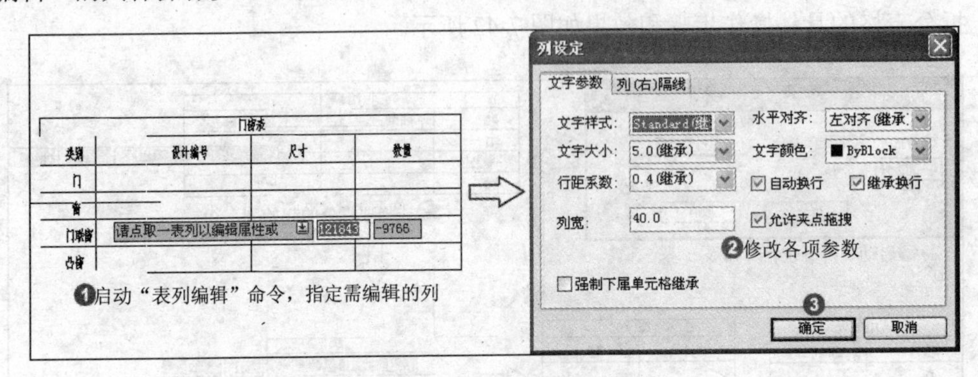

图 7-44　表列编辑

【列设定】对话框各控件解释如下：

- 文字样式：在该下拉列表框中可选择所选列文本的文字样式。
- 文字大小：在该下拉列表框中输入一个数值或选择一个数值，用于指定所选列文本的文字大小。
- 行距系数：用于指定所选列文本行间的净距，单位是当前的文字高度（如当前行距为 0.4，则表示行间净距离为文字高度的 40%）。
- 列宽：用于设置所选列宽的大小。
- 水平对齐：用于设置所选列文本在单位格中的水平对齐方式，包括“左对齐”、“右对齐”和“两端对齐”3 个选项。
- 文字颜色：用于设置所选列文本的颜色。
- 自动换行：用户选中该复选框后，当单元格中的内容超过了单元格宽度时，文字将自动换行显示。
- 继承换行：选中此复选框后，此单元格将自动换行。
- 允许夹点拖拽：用于设置本列单元格是否通过夹点调整列宽。
- 强制下属单元格继承：选中该复选框后，本次操作的表列各单元格将按文字参数设置显示。否则具有单独属性的单元格将不按照文字参数设置显示。
- 继承表格竖线参数：勾选此复选框，所选列右侧竖线将与表格全局参数一致。

6. 表行编辑

“表行编辑”命令用于设置表格中选定行的行高和文字对齐方式等参数。单击【文字表格】|【表格编辑】|【表行编辑】菜单命令，在绘图区中选择需编辑的表行，然后在弹出的【行设定】对话框中修改参数后，单击【确定】按钮，即可完成表行的编辑。表行编辑的具体操作步骤和效果如图 7-45 所示。

7. 增加表行

“增加表行”命令用于根据所选定行增加下一行或复制当前行到新行。单击【文字表

格】|【表格编辑】|【增加表行】菜单命令，在命令行中设置增加行的位置，然后指定参考行，即可增加表行。增加表行的具体操作步骤和效果如图 7-46 所示。

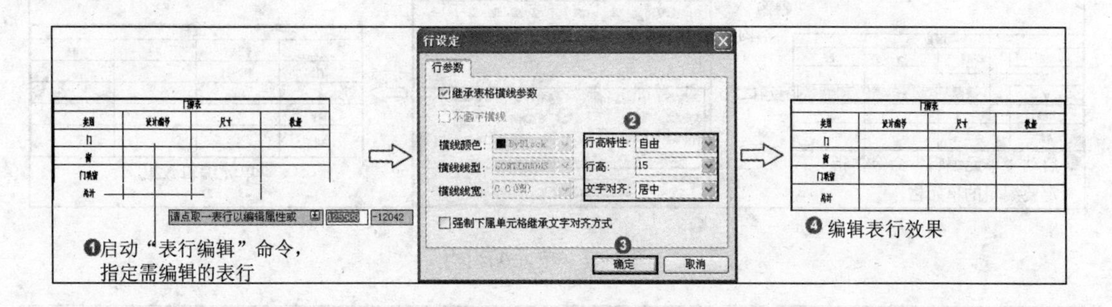

图 7-45　表行编辑

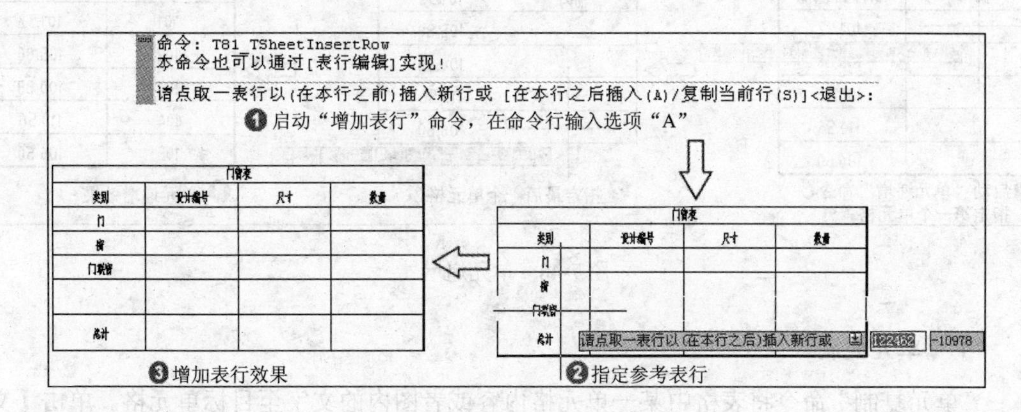

图 7-46　增加表行

8. 删除表行

“删除表行”命令以“行”为单位删除指定的行。单击【文字表格】|【表格编辑】|【增加表行】菜单命令，然后在绘图区中单击要删除的行，即可将所选行进行删除，可重复执行命令，按“Esc”键退出命令。

9. 单元编辑

“单元编辑”命令用于编辑该单元内容或改变单元文字的显示属性。单击【文字表格】|【单元编辑】|【单元编辑】菜单命令，在绘图区中指定要编辑的单元格，然后在弹出的【单元格编辑】对话框中修改单元格内容和参数，最后单击【确定】按钮，即可完成单元格的编辑。单元编辑的具体操作步骤和效果如图 7-47 所示。

10. 单元递增

“单元递增”命令将含有数字或字母的单元文字内容在同一行或一列复制，并同时将文字内的某一项递增或递减，同时按 Shift 键为直接复制，按 Ctrl 键为递减。单击【文字表格】|【单元编辑】|【单元递增】菜单命令，在绘图区中指定要递增的第一个单元，拖动表行或表列至最后一个单元单击，即可完成递增单元的创建。单无递增的具体操作步

骤和效果如图 7-48 所示。

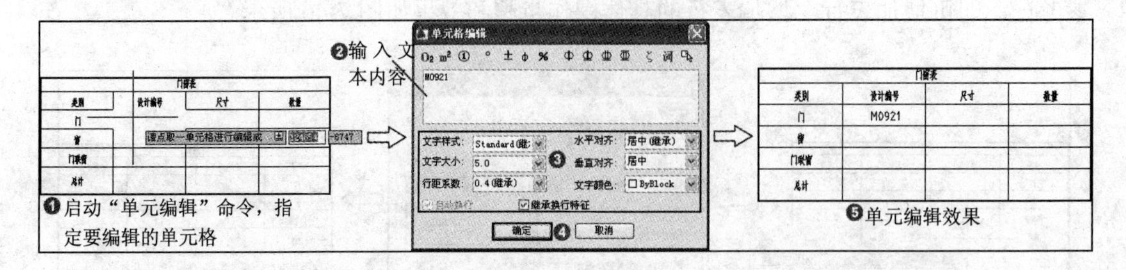

图 7-47　单元编辑

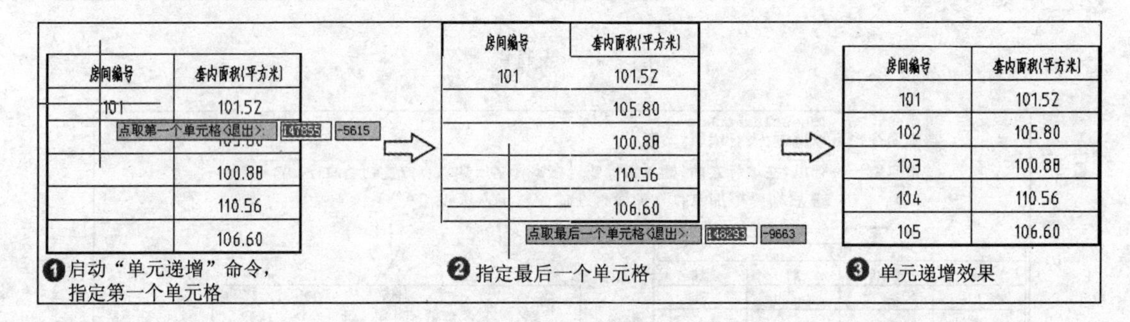

图 7-48　单元递增

11．单元复制

“单元复制”命令将表格中某一单元格内容或者图内的文字至目标单元格。单击【文字表格】|【单元编辑】|【单元复制】菜单命令，在绘图区中选择需复制的单元格，然后指定要粘贴的单元，即可完成单元格的复制。单元复制的具体操作步骤和效果如图 7-49 所示。

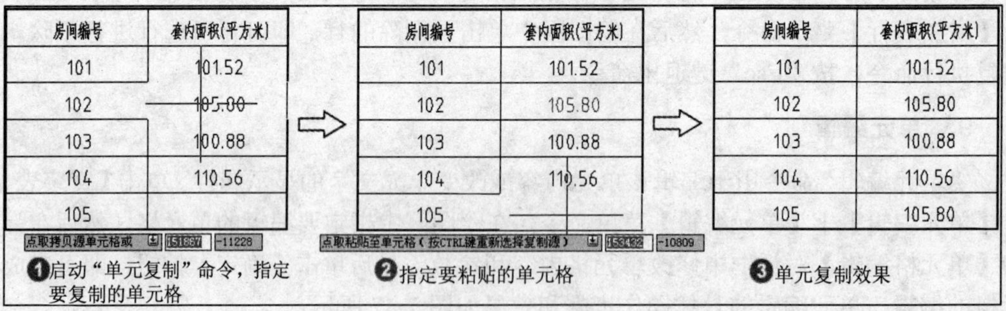

房间编号	套内面积(平方米)
101	101.52
102	105.80
103	100.88
104	110.56
105	105.80

❶启动“单元复制”命令，指定要复制的单元格　❷指定要粘贴的单元格　❸单元复制效果

图 7-49　单元复制

12．单元累加

“单元累加”命令可以累加行或列中的数值，结果填写在指定的空白单元格中。单击【文字表格】|【单元编辑】|【单元累加】菜单命令，在绘图区中指定需累加的第一个

单元格，然后指定需累加的最后一个单元格，最后指定存放累加结果的单元格，即可完成单元累加。“单元累加”的具体操作步骤和效果如图 7-50 所示。

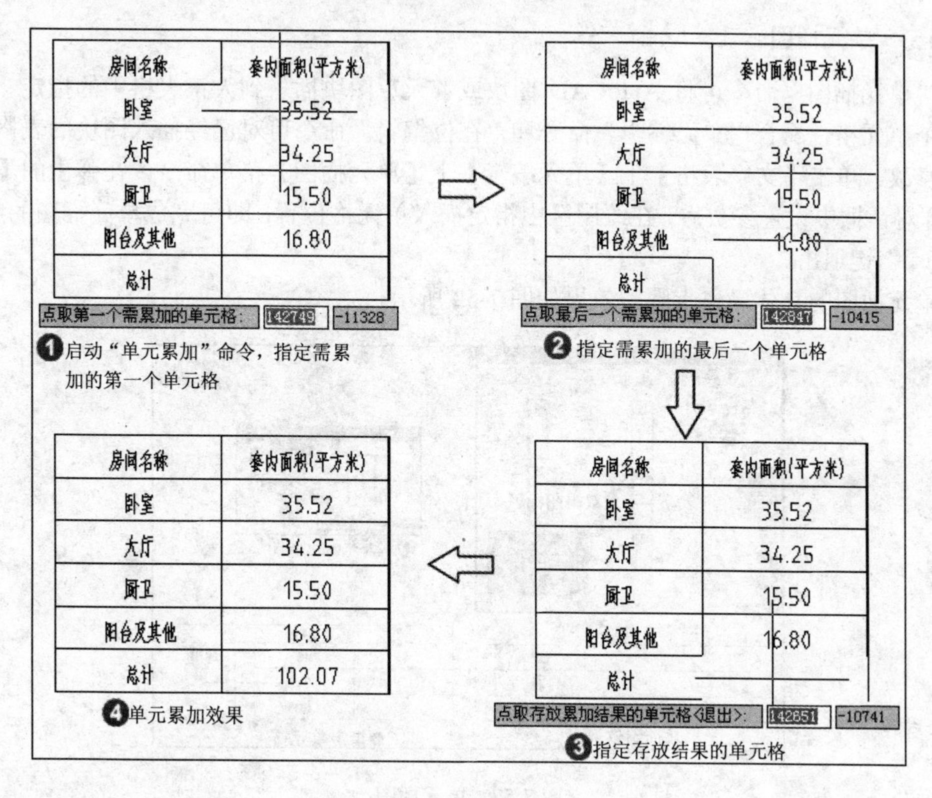

图 7-50　单元累加

13. 单元合并

“单元合并”命令是将几个单元格合并为一个大的表格单元。单击【文字表格】|【单元编辑】|【单元合并】菜单命令，在绘图区中单击要合并的第一个角点和另一个对角点，即可完成单元格的合并。单元合并的具体操作步骤和效果如图 7-51 所示。

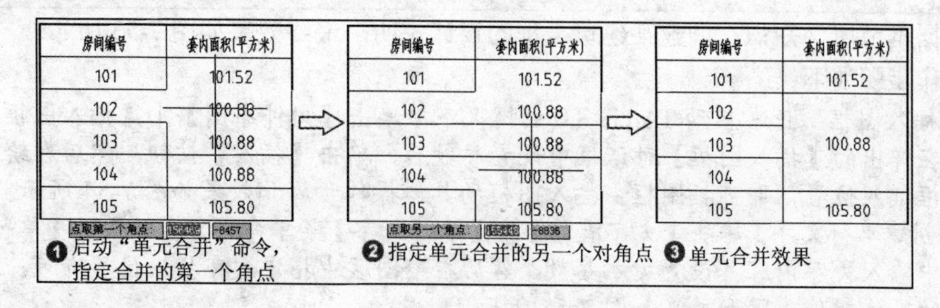

图 7-51　单元合并

14. 撤消合并

“撤消合并”命令将已经合并的单元格重新恢复为几个小的表格单元。单击【文字表

格】|【单元编辑】|【撤消合并】菜单命令，在绘图区中单击指定已经合并的单元格，即可将已合并的单元格重新恢复为几个小的表格单元。

15. 单元插图

“单元插图”命令可将 AutoCAD 图块或者天正图块插入到天正表格中的指定一个或者多个单元格，配合“单元编辑”命令和“在位编辑”命令可对已经插入图块的表格单元进行修改。单击【文字表格】|【单元编辑】|【单元插图】菜单命令，在弹出的【单元插图】对话框中设置参数后，在绘图区中指定插入单元格位置，即可完成单元插图的绘制，按“Esc”键退出。

单元插图的具体操作步骤和效果如图 7-52 所示。

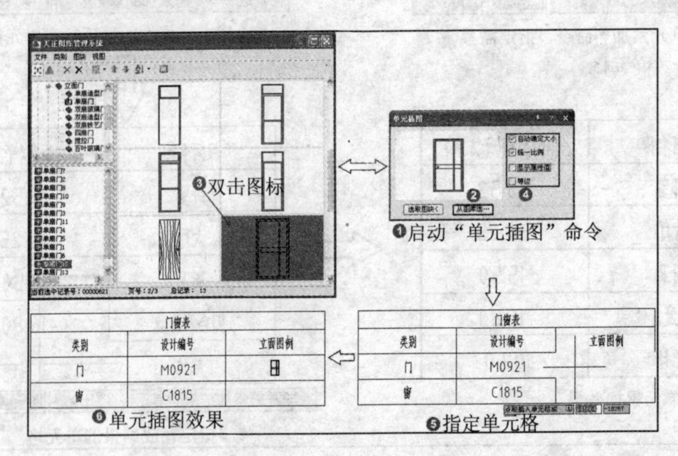

图 7-52 单元插图

7.2.4 实战演练——创建工程设计说明

视频教学	
视频文件:	AVI\第 07 章\7.2.4.avi
播放时长:	4 分 51 秒

根据本节所学知识，创建某建筑工程的设计说明，最终效果如图 7-53 所示。

操作步骤如下：

❶插入图框。正常启动 TArch 8.0 的情况下，单击【文件布图】|【插入图框】菜单命令，在弹出的【插入图框】对话框中设置参数后，单击【插入】按钮，然后在绘图区中指定图框插入位置，即可插图框。插入图框的具体操作步骤和效果如图 7-54 所示。

❷创建单行文字。单击【文字表格】|【单行文字】菜单命令，在弹出的【单行文字】对话框中输入文字内容并设置文本参数，然后在绘图区中指定文字插入位置即可。创建单行文字的具体操作步骤和效果如图 7-55 所示。

❸创建多行文字。单击【文字表格】|【多行文字】菜单命令，在弹出的【多行文字】对话框中输入文字内容并设置文本参数，然后在绘图区中指定文字插入位置即可。创建多行文字的具体操作步骤和效果如图 7-56 所示。

❹创建表格。单击【文字表格】|【新建表格】菜单命令，在弹出的【新建表格】对

话框中设置新表格为 24 行 3 列，同时设置表格标题，然后在绘图区中指定表格插入位置即可。创建表格的具体操作步骤和效果如图 7-57 所示。

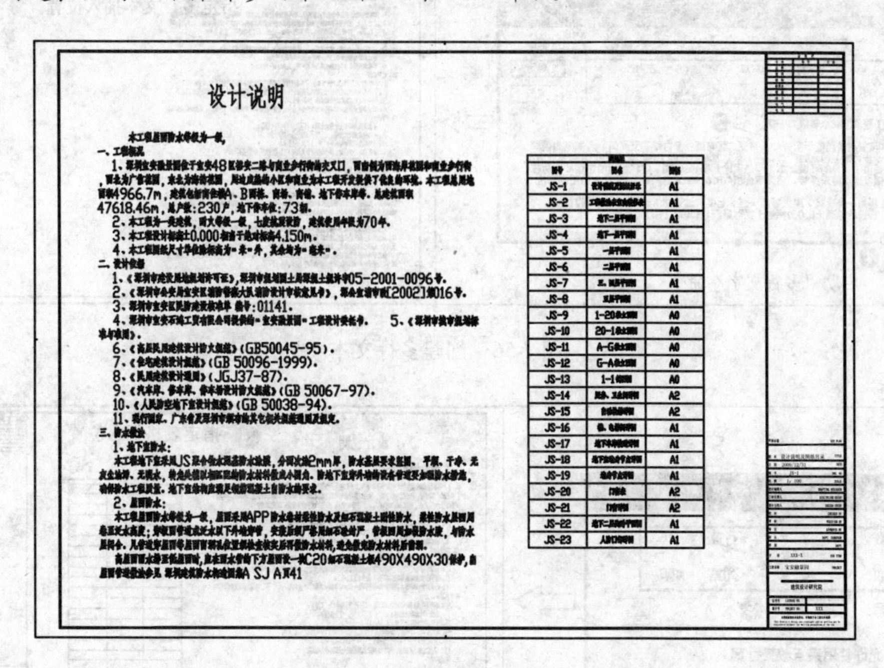

图 7-53　工程建筑设计说明

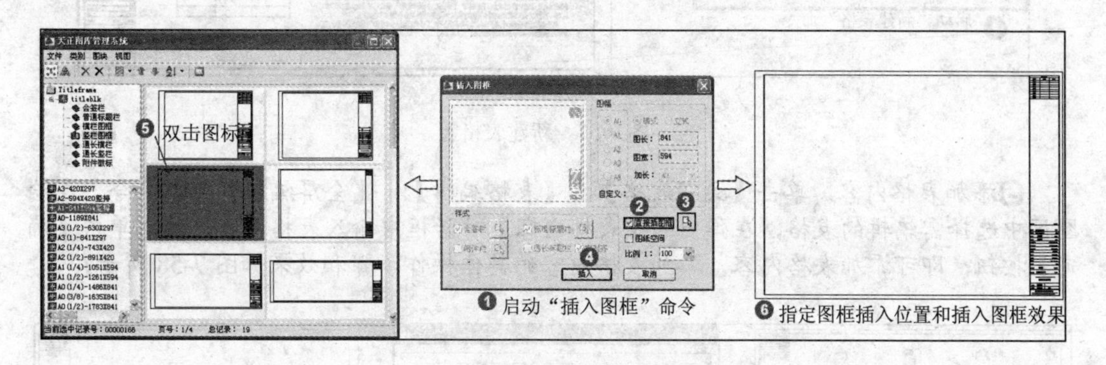

图 7-54　插入图框

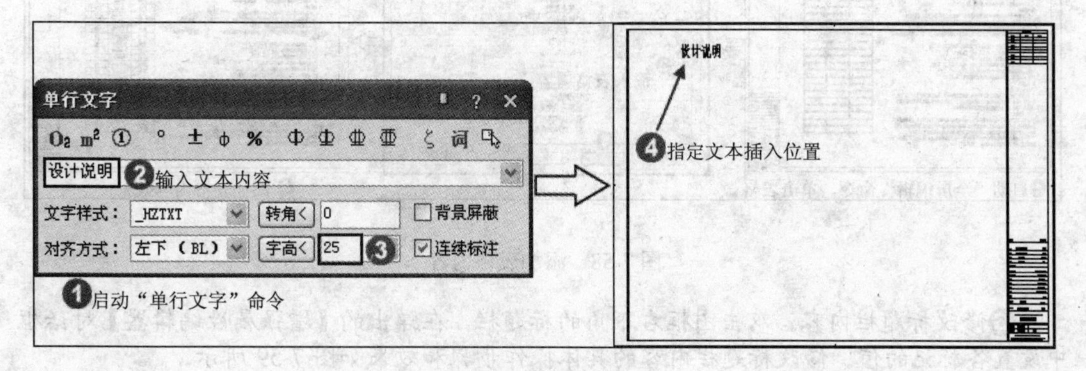

图 7-55　创建单行文本

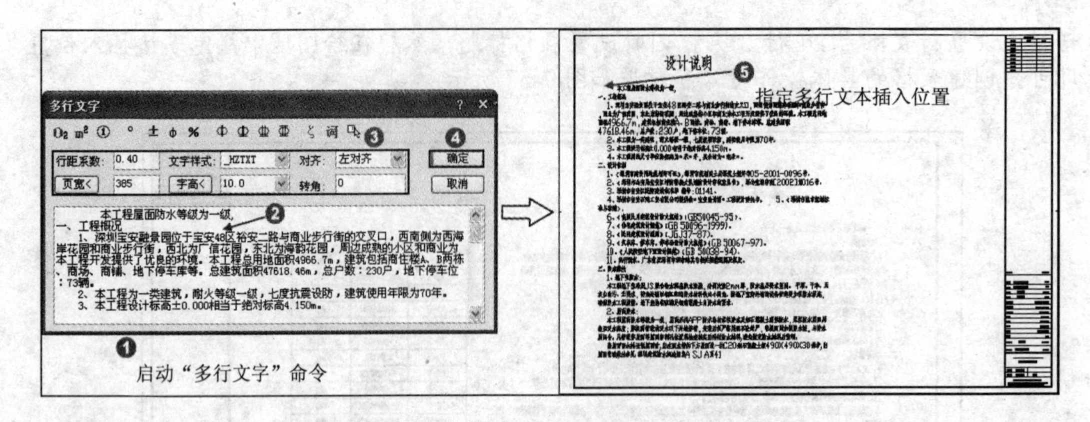

图 7-56　创建多行文本

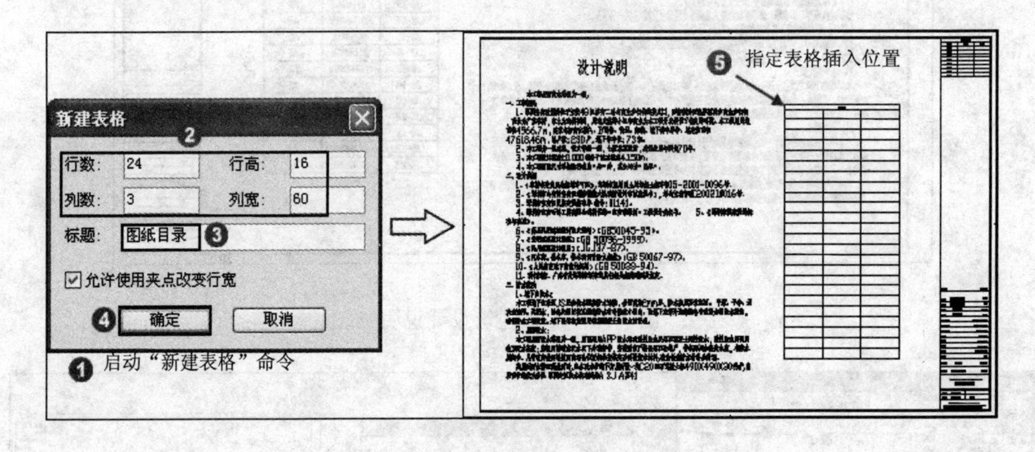

图 7-57　新建表格

❺添加表格内容。单击【文字表格】|【表格编辑】|【全屏编辑】菜单命令，在绘图区中选择需编辑的表格，在弹出的【表格内容】对话框中输入表格内容，然后单击【确定】按钮，即可添加表格内容。添加表格内容的具体操作步骤和效果如图 7-58 所示。

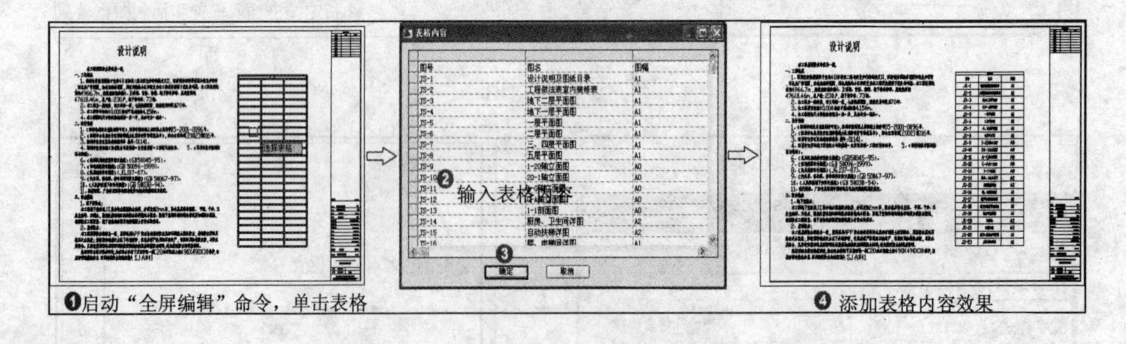

图 7-58　添加表格内容

❻修改标题栏内容。双击图框右下角的标题栏，在弹出的【增强属性编辑器】对话框中设置各标记的值。修改标题栏内容的具体操作步骤和效果如图 7-59 所示。

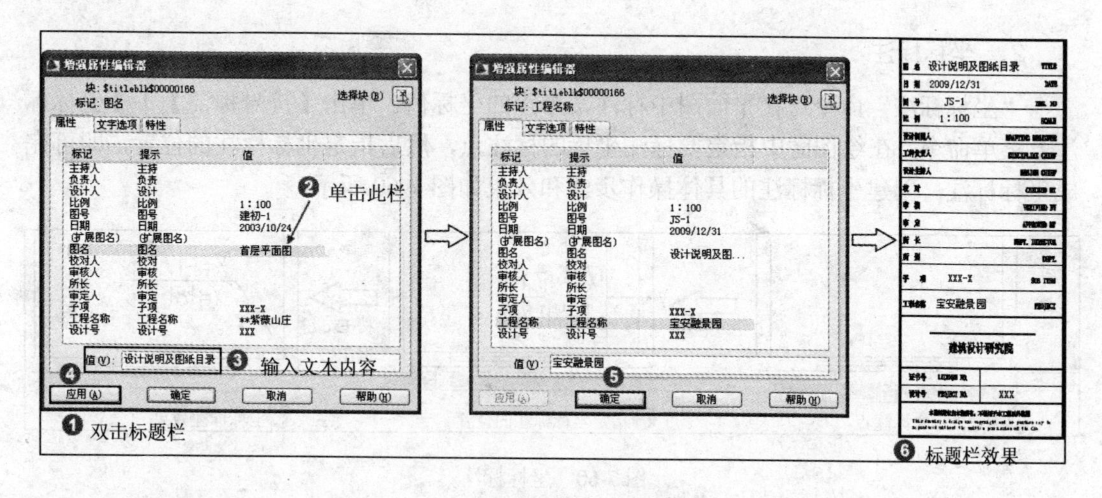

图 7-59　修改标题栏内容

7.3 符号标注

天正建筑软件提供了符合国内建筑制图标准的符号标注新式，使用户可以方便快速地完成对建筑图的规范化符号标注。天正建筑软件提供的符号标注主要包括坐标、标高、剖切符号、引出标注和箭头标注等。其中剖切符号除了具有标注功能外，还用于辅助生成剖面。本节主要介绍这些符号的创建方法和编辑方法。

7.3.1 坐标和标高

坐标标注在工程图中用于表示某个点的平面图位置，一般由政府测绘部门提供。标高标注是用于表示建筑物的某一部位相对于基准面（标高的零点）的竖向高度。标高按基准面的不同可分为绝对标高和相对标高，绝对标高是以一具国家或地区统一规定的基准面作为零点的标高，相对标高的零点由设计单位定义，一般为室内一层地坪面。

1. 标注状态

标注状态可分为动态标注和静态标注两种，移动和复制后的坐标符号受 AutoCAD 状态栏中的【动态标注】按钮控制，是否启用动态标注功能。动态标注和静态标注的意义介绍如下：

- 动态标注：当状态栏右下角的【动态标注】按钮处于启用状态，则移动和复制后的坐标数据将自动与世界坐标系一致，适用于整个 DWG 文档仅仅布置一个总平面图的情况。
- 静态标注：当状态栏右下角的【动态标注】按钮处于关闭状态，则移动和复制后的坐标数据不改变原来数值。

单击【符号标注】|【静态标注】菜单命令，可在动态标注和静态标注之间切换。

2. 坐标标注

“坐标标注”命令可在平面图中标注某个点的坐标值。单击【符号标注】|【坐标标注】菜单命令，在绘图区中指定要标注坐标的标注点，然后指定坐标标注的位置，即可完成坐标标注。创建坐标标注的具体操作步骤和效果如图 7-60 所示。

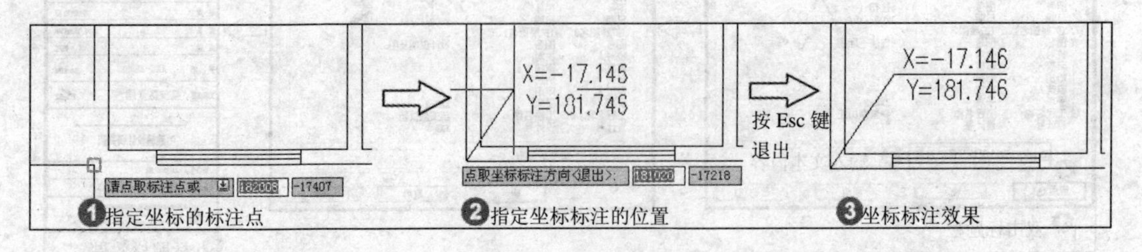

图 7-60　坐标标注

当用户在启动“坐标标注”命令后，在命令行中输入选项“S”，即可在弹出的【坐标标注】对话框中设置坐标标注的参数，如图 7-61 所示。

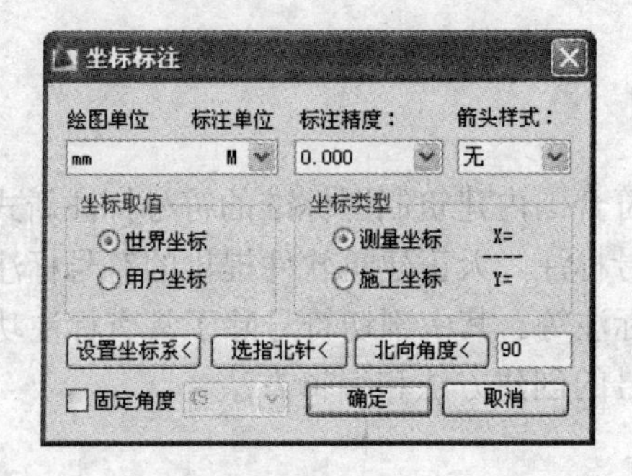

图 7-61　“坐标标注”对话框

【坐标标注】对话框各控件解释如下：

- 绘图单位 标注单位：根据需选择当前图形所使用的绘图单位和标注单位，以保证标注的数值准确。
- 标注精度：用于设置坐标标注的小数位数。
- 箭头样式：用于设置坐标标注的箭头样式。
- 坐标取值：用于选择坐标标注的参照坐标系，当要使用用户坐标系时，应使用 UCS 命令提前设置好当使用的用户坐标系。
- 坐标类型：用于设置坐标标注的类型，包括测量坐标和施工坐标。
- 设置坐标系：该按钮用于重新指定坐标系原点的位置。
- 选指北针：该按钮用于选择图中已插入的指北针，并以此指北针的指向标注坐标系统的 X（A）轴向。
- 北向角度：该按钮用于设置正北的方向。单击此按钮后，在绘图区指定直线的两点，以此两点的连线方向作为正北方向；也可以直接输入正北的角度值。
- 固定角度：用于设置坐标引线与屏幕水平线的夹角。

3. 坐标检查

“坐标检查”用于在总平面图上检查测量坐标或者施工坐标，避免由于人为修改坐标标注值导致设计位置的错误。本命令可以检查世界坐标系 WCS 下的坐标标注，也可以检查用户坐标系 UCS 下的坐标标注，但只能选择其中一个进行检查，而且要与绘制时的条件一致。

单击【符号标注】|【坐标检查】菜单命令，在弹出的【坐标检查】对话框中设置参数后，单击【确定】按钮，然后在绘图区中选择需检查的坐标后按回车键确认，如果全部正确，命令行会提示正确信息，并退出命令；如果有错误，系统会自动选择需纠正的一个坐标，命令行会提示纠正选项，用户根据需要进行纠正。如图 7-62 所示是坐标检查的操作步骤和效果。

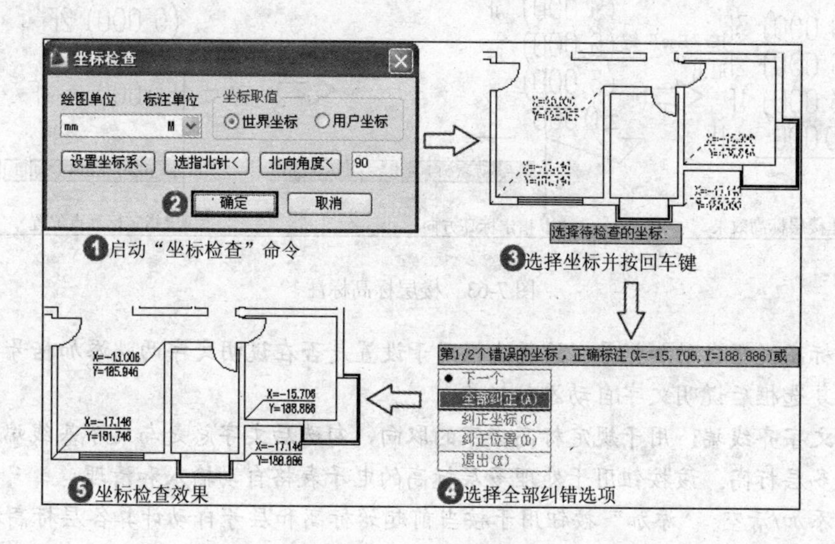

图 7-62　坐标检查

4. 标高标注

“标高标注”命令可用于建筑专业的平面图标高标注、立剖面图的楼面标高标注以及总图专业的地坪标高标注、绝对标高和相对标高的关联标注。地坪标高符合总图制图规范的三角形和圆形实心标高符号，提供可选的两种标注排列，标高数字右方或者下方可加注文字，说明标高的类型。

单击【符号标注】|【标高标注】菜单命令，在弹出的【标高标注】对话框中选择“建筑”选项，可对建筑平面图、立面图和剖面图的标高进行标注。当选择“总平面图”选项，可对总图进行标高标注。

❑ 建筑标高

这里以建筑楼层标高标注为例说明建筑标高标注的方法。标注楼层标高标注的具体操作步骤和效果如图 7-63 所示。

“建筑”选项栏及【多层楼层标高编辑】对话框中各控件解释如下：

➢ *楼层标高自动加括号：该复选框用于按《房屋建筑制图统一标准》10.8.6 的规定*

绘制多层标高，勾选此复选框后除第一个楼层标高外，其他楼层的标高加括号。

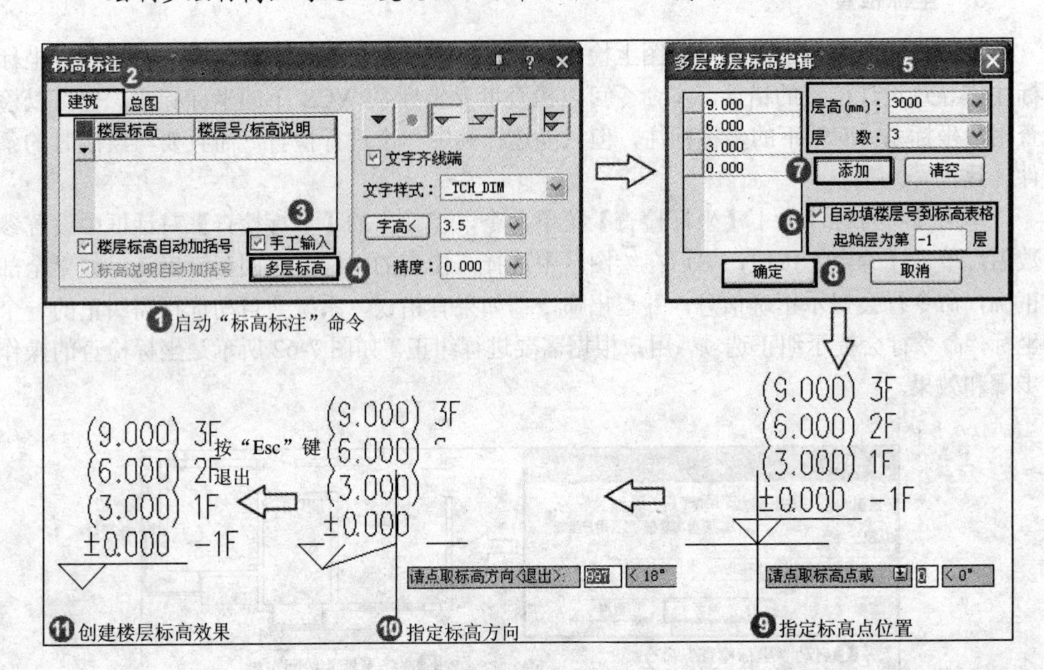

图 7-63 楼层标高标注

- 标高说明自动加括号：该复选框用于设置是否在说明文字两端添加括号，勾选此复选框后说明文字自动添加括号。
- 文字齐线端：用于规定标高文字的取向，勾选后文字总是与文字基线端对齐。
- 多层标高：该按钮用于处理多层标高的电子表格自动输入和清理。
- 添加/清空："添加"按钮用于按当前起始标高和层号自动计算各层标高填入电子表格；"清空"按钮用于取消多层标高电子表格全部标高数据。
- 自动填层号到标高表格：勾选此复选框后，按楼层从下到上的顺序自动添加标高说明。

❑ 总图标高

这里以绘图一个总图标高符号为例，讲述总图标高标注的方法。标注总图标高的具体操作步骤和效果如图 7-64 所示。

"总图"选项栏中各控件解释如下：

- 自动换算绝对标高：勾选此复选框，在换算关系框输入标高关系，绝对标高自动算出并标注两者换算关系，当注释为文字时自动加括号作为注释。
- 上下排列与左右排列：用于设置绝对标高和相对标高的关系。
- 文字居中：勾选此复选框后，标高文字标注在符号上面，不勾选则标注在符号右边。

当用户需要对创建的标高标注进行修改，双击需要修改的标高标注，即可打开相应的【标高标注】对话框，修改参数后，单击【确定】按钮，即可完成标高标注的编辑。

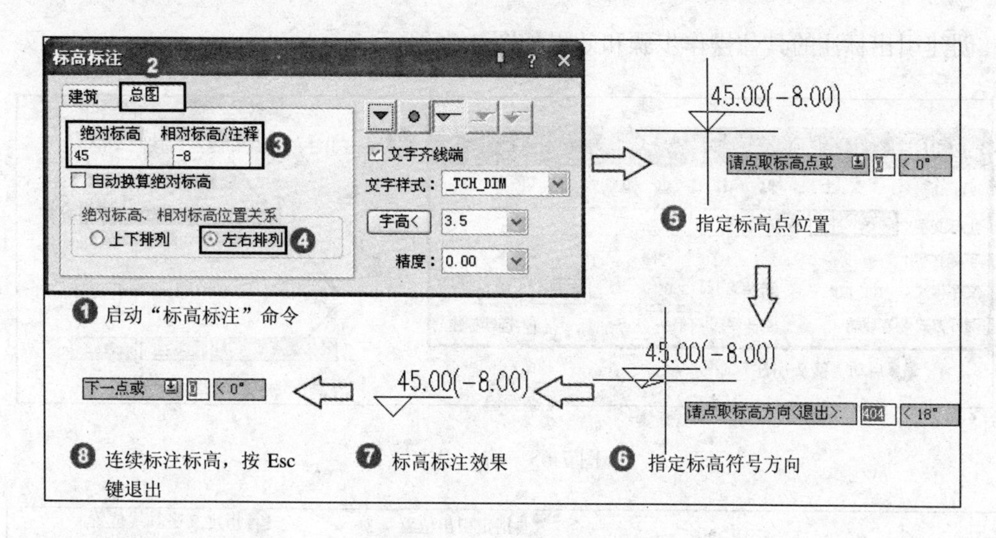

图 7-64　创建总图标高

5. 标高检查

“标高检查”命令用于在立面图或剖面图上检查天正标符号，避免由于人为修改标高值导致设计错误。利用该命令可检查世界坐标系和用户坐标系下的标高标注，但只能基于其中一个坐标系进行检查，而且应与绘制标高时的条件一致。

单击【符号标注】|【标高检查】菜单命令，在绘图区中指定参考标高，然后再选择一个或多个需检查的标高标注，则可对曾被修改过的标高进行检查，检查标高是否正确，当发现有不正确的标高值时，则按 TArch 提示的信息进行修改。

7.3.2 工程符号标注

TArch 8.0 为用户提供了一套自定义工程符号对象，适合建筑图样的设计说明，能使用户更详细地了解图样。本小节主要介绍各种工程符号的创建方法。

1. 箭头引注

“箭头引注”命令用于绘制带有箭头的引出标注，文字可位于线端，也可位于位于线上，引线可以转折多次，半箭头用于国标的坡度符号。单击【符号标注】|【箭头引注】菜单命令，在弹出的【箭头引注】对话框中设置参数后，在绘图区中依次指定箭头所在点、引注的各折点和终点，按回车键即可创建一个箭头引注。

创建箭头引注的具体操作步骤和效果如图 7-65 所示。

2. 引出标注

“引出标注”命令用于对多个标注点进行说明性的文字标注，自动按端点对齐文字，具有拖动自动跟随的特性。单击【符号标注】|【引出标注】菜单命令，在弹出的【引出标注】对话框中设置参数后，然后在绘图区中指定标注点和标注文字点，按回车键结束，完成一个引出标注的创建。

创建引出标注的具体操作步骤和效果如图 7-66 所示。

图 7-65　箭头引注

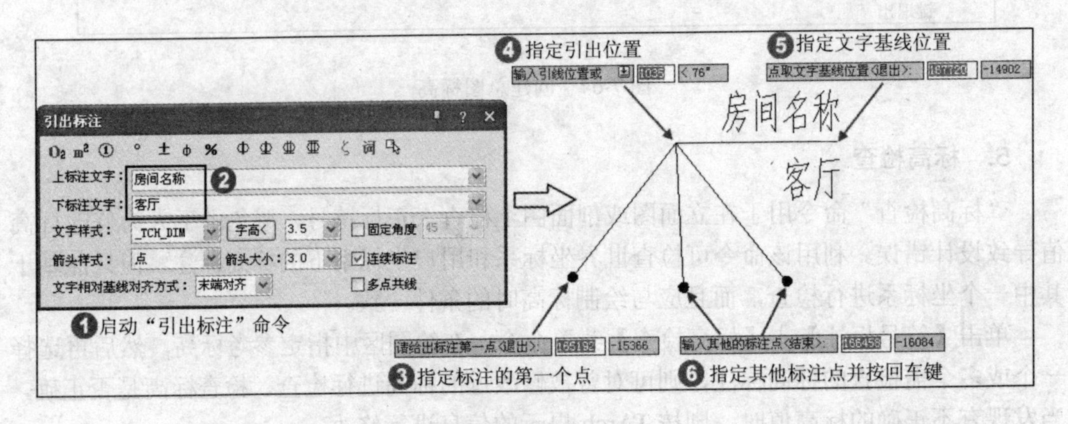

图 7-66　引出标注

3. 做法标注

“做法标注”命令用于在施工图样上标注工程的材料做法，通过专业词库可调入北方地区常用的 88J1-X1(2000 版)的墙面、地面、楼面、顶棚和屋面标准做法。单击【符号标注】|【做法标注】菜单命令，在弹出的【做法标注】对话框中输入标注文字和文字参数后，然后在绘图区中指定引出点、引注上线的第二点和文本所在点，即可完成一个做法标注的创建。

创建做法标注的具体操作步骤和效果如图 7-67 所示。

4. 索引符号

“索引符号”命令可为图中另有详图的某一部分标注索引号，指出表示这些部分的详图在哪张图上。索引符号分为“指向索引”和“剖切索引”两类，索引符号的对象编辑提供了增加索引号与改变剖切长度的功能。

❑ 指向索引

单击【符号标注】|【索引符号】菜单命令，在弹出的【索引符号】对话框中选中【指向索引】单选框，并设置详图所在的图样编号、详图序号和上下标文本，然后在绘图区中分别指定索引指向点、引线折点和索引号位置，即可完成指向索引的创建。

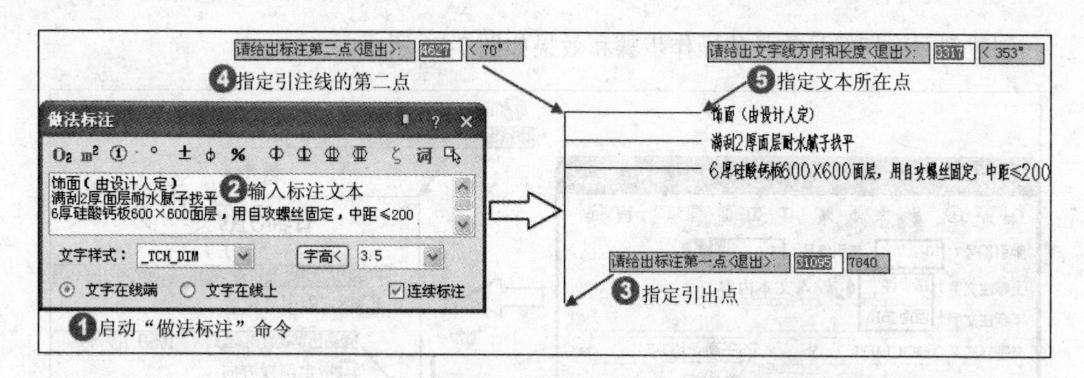

图 7-67　做法标注

创建指向索引的具体操作步骤和效果如图 7-68 所示。

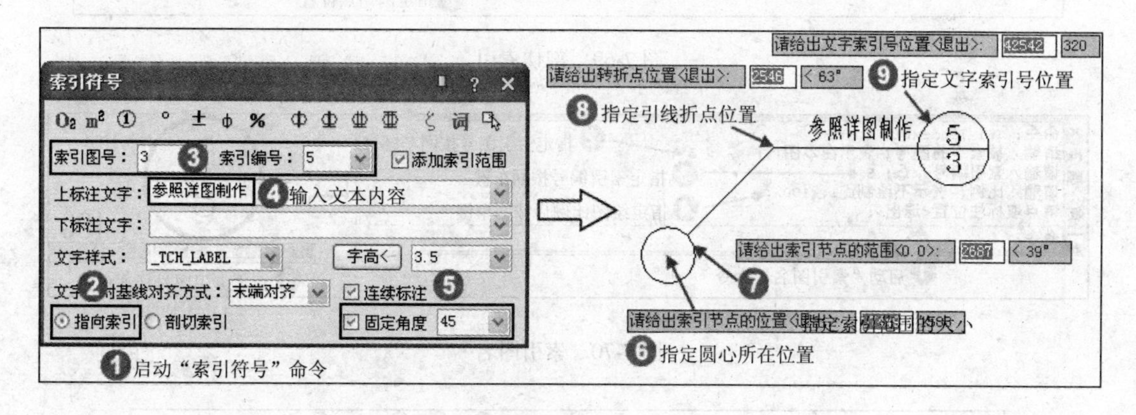

图 7-68　创建指向索引

❑　剖切索引

单击【符号标注】|【索引符号】菜单命令，在弹出的【索引符号】对话框中选中【剖切索引】单选框，并设置详图所在的图样编号、详图序号和上下标文本，然后在绘图区中分别指定剖切点、引线折点和索引号位置，即可完成剖切索引的创建。

创建剖切索引的具体操作步骤和效果如图 7-69 所示。

5. 索引图名

“索引图名”命令用于在详图所在的图样上标明索引图号，以便于查询。单击【符号标注】|【索引符号】菜单命令，在命令行窗口中输入索引图号和索引编号，然后在绘图区中指定索引图号插入位置即可。

创建索引图名的具体操作步骤和效果如图 7-70 所示。

6. 剖面剖切

“剖面剖切”命令用于在图中标注国标规定的断面剖切符号，用于定义编号的剖面图，表示剖切断面上的构件以及从该处沿视线方向可见的建筑部件，生成剖面中要依赖此符号定义剖面方向。单击【符号标注】|【剖面剖切】菜单命令，首先在绘图区中指定剖切编号，然后依次指定剖切线的各点即可。

创建剖面剖切符号的具体操作步骤和效果如图 7-71 所示。

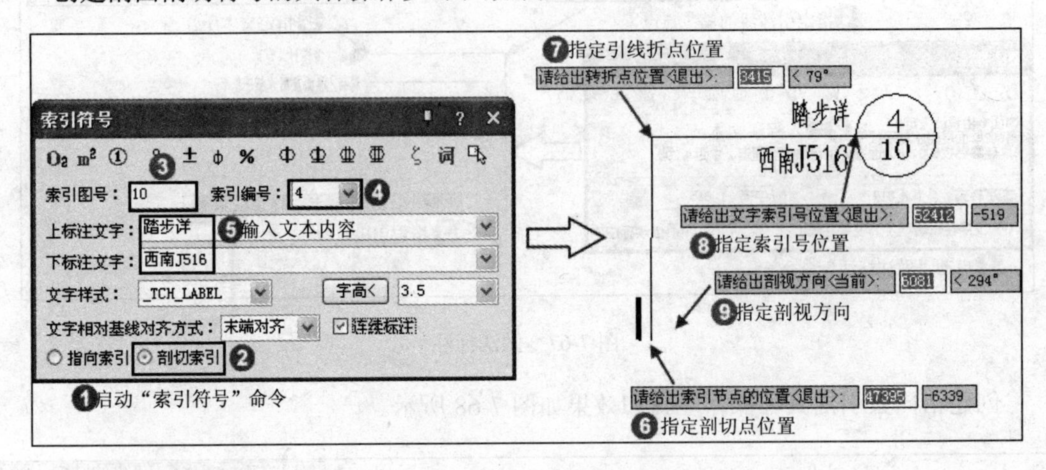

图 7-69 剖切索引

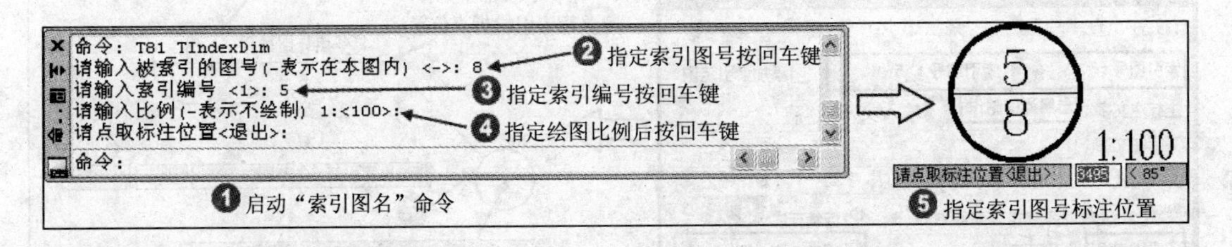

图 7-70 索引图名

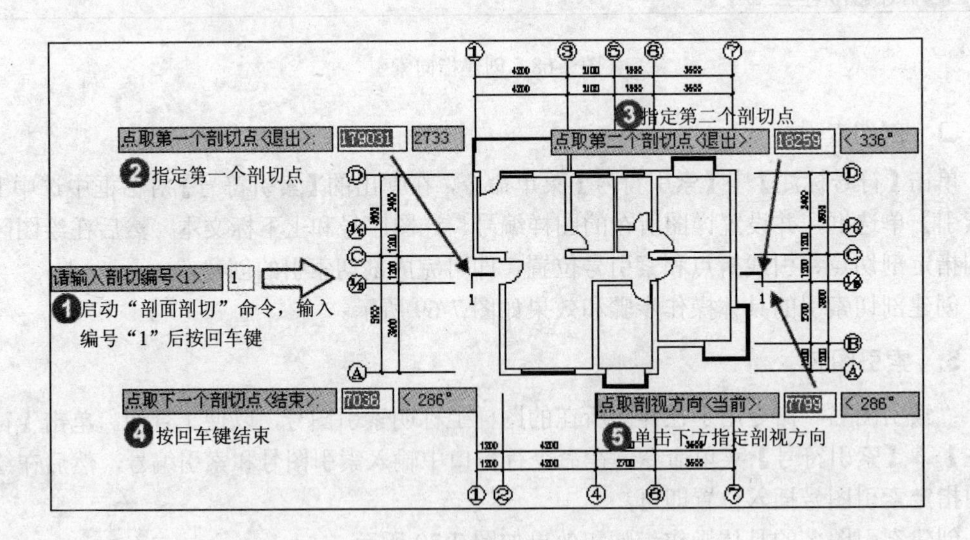

图 7-71 剖面剖切

7．断面剖切

“断面剖切”命令用于在图中标注国标规定的剖面剖切符号，指不画剖视方向线的断面剖切符号，以指向断面编号的方向表示剖视方向，在生成剖面时要依赖此符号定义剖面方向。单击【符号标注】|【断面剖切】菜单命令，首先在绘图区中指定断面剖切编号，

然后依次指定剖切线的各点即可。

创建断面剖切的具体操作步骤和效果如图 7-72 所示。

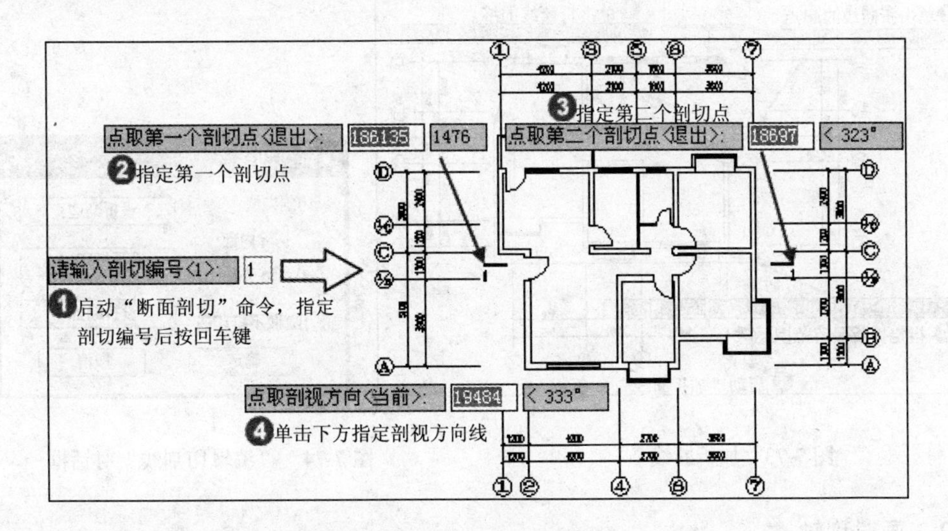

图 7-72　断面剖切

8. 加折断线

“加折断线”命令用于绘制折断线，其形式符合制图规范的要求，并可以依据当前比例更新其大小，切割线一侧的天正对象不予显示，用于解决天正对象无法从对象中间打断的问题。单击【符号标注】|【加折断线】菜单命令，然后在绘图区中指定折断线和折断区域，即可创建折断线。

加折断线的具体操作步骤和效果如图 7-73 所示。

折断线创建完成后，有时需对折断线进行修改，当需要修改折断线的折断位置或大小时，可以利用夹点拖动功能编辑折断线。如需其他编辑，只需双击已创建好的折断线，即可打开【编辑切割线】对话框，如图 7-74 所示。

【编辑切割线】对话框各控件解释如下：

- 切割类型：包括“切除内部”和“切除外部”两个单选框，当选中“切除内部”单选框并单击【确定】按钮后，折断线区域内的图形将会被隐藏，显示折断线以外的区域；当选中“切除外部”单选框并单击【确定】按钮后，折断线区域外的图形将会被隐藏，显示折断线以内的区域。
- 设折断边：单击该按钮后，在绘图区中指定切割线上的一条边，即可将所选边转换为折断线。
- 设不打印边：单击该按钮后，在绘图区中单击需转换为不打印线的边即可。
- 设折断点：默认情况下，在折断线上只有一个断点，如果单击此按钮，并在绘图区中相应的边上单击，即可在线段的单击位置上创建一个断点，断点所在的边自动转换为折线。
- 隐藏不打印边：当用户选中此复选框，可将不打印边隐藏。

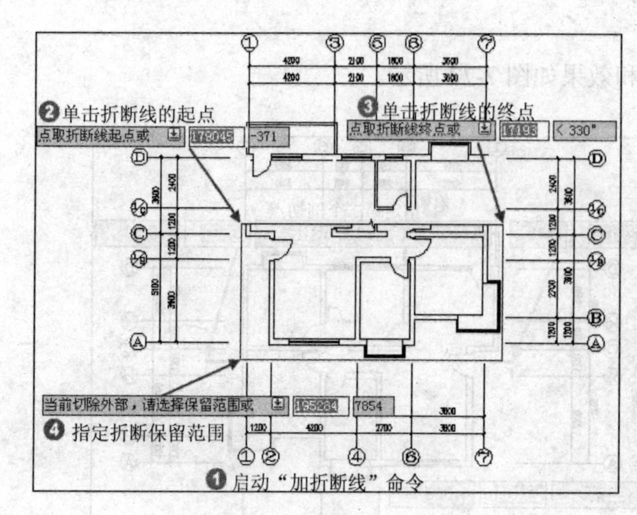

图 7-73　加折断线

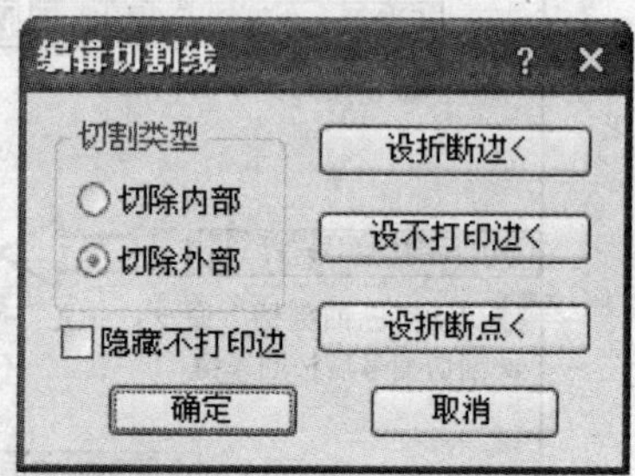

图 7-74　“编辑切割线”对话框

9. 画对称轴

“画对称轴”命令用于在施工图上标注表示对称轴。单击【符号标注】|【画对称轴】菜单命令，在绘图区中指定对称轴的起点和终点，即可完成对称轴的绘制。

绘制对称轴的具体操作步骤和效果如图 7-75 所示。

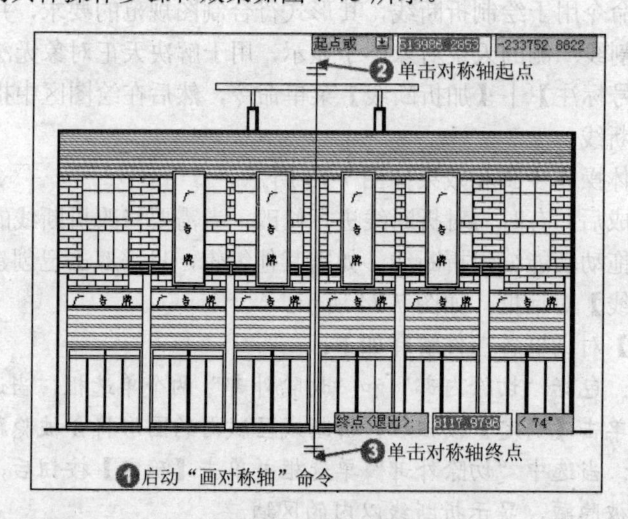

图 7-75　绘制对称轴

10. 画指北针

“画指北针”命令用于在图上绘制符合国标规定的指北针符号，将插入点到橡皮线的终点定义为指北针的方向，也可以直接输入角度，这个方向在在坐标标注时起指示北向坐标的作用。单击【符号标注】|【画指北针】菜单命令，在绘图区中指定插入点位置，然后指定指北针的角度，即可完成指北针的创建。

绘制指北针的具体操作步骤和效果如图 7-76 所示。

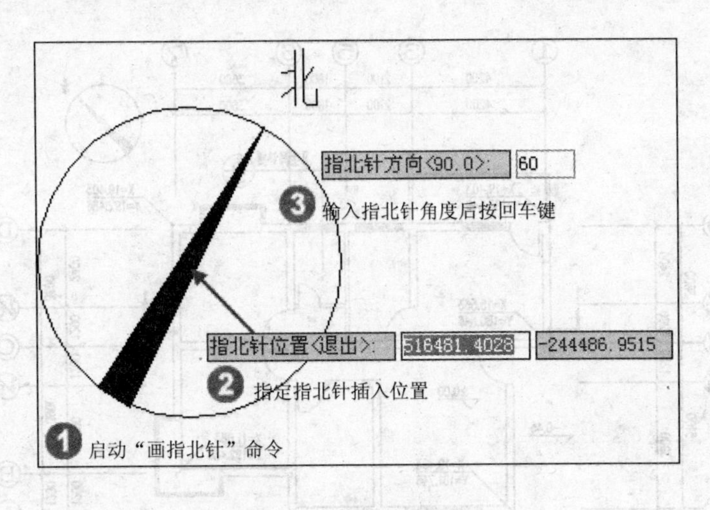

图 7-76 绘制指北针

11. 图名标注

“图名标注”命令用于在所绘图形下方标注该图的图名和比例，比例变化时会自动调整其中文字的合理大小。单击【符号标注】|【图名标注】菜单命令，在弹出的【图名标注】对话框中设置参数，然后在绘图区中指定图名标注的插入位置即可。

创建图名标注的具体操作步骤和效果如图 7-77 所示。

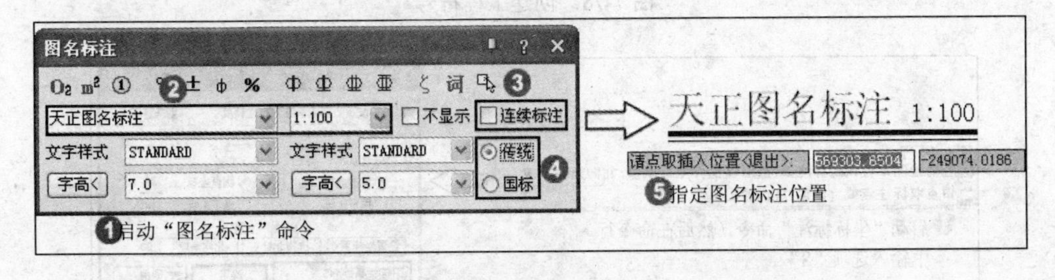

图 7-77 图名标注

7.3.3 实战演练——创建某建筑平面图的工程符号

视频教学	
视频文件:	AVI\第 07 章\7.3.3.avi
播放时长:	4 分 24 秒

根据本节所学内容，为某建筑平面图创建出工程符号，最终效果如图 7-78 所示。

操作步骤如下：

❶创建坐标标注。正常启动 TArch 8.0 的情况下，打开随书光盘文件“07 章\7.3.3 素材.dwg”文件，单击【符号标注】|【坐标标注】菜单命令，根据命令行提示创建出各个角点的坐标。创建坐标的具体操作步骤和效果如图 7-79 所示。

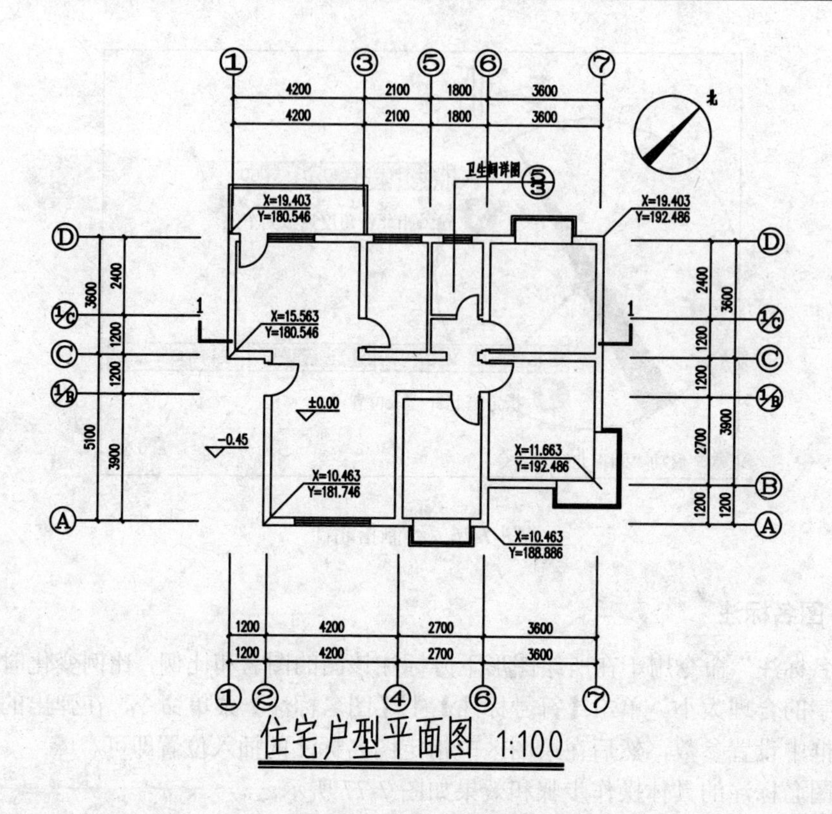

图 7-78　创建工程符号

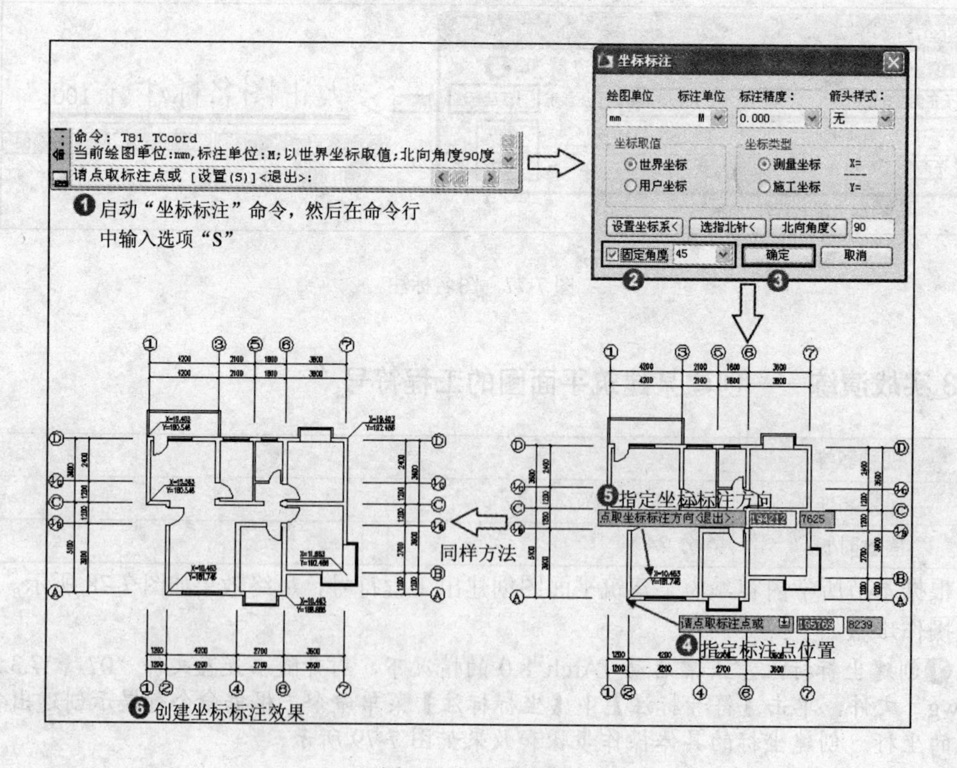

图 7-79　创建坐标

❷创建标高标注。单击【符号标注】|【标高标注】菜单命令，在弹出的【标高标注】对话框中设置参数后，然后在绘图区中依次指定标高位置点和标高方向，即可创建标高标注。创建标高标注的具体操作步骤和效果如图 7-80 所示。

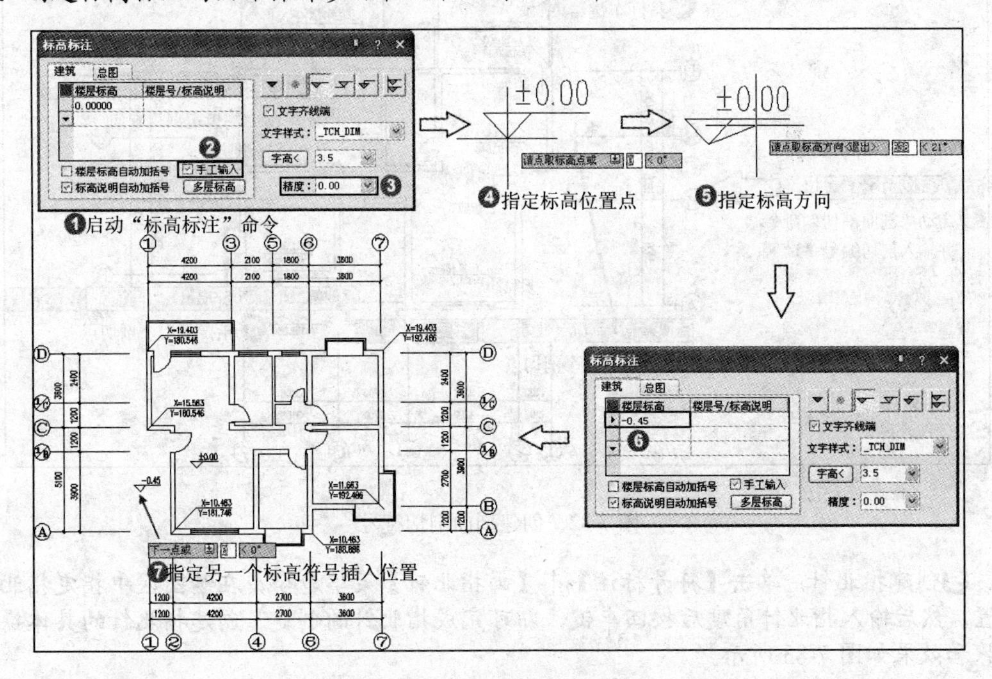

图 7-80　创建标高标注

❸创建索引符号。单击【符号标注】|【索引符号】菜单命令，在弹出的【索引符号】对话框中设置参数后，然后在绘图区中依次指定节点的位置、索引范围、转折点位置和文字索引号位置，即可创建索引符号。创建索引符号的具体操作步骤和效果如图 7-81 所示。

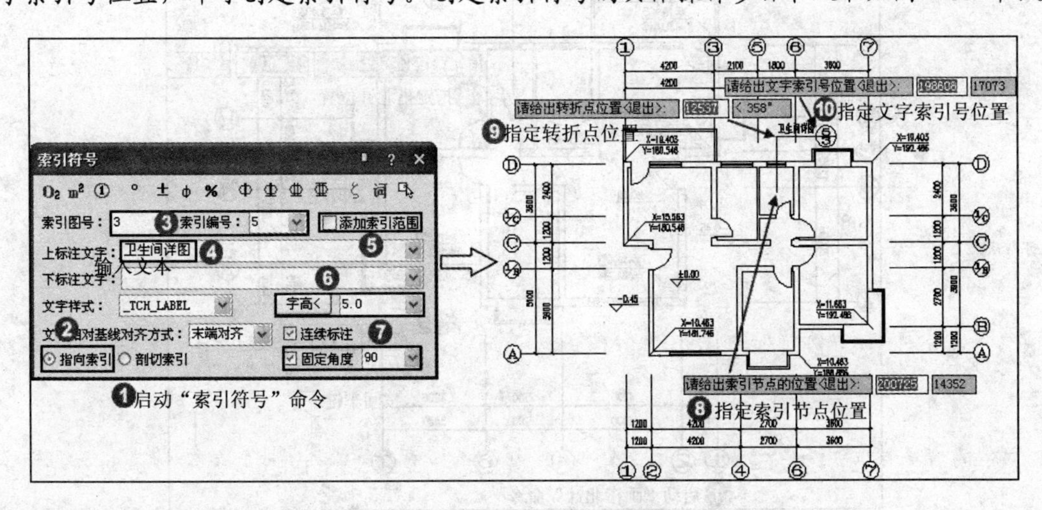

图 7-81　创建索引符号

❹创建剖面剖切符号。单击【符号标注】|【剖面剖切】菜单命令，根据命令行提示依次指定剖切编号、各个剖切点和剖视方向即可。创建剖面剖切符号的具体操作步骤和效果如图 7-82 所示。

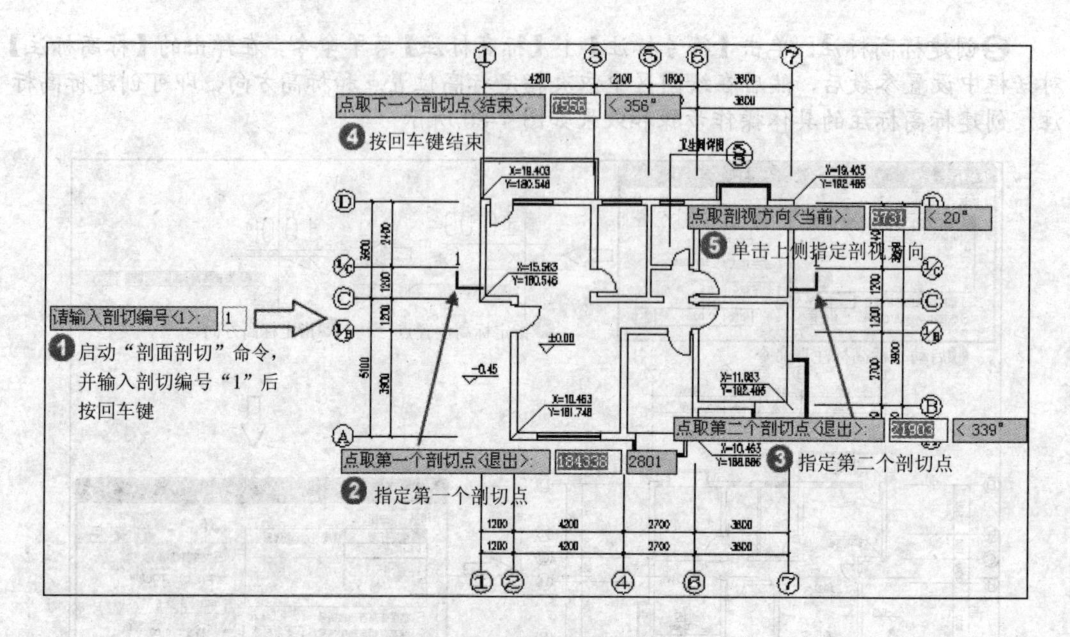

图 7-82　创建剖面剖切符号

❺创建指北针。单击【符号标注】|【画指北针】菜单命令，在绘图区中指定指北针位置，然后输入指北针角度后按回车键，即可完成指北针的创建。创建指北针的具体操作步骤和效果如图 7-83 所示。

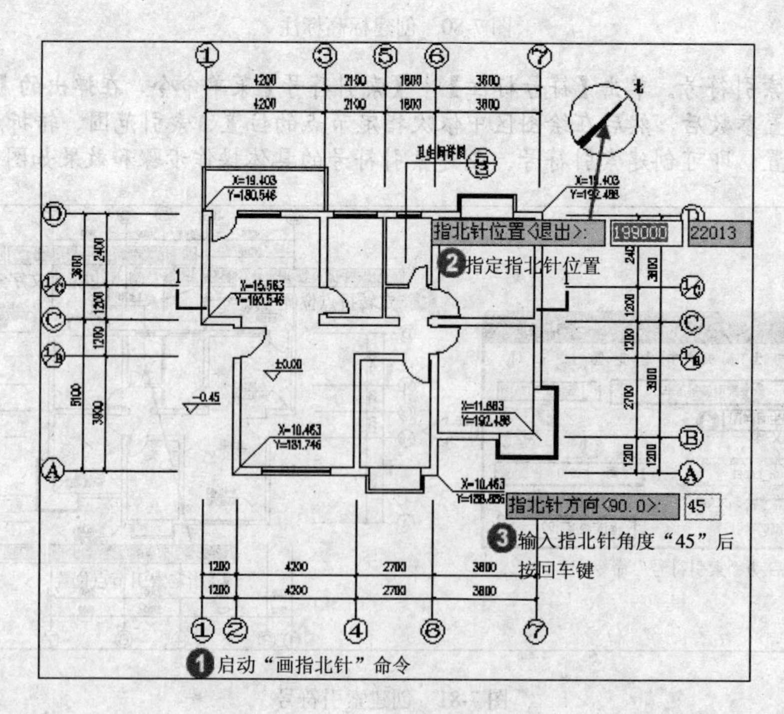

图 7-83　创建指北针

❻创建图名标注。单击【符号标注】|【图名标注】菜单命令，在弹出的【图名标注】对话框中设置参数，然后在绘图区中指定插入位置即可。创建图名标注的具体操作步骤和

效果如图 7-84 所示。

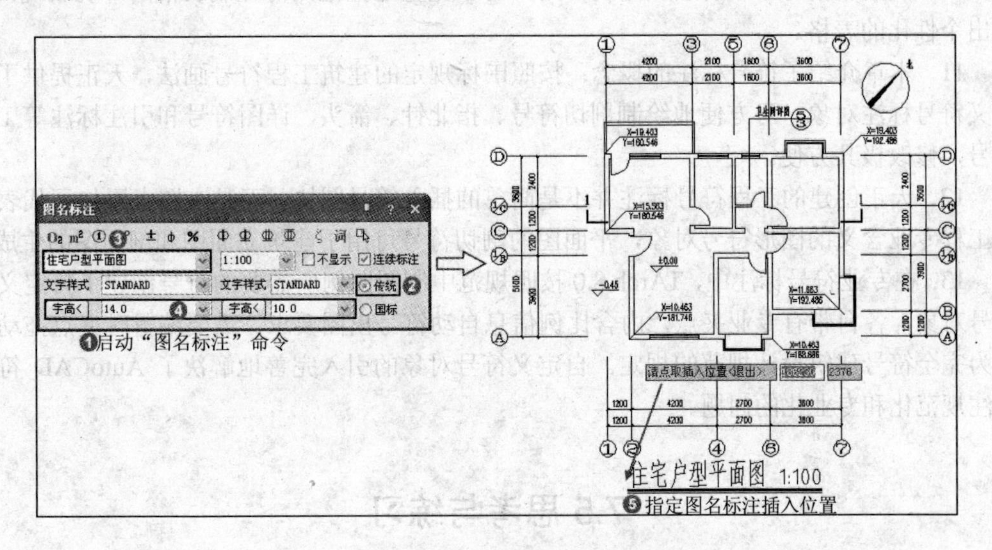

图 7-84　创建图名标注

7.4 本章小结

1．本章介绍了尺寸标注的内容和基本概念，天正软件提供了专用于建筑工程设计的尺寸标注对象，本章主要介绍了尺寸标注对象的特点和用法。

2．创建尺寸标注：天正尺寸标注可针对图上的门窗和墙体对象的特点进行墙体门窗标注，也可以按几何特征对直线、角度和弧长等进行标注，可把 AutoCAD 标注对象转化为天正尺寸标注对象。

3．编辑尺寸标注：本章介绍了针对天正尺寸标注对象的各种专门的尺寸编辑命令，除了在屏幕菜单中点取外，还可以通过选取尺寸标注对象后，在快捷菜单中执行。

4．天正软件提供了先进的门窗和尺寸标注的智能联动功能，门窗尺寸发生变化后，对应的线性尺寸自动更新。

5．本章介绍了天正文字表格内容，天正在其系列软件中提供了自定义的文字对象，有效地改善了中西文字混合注写的效果，提供了上下标和工程字符的输入。

6．天正在其系列软件中提供了自定义的表格对象，具有多层次结构，TArch 8.0 允许表格内的文字进行在位编辑。

7．天正文字工具包括天正文字样式定义、单行文字、多行文字和曲线文字等注写命令，以及中国特色的简繁转换命令和文字替换命令等工具。

8．天正表格工具包括表格的创建工具、天正表格与电子表格软件之间的转换命令和行列编辑工具，使其工程制表同办公制表一样方便高效。

9．本章介绍了表格的单元编辑工具，表格单元的修改可通过双击对象编辑和在位编辑来实现。

10．天正表格对象具有层次结构，用户可以完整地把握如何控制表格的外观表现，制作出个性化的表格。

11．本章介绍了符号标注的概念：按照国标规定的建筑工程符号画法，天正提供了自定义符号标注对象，可方便地绘制剖切符号、指北针、箭头、详图符号和引注标注等工程符号，修改极其方便。

12．天正创建的工程符号标注并不是简单的插入符号图块，而是在图上添加了代表建筑工程专业含义的图形符号对象，平面图的剖切符号可用于建筑立面图和剖面图的生成。

13．在专业符号标注中，TArch 8.0 按照规范中制图图例所需要的符号创建了自定义的符号对象，各自带有专业夹点，内含比例信息自动符号出图要求，需要编辑时夹点拖动的行为完全符号建筑设计规范的规定。自定义符号对象的引入完善地解决了 AutoCAD 符号标注规范化和专业化的问题。

7.5 思考与练习

一、 填空题

1．利用________命令可将指定的尺寸标注区间按照等分公式的形式标注文字。

2．利用________命令可将 AutoCAD 的尺寸标注对象转化为天正的尺寸标注对象。

3．利用“切换角标”命令可在________、________和弦长标注之间进行切换。

4．使用“曲线文字”命令可按________或已有多段线绘制文字。

5. 天正建筑软件提供了多种编辑文字的工具，主要包括________、________、________、________和查找替换。

6．使用“单元合并”命令可将选择的两格或多个单元格合并为一个单元格，单元格中的文字将显示________的内容。

7．使用“索引符号”命令可绘制________和________两种索引符号。

8．使用________命令可标注工程的材料做法。

二、 问答题

1．简述“门窗标注”和“内门标注”有何区别？

2．简述单行文字和多行文字的区别，分别如何绘制？

3．简述表格中各夹点的作用？

4．可对 AutoCAD 文字进行编辑的工具有哪些，并简述其操作方法？

5．如何按行或列折分和合并表格，简述其方法？

6．简述“读入 Word”和“读入 Excel”命令的使用方法？

7．“剖面剖切”和“断面剖切”有何异同？

三、 操作题

1．使用“多行文字”命令创建如图 7-85 所示的图样设计说明。

2．利用“新建表格”命令和“表格编辑”命令创建如图 7-86 所示的表格。

3．收集一些房屋建筑图，试图为其标注尺寸和各种工程符号。

一、工程概况

本工程依照：佛山市顺德区建设市政局建设工程设计条件立项批文号要求编制。

二、本工程设计依从的主要规范：

民用建筑设计通则（JGJ37-87）；
建筑设计防火规范（GBJ16-87）2001年版；
建筑地面设计规范（GB50037-1996）；
建筑玻璃应用技术规程（JGJ113-2003）；
建筑防水工程技术规程（DBJ15-19-97）；
铝合金门窗工程设计、施工及验收规范（DBJ15-30-2002）。

三、工程概况：

1）工程建设地点：佛山市顺德区。
2）本工程主体采用钢筋混凝土结构。
3）本工程合理使用年限为50年。
4）本工程抗震设防烈度7度。
5）本工程建筑面积2670.81M，层数4层局部3层。
6）本工程按三级设计，额定使用人数为10人。
7）本工程耐火等级为二级。

图 7-85　图样设计说明

项目	采用作法	编号/页数	名称	用料做法	使用部位
(一)屋顶做法	✓	屋7	高聚物改性沥青卷材和涂膜防水屋面	·35厚490x490, C20预制钢筋混凝土板(φ4钢筋双向中距150),1:2水泥砂浆填缝 ·M2.5砂浆顺排水方向砌一侧一平砖带,高180,中距500.砖带端部砌240x120砖三皮. ·3厚SPS改性沥青防水卷材或APP改性沥青防水卷材 ·3厚氯丁沥青防水涂料(二布八涂) ·刷基层处理剂一遍 ·20厚1:2.5水泥砂浆找平层 ·20厚(最薄处)1:8水泥加气混凝土碎渣找2%坡 ·钢筋混凝土屋面板表面清扫干净	除拔屋面所有天面
		屋11	高聚物改性沥青卷材防水屋面	·35厚490x490, C20预制钢筋混凝土板(φ4钢筋双向中距150),1:2水泥砂浆填缝 ·M2.5砂浆顺排水方向砌一侧一平砖带,高180,中距500.砖带端部砌240x120砖三皮 ·4厚SBS或APP改性沥青防水卷材 ·刷基层处理剂一遍 ·20厚1:2.5水泥砂浆找平层 ·20厚(最薄处)1:8水泥加气混凝土碎渣找2%坡 ·干铺150厚加气混凝土砌块 ·钢筋混凝土屋面板表面清扫干净	
		屋15	石油沥青卷材防水屋面	·三毡四油,撒铺绿豆砂 ·刷冷底子油一遍 ·20厚1:2.5水泥砂浆找平层 ·20厚(最薄处)1:8水泥加气混凝土碎渣找2%坡 ·干铺100厚加气混凝土砌块 ·钢筋混凝土屋面板表面清扫干净	
		屋24	高聚物改性沥青卷材防水和刚性防水屋面	·150-300厚种植介质 ·无纺布一层(隔离层) ·40厚聚氯乙烯泡沫塑料一层(蓄水层) ·50厚20--30卵石(排水层) ·40厚C30UEA补偿收缩混凝土防水层,表面压光,混凝土内φ4钢筋双向中距150 ·3厚SBS改性沥青防水卷材 ·刷基层处理剂一遍 ·20厚1:2.5水泥砂浆找平层 ·20厚(最薄处)1:8水泥膨胀珍珠岩找2%坡 ·现浇钢筋混凝土屋面板表面清扫干净	

图 7-86　创建并编辑表格

4．为如图 7-87 所示的平面图文件标注尺寸和符号，效果如图 7-87 所示。

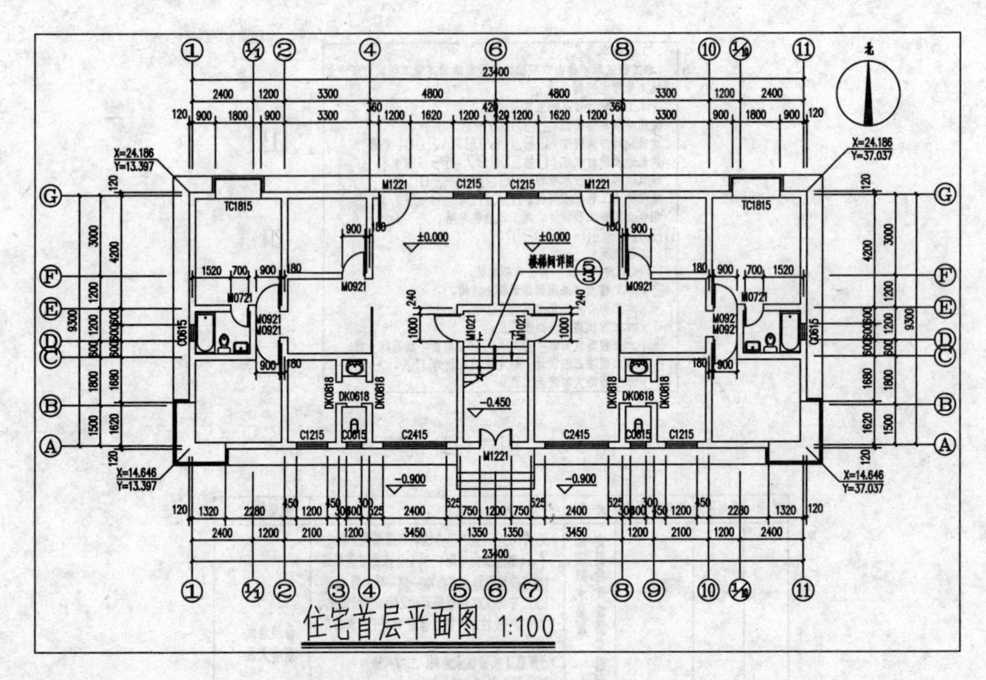

图 7-87 标注尺寸和符号示例

第8章 绘制立面图和剖面图

建筑立面设计和建筑剖面设计也是建筑设计中的一个重要组成部分。建筑立面图是表现建筑物外墙面的正投影图，用来表达建筑物的立面设计细节；建筑剖面图是将建筑物于垂直方向剖切得到的正投影图，用来反映建筑内部构造细节。天正立剖面图形是通过平面图构件中的三维信息进行消隐获得的纯粹二维图形。本章主要介绍立面图和剖面图的绘制和编辑方法。

8.1 建筑立面图

建筑立面图是建筑物在与建筑物立面相平行的投影面上投影所得的正投影图，是用来研究建筑立面的造型和装修的图样，建筑立面图主要反映建筑物的外貌和立面装修的做法。建筑立面图一般以房屋的朝向来命名，如南立面等。本节主要介绍如何绘制建筑立面图。

8.1.1 楼层表与工程管理

在天正建筑软件当中，建筑立面和剖面的生成都是由“工程管理”命令及创建楼层表来实现的。楼层表是指利用天正建筑“工程管理”功能创建的一个数据库文件，它将层高数据和自然层号对应起来，便于建筑立面图、建筑剖面图和三维模型的生成。需要注意的是，一个平面图除了可代表一个自然楼层外，还可代表多个相同的自然层，方法是在楼层表中“层号”处填写起始层号，并用“～”或“-”隔开即可。

单击【文件布图】|【工程管理】菜单命令，弹出【工程管理】对话框，通过该对话框可以进行“新建工程”和“添加图纸”等操作，并可以定义平面图与楼层表之间的关系。TArch 8.0 支持如下两种楼层定义方式。

- 建筑物所在楼层平面图分别放置在不同的 DWG 文件中，这此 DWG 文件集中放置在同一个文件夹内，并确定每一个标准层都有共同的对齐点，例如开间第一条纵轴线和进深第一条横轴线的交点都处在（0，0，0）的位置上，该点即为各楼层的对齐点。
- 建筑物的多个平面图绘制在一个 DWG 文件中，在“楼层”选项栏表格中分别为各自然层在绘图区中框选区域指定平面图，同时允许部分标准层平面图通过其他 DWG 文件指定，从而提高了工程管理的灵活性。

1. 新建工程

生成建筑立面图和剖面图之前，都需要创建新工程。创建新工程的具体操作步骤和效果如图 8-1 所示。

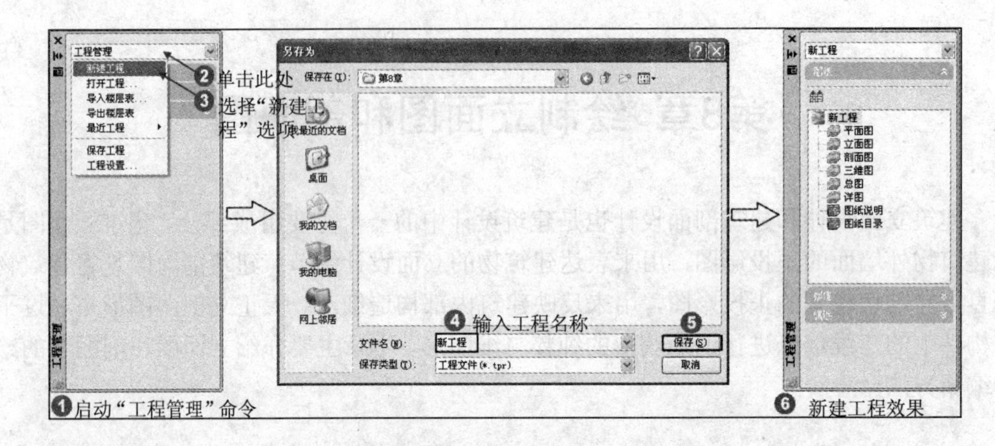

图 8-1　新建工程

2. 添加图纸

当工程创建完成后，需要把绘制好的图纸移到当前工程文件夹中，然后在【工程管理】对话框中的“图纸”选项栏中，将光标移到“平面图”选项上，单击鼠标右键，弹出快捷菜单，选择“添加图纸”选项，在弹出的【选择图纸】对话框中选择并添加图纸。

添加图纸的具体操作步骤和效果如图 8-2 所示。

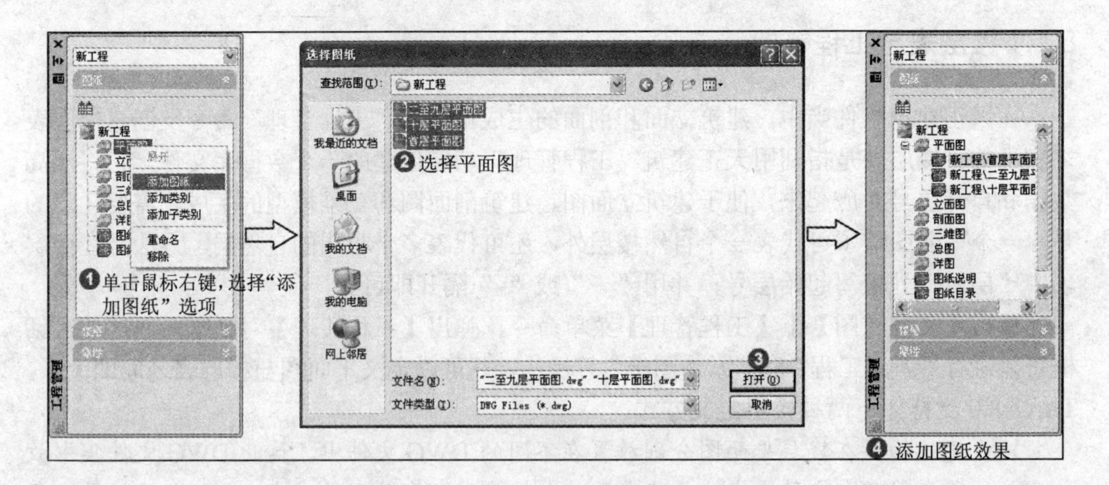

图 8-2　添加图纸

3. 设置楼层表

在【工程管理】对话框中的“楼层”选项栏内，其中的表格每行为一个楼层，用户只需在表格内输入楼层号和楼层高，并指定楼层平面图文件即可。

当用户将各楼层平面图分别绘制在不同的 DWG 文件中时，则应将光标定位到楼层表格的“文件”选项中，然后再单击“楼层”工具栏中的【选择标准层文件】按钮，然后在弹出的【选择标准层图形文件】对话框中选择相应的楼层平面图文件，最后单击【打开】按钮，即可完成楼层表的设置。

利用多个 DWG 文件设置楼层表的具体操作步骤和效果如图 8-3 所示。

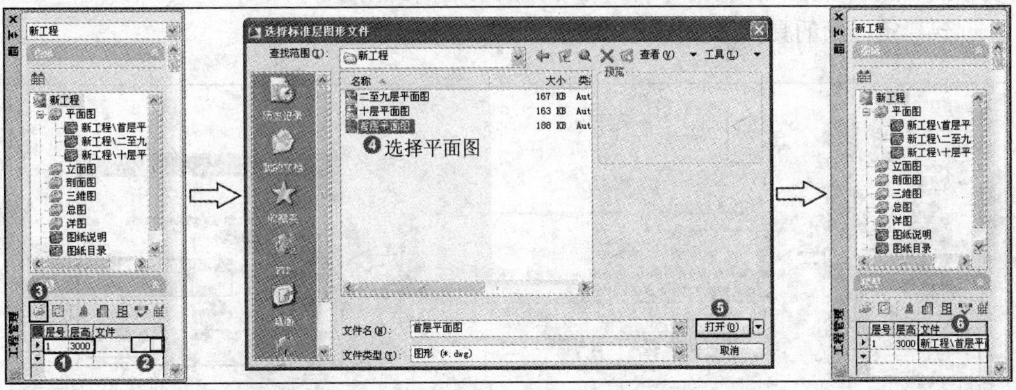

图 8-3　多个 DWG 文件设置楼层表

当用户将各楼层平面图都存放在一个 DWG 文件中时，此时应先将此 DWG 文件打开并处于当前窗口，然后再单击“楼层”工具栏中的【在当前图中框选楼层范围】按钮，接着在绘图区中框选相对应的楼层平面图，并指定对齐点即可。利用一个 DWG 文件设置楼层表的具体操作步骤和效果如图 8-4 所示。

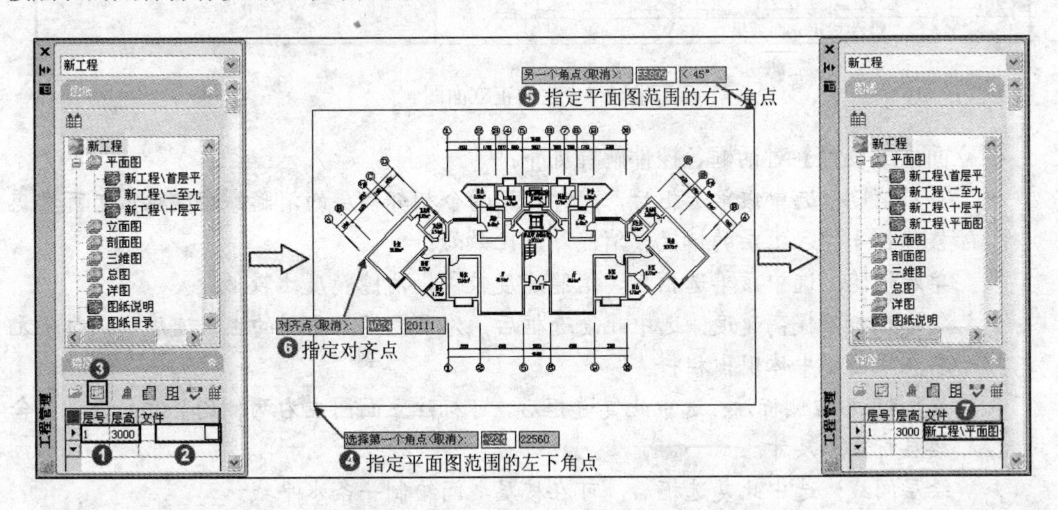

图 8-4　一个 DWG 文件设置楼层表

8.1.2 生成建筑立面图

当在新工程中添加图纸并设置楼层表后，就可以生成立面图了。TArch 8.0 提供了生成建筑立面和构件立面的功能，接下来分别介绍其方法。

1. 建筑立面

在【工程管理】对话框中的“楼层”选项工具栏中单击【建筑立面】按钮或单击【立

面】|【建筑立面】菜单命令，再选择立面方向，然后选择需显示在立面图中的轴线，最后设置立面生成参数和保存文件名，即可完成立面图的创建。

创建建筑立面的具体操作步骤和效果如图 8-5 所示。

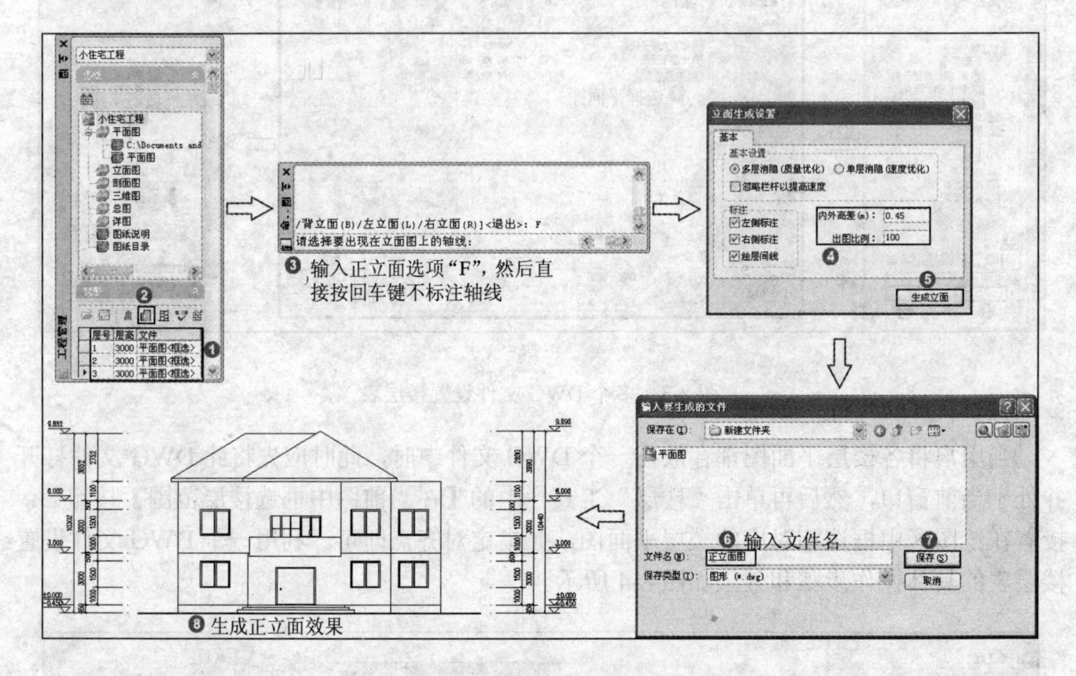

图 8-5　生成正立面图

【立面生成设置】对话框各控件解释如下：

- 多层消隐：选中该单选框后，将考虑到两个相邻楼层的消隐，速度较慢，可考虑楼梯扶手伸入上层的情况，消隐精度比效好。
- 单层消隐：选中该单选框后，消隐速度较快，消隐精度比较低。
- 忽略栏杆以提高速度：选中此复选框后，为了提高立面图的生成速度，同时又无需在立面图中体现出栏杆。
- 左侧标注/右侧标注：选中此复选框后，可标注立面图左右两侧的竖向标注，包含楼层标高和尺寸。
- 绘层间线：选中此复选框后，可在楼层之间绘制一条水平线。
- 内外高差：用于确定内地面与室外地坪的高差，该数值以米为单位。
- 出图比例：用于确定立面图的打印出图比例。

2. 构件立面

“构件立面”命令用于生成当前标准层、局部构件或三维图块对象在选定方向上的立面图与顶视图。单击【立面】|【构件立面】菜单命令，设置立面方向，然后选择需创建立面图的构件（如楼梯和阳台等），最后在绘图区中指定构件立面图的摆放位置即可。

创建构件立面的具体操作步骤和效果如图 8-6 所示。

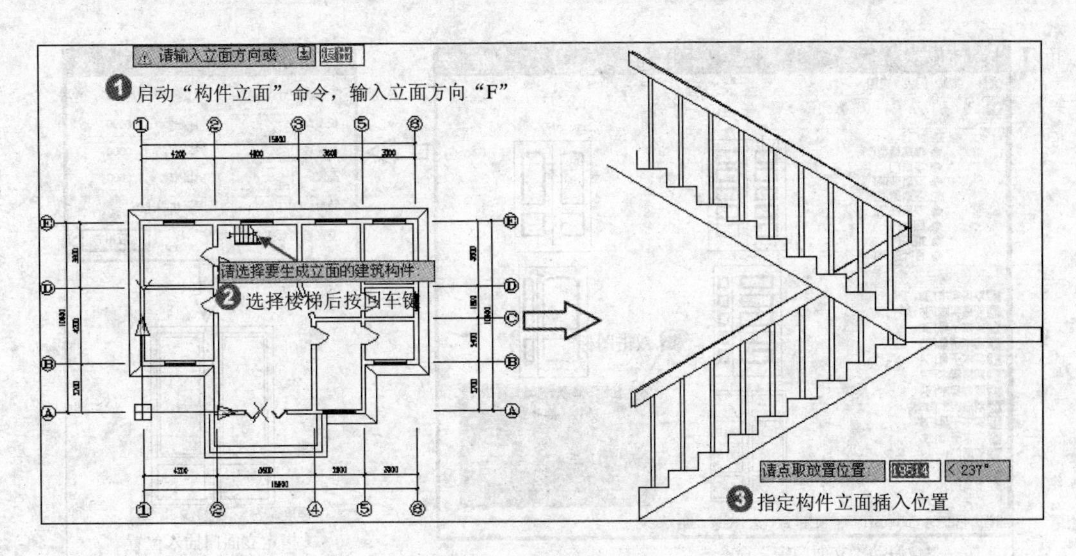

图 8-6　创建构件立面

8.1.3 深化立面图

建筑立面图创建完成后，有些部分可能存在一些问题或内容不够完善的情况，此时就需要对生成的立面图进行细部深化和立面编辑。TArch 8.0 提供了多种立面编辑工具，包括立面门窗、门窗参数、立面窗套和立面阳台等。

1. 立面门窗

“立面门窗”命令用于插入和替换立面图中的门窗，同时也是立剖面图的门窗图块管理工具，可处理带装饰门窗套的立面门窗，并提供了与之配套的立面门窗图库。

❑　直接插入门窗

单击【立面】|【立面门窗】菜单命令，在弹出的【天正图库管理系统】窗口中双击需要插入门窗的图标，然后在弹出的【图块编辑】对话框中设置参数后，最后在绘图区中指定插入位置即可。

直接插入门窗的具体操作步骤和效果如图 8-7 所示。

❑　替换已有的门窗

单击【立面】|【立面门窗】菜单命令，在弹出的【天正图库管理系统】窗口中选择需替换成的门窗图块，然后单击其工具栏中的【替换】按钮，然后在绘图区中选择需替换的门窗并按回车键，即可完成门窗的替换。

替换门窗的具体操作步骤和效果如图 8-8 所示。

2. 门窗参数

“门窗参数”命令用于修改立面门窗尺寸。单击【立面】|【门窗参数】菜单命令，在绘图区中选择需修改的门窗参数后按回车键，然后依次在命令行中输入要新的门窗参数值后并按回车键，即可完成门窗参数的修改。

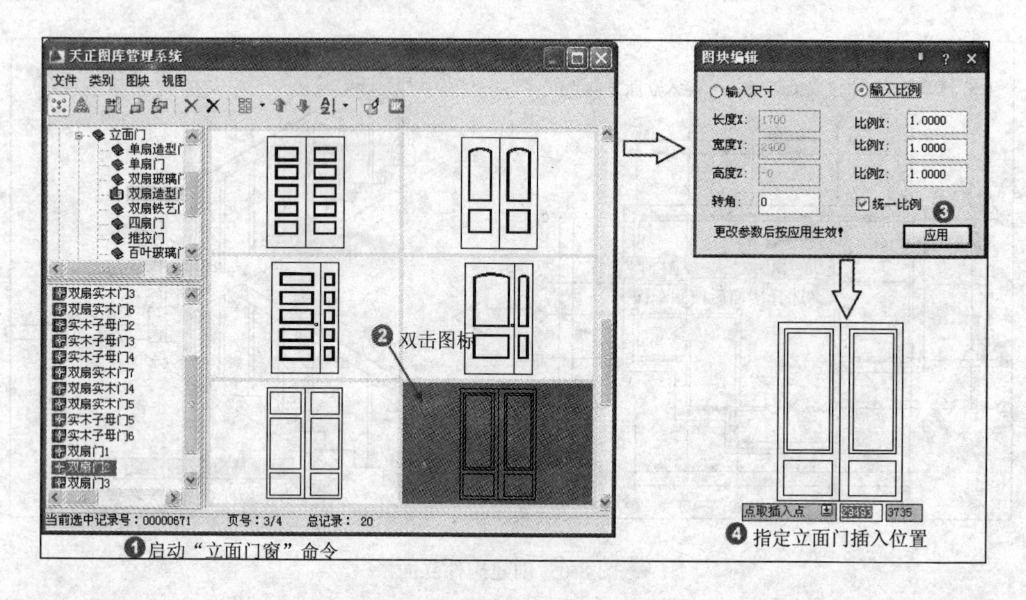

图 8-7　直接插入立面门窗

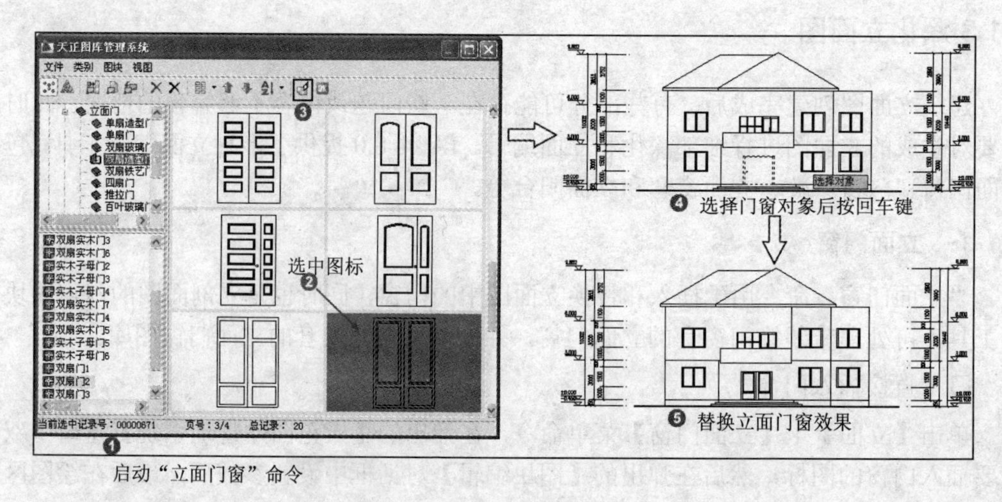

图 8-8　替换已有的门窗

3. 立面窗套

“立面窗套”命令用于为已有的立面窗体添加全包的窗套或者窗楣线和窗台线。单击【立面】|【立面窗套】菜单命令，在绘图区中框选需添加窗套的立面窗户，然后在弹出的【窗套参数】对话框中设置参数后，单击【确定】按钮，即可完成窗套的添加。

添加立面窗套的具体操作步骤和效果如图 8-9 所示。

4. 立面阳台

“立面阳台”命令用于替换和添加立面图上阳台的样式，同时也是立面阳台图块的管理工具。单击【立面】|【立面阳台】菜单命令，在弹出的【天正图库管理系统】窗口中选择相应的阳台样式，单击【替换】按钮，然后在绘图区中选择立面阳台后按回车键，

即可完成立面阳台的替换。

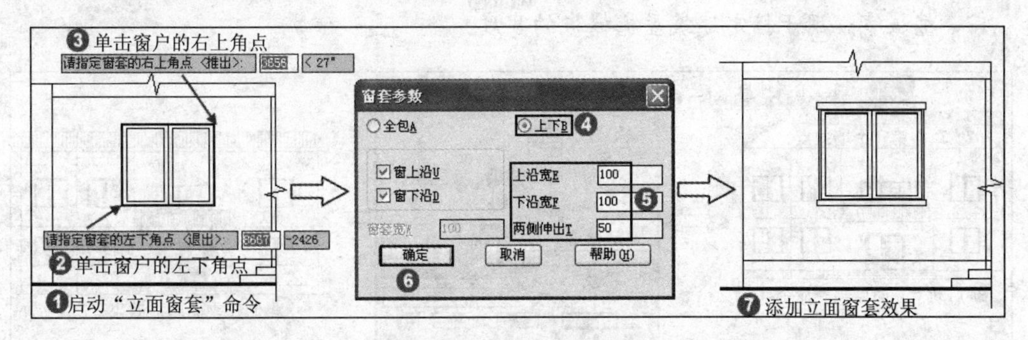

图 8-9　添加立面窗套

替换立面的具体操作步骤和效果如图 8-10 所示。

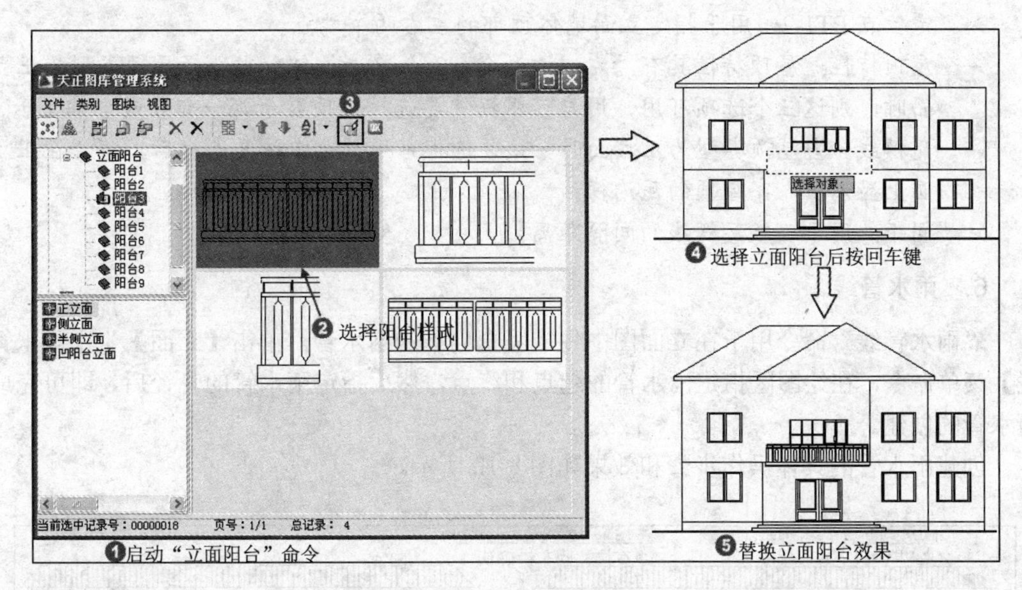

图 8-10　替换立面阳台

5．立面屋顶

"立面屋顶"命令用以创建多种形式的屋顶立面图形式。单击【立面】|【立面屋顶】菜单命令，在弹出的【立面屋顶参数】对话框中选择坡顶类型并设置参数后，单击【定位点 PT1-2】按钮，然后在绘图区中指定墙顶的两个角点并返回到【立面屋顶参数】对话框中，最后单击【确定】按钮，即可完成立面屋顶的创建。

创建立面屋顶的具体操作步骤和效果如图 8-11 所示。

【立面屋顶参数】对话框各控件解释如下：

- 屋顶类型：在该列表中提供了多种人字屋顶类型，用户可根据需要进行选择。
- 屋顶高：用于指定从屋檐到屋顶最高处的垂直距离。
- 坡长：用于指定坡屋顶倾斜部分的水平投影长度。
- 歇山高：当选择有歇山的屋顶类型时，用于指定屋顶歇山部分的高度。

➢ 出挑长：用于指定建筑外墙距屋檐的水平距离。

➢ 檐板宽：用于指定建筑屋檐檐板的宽度。

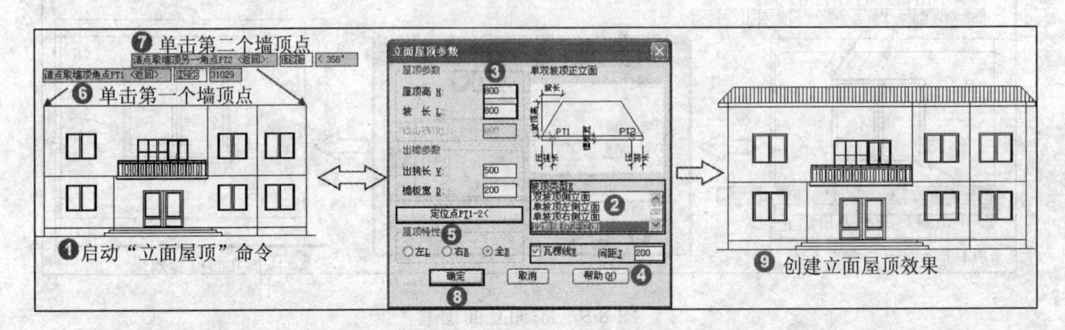

图 8-11　创建立面屋顶

➢ 定位点 PT1-2：用于指定立面墙体顶部的左右两个端点。

➢ 屋顶特性：屋顶特性具有“左、右和全”3 个单选按钮，当选择屋顶类型为正立面时，则这三个选项可用，用户可根据需要选择屋顶显示哪一部分或全部显示。

➢ 瓦楞线：当屋顶类型为正立面时，该复选框可用，选中该复选框后，将会在正立面上显示出人字屋顶的瓦沟楞线。

➢ 间距：用于确寂瓦楞线的间隔距离。

6. 雨水管线

“雨水管线”命令用于在立面图中生成竖直向下的雨水管。单击【立面】|【雨水管线】菜单命令，在绘图区指定雨水管的起点和终点，然后指定雨水管的管径后，即可完成雨水管的创建。

创建雨水管的具体操作步骤和效果如图 8-12 所示。

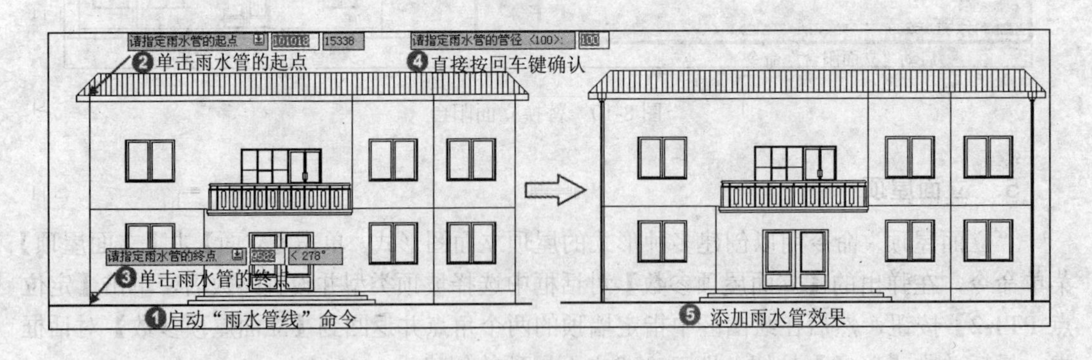

图 8-12　创建雨水管线

7. 柱立面线

“柱立面线”命令用于在柱子立面范围内绘制有立体感的竖向投影线。单击【立面】|【柱立面线】菜单命令，依次确认圆柱的起始投影角度、包角和立面线数目，然后在绘图区中指定矩形的两个对角点，即可完成柱立面线的创建。

创建柱立面线的具体操作步骤和效果如图 8-13 所示。

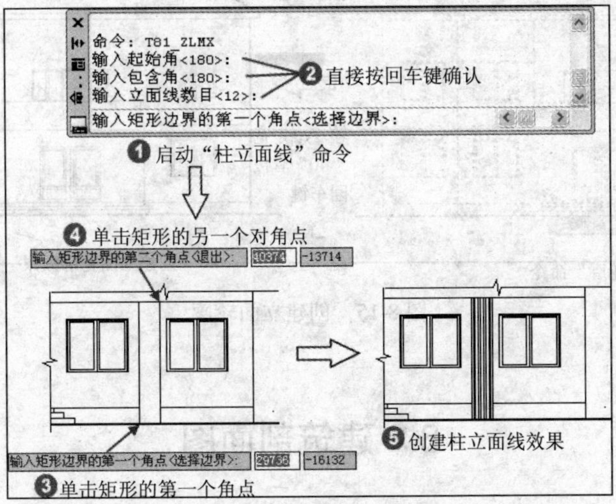

命令: T81_ZLMX
输入起始角<180>:
输入包含角<180>:
输入立面线数目<12>:
输入矩形边界的第一个角点<选择边界>:
❷直接按回车键确认
❶启动“柱立面线”命令
❹单击矩形的另一个对角点
输入矩形边界的第二个角点<退出>: 40374 -13714
❺创建柱立面线效果
输入矩形边界的第一个角点<选择边界>: 29736 -16132
❸单击矩形的第一个角点

图 8-13　创建柱立面线

8．图形裁剪

“图形裁剪”命令用于将立面图形中不需要的部分隐藏起来。单击【立面】|【图形裁剪】菜单命令，在绘图区中选择需裁剪的天正图块和 CAD 图元后按回车键，接着在命令行确认裁剪的方式，并依据该方法确认裁剪的各个点，即可完成图形的裁剪。

图形裁剪的具体操作步骤和效果如图 8-14 所示。

❹单击矩形的另一个对角点
另一个角点<退出>: 103447 -4003
请选择被裁剪的对象:
❷选择需裁剪的对象后按回车键
-5967
❶启动“图形裁剪”命令
❸单击矩形的第一个角点
❺图形裁剪效果

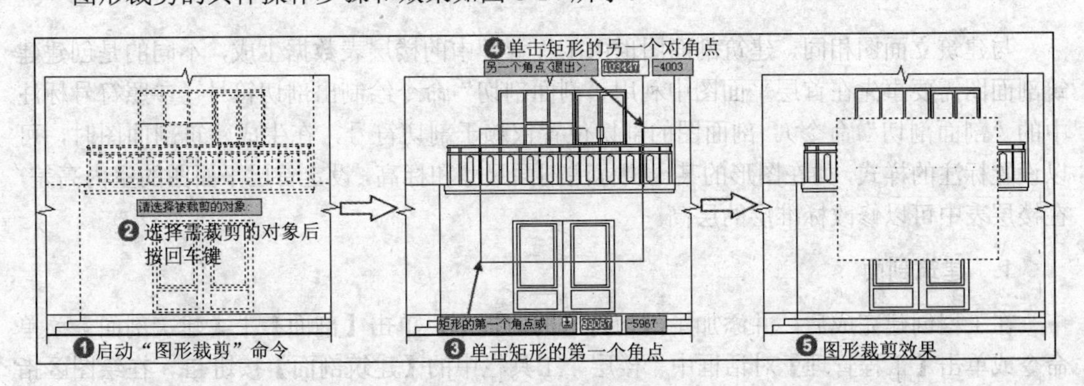

图 8-14　图形裁剪

9．立面轮廓

“立面轮廓”命令自动搜索建立立面外轮廓，并在立面边界上加一圈粗实线。单击【立面】|【立面轮廓】菜单命令，在绘图区中框选整个立面图后按回车键，然后指定轮廓线宽度，即可完成立面轮廓的创建。

创建立面轮廓的具体操作步骤和效果如图 8-15 所示。

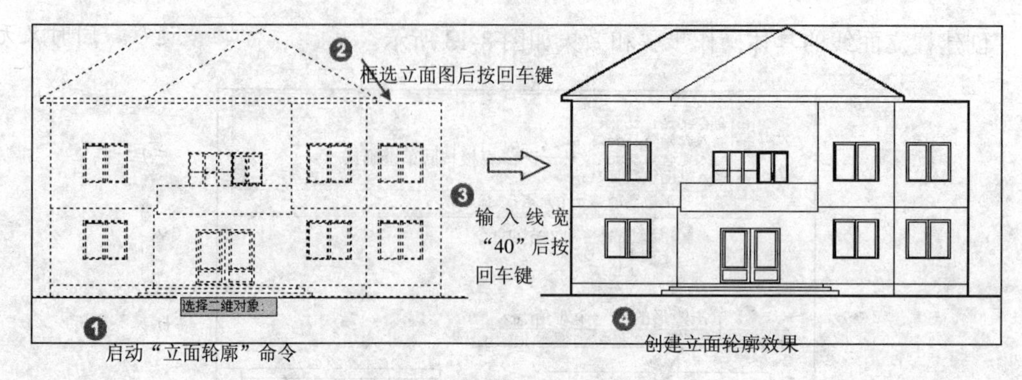

图 8-15　创建立面轮廓

8.2 建筑剖面图

设计一副完整的工程图纸，不仅需要绘制工程的各层平面图及立面图，还需要绘制剖面图以表达建筑物的剖面设计细节。建筑剖面图是假设用一个平面将建筑物沿着某一特定的位置剖开，移除剖切面与观察者之间的部分，然后将剩下的部分进行正投影而得到的正投影图。天正剖面图是通过平面图构件中的三维信息在指定剖切位置消隐获得的纯粹二维图形。本节主要介绍如何创建建筑剖面图、加深剖面图和修饰剖面图。

8.2.1 创建建筑剖面图

与建筑立面图相同，建筑剖面图也由工程管理中的楼层表数据生成，不同的是创建建筑剖面图需要事先在首层平面图中利用“剖面剖切”命令绘制出剖切符号（参照符号标注中的“剖面剖切”命令）。剖面图的剖切位置依赖于剖切符号，在生成建筑剖面图时，可以设置标注的样式，如在图形的某一侧标注剖面尺寸和标高，设定首层平面图的室内高差，在楼层表中可以修改标准层的层高。

1. 建筑剖面

在工程创建完成后，并添加了剖切符号的前提下，单击【剖面】|【建筑剖面】菜单命令或单击【工程管理】对话框中“楼层”工具栏中的【建筑剖面】按钮，在绘图区指定剖切线和需要显示的定位轴线后按回车键，然后在弹出的【剖面生成设置】对话框中设置参数后，单击【生成剖面】按钮，最后在弹出的【输入要生成的文件】对话框中选择存储路径和输入文件名，并单击【保存】按钮，即可完成建筑剖面图的绘制。

创建建筑剖面图的具体操作步骤和效果如图 8-16 所示。

【剖面生成设置】对话框中各控件解释如下：

- 多层消隐（速度优化）：选中该单选框后，将考虑到两个相邻楼层的消隐，速度较慢，可考虑楼梯扶手伸入上层的情况，消隐精度比效好。
- 单层消隐：选中该单选框后，消隐速度较快，消隐精度比较低。

- 忽略栏杆以提高速度：选中此复选框后，为了提高剖面图的生成速度，同时又无需在剖面图中体现出栏杆。
- 左侧标注/右侧标注：选中此复选框后，可标注剖面图左右两侧的竖向标注。
- 绘层间线：选中此复选框后，可在楼层之间绘制一条水平线，表标层与层之间的分隔线。
- 内外高差：用于确定一屋地面与室外地坪的高差，该数值以米为单位。
- 出图比例：用于确定剖面图的打印出图比例。
- 切割建筑：单击此按钮后，单击图形的插入点即可生成建筑立体切割图。

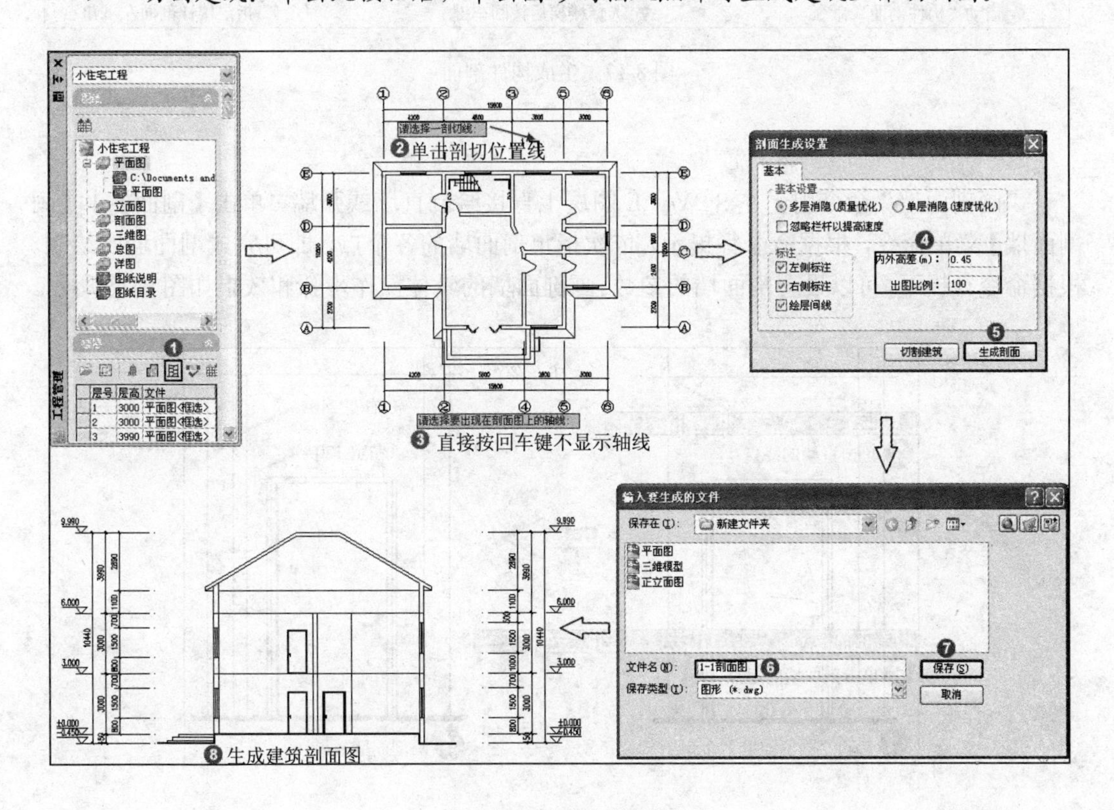

图 8-16　生成建筑剖面

2. 构件剖面

“构件剖面”命令用于对选定的三维对象生成剖面形状。单击【剖面】|【构件剖面】菜单命令，在绘图区指定剖切线，然后选择需剖切的构件并按回车键确认，最后指定构件剖面的插入点即可完成构件剖面的创建。

创建构件剖面的具体操作步骤和效果如图 8-17 所示。

8.2.2 加深剖面图

利用剖面生成工具生成的建筑剖面图，其图中往往有少许的错误需要用户修正外，其内容也不够完善，此时需要对生成的剖面图进行进一步的深化处理。TArch 8.0 提供了多种剖面深化处理工具，主要包括对剖面墙、楼板、梁、檐口和楼梯的处理。本小节主要介绍这些剖面加深工具的使用方法。

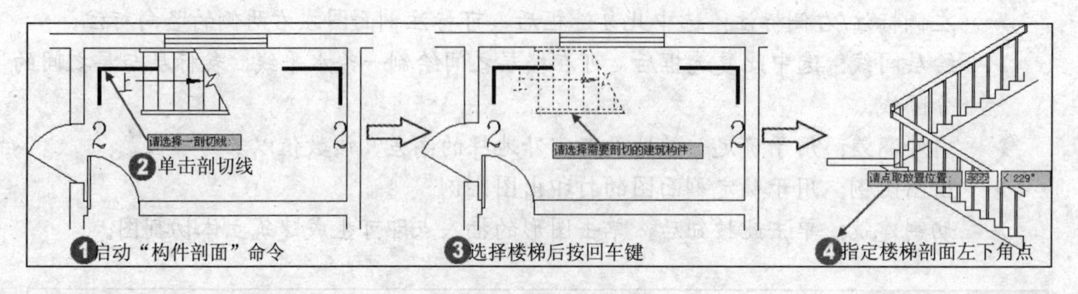

图 8-17　生成构件剖面

1. 画剖面墙

"画剖面墙"命令用于在 S_WALL 图层上直接绘制直墙或弧墙。单击【剖面】|【画剖面墙】菜单命令，根据命令行提示，依次指定剖面墙的各个点，即可完成剖面墙的绘制。根据命令行提示，可以设置剖面墙的参数。画剖面墙的具体操作步骤和效果如图 8-18 所示。

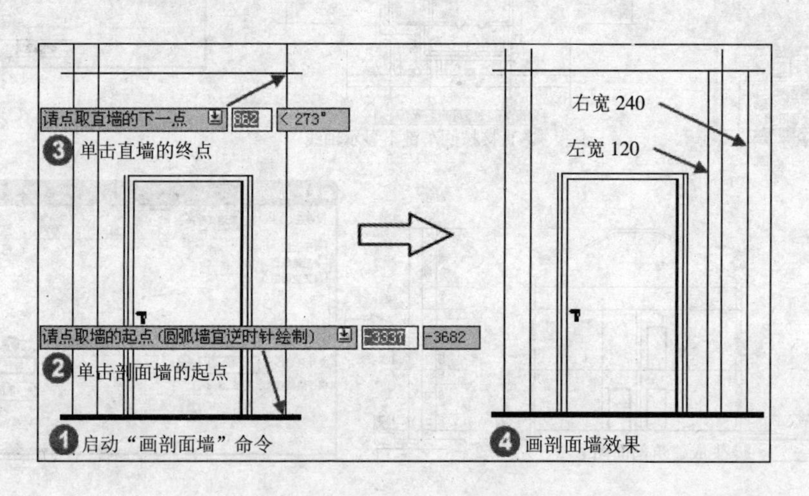

图 8-18　画剖面墙

"画剖面墙"命令行各选项解释如下：

- 取参照点（F）：当输入选项"F"后，即可为绘制剖面墙体确定一个参照点，以便于绘制剖面时确定尺寸位置。
- 单段（D）：当输入选项"D"后，仅绘制一段剖面墙体。
- 弧墙（A）：当输入该项后，用于绘制剖面弧墙段，并依次提示指定弧墙的终点和弧墙上一点，即可完成剖面弧墙的绘制。
- 墙厚（U）：用于输入需要的墙厚值。

2. 双线楼板

"双线楼板"命令用于绘制剖面双线楼板。单击【剖面】|【双线楼板】菜单命令，

在绘图区中指定双线楼板的起始点，然后依次指定楼板的顶面标高和板厚值，即可完成双线楼板的绘制。

绘制双线楼板的具体操作步骤和效果如图 8-19 所示。

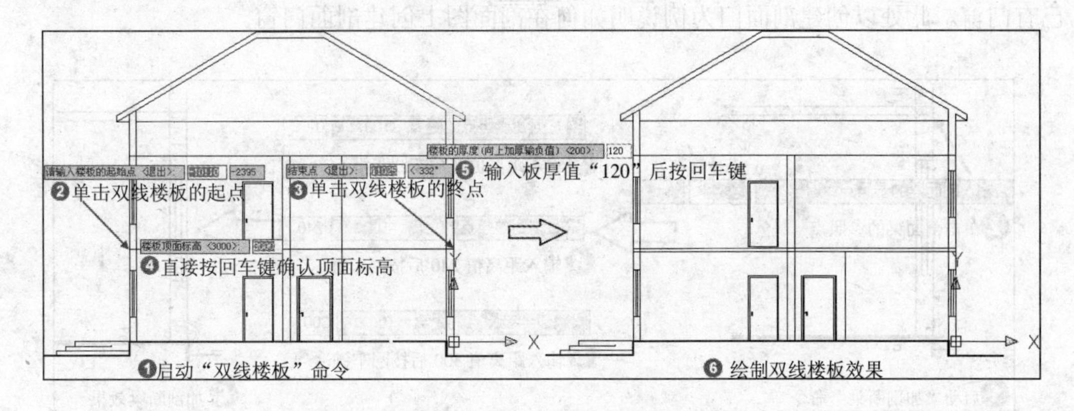

图 8-19　绘制双线楼板

3. 预制楼板

“预制楼板”命令用于创建剖面预制楼板。单击【剖面】|【预制楼板】菜单命令，在弹出的【剖面楼板参数】对话框中设置楼板的类型、单预制板宽度和楼层的总宽度等参数，此时系统将自动计算出预制板的数量和缝宽，接着单击【确定】按钮，然后指定楼板的插入点和预制板排列方向，即可完成预制楼板的创建。

创建预制楼板的具体操作步骤和效果如图 8-20 所示。

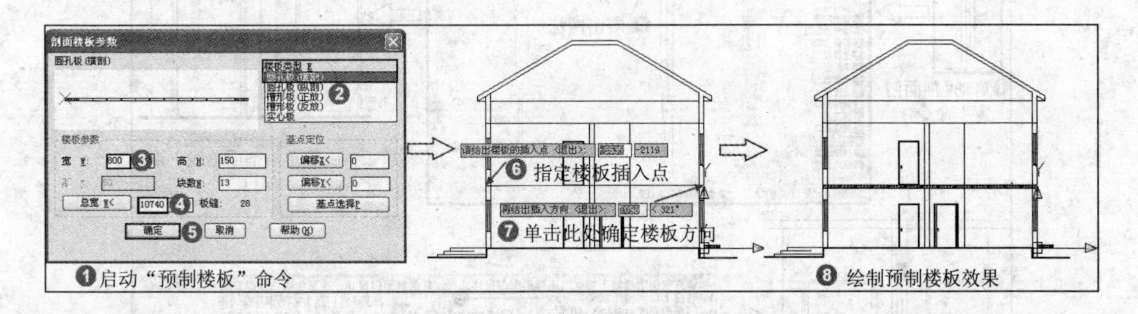

图 8-20　绘制预制楼板

4. 加剖断梁

“加剖断梁”命令用于在剖面楼板处按给出尺寸加梁剖面。单击【剖面】|【加剖断梁】菜单命令，根据命令行提示指定剖断梁的基点，然后确认剖断梁的左宽、右宽和高度即可完成剖断梁的创建。

加剖断梁的具体操作步骤和效果如图 8-21 所示。

5. 剖面门窗

“剖面门窗”命令可连接插入剖面门窗，也可替换已插入的剖面门窗，还可修改已有

剖面门窗参数，为剖面门窗详图的绘制和修改提供了全新的工具。单击【剖面】|【剖面门窗】菜单命令，在绘图区中选择已绘制好的剖面墙，然后指定入门口或窗口台、门或窗高后，即可完成剖面门窗的创建。用户也可以根据命令行提示输入选项参数，替换或修改已有门窗。此处以创建剖面门为例说明如何在剖面图上创建剖面门窗。

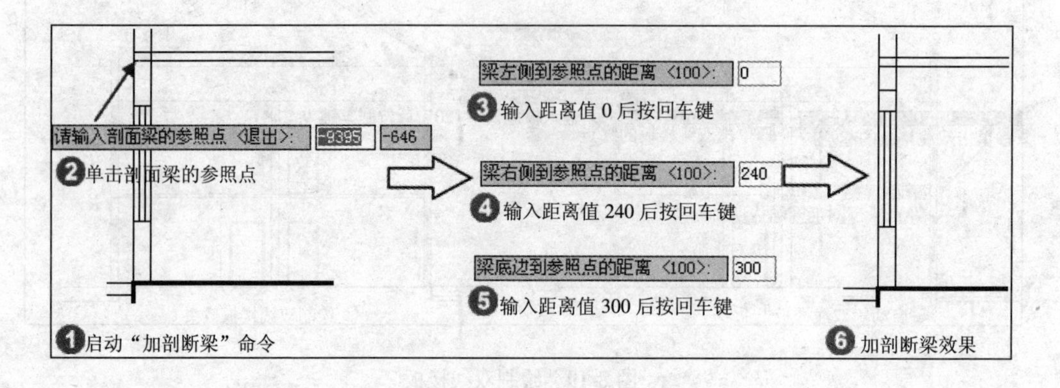

图8-21　加剖断梁

创建剖面门窗的具体操作步骤和效果如图8-22所示。

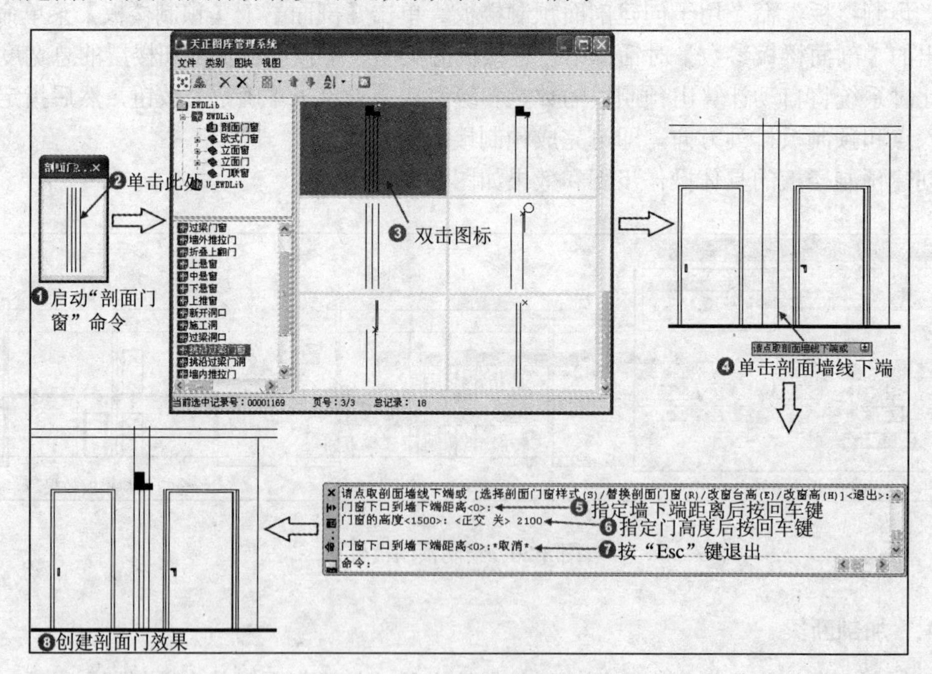

图8-22　创建剖面门

6. 剖面檐口

“剖面檐口”命令用于在剖面图中绘制檐口剖面，包括女儿墙剖面、预制挑檐、现浇挑檐和现浇坡檐的剖面。单击【剖面】|【剖面檐口】菜单命令，在弹出的【剖面檐口参数】对话框中设置各项参数后，单击【确定】按钮，然后在绘图区中指定插入位置即可。

创建女儿墙剖面的具体操作步骤和效果如图 8-23 所示。

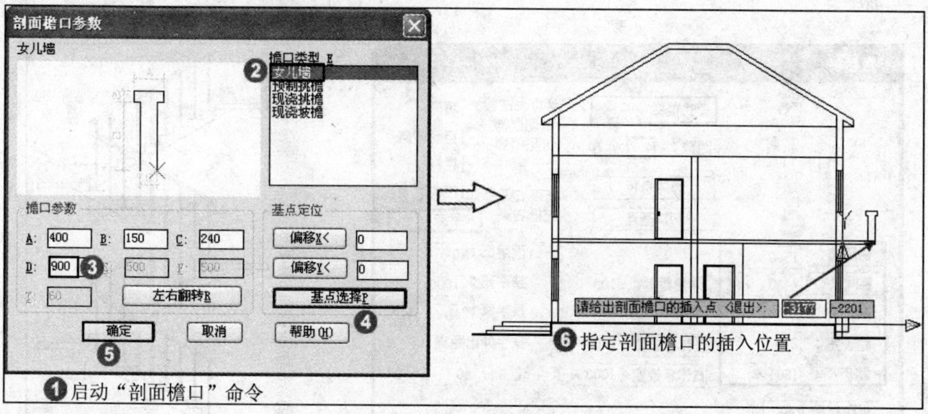

图 8-23　绘制女儿墙剖面

7．门窗过梁

“门窗过梁”命令用于在剖面门窗上方画出给定梁高的矩形过梁剖面，并且带有灰度填充。单击【剖面】|【门窗过梁】菜单命令，在绘图区中选择需添加门窗过梁的剖面门窗后按回车键，然后指定梁高尺寸，即可完成门窗过梁的绘制。

绘制门窗过梁的具体操作步骤和效果如图 8-24 所示。

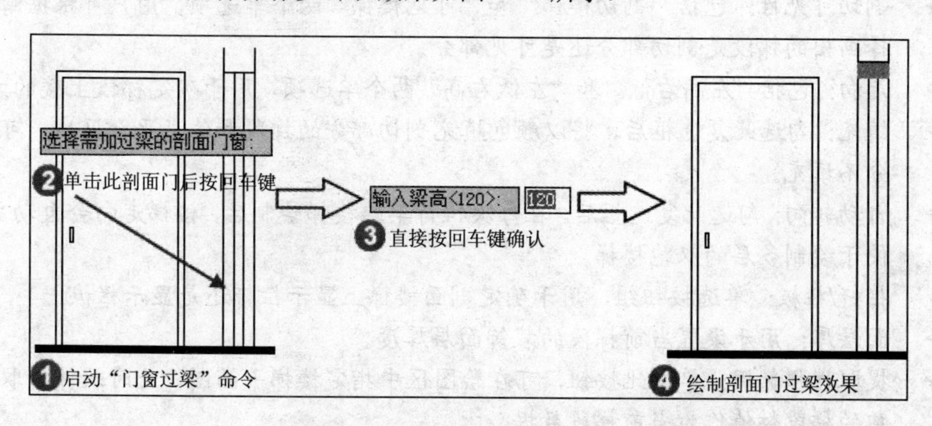

图 8-24　绘制门窗过梁

8．参数楼梯

“参数楼梯”命令用于在剖面图中插入单段或整段楼梯剖面。单击【剖面】|【参数楼梯】菜单命令，在弹出的【参数楼梯】对话框中设置参数后，然后在绘图区中指定剖面楼梯插入位置即可。

创建参数楼梯的具体操作步骤和效果如图 8-25 所示。

【参数楼梯】对话框各控件解释如下：

➢　楼梯类型：在该下拉列表框中提供了“板式楼梯”、“梁式现浇（L 型）”、“梁式现浇（△型）”和“梁式预制”4种类型，选中不同的选项，可创建不同的剖面楼梯。

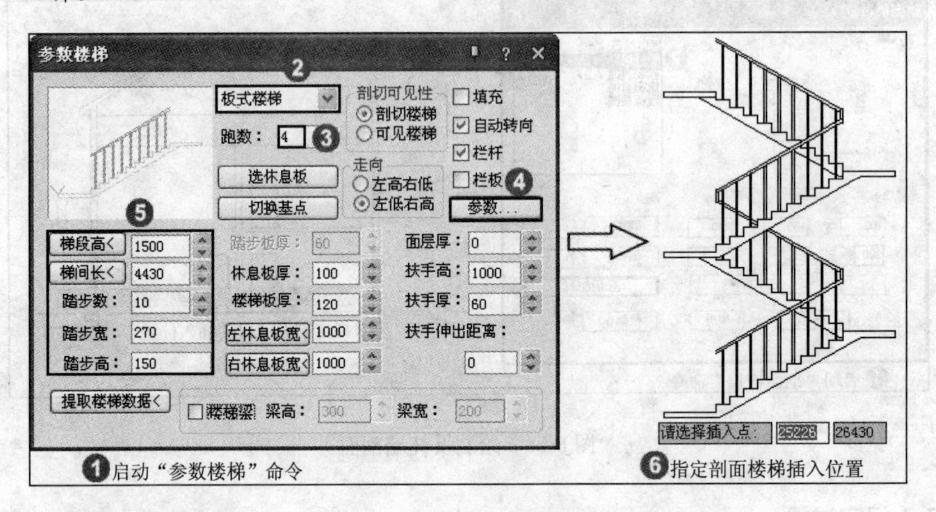

图8-25　创建参数楼梯

- 跑楼：用于确定梯段数目，当楼层较高或空间有限时就会使用多跑梯段。
- 选休息板：反复单击此按钮，可选择是否需要休息板。
- 切换基点：反复单击此按钮，可切换梯段基点的位置。
- 剖切可见性：包括“剖切楼梯”和“可见楼梯”两个单选项，用户可根据需要选择画出的梯段是剖切部分还是可见部分。
- 走向：包括“左高右低”和“左低右高”两个单选项，用于确定梯段上楼的方向。
- 填充：勾选此复选框后，将以颜色填充剖切部分的梯段和休息平台区域，可见部分不填充。
- 自动转向：勾选此复选框后，在每次执行单跑楼梯绘制后，楼梯走向会自动更换，便于绘制多层的双跑楼梯。
- 栏杆/栏板：单选按钮组，用于确定剖面楼梯上显示栏杆还是显示栏板。
- 面层厚：用于设置当前梯段的装饰面层厚度。
- 提取楼梯数据：单击此按钮，可在绘图区中指定楼梯平面图，此时软件将取第一跑的梯段数值作为当前梯段数据。
- 楼梯梁：选中此复选框，可在梯段的两个休息平台上分别添加一个梁的截面图。

9. 参数栏杆

“参数栏杆”命令用于按用户需求生成楼板栏杆。单击【剖面】|【参数栏杆】菜单命令，在弹出的【剖面楼梯栏杆参数】对话框中设置参数，单击【确定】按钮，然后在绘图区中指定栏杆插入位置即可。

创建“参数栏杆”的具体操作步骤和效果如图8-26所示。

【剖面楼梯栏杆参数】对话框各控件解释如下：

- 楼梯栏杆形式：在该下拉列表框中有多种栏杆样式可供选择。
- 入库：单击此按钮，可在绘图区中选择栏杆样式，将其添加到楼梯栏杆库中，以便随时调用。

➢ 删除：单击此按钮，可将所选择的栏杆样式进行删除。

➢ 梯段走向选择：包括“左低右高”和“左高右低”两个单选项，用于切换栏杆的排列方向。

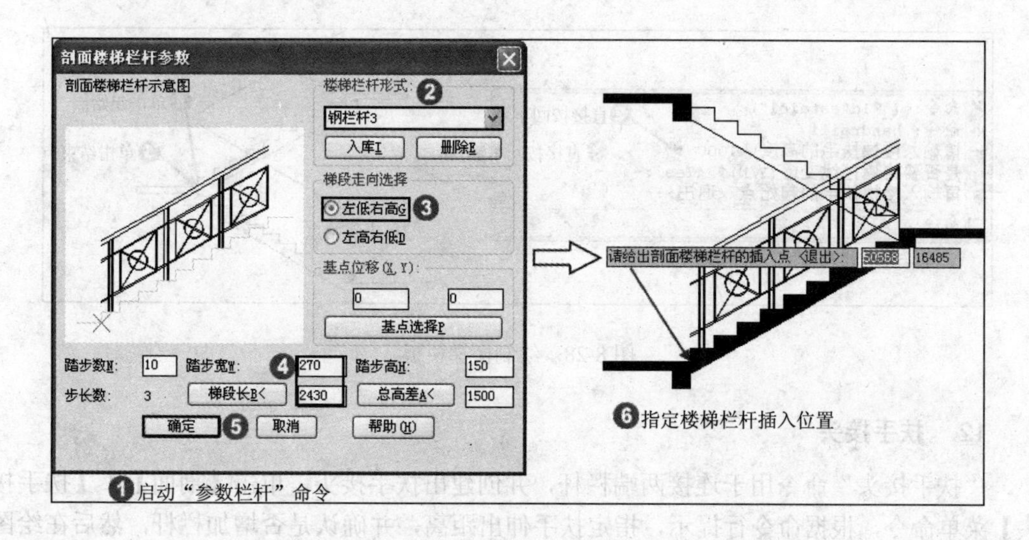

图 8-26 创建参数栏杆

➢ 基点位移：用于确定新基点向 X 轴和 Y 轴的偏移距离。

10. 楼梯栏杆

“楼梯栏杆”命令用于在剖面图中创建栏杆和扶手，使用该命令可根据图层识别双跑楼梯中剖切到的梯段与可见的梯段，按常用的直栏杆设计，自动处理两个相邻栏杆的遮挡关系。单击【剖面】|【楼梯栏杆】菜单命令，根据命令行提示指定扶手的高度，并确认是否打断遮挡线，然后在绘图区中依次指定每个梯段的起始点，即可完成楼梯栏杆的创建。

创建楼梯栏杆的具体操作步骤和效果如图 8-27 所示。

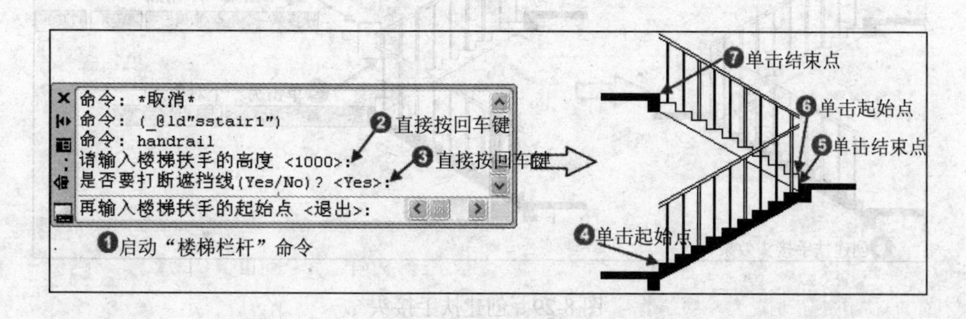

图 8-27 创建楼梯栏杆

11. 楼梯栏板

“楼梯栏板”命令用于在剖面楼梯上创建楼梯栏板示意图，用于采用实心栏板的楼梯，

该命令可自动处理栏板遮挡部分，被遮挡部将以虚线表示。单击【剖面】|【楼梯栏板】菜单命令，根据命令行提示指定扶手的高度，并确认是否将遮挡线变虚，然后在绘图区中依次指定每个梯段的起始点，即可完成楼梯栏板的创建。

创建楼梯栏板的具体操作步骤和效果如图 8-28 所示。

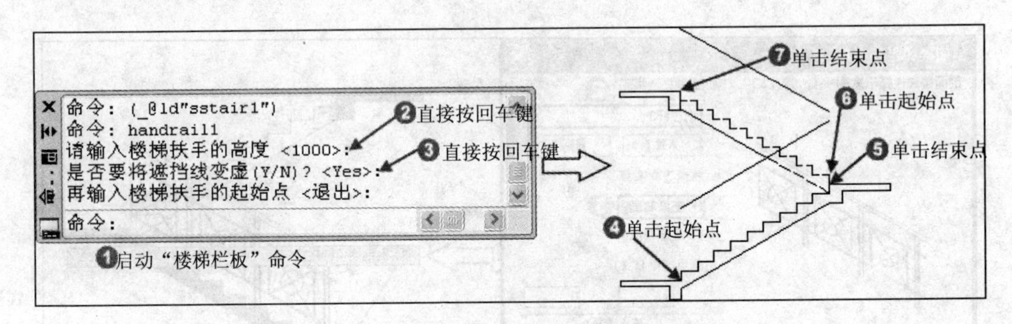

图 8-28 绘制楼梯栏板

12. 扶手接头

"扶手接头"命令用于连接两端栏杆，并创建出扶手接头。单击【剖面】|【扶手接头】菜单命令，根据命令行提示，指定扶手伸出距离，并确认是否增加栏杆，然后在绘图区中框选两段需连接的扶手，即可完成扶手接头的创建。

创建扶手接头的具体操作步骤和效果如图 8-29 所示。

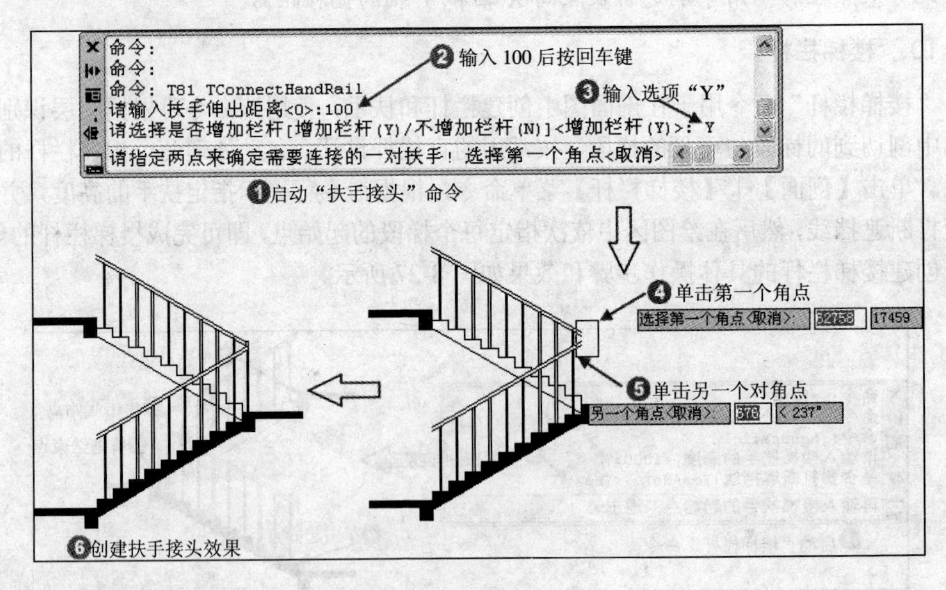

图 8-29 创建扶手接头

8.2.3 修饰剖面图

当建筑剖面进行深化处理后，还需要对建筑剖面图进行材料填充和线条加粗处理。

TArch 8.0 提供了多个修饰工具，包括剖面填充、居中加粗、向内加粗和取消加粗 4 个工具。本小节主要介绍这些修饰工具的使用方法。

1. 剖面填充

“剖面填充”命令用于将剖面墙线与楼梯按指定的材料图例进行图案填充，该命令并不要求被填充区域完全封闭。单击【剖面】|【剖面填充】菜单命令，在绘图区中选择需填充的剖面图范围，按回车键结束选择，然后在弹出的【请点取所需的填充图案】对话框中设置相应的填充图案和比例后，单击【确定】按钮，即可完成剖面填充操作。

填充剖面材料的具体操作步骤和效果如图 8-30 所示。

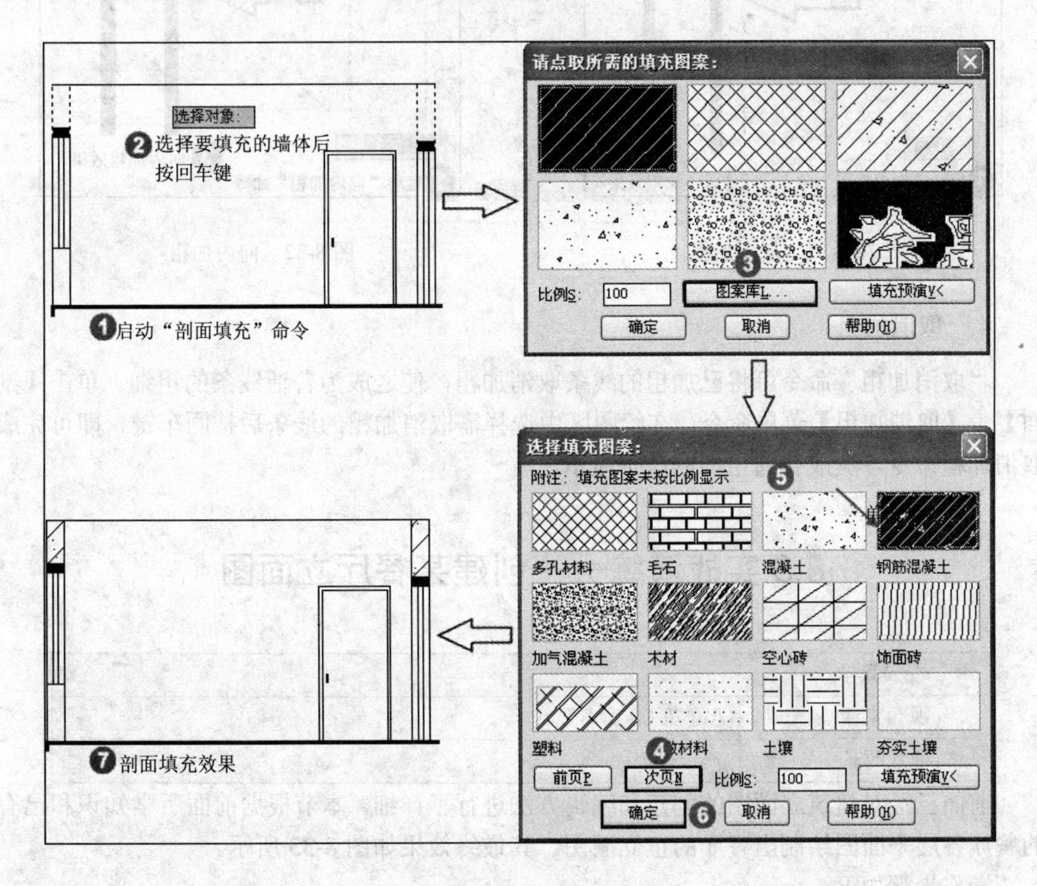

图 8-30　剖面填充

2. 居中加粗

“居中加粗”命令可将剖面图中的墙线向墙两侧加粗。单击【剖面】|【居中加粗】菜单命令，根据命令行提示选择需加粗的线条（或直接按回车键全选）后按回车键，即可将所选线条居中加粗。“居中加粗”命令的效果如图 8-31 所示。

3. 向内加粗

“向内加粗”命令可将剖面图中的墙线向墙内侧加粗。单击【剖面】|【向内加粗】

菜单命令，根据命令行提示选择需加粗的线条（或直接按回车键全选）后按回车键，即可将所选线条向内加粗。

“向内加粗”的具体操作步骤和效果如图 8-32 所示。

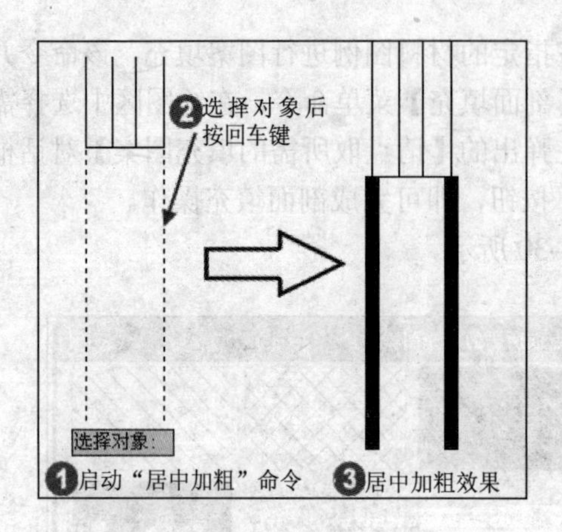

图 8-31　居中加粗

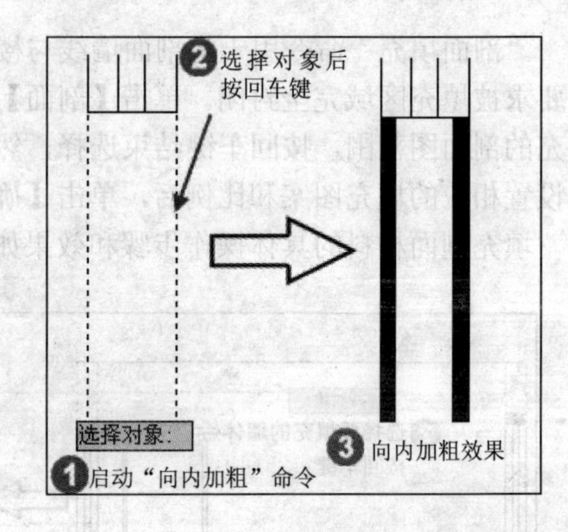

图 8-32　向内加粗

4. 取消加粗

“取消加粗”命令可将已加粗的线条取消加粗，使之成为普通线条的粗细。单击【剖面】|【取消加粗】菜单命令，在绘图区中选择需取消加粗的线条后按回车键，即可完成取消加粗命令，变成普通粗细的线条显示。

8.3 实战演练——创建某餐厅立面图

视频教学	
视频文件:	AVI\第 08 章\8.3.avi
播放时长:	15 分 27 秒

前面已经对建筑立面图的创建和编辑方法进行了详细，本节根据前面所学知识和已有的餐厅各层平面图绘制出餐厅的正立面图，其最终效果如图 8-33 所示。

操作步骤如下：

❶新建工程项目。正常启动 TArch 8.0，打开光盘自带的“实例\08\餐厅平面图.dwg”文件。单击【文件布图】|【工程管理】菜单命令，弹出【工程管理】对话框，单击“工程管理”下拉列表，在弹出的快捷菜单中单击“新建工程”选项，弹出【另存为】对话框，选择文件存储路并输入工程名称后，单击【保存】按钮，即可新建工程项目。新建工程项目的具体操作步骤和效果如图 8-34 所示。

❷添加图纸。在【工程管理】对话框中，将光标移到“平面图”选项上，单击鼠标右键，在弹出的快捷菜单中选择“添加图纸”选项，然后在弹出的【选择图纸】对话框中选择“餐厅平面图”文件，最后单击【打开】按钮，即可完成平面图纸的添加。添加图纸的具体操作步骤和效果如图 8-35 所示。

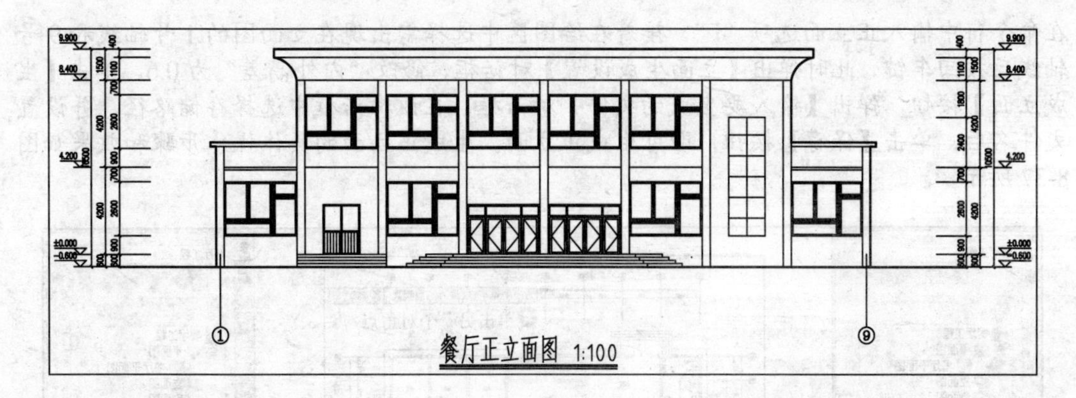

图 8-33　餐厅正立面图

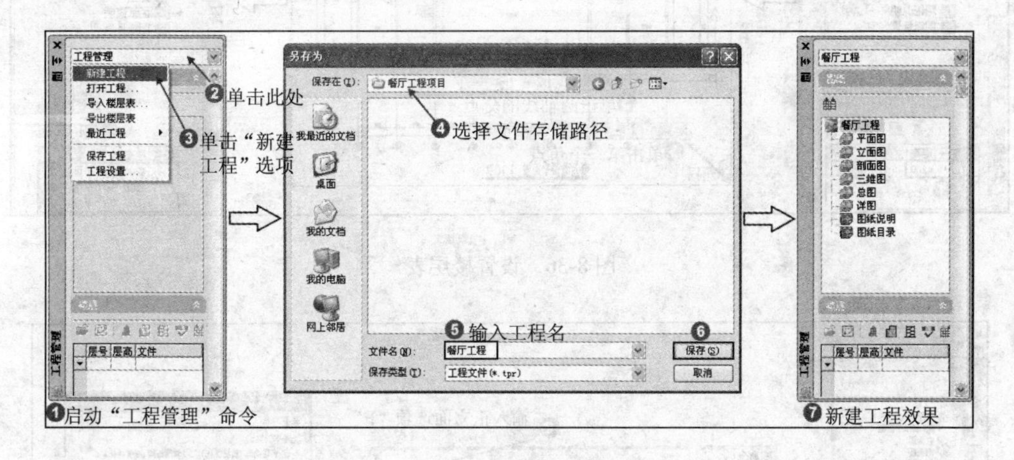

图 8-34　新建工程

图 8-35　添加图纸

❸设置楼层表。在【工程管理】对话框中的“楼层”选项栏内，在表格的第 1 行输入层号为“1”，层高为“4200”，接着将光标定位在“文件”列中，单击【框选楼层范围】按钮，然后在绘图区中框选首层平面图，并指定对齐基点为 1 轴线与 A 轴线的交点，同样方向设置其他楼层，其具体操作步骤和效果如图 8-36 所示。

❹生成立面。在“楼层”选项工具栏中单击【建筑立面】按钮，根据命令行提示，

在命令行中输入正立面选项“F”，接着在绘图区中选择需出现在立面图的1号轴线和9号轴线后按回车键，此时弹出【立面生成设置】对话框，修改“内外高差”为0.6，单击【生成立面】按钮，弹出【输入要生成的文件】对话框，在该对话框中选择存储路径，并设置文件名后，单击【保存】按钮，即可生成正立面。生成正立面的具体操作步骤和效果如图8-37所示。

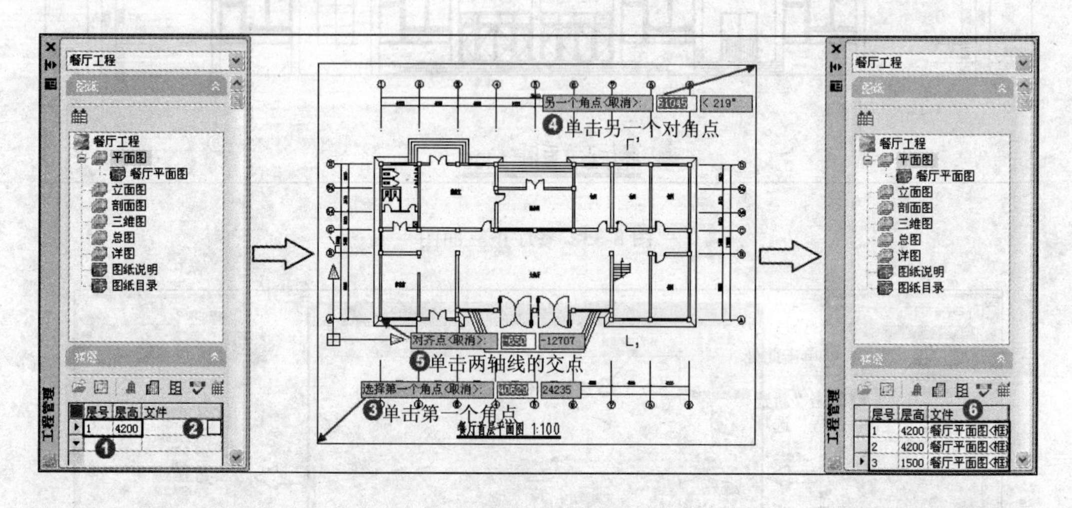

图8-36 设置楼层表

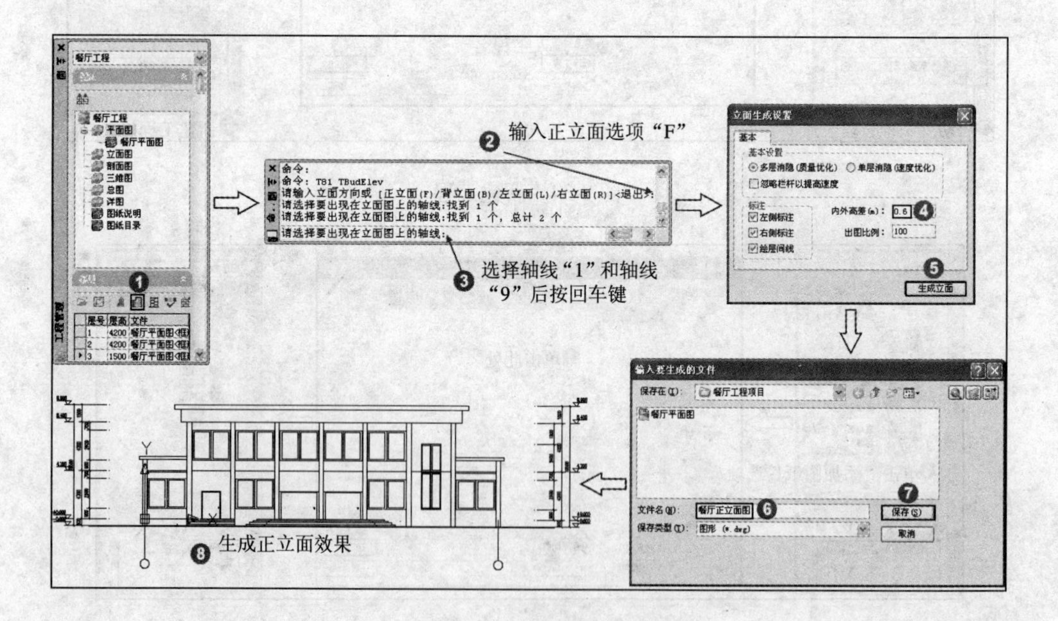

图8-37 生成立面图

❺编辑轴号和增补尺寸。双击轴线编号圆圈内部，进入文字在位编辑状态，输入轴线编号文字后，在绘图区中空白处单击即可完成轴号的编辑；单击【尺寸标注】|【尺寸编辑】|【增补尺寸】菜单命令，在绘图区中选择立面标注左侧的第一道尺寸线，然后依次单击需增补尺寸的各个标注点，按“Esc”键退出命令，同样方法为立面标注右侧增补第一道尺寸线。编辑轴号和增补尺寸的具体操作步骤和效果如图8-38所示。

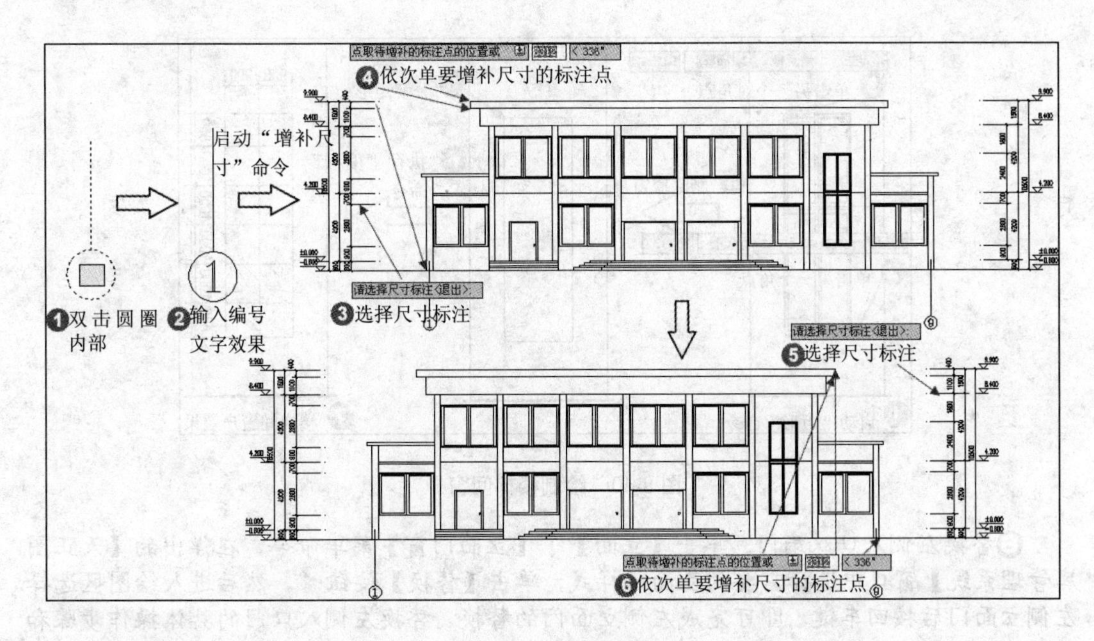

图 8-38　轴号编辑和增补尺寸

❻替换普通窗。单击【立面】|【立面门窗】菜单命令，在弹出的【天正图库管理系统】窗口中选择需要的窗户样式，单击【替换】按钮，然后进行绘图区选择需替换的窗户后按回车键，即可完成普通窗的替换。替换普通窗的具体操作步骤和效果如图 8-39 所示。

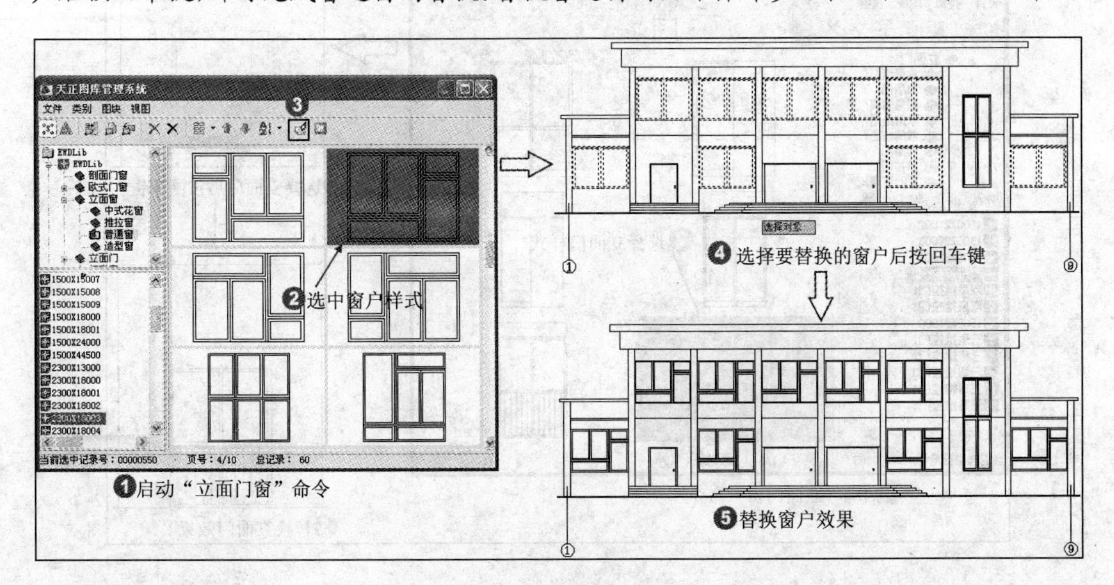

图 8-39　替换普通窗

❼绘制楼梯间窗户。单击 AutoCAD 绘图工具栏中的 RECTANG（矩形）按钮，沿卫生间窗户外轮廓线绘制一个矩形；单击修改工具栏中的 ERASE（删除）按钮，将已有的楼梯间窗户和层线进行删除；单击修改工具栏中的 EXPLODE（分解）按钮，将矩形进行分解；单击修改工具栏中的 OFFSET（偏移）按钮，绘制出楼梯间窗户内部分隔线，其偏移距离参照图示尺寸。绘制楼梯间窗户的具体操作步骤和效果如图 8-40 所示。

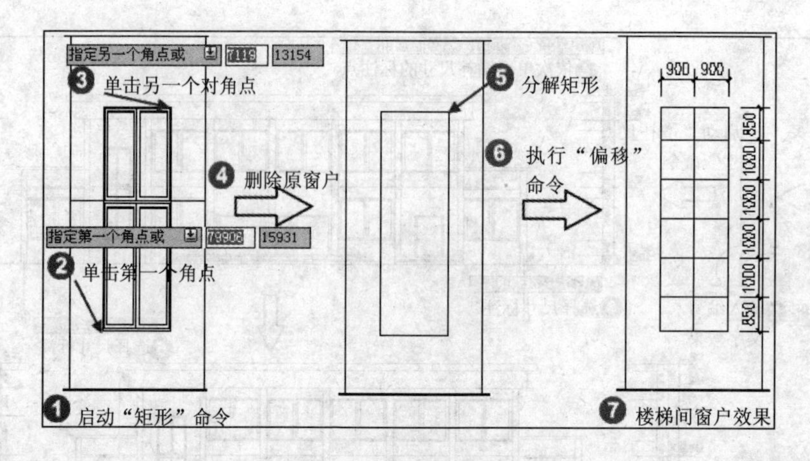

图 8-40 绘制楼梯间窗户

❽替换左侧入口双扇门。单击【立面】|【立面门窗】菜单命令，在弹出的【天正图库管理系统】窗口中选择需要的立面门样式，单击【替换】按钮，然后进入绘图区选择左侧立面门后按回车键，即可完成左侧立面门的替换。替换左侧入口门的具体操作步骤和效果如图 8-41 所示。

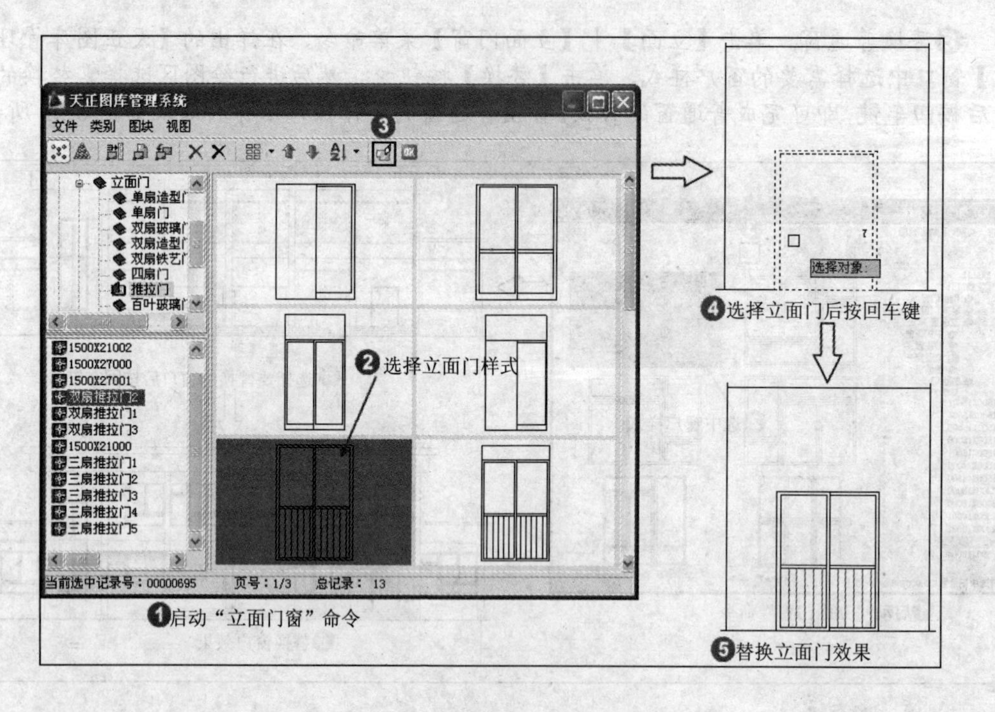

图 8-41 替换左侧入口双扇门

❾绘制入口大门样式。单击 AutoCAD 绘图工具栏中的 RECTAN（矩形）按钮，绘制一个尺寸为 3600×2400mm 的矩形；单击修改工具栏中的 EXPLODE（分解）按钮，将矩形进行分解；单击修改工具栏中的 OFFSET（偏移）按钮，生成大门的辅助线；单击修改工具栏中的 TRIM（修剪）按钮，将多余的辅助线进行修剪；单击绘图工具栏中的 LINE（直线）按钮，绘制出大门方向开启线。绘制入口大门样式的效果如图 8-42 所

示。

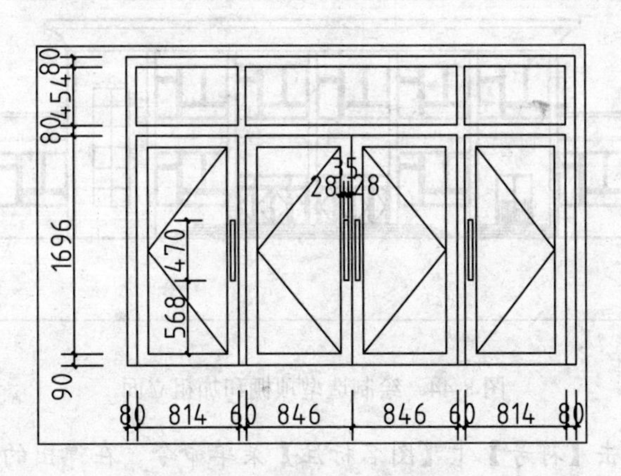

图 8-42　绘制入口大门样式

⑩替换入口大门。单击【立面】|【立面门窗】菜单命令，在弹出的【天正图库管理系统】窗口中单击【新图入库】按钮，在绘图区中框选上步创建的入口大门样式后按回车键，返回到【天正图库管理系统】窗口中，此时显示了已入库的大门样式，单击【替换】按钮，在绘图区中选择需替换的大门后按回车键，即可完成入口大门的替换。替换入口大门的具体操作步骤和效果如图 8-43 所示。

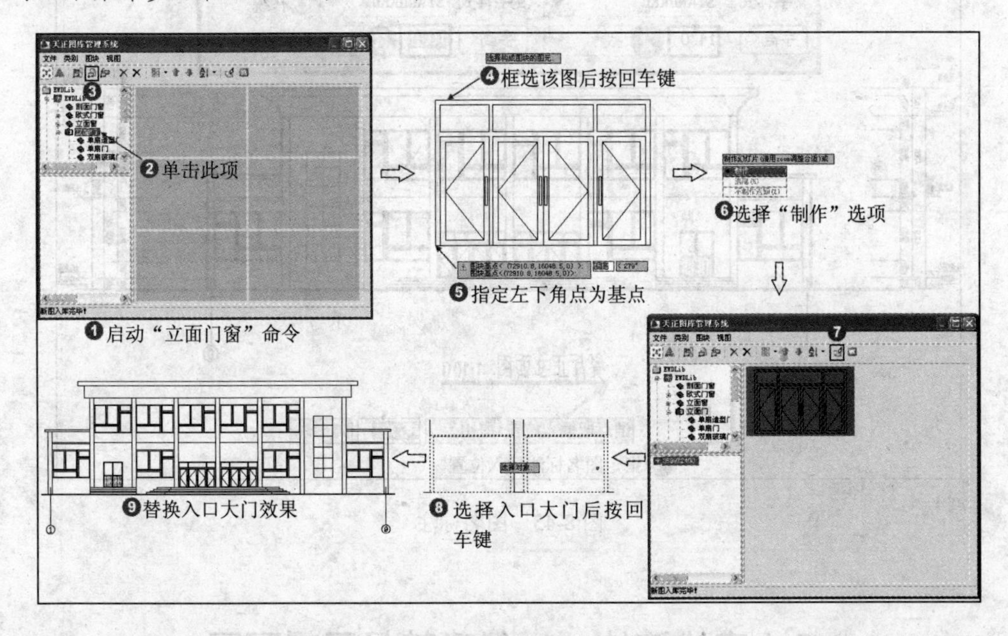

图 8-43　替换入口大门

⑪绘制造型顶棚和加粗立面。单击 AutoCAD 绘图工具栏中的 ARC（圆弧）按钮，在餐厅正立面顶部绘制一个圆弧造型；单击修改工具栏中的 MIRROR（镜像）按钮，将圆弧对称复制到另一个角；单击修改工具栏中的 TRIM（修剪）按钮和 ERASE（删除）按钮，将多余的直线进行删除；单击【立面】|【立面轮廓】菜单命令，在绘图区中框选整个立面图形后按回车键，然后输入轮廓线宽度值"40"后按回车键，即可完成立面轮廓线的加粗，效果如图 8-44 所示。

图 8-44 绘制造型顶棚和加粗立面

⑫图名标注。单击【符号】|【图名标注】菜单命令，在弹出的【图名标注】对话框中设置参数，然后在绘图区中指定图名标注的插入位置即可。创建图名标注的具体操作步骤和效果如图 8-45 所示。

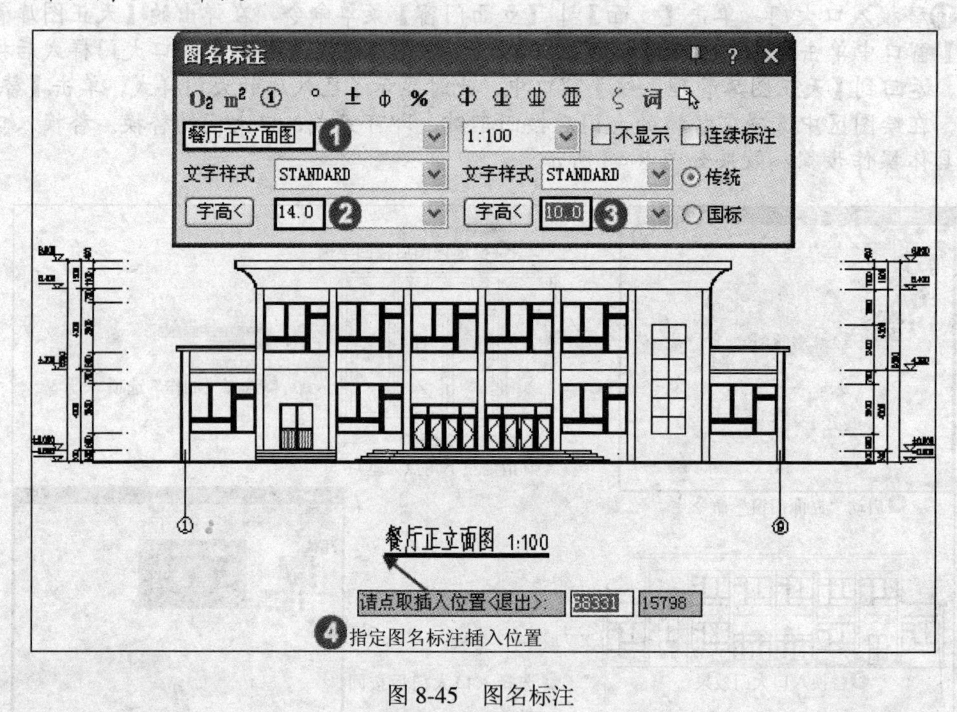

图 8-45 图名标注

8.4 实战演练——创建某餐厅剖面图

视频教学	
视频文件:	AVI\第 08 章\8.4.avi
播放时长:	9 分 50 秒

前面已对建筑剖面图的创建与编辑知识进行了介绍，本节通过创建某餐厅的剖面图实

例来巩固前面所学的知识，使用户能够熟练地掌握绘制建筑剖面图的方法和相关技巧。本节绘制餐厅剖面图的最终效果如图 8-46 所示。

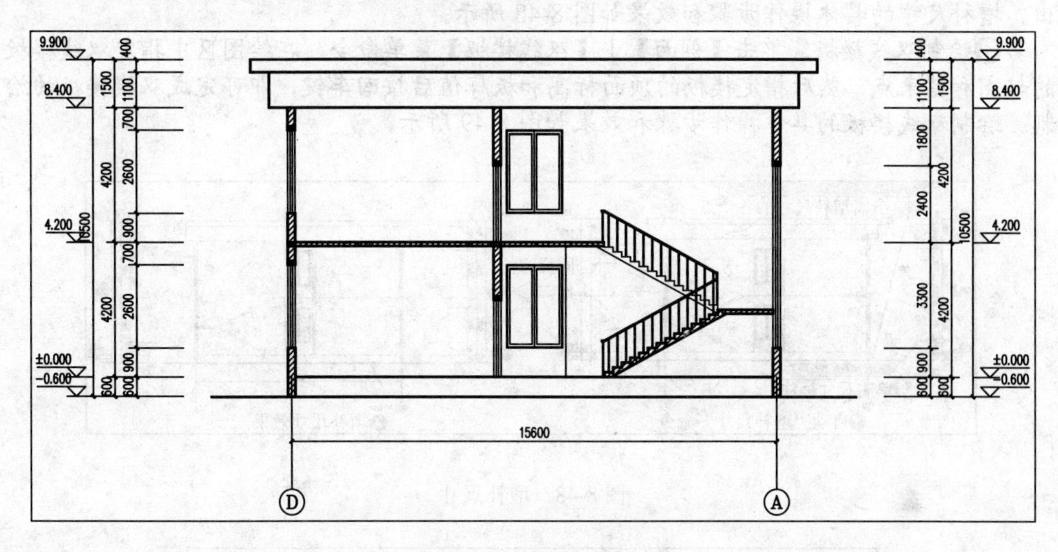

图 8-46　餐厅剖面图

操作步骤如下：

❶生成建筑剖面图。单击【文件布图】|【工程管理】菜单命令，弹出【工程管理】对话框，显示了上节所创建的“餐厅工程”项目，单击“楼层”选项工具栏中的【建筑剖面】按钮，在绘图区中指定一剖切线，接着选择需显示在剖面图上的“A”轴线和“D”轴线并按回车键，在弹出【剖面生成设置】对话框设置参数后，单击【生成剖面】按钮，然后在弹出的【输入要生成的文件】对话框中输入文件名后，单击【保存】按钮，即可完成剖面图的生成。生成建筑剖面图的具体操作步骤和效果如图 8-47 所示。

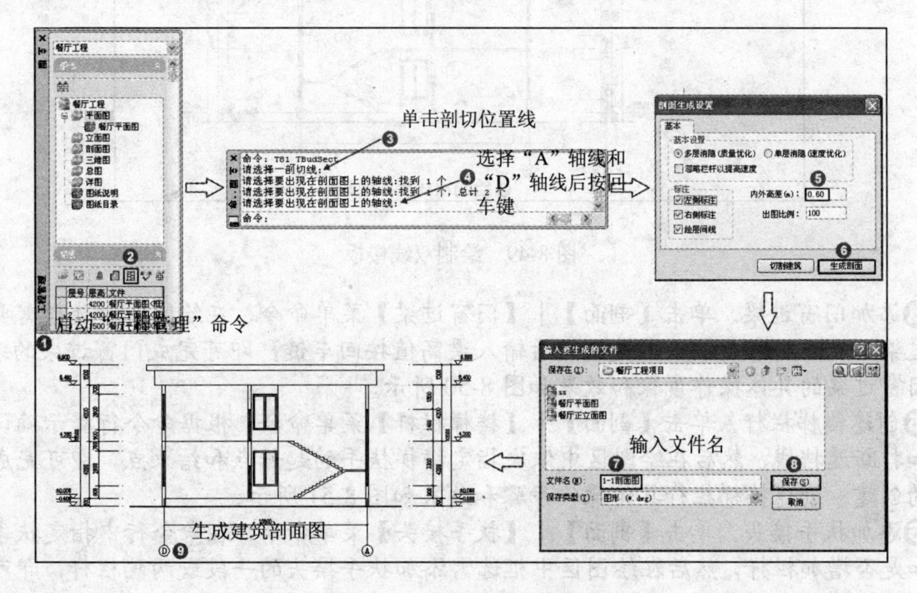

图 8-47　生成建筑剖面图

❷增补尺寸。单击【尺寸标注】|【尺寸编辑】|【增补尺寸】菜单命令，在绘图区中选择需增补尺寸的尺寸标注，然后依次指定需增补尺寸的其他点即可，按“Esc”键退出。增补尺寸的具体操作步骤和效果如图8-48所示。

❸绘制双线楼板。单击【剖面】|【双线楼板】菜单命令，在绘图区中指定双线楼板的起点和结束点，然后指定楼板的顶面标高和板厚值后按回车键，即可完成双线楼板的绘制。绘制双线楼板的具体操作步骤和效果如图8-49所示。

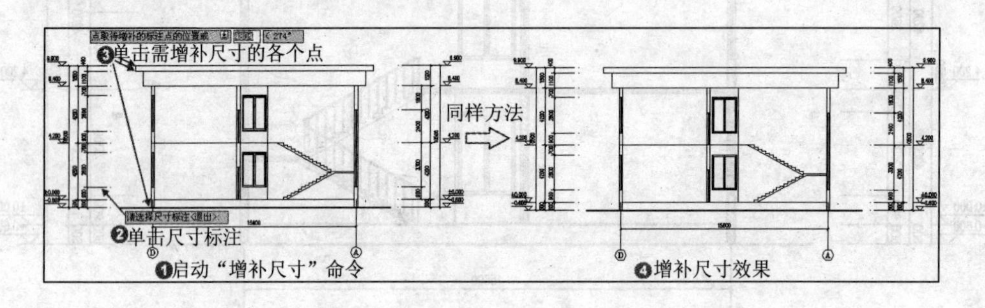

图8-48 增补尺寸

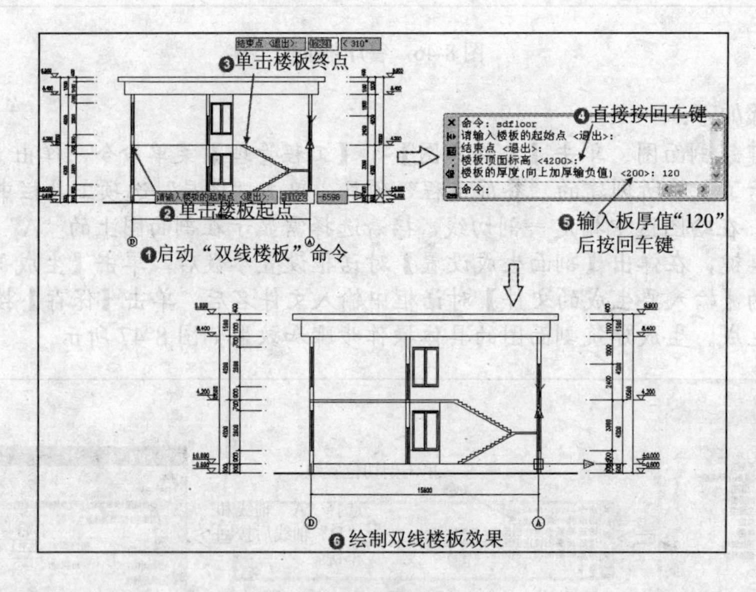

图8-49 绘制双线楼板

❹添加门窗过梁。单击【剖面】|【门窗过梁】菜单命令，在绘图区中选择需要添加门窗过梁的剖面门窗后按回车键，然后输入梁高值按回车键，即可完成门窗过梁的绘制。添加门窗过梁的具体操作步骤和效果如图8-50所示。

❺创建楼梯栏杆。单击【剖面】|【楼梯栏杆】菜单命令，根据命令行提示确认栏杆高度和打断遮挡线，然后在绘图区中依次指定楼梯扶手的起始点和结束点，即可完成楼梯栏杆的创建。创建楼梯栏杆具体操作步骤和效果如图8-51所示。

❻添加扶手接头。单击【剖面】|【扶手接头】菜单命令，在命令行中指定扶手伸出距离和是否增加栏杆，然后在绘图区中框选需添加扶手接头的一段或两端栏杆，即可完成扶手接头的绘制。添加扶手接头的具体操作步骤和效果如图8-52所示。

❼剖面填充。单击【剖面】|【剖面填充】菜单命令，选择需要填充的楼板和楼梯后

按回车键，在弹出的【请点取所需的填充图案】对话框中设置参数后，单击【确定】按钮，即可完成剖面材料填充。剖面填充的具体操作步骤和效果如图 8-53 所示。

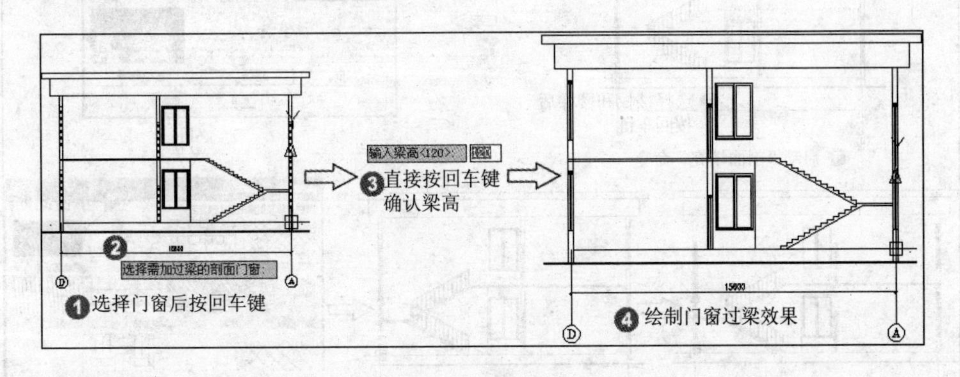

图 8-50　添加门窗过梁

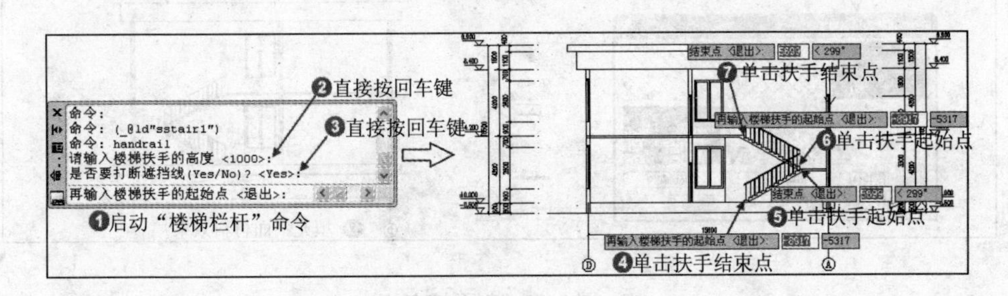

图 8-51　创建楼梯栏杆

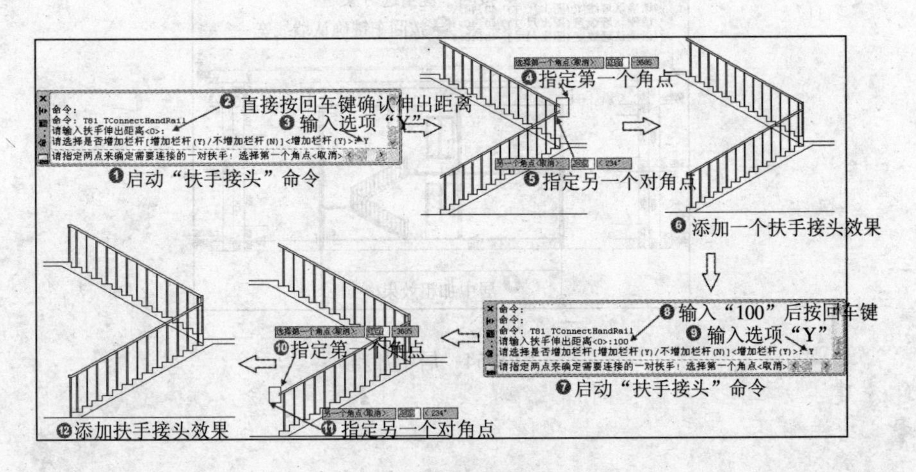

图 8-52　添加扶手接头

❽居中加粗。单击【剖面】|【居中加粗】菜单命令，根据命令行提示，按回车键全选对象，并指定墙上线宽后，即可完成居中加粗命令。居中加粗的具体操作步骤和效果如图 8-54 所示。

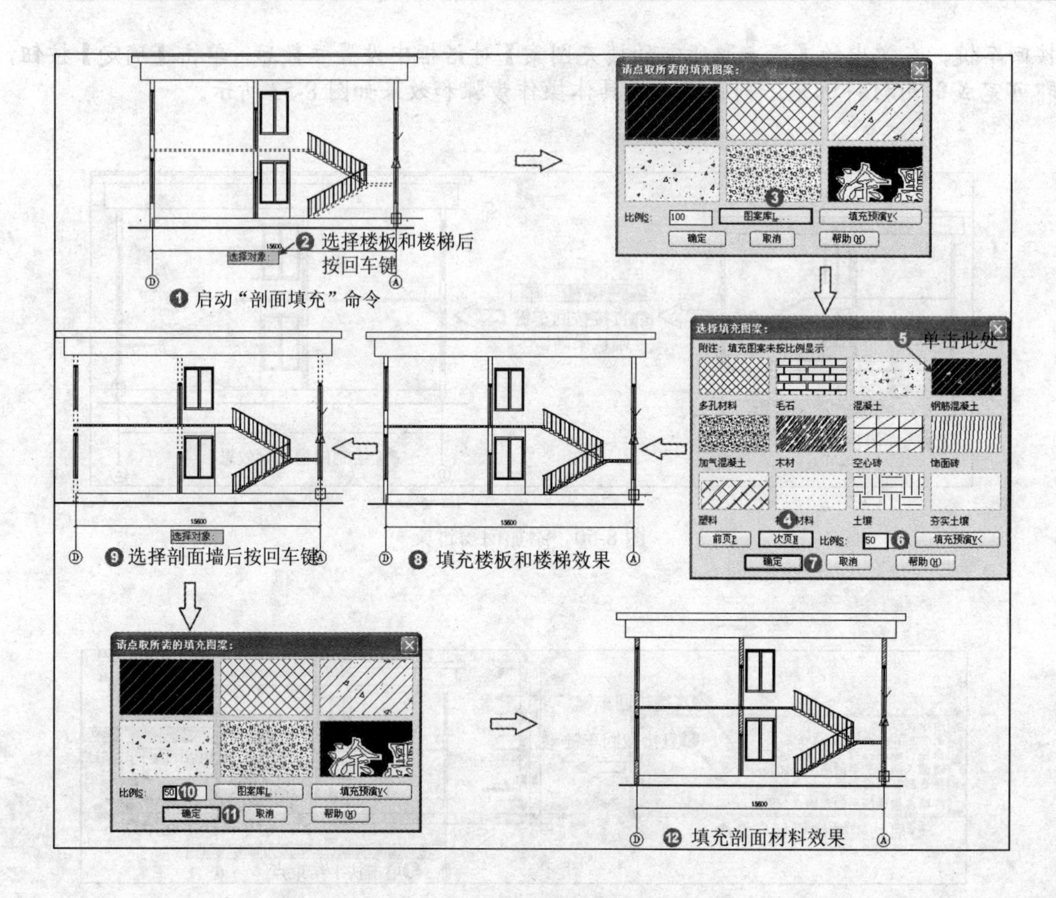

图 8-53　剖面填充

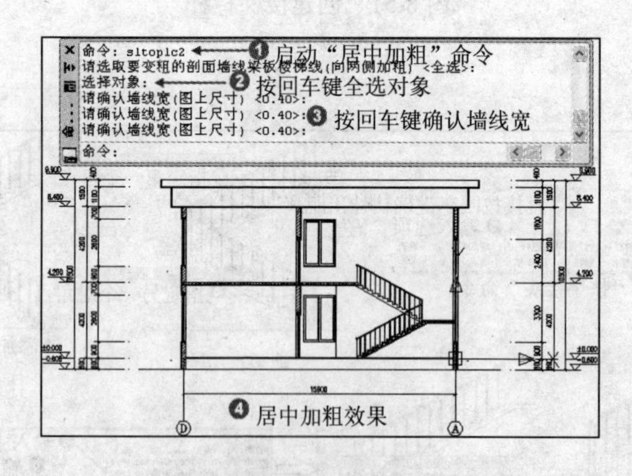

图 8-54　居中加粗

8.5 本章小结

1．本章主要介绍了建筑立面图和建筑剖面图的生成方法以及编辑方法。

2．创建立面图和剖面图的前提是：将已存盘的底层建筑平面图另存盘，接着绘制标准层平面图和顶层平面衅，一般多层建筑物都应分别有底层平面图、标准层平面图和顶层平面图，标准层有多少层并不重要，只要有这 3 个平面图，就能绘制出更多层建筑的立面图了。

3．对于平屋顶的建筑，可绘制屋面板，用“搜屋顶线”命令或 PLINE 线沿外墙内边画一封闭线，然后执行【三维建模】|【造型对象】|【平板】菜单命令，生成平屋顶实体。

4．生成立面图和剖面图的关键是楼层表，并且要将各层平面图放在一个目录下，在【工程管理】对话框中的“楼层表”选项栏内建立楼层表，定义本工程各平面楼层之间的关系。

5．对齐问题：初学者画出的立面图，可能有各层未对齐的情况或其他情况，主要是对齐点的问题，首先确定每个标准层都有共同的对齐点，默认的对齐点在原点（0，0，0）的位置，如果画其他各层时是用首层平面图另存为后进行修改的，就不需设置，否则手动设置基点。

6．生成剖面图时，必须在首层平面图上用“符号标注”菜单中的“剖面剖切”命令来绘制出剖切位置线，其余和立面图相同，也要求有共同的对齐点，建立好楼层表。

8.6 思考与练习

一、 填空题

1．生成建筑立面图的步骤可分为两步，一是________；二是________。

2．修改立面门窗的尺寸和底标高值可用________命令。

3．使用“参数楼梯”命令可创建板式楼梯、________楼梯、________楼梯和________楼梯 4 种楼梯的剖面图。

4．使用________命令可创建不同形式的剖面楼梯栏杆，使用________可将连接两段不相连的扶手，并在其中增加栏杆。

二、 问答题

1．创建楼层表有哪两种方式，分别介绍其操作方法？

2．简述建筑立面图和建筑剖面图有哪些区别？分别介绍其生成步骤？

3．使用“参数栏杆”命令和“楼梯栏杆”命令绘制的栏杆有哪些区别？

三、 操作题

1．将光盘中“Example\08\08 习题.tpr”项目文件打开，生成如图 8-55 所示的正立面图。

2．将光盘中“Example\08\08 习题.tpr”项目文件打开，生成如图 8-56 所示的剖面图。

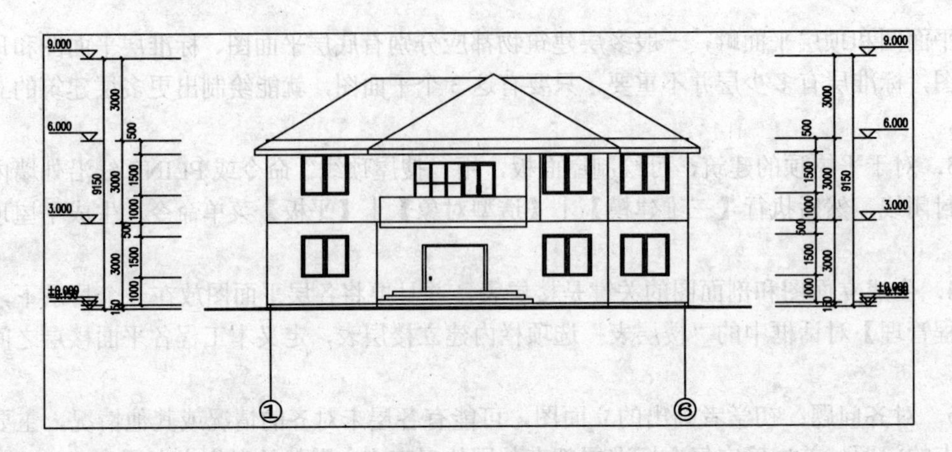

图 8-55　正立面图

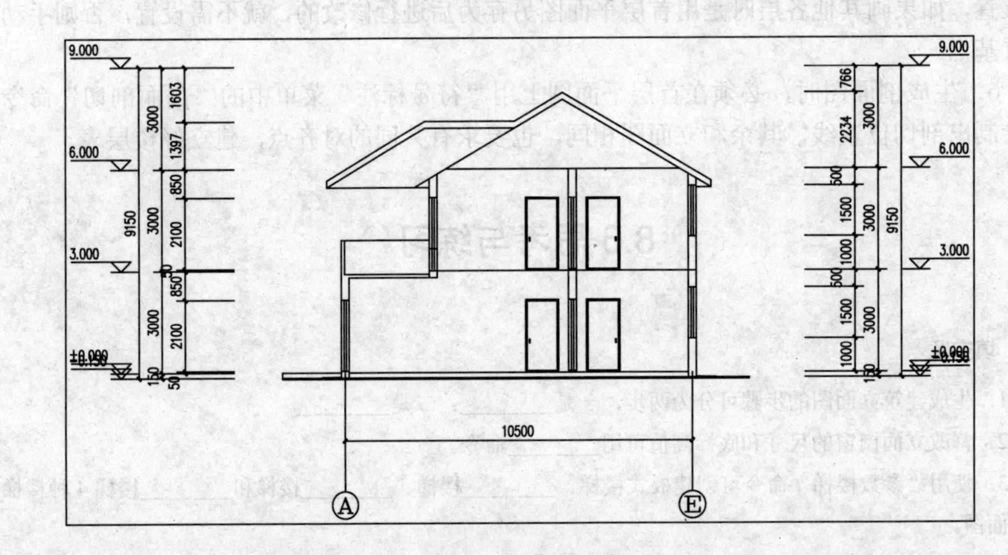

图 8-56　建筑剖面图

第9章 三维建模及图形导出

利用 TArch 8.0 绘制建筑图形时，平面图和立面图的生成是同步的，但并不是指平面图绘制完成后，三维模型也随之完成，有时还需根据实践情况创建一些三维构件，才能生成完整的三维建筑模型。本章将对三维建模及图形导出的知识进行详细介绍。

9.1 三维建模

TArch 8.0 提供了众多三维建模工具和三维编辑工具，方便用户建模。本节将详细介绍这些三维建模工具和编辑工具的使用方法。

9.1.1 造型对象

天正软件提供的造型对象专门用于创建三维图形，包括平板对象、竖板对象、路径曲面、变截面体和等高建模等工具。

1. 平板

“平板”命令用于构造板式构件。单击【三维建模】|【造型对象】|【平板】菜单命令，在绘图区中选择作为平板外观形状的多段线或圆，接着指定不可见的边并按回车键确认，然后选择作为板内洞口封闭的多段线或圆后按回车键确认，最后确认板厚值并按回车键，即可完成平板的创建。

创建平板的操作步骤和效果如图 9-1 所示。

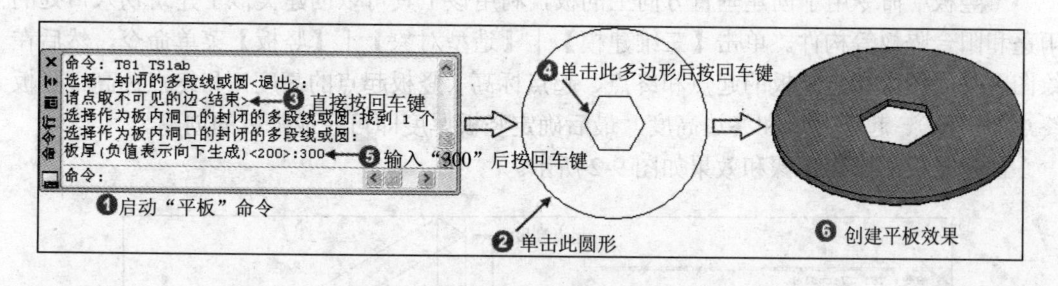

图 9-1 创建平板

命令行窗口中各选项含义分别介绍如下：

- 选择一条多段线或圆〈退出〉：单击一条闭合的多段线或圆，该图形将是整个平板的外观形状。
- 请点取不可见的边〈结束〉：点取一边或多个不可见的边，不可见边是存在的，只是在二维显示中不可见，主要是为了与其他构件衔接得更好，直接按回车键不选择对象进入下一选项。

- ➢ 选择作为板内洞口的封闭的多段线或圆：在创建楼板时，楼梯所在的位置应有一个洞口，该洞口用于上下楼层之用，此时可通过该选项创建楼梯洞口。
- ➢ 板厚（负值表示向下生成）〈200〉：该选项用于确定平板的厚度，按回车键后完成平板的创建。

平板创建完成后，可根据需要对创建的平板进行编辑，例如例加洞口等。方法是双击已创建好的平板对象或者将光标移到平板上单击鼠标右键，在弹出的快捷菜单中选择“对象编辑”选项，即可对平板各项参数进行编辑。

编辑平板命令行窗口中各选项含义介绍如下：

- ➢ 加洞（A）：选择该选项后，然后选择平板内的闭合多段线，被选择的多段线将会成为洞口。
- ➢ 减洞（D）：选择该选项后，然后在平板内单击已有的洞口，此时该洞口将会被删除。
- ➢ 加边界（P）：选择该选项后，然后选择平板区域以外的或是相交的其他闭合曲线，即可扩大平板范围。
- ➢ 减边界（M）：选择该选项后，然后选择平板区域以内的或是相交的其他闭合曲线，即可减除平板范围。
- ➢ 边可见性（E）：选择该选项后，然后在绘图区中单击不可见的边后按回车键，即可隐藏平板边框。
- ➢ 板厚（H）：用于重新设置该平板的厚度。
- ➢ 标高（T）：用于设置新的标高值，此时平板将沿 Z 轴方向移动指定距离。
- ➢ 参数列表（L）：用于在命令行中显示该平板对象的所有参数，并再次显示选项菜单。

2. 竖板

“竖板”命令用于创建垂直方向上的板，利用该工具可以创建类似于建筑物入口处的雨蓬和阳台隔板等构件。单击【三维建模】|【造型对象】|【竖板】菜单命令，然后在绘图区平面图中指定竖板的起点和终点、起点标高（竖板起点的高度）和终点标高（竖板终点的高度）、起边高度和终边高度，最后确定竖板厚度即可完成竖板的创建。

创建竖板的操作步骤和效果如图 9-2 所示。

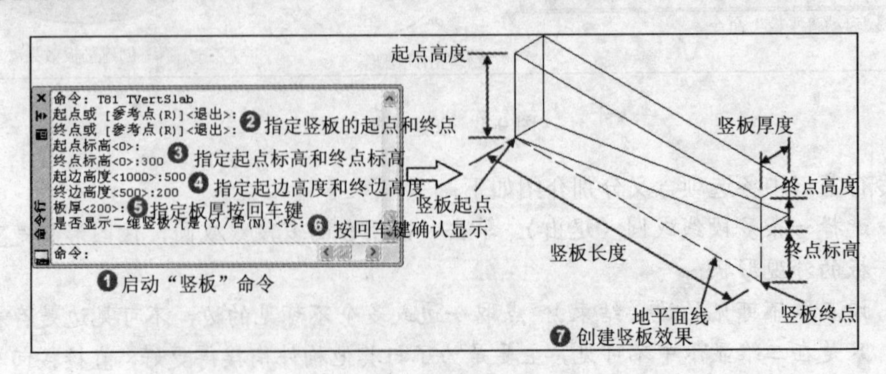

图 9-2 创建竖板

3. 路径曲面

“路径曲面”命令可沿路径截面放样的方式创建三维对象，是最常用的造型方法之一。作为路径的对象可以是三维多段线，也可以是二维多段线或圆，多段线不要求封闭。双击生成的路径曲面对象，可以对其进行编辑修改。

单击【三维建模】|【造型对象】|【路径曲面】菜单命令，在弹出的【路径曲面】对话框中选择路径曲线和截面曲线，然后单击【确定】按钮，即可完成曲面放样操作步骤。创建路径曲面的操作步骤和效果如图 9-3 所示。

【路径曲面】对话框各选项解释如下：

- 选择路径曲线或可绑定对象：单击此按钮，即可进入视图中选择作为路径的曲线，所选路径可以是直线、圆、圆弧、多段线或可绑定对象路径曲面、扶手以及多坡屋顶边线，但不能选用墙体作为路径。
- 截面选择：该区域中有两个单选项，当选中【点取图中曲线】单选项，并单击【选择对象】按钮，即可进入视图中选择路径；当选中【取自截面库】单选项，单击【选择对象】按钮后，软件将显示【天正图库管理系统】窗口，在该图库中可选择所需的截面形状。
- 拾取截面基点：截面基点即截面与路径的交点，默认的基点是截面外包轮廓的中心，可单击此按钮在视图中选择或直接输入坐标值。

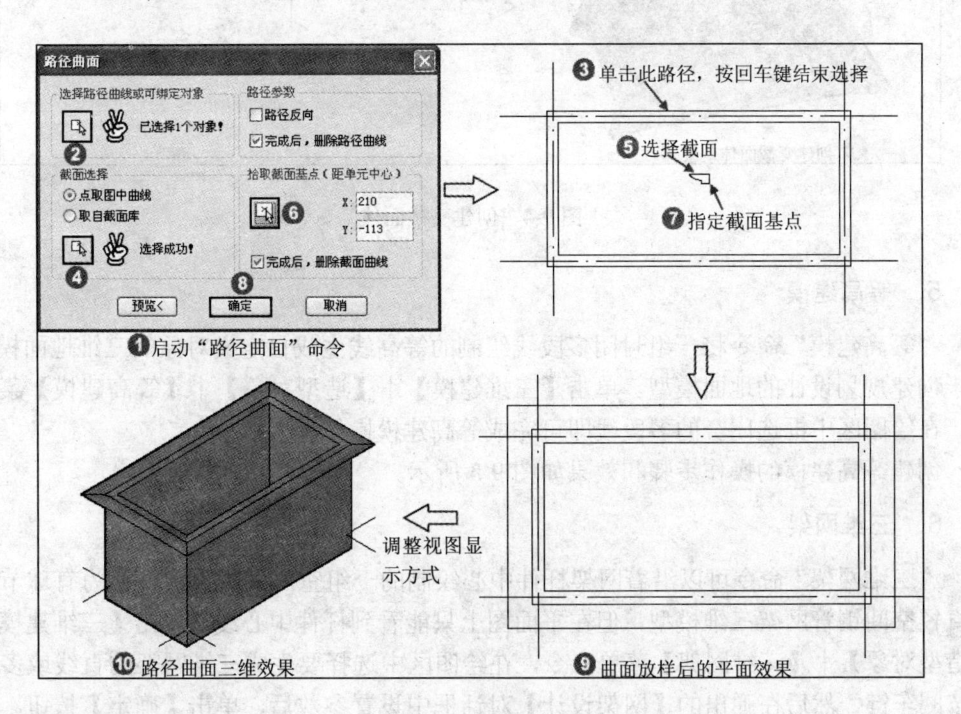

图 9-3　创建路径曲面

4. 变截面体

“变截面体”命令用三个不同截面沿着路径曲线放样，第二个截面在路径上的位置可选择。变截面体由路径曲面造型发展而来，采用三个或两个不同形状截面，不同截面之间平滑过渡，可用于建筑装饰造型等。

单击【三维建模】|【造型对象】|【变截面体】菜单命令，在绘图区中选择路径曲线，然后指定截面 1、截面 1 基点、截面 2、截面 2 基点、截面 3 和截面 3 基点，最后指定截面 2 在路径上的位置，即可完成变截面体造型的创建。创建变截面体造型的操作步骤和效果如图 9-4 所示。

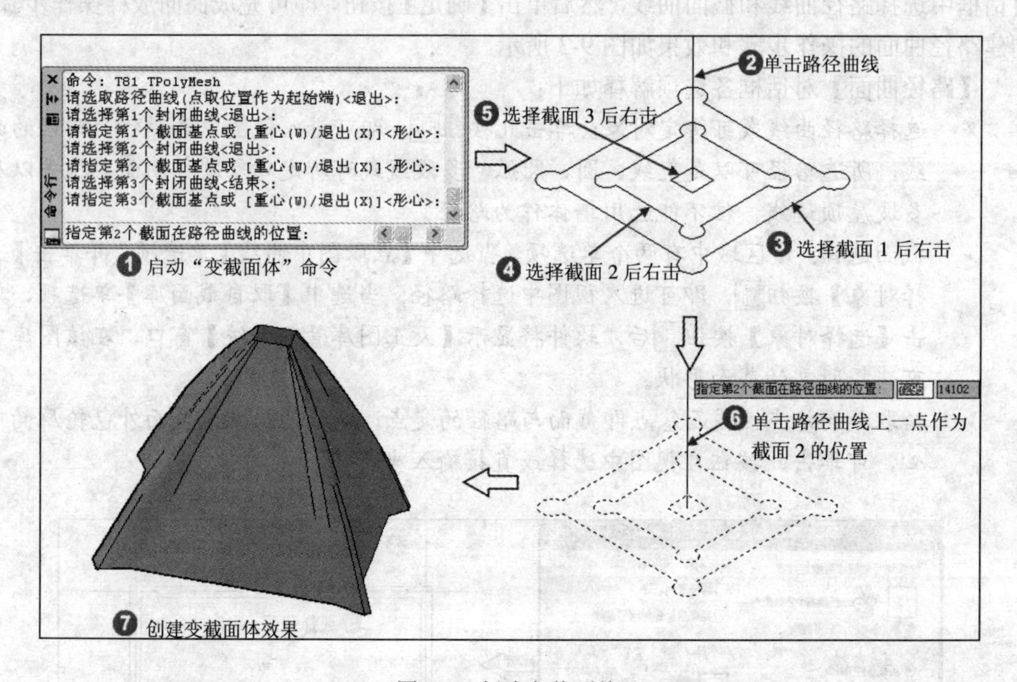

图 9-4　创建变截面体

5. 等高建模

“等高建模”命令将一组封闭多段线绘制的等高线生成自定义对象的三维地面模型，用于创建规划设计的地面模型。单击【三维建模】|【造型对象】|【等高建模】菜单命令，在绘图区中框选闭合的多段线即可完成等高建模操作。

创建等高建模的操作步骤和效果如图 9-5 所示。

6. 三维网架

“三维网架”命令可以沿着网架杆件中心绘制的一组空间关联直线转换为有球节点的等直径空间钢管网架三维模型，但在平面图上只能看到杆件中心线。单击【三维建模】|【造型对象】|【三维网架】菜单命令，在绘图区中选择要生成三维网架的直线或多段线后按回车键，然后在弹出的【网架设计】对话框中设置参数后，单击【确定】按钮，即可完成三维网架的创建。

创建三维网架的操作步骤和效果如图 9-6 所示。

【网架设计】对话框各选项解释如下：

➢ 网架图层：在该区域中的“球”和“网架”两个下拉列表可选择节点球体和网架，

分别创建到指定的图层。

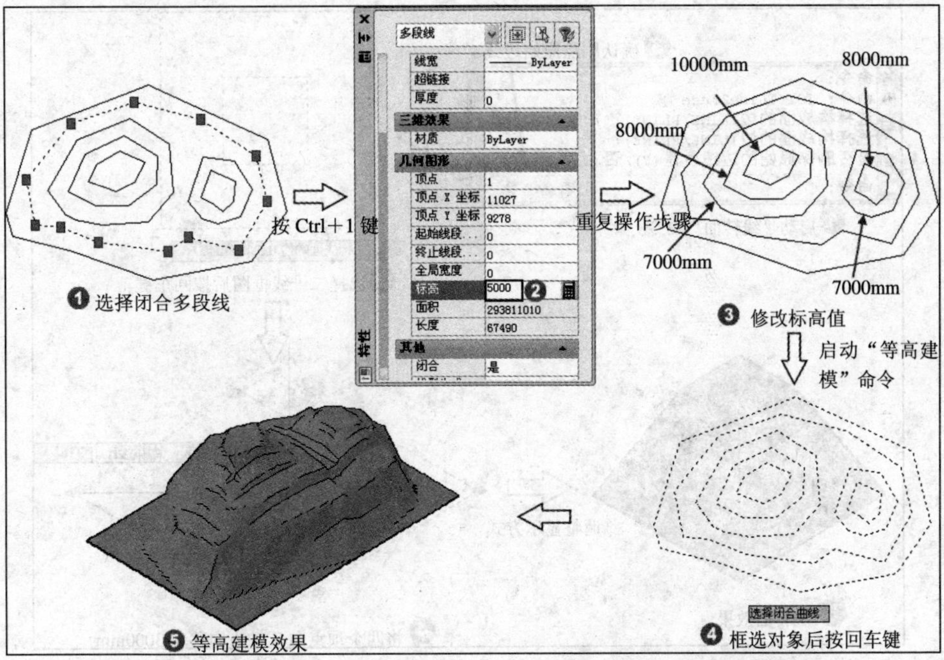

图 9-5　等高建模

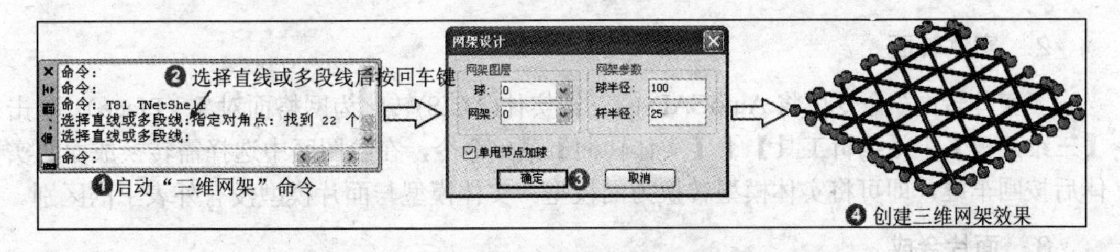

图 9-6　创始三维网架

➢　网架参数：分别用于设置节点球和连接杆的半径值。

➢　单甩节点加球：选中该复选项后，在直接的端点上也将产生球节点；当取消该复选项后，则只会在两根直线以上相交位置生成球节点。

9.1.2 三维编辑工具

TArch 8.0 提供了一系列三维编辑工具，通过这些工具可将二维图形转换为三维图形，或对三维图形进行编辑处理。

1. 线转面

“线转面”命令可将由线构成的二维图形生成三维网格面(Pface)。单击【三维建模】|【编辑工具】|【线转面】菜单命令，在绘图区中选择已绘制好的二维线框图后按回车键，即可完成线转面操作。

创建线转面的操作步骤和效果如图 9-7 所示。

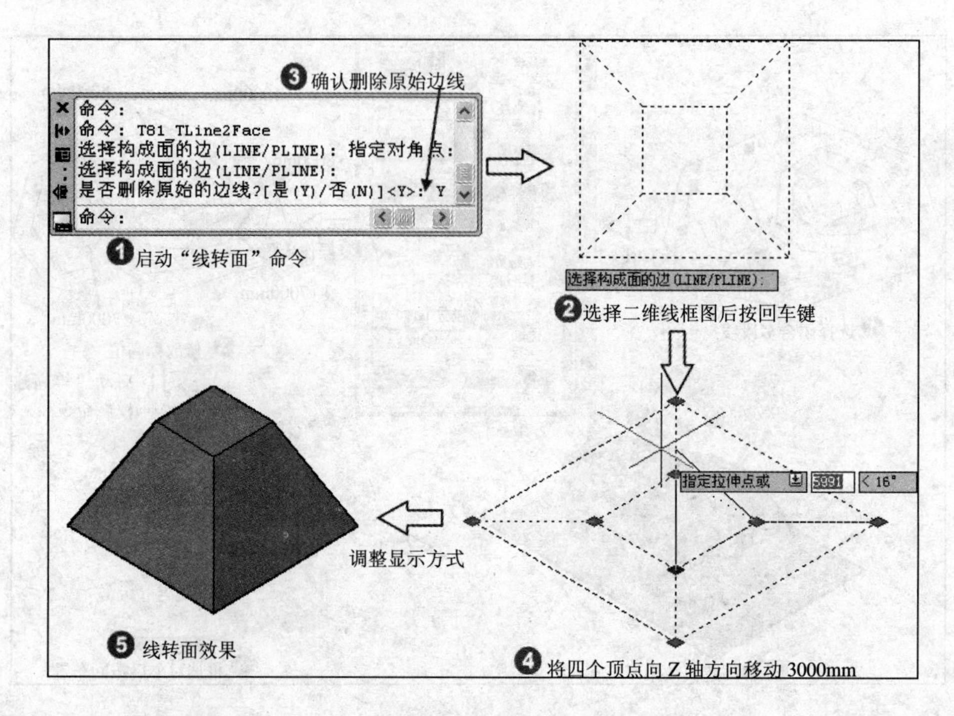

图 9-7　线转面

2．实体转面

“实体转面”命令可将 AutoCAD 的三维实体(ACIS)转化为网格面对象（Pface）。单击【三维建模】|【编辑工具】|【实体转面】菜单命令，在绘图区中选择需转换成面的实体后按回车键，即可将实体模型转换为面模型。实体模型与面片模型没有外表上的区别。

3．面片合成

“面片合成”命令用于将 3Dface 三维面对象转化为网格面对象（Pface）。单击【三维建模】|【编辑工具】|【面片合成】菜单命令，在绘图区中选择需合成的多个三维面对象后按回车键，即可将其合并为一个更大的三维网格面。

4．隐去边线

“隐去边线”命令用于将三维面对象(3DFace)与网格面对象（Pface）的指定边线变为不可见。单击【三维建模】|【编辑工具】|【面片合成】菜单命令，在绘图区中单击面片对象中需隐藏的边线，即可完成“隐去边线”命令。

5．三维切割

“三维切割”命令用于切割三维模型，便于生成剖透视模型，切割后生成两个结果图块，方便用户移动和删除。单击【三维建模】|【编辑工具】|【三维切割】菜单命令，在绘图区中选择需剖切的三维对象后按回车键，然后指定切割线的起点和终点，即可切割三维模型。

切割三维模型的操作步骤和效果如图 9-8 所示。

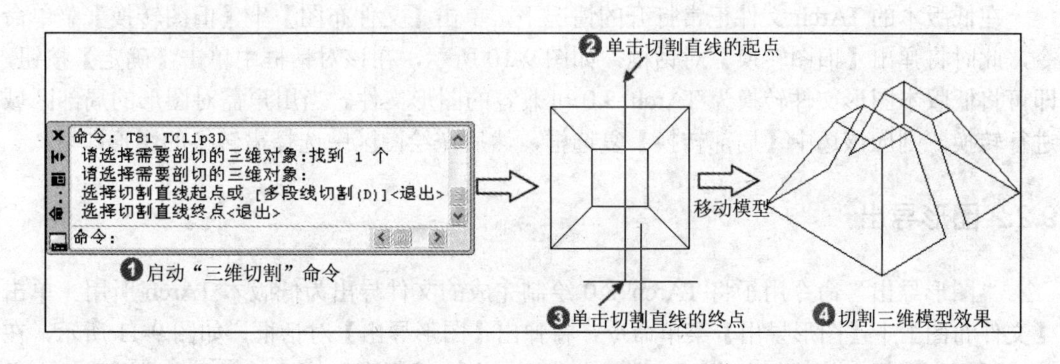

图 9-8　切割三维模型

6. 厚线变面

使用 AutoCAD 绘制的直线、多段线和圆弧等，都可设置为具有宽度的线条。“厚线变面”命令可将具有厚度的曲线转换为面。单击【三维建模】|【编辑工具】|【厚线变面】菜单命令，在绘图区中选择具有厚度的曲线后按回车键，即可完成“厚线变面”命令。

7. 线加厚

“线加厚”命令可将已绘制好的曲线沿 Z 轴方向加厚，使其成为曲面对象。单击【三维建模】|【编辑工具】|【线加厚】菜单命令，在绘图区中选择需拉伸的对象后按回车键，然后确认拉伸高度，即可将线加厚。“线加厚”命令的操作步骤和效果如图 9-9 所示。

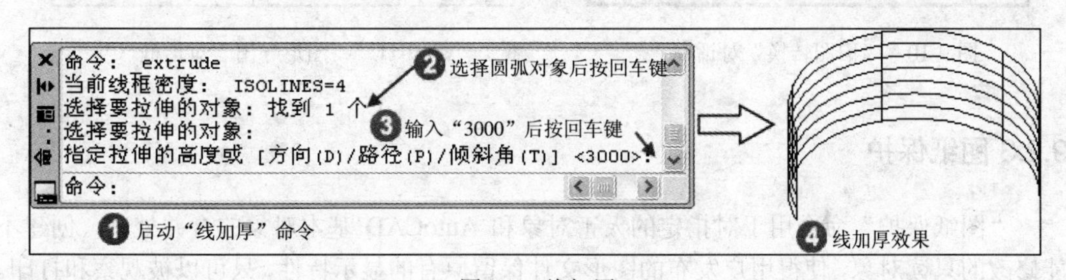

图 9-9　线加厚

9.2 图形导出

很多建筑专业软件都存一定的兼容问题，例如，非对象技术的 TArch 7.0 就不能正常打开 TArch 8.0 的文件，因为软件一般都是向低版本兼容的。本节将介绍如何将 TArch 8.0 文件导出，使其能使低版本建筑软件打开，以解决图纸交流问题。

9.2.1 旧图转换

“旧图转换”命令用于对 TArch 3.0 格式的平面图进行转换，将原来用 ACAD 图形对象表示的内容升级为新版的自定义专业对象格式。

在低版本的 TArch 文件正常打开的情况下，单击【文件布图】|【旧图转换】菜单命令，此时将弹出【旧图转换】对话框，如图 9-10 所示，在该对话框中单击【确定】按钮，即可将低版本图形文件转换为 TArch 8.0 可兼容的图形文件。当用户需对图形的局部区域进行转换，则应该选中【局部转换】复选框，然后在绘图区中选择需转换的图形即可。

9.2.2 图形导出

“图形导出”命令用于将 TArch 8.0 绘制完成的文件导出为低版本 TArch 所用。单击【文件布图】|【图形导出】菜单命令，将弹出【图形导出】对话框，如图 9-11 所示，在该对话框中选择文件的保存类型和文件名称后，单击【保存】按钮，即可完成图形导出操作。

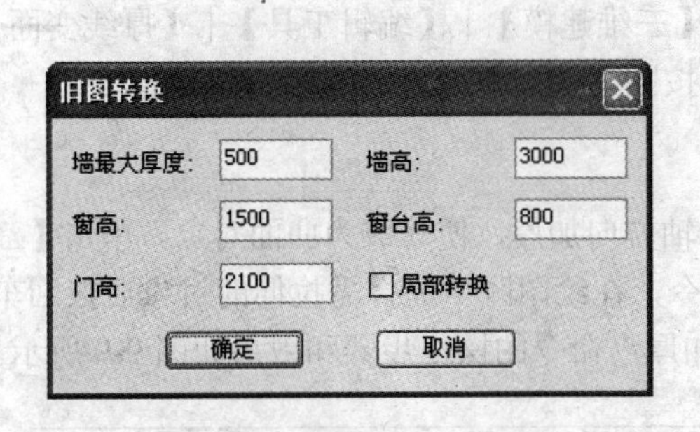

图 9-10 “旧图转换”对话框

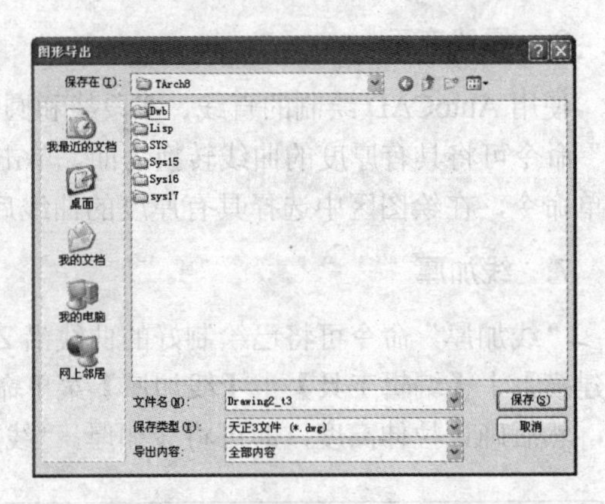

图 9-11 “图形导出”对话框

9.2.3 图纸保护

“图纸保护”命令用于对指定的天正对象和 AutoCAD 基本对象的合并处理，创建不能修改的只读对象，使得用户发布的图形文件保留原有的显示特性，只可以被观察和打印。单击【文件布图】|【图纸保护】菜单命令，在绘图区中选择需保护的图形对象后按回车键，将弹出【图纸保护设置】对话框，如图 9-12 所示，在该对话框中设置保护方式和密码后，单击【确定】按钮即可创建图纸保护。

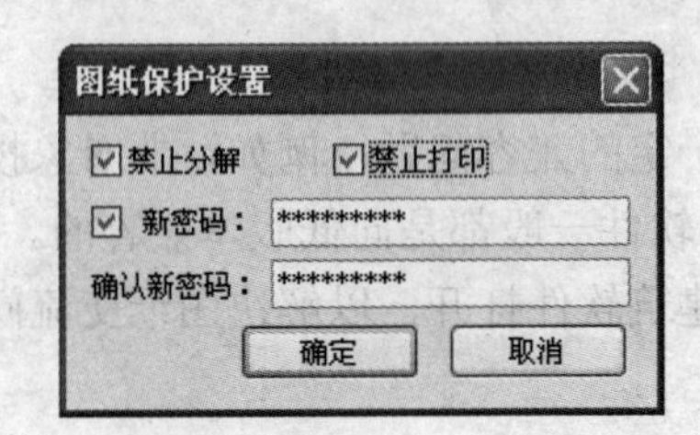

图 9-12 “图纸保护设置”对话框

9.2.4 插件发布

“插件发布”命令用于将随 TArch 8.0 附带的天正对象解释插件发布到用户指定路径下，帮助客户观察和打印带有天正对象的文件，特别是带有保护对象的新文件。单击【文件布图】|【插件发布】菜单命令，将弹出【另存为】对话框，如图 9-13 所示，在该对话框中选择存储路径后，单击【保存】按钮，即可完成插件发布。

图 9-13　“另存为”对话框

9.3 本章小结

本章主要介绍了创建三维造型对象的方法，以及三维编辑工具的使用方法，其中，平板、竖板、路径曲面、栏杆库和路径排列等命令的应用非常广泛，常用于建筑装饰中各种造型的创建，应通过练习和操作掌握其使用方法。

9.4 思考与练习

一、 填空题

1．使用______命令可绘制出板式构件，在创建平板造型之前，首先需要创建一个封闭的______。

2．使用竖板工具，可以在建筑入口处创建雨蓬和________等构件。

3．利用“栏杆库”命令可插入________和________单元。

4．为了适应不同版本 TArch 图形文件的相互交流，应执行____________命令将图形导出为低版本的文件。

二、 问答题

1．简述平板和竖板的区别，分别介绍其操作方法。

2．简述“变截面体”命令绘制图形的操作步骤和方法。

3．简述“路径曲面”命令的操作步骤和方法。

三、 操作题

1．根据本书光盘提供的素材文件“07 章\7.1.3 素材.dwg”文件，为其绘制阳台遮阳板和栏杆，效果如图 9-14 所示。

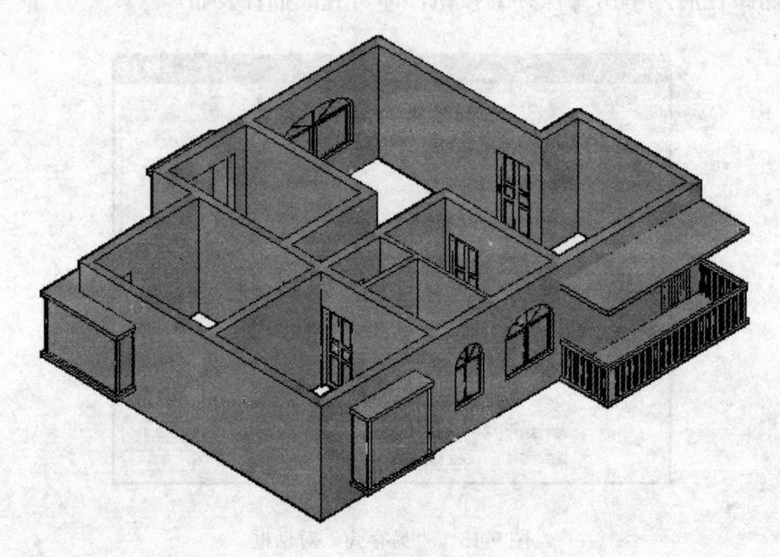

图 9-14 创建遮阳板和栏杆

2．为第 08 章的餐厅工程创建三维立体模型，首先将“08 章\餐厅工程项目”下的“餐厅工程.tpr”的项目文件打开，利用【工程管理】对话框中“楼层”选项工具栏中的【三维组合建筑模型】工具，生成餐厅的三维建筑模型，效果如图 9-15 所示。

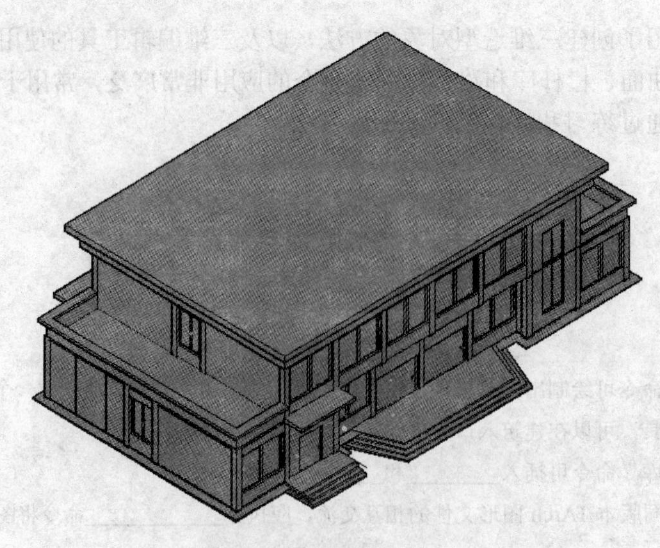

图 9-15 生成的三维模型图

第10章 综合实例——绘制办公楼全套施工图

办公楼是现代社会中一种最常用的建筑物之一，可以满足人们办公和生活等需求。本章通过介绍某办公楼建筑施工图的绘制方法，使读者能更熟练地掌握利用 TArch 8.0 绘制办公类型建筑施工图的方法，其中包括办公楼各层平面图、立面图和剖面图。

10.1 绘制办公楼平面图

办公楼平面图是办公楼施工图图纸的重要组成部分，该办公楼平面图包括首层平面图、二层平面图、三层平面图、四层平面图和屋顶平面图。本节主要介绍各层平面图的绘制方法。

10.1.1 绘制办公楼首层平面图

视频教学	
视频文件:	AVI\第 10 章\10.1.1.avi
播放时长:	38 分 14 秒

本小节介绍办公楼首层平面图的绘制方法，其绘制内容主要包括轴网、柱子、墙体、门窗、台阶和散水等。绘制办公楼首层平面图的最终效果如图 10-1 所示。

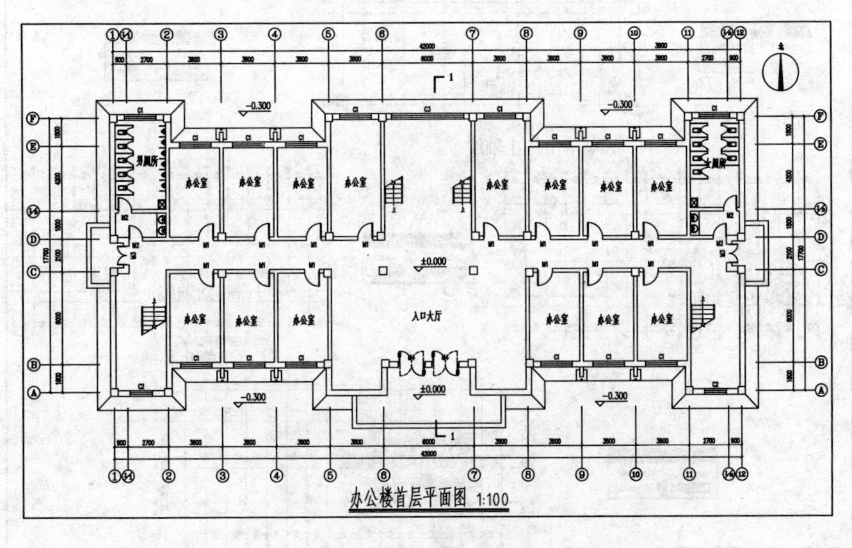

图 10-1　办公楼首层平面图

❶绘制轴网。正常启动 TArch 8.0 情况下，软件自动创建了一个空白文档，单击【轴网柱子】|【绘制轴网】菜单命令，在弹出的【绘制轴网】对话框中选择“直线轴网”标签，选择【下开】单选项，设置下开间参数，选择【左进】单选项，设置左进深参数，然

后单击【确定】按钮，最后在绘图区中指定轴网插入位置即可创建轴网。绘制轴网的具体操作步骤和效果如图 10-2 所示。

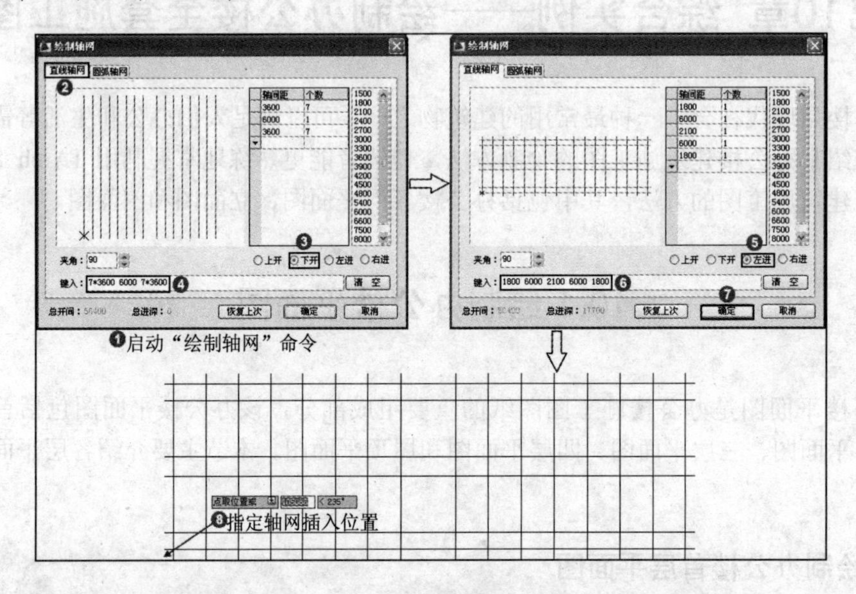

图 10-2　绘制轴网

❷轴号标注。单击【轴网柱子】｜【两点轴标】菜单命令，在弹出的【轴网标注】对话框中设置参数后，在绘图区中依次指定起始轴线和终止轴线，即可创建轴号标注。创建轴号标注的具体操作步骤和效果如图 10-3 所示。

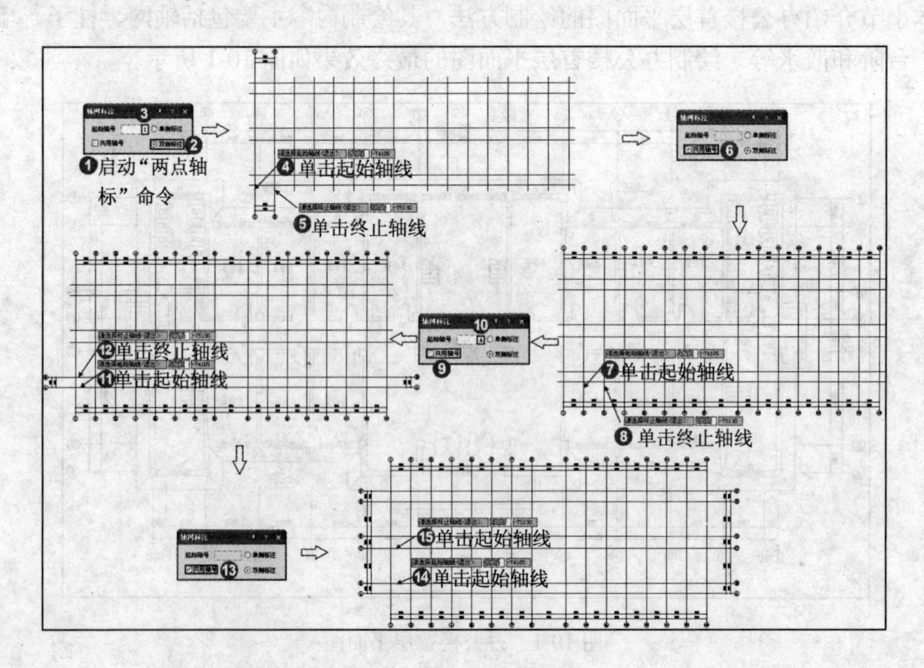

图 10-3　轴号标注

❸添加附加轴线。单击【轴网柱子】｜【添加轴线】菜单命令，在绘图区中选择参考

轴线，接着确认是否为附加轴线，然后指定轴线的偏移方向，最后输入距参考轴线的距离后按回车键，即可添加一条附加轴线。添加附加轴线的具体操作步骤和效果如图 10-4 所示。

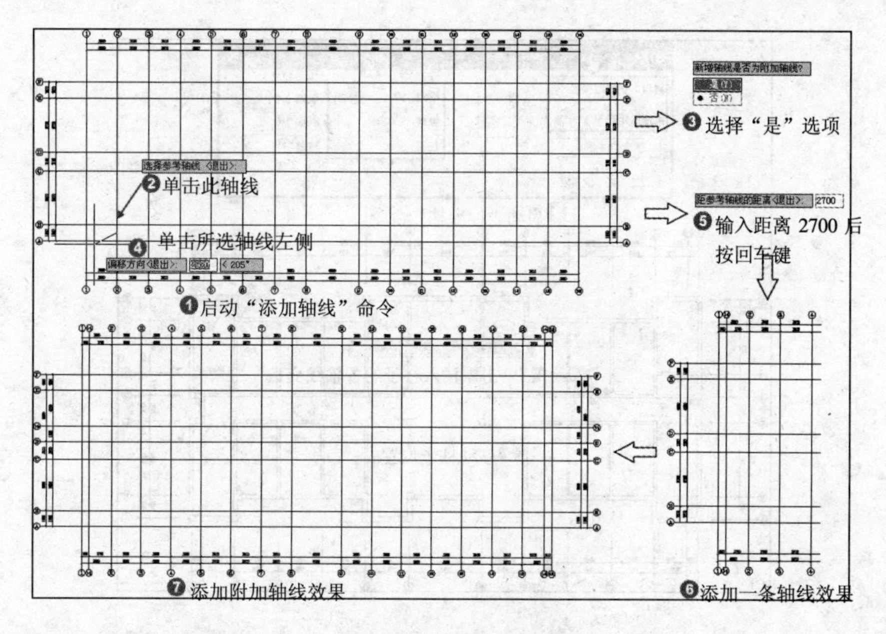

图 10-4　添加轴线

❹绘制墙体。单击【墙体】|【绘制墙体】菜单命令，在弹出的【绘制墙体】对话框中设置参数后，根据命令行提示依次指定墙线的起点和下一点，单击鼠标右键开始绘制新的墙体，同样方法绘制出所有墙体，绘制完成后将“轴线”图层进行隐藏。绘制墙体的具体操作步骤和效果如图 10-5 所示。

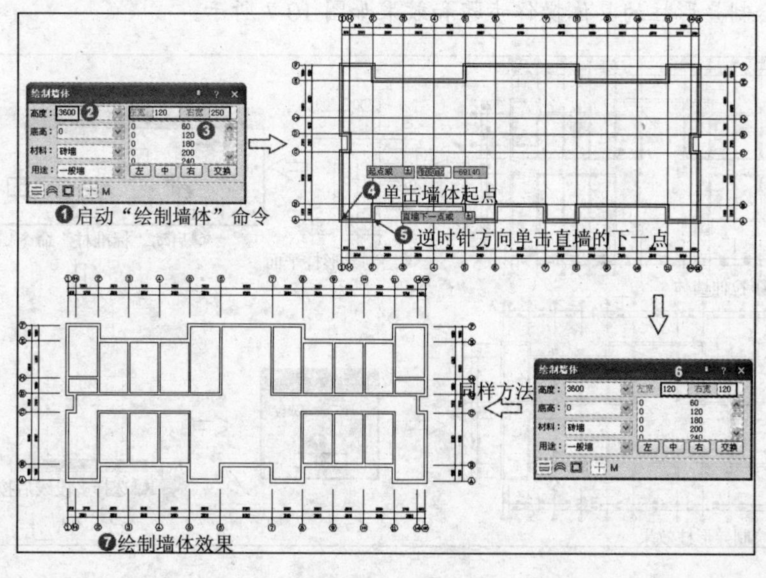

图 10-5　绘制墙体

❺插入标准柱。将“轴线”图层临时显示出来，单击【轴网柱子】|【标准柱】菜单命令，在弹出的【标准柱】对话框中设置参数，然后在绘图区中依次单击需要添加柱子的

各轴线的交点，按“Esc”键退出命令，并配合“移动”功能调动柱子位置，即可完成标准柱的绘制。插入标准柱的具体操作步骤和效果如图 10-6 所示。

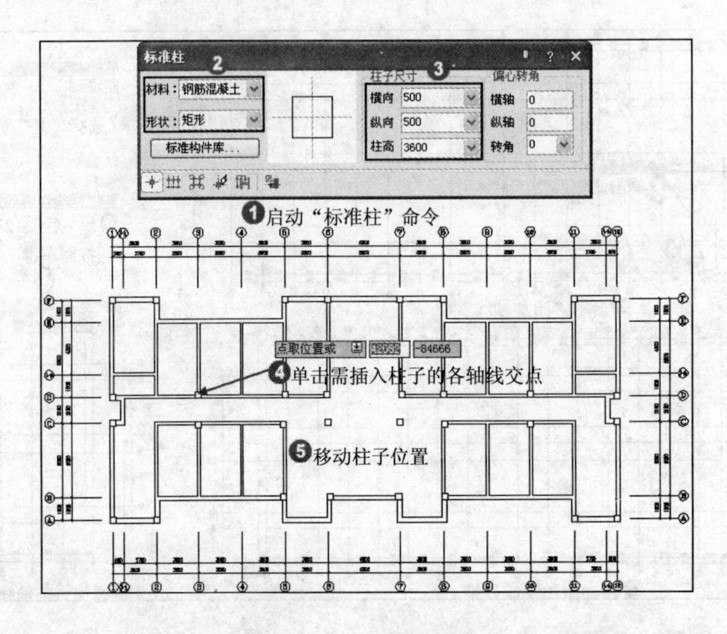

图 10-6　插入标准柱

❻绘制异形柱。选中轴线“3、4、9、10”所经过的墙线，将其向外拉伸 1000mm；单击 AutoCAD 绘图工具栏中的 PLINE（多段线）按钮，绘制出异形柱平面；单击【轴网柱子】|【标准柱】菜单命令，在弹出的【标准柱】对话框选中【选择 Pline 线创建异形柱】按钮，在绘图区中选择多段线并设置参数，然后配合“旋转”和“复制”功能插入异形柱。绘制异形柱的具体操作步骤和效果如图 10-7 所示。

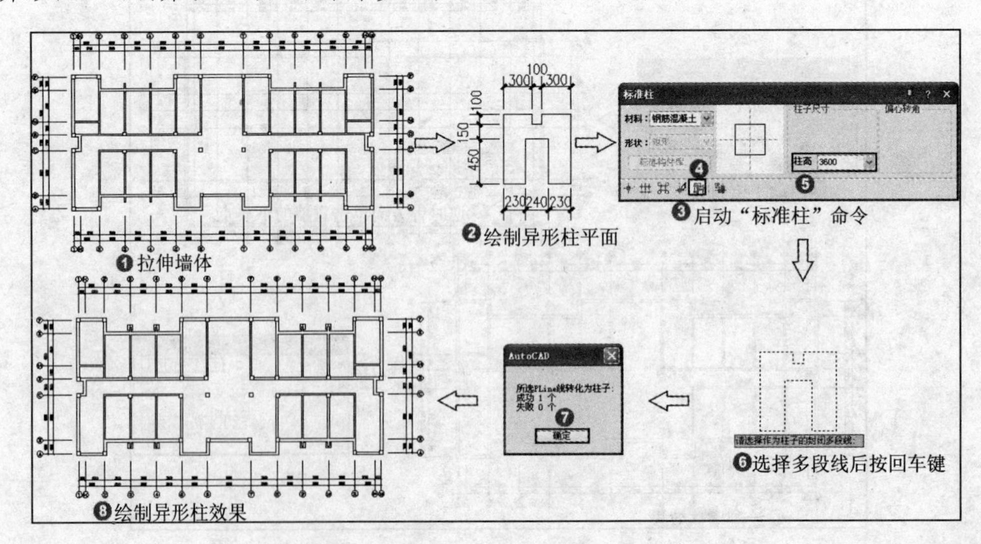

图 10-7　创建异形柱

❼绘制窗户。单击【门窗】|【门窗】菜单命令，在弹出的【门】对话框中单击选中【插窗】按钮，弹出【窗】对话框，设置参数后，单击选中【在点取的墙段上等分插入】

按钮，然后在绘图区中指定窗户大致位置，并确认窗户个数后，即可完成一个窗户的绘制，同样方法绘制出所有窗户。绘制窗户的具体操作步骤和效果如图 10-8 所示。

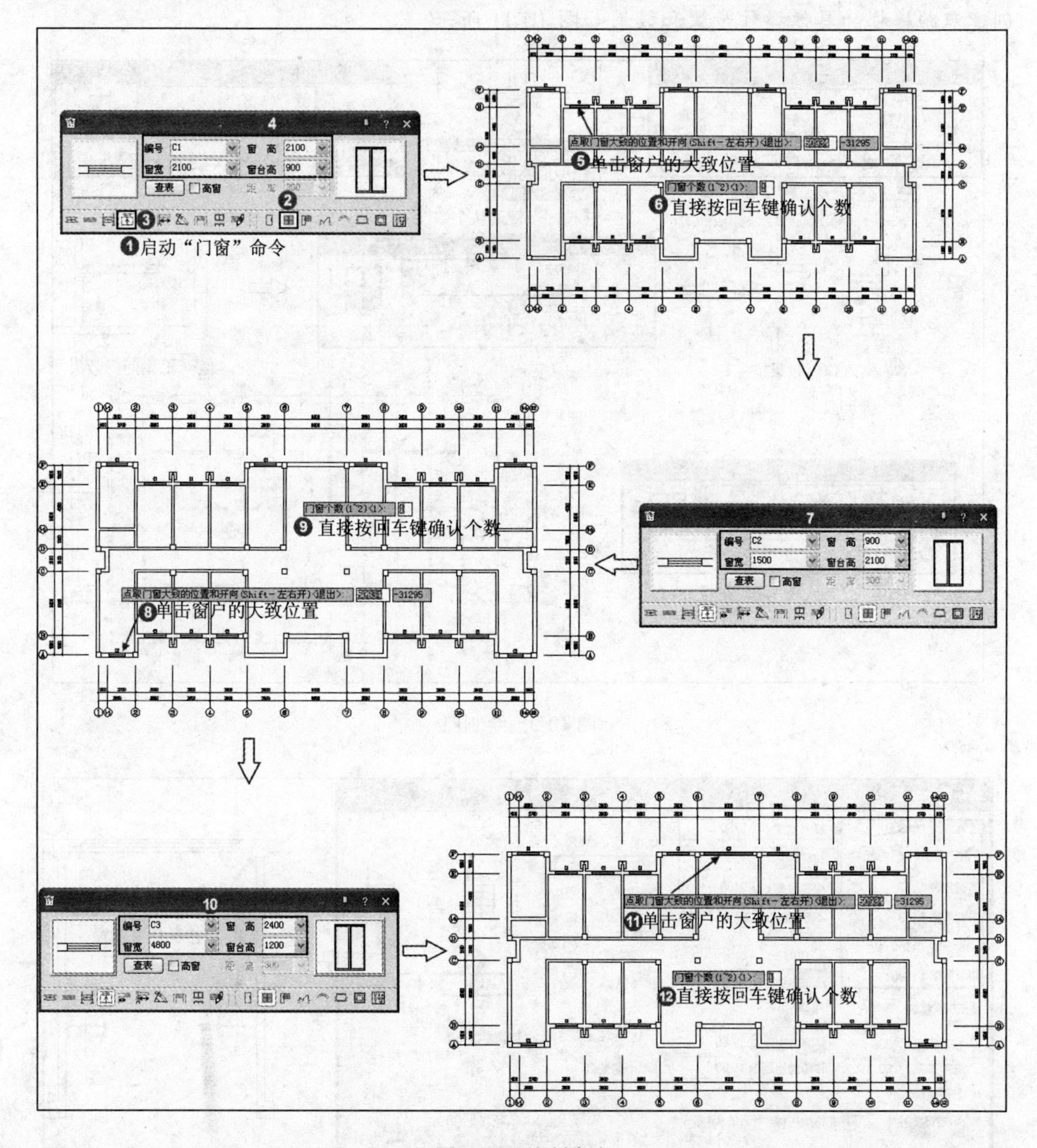

图 10-8　绘制窗户

❽绘制门。在【窗】对话框中单击【插门】按钮，并设置平开门参数后，然后在绘图区中指定平开门大致位置，并确定平开门插入个数后，即可完成一个平开门的绘制，同样方法绘制出所有门。绘制门的具体操作步骤和效果如图 10-9 所示。

❾绘制主楼梯。单击【楼梯其他】|【双分平行】菜单命令，在弹出的【双分平行楼梯】对话框中设置参数后，单击【确定】按钮，然后在绘图区中指定楼梯插入位置即可。创建主楼梯的具体操作步骤和效果如图 10-10 所示。

❿绘制辅助楼梯。单击【楼梯其他】|【双跑楼梯】菜单命令，在弹出的【双跑楼梯】

对话框中设置参数后，将光标移到绘图区中，接着在命令行中输入选项 D，将双跑楼梯进行上下翻转，然后指定楼梯插入位置即可创建出双跑楼梯，同样方法创建另一个双跑楼梯。创建双跑楼梯的具体操作步骤和效果如图 10-11 所示。

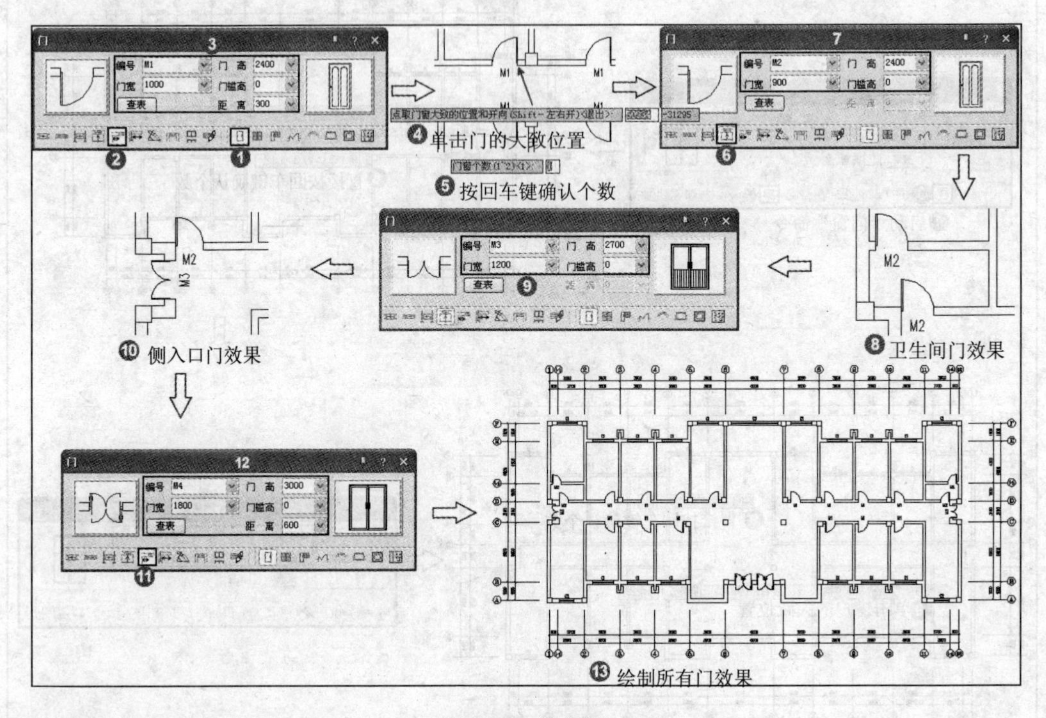

图 10-9 绘制门

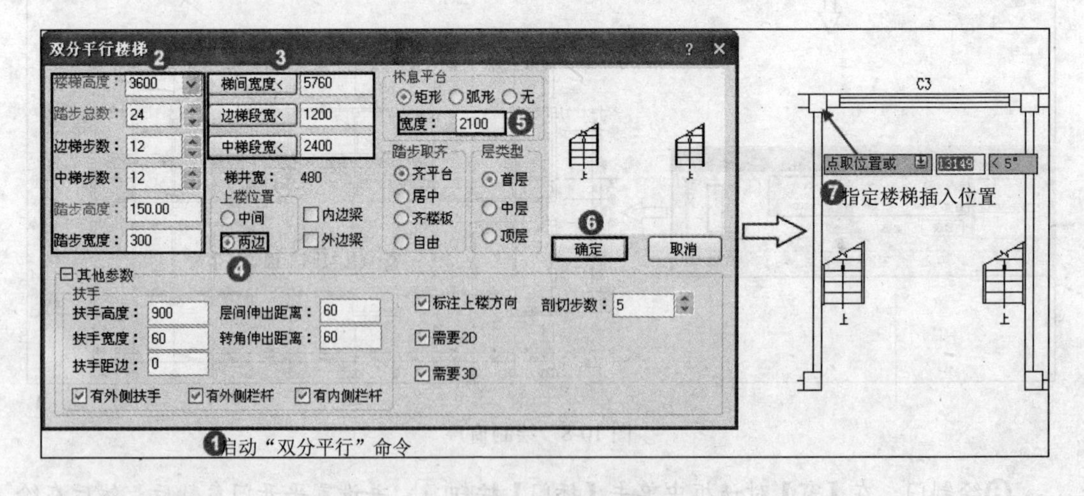

图 10-10 绘制主楼梯

⓫绘制台阶。单击 AutoCAD 绘图工具栏中的 PLINE（多段线）按钮，绘制出台阶的外轮廓线；单击【楼梯其他】|【台阶】菜单命令，在弹出的【台阶】对话框中设置参数并选中【选择已有路径绘制】按钮，接着在绘图区中选择作为台阶轮廓的多段线，然后选择相邻接着的墙体、门窗和柱子后按回车键，最后确认没有踏步的边即可完成台阶的绘制。同样方法绘制所有台阶，绘制台阶的具体操作步骤和效果如图 10-12 所示。

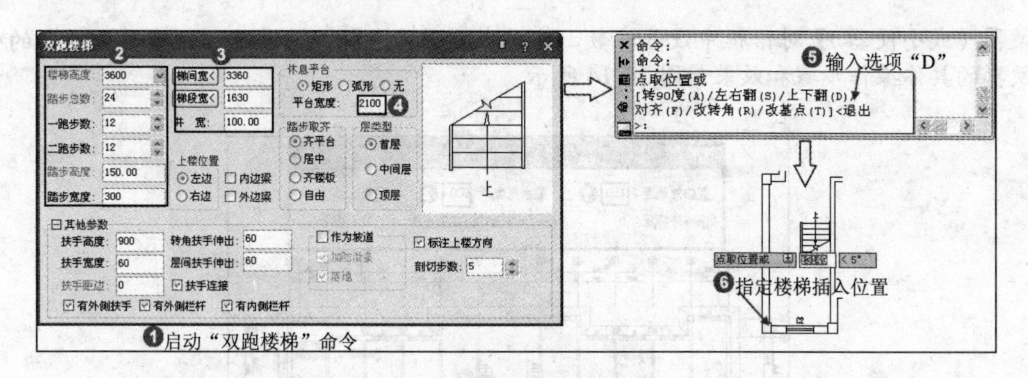

图 10-11　绘制辅助楼梯

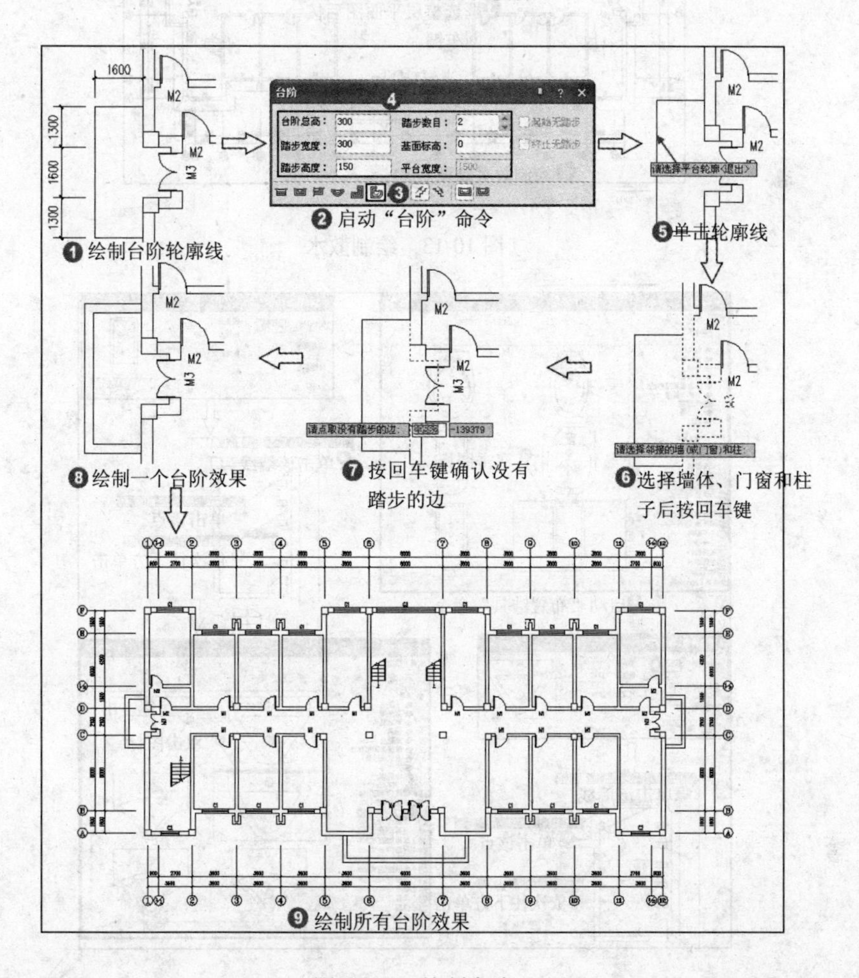

图 10-12　绘制台阶

⓬绘制散水。单击【楼梯其他】|【散水】菜单命令，在弹出的【散水】对话框中设置参数后，在绘图区中框选整层平面图后按回车键，即可绘制出散水。绘制散水的具体操作步骤和效果如图 10-13 所示。

⓭布置大便器和小便器。单击【房间屋顶】|【房间布置】|【布置洁具】菜单命令，在弹出的【天正洁具】窗口中双击“大便器”或“小便器”图标，接着在弹出的【布置蹲

便器（或小便器）】对话框中设置参数，然后在绘图区中插入洁具即可。布置大便器的小便器的具体操作步骤和效果如图 10-14 所示。

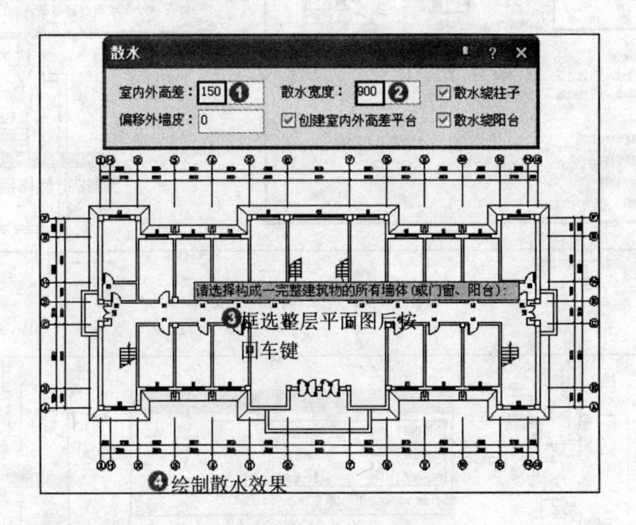

图 10-13　绘制散水

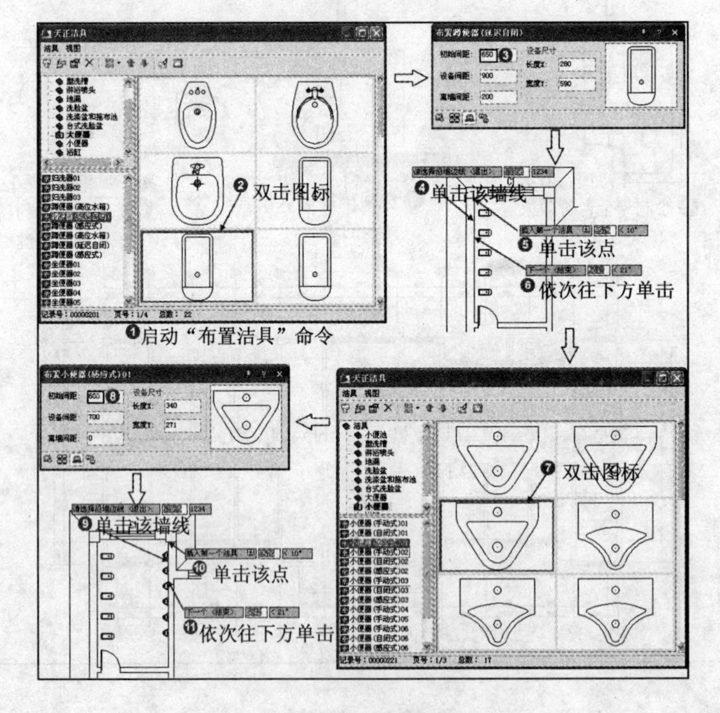

图 10-14　布置大便器和小便器

⓮布置隔断和隔板。单击【房间屋顶】|【房间布置】|【布置隔断】菜单命令，在绘图区中指定一直线选择大便器，然后确认隔板长度和隔断门宽值，即可完成隔断的绘制；单击【房间屋顶】|【房间布置】|【布置隔板】菜单命令，在绘图区中指定一直线选择小便器，然后确认隔板长度即可完成隔板的绘制。布置隔断和隔板的具体操作步骤和效果如图 10-15 所示。

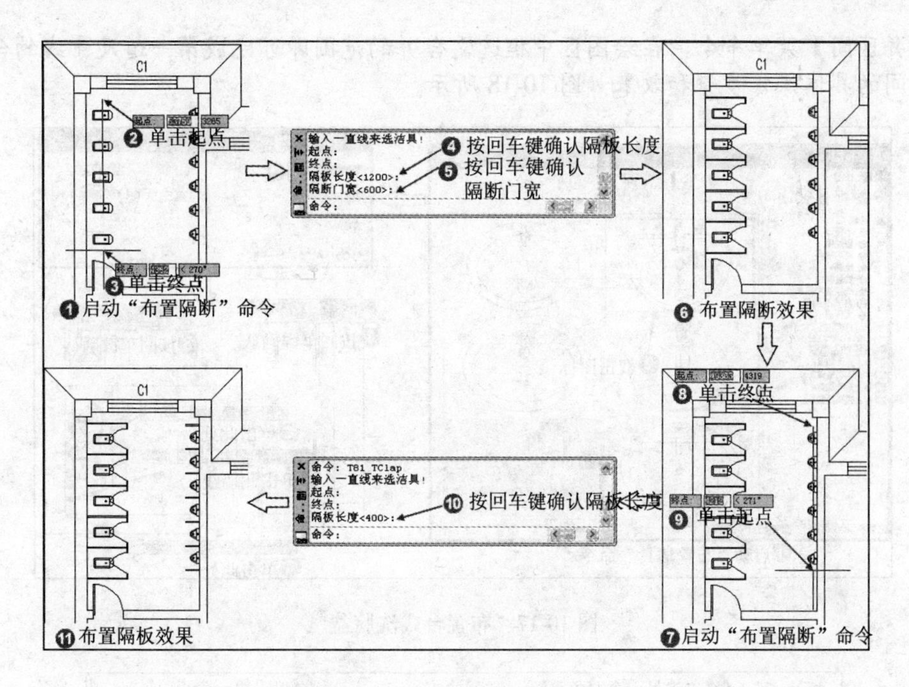

图 10-15　布置隔断和隔板

⓯布置拖布池。单击【房间屋顶】|【房间布置】|【布置洁具】菜单命令，在弹出的【天正洁具】窗口中双击“拖布池”图标，在弹出的【布置拖布池】对话框中设置参数后，在绘图区中指定沿墙边线和第一个点，即可完成拖布池的布置，按“Esc”键退出。布置拖布池的具体操作步骤和效果如图 10-16 所示。

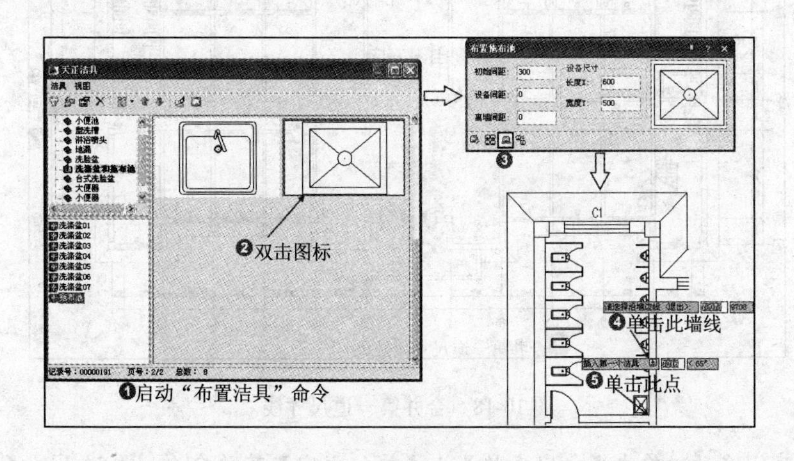

图 10-16　布置拖布池

⓰布置台式洗脸盆。单击【房间屋顶】|【房间布置】|【布置洁具】菜单命令，在弹出的【天正洁具】窗口中双击“台式洗脸盆”图标，在弹出的【布置台上式洗脸盆 1】对话框中设置参数后，根据命令行提示布置台式洗脸盆。布置台式洗脸盆的具体操作步骤和效果如图 10-17 所示。

⓱合并第一道尺寸线。单击【尺寸标注】|【尺寸编辑】|【连接尺寸】菜单命令，在绘图区中选择第一道尺寸线按回车键即可连接尺寸；单击【尺寸标注】|【尺寸编辑】

|【合并区间】菜单命令，在绘图区中框选需合并的范围即可完成第一道尺寸线的合并。合并区间的具体操作步骤和效果如图 10-18 所示。

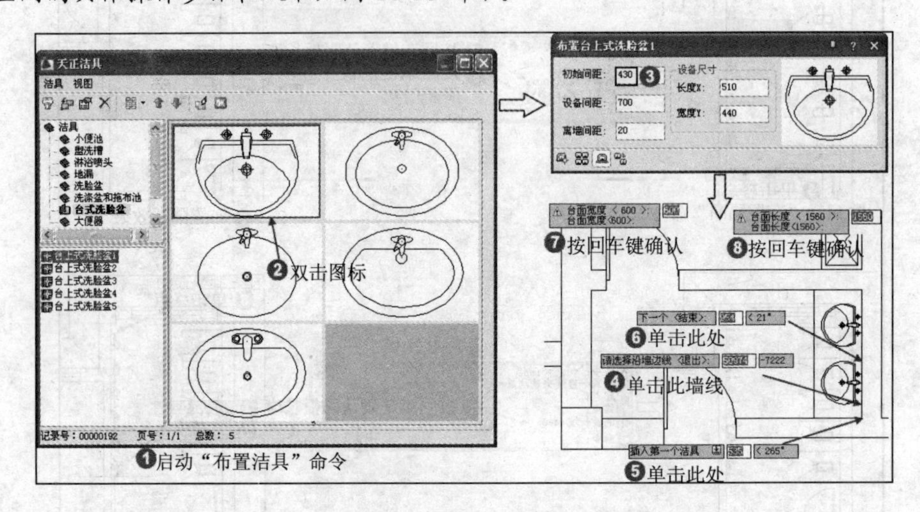

图 10-17 布置台式洗脸盆

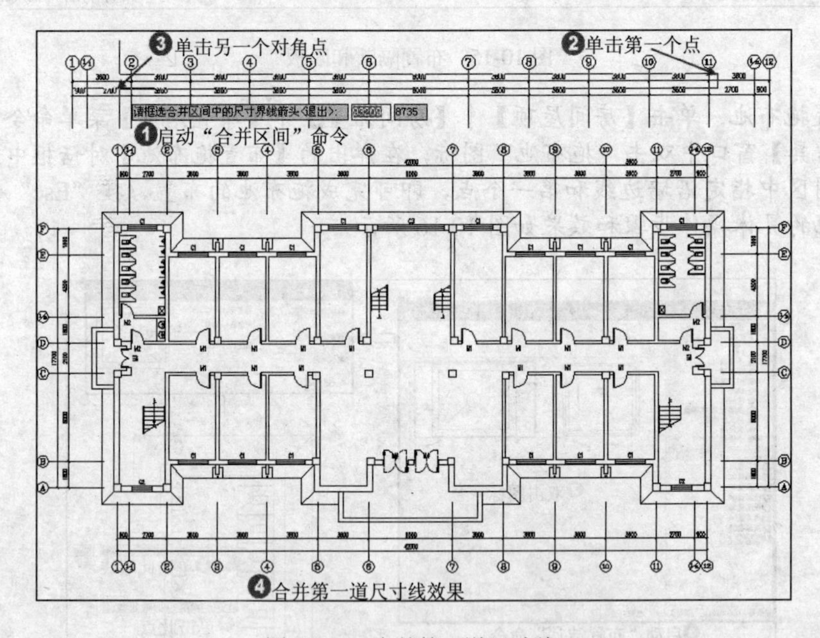

图 10-18 合并第一道尺寸线

⑱标注房间名称。单击【文字表格】|【单行文字】菜单命令，在弹出的【单行文字】对话框中设置参数后，然后在绘图区中指定文字插入位置即可。标注房间名称的具体操作步骤和效果如图 10-19 所示。

⑲创建标高标注。单击【符号标注】|【标高标注】菜单命令，在弹出的【标高标注】对话框中设置参数后，然后在绘图区中指定标高点位置和标高方向，即可创建一个标高标注，可连续标注标高。创建标高标注的具体操作步骤和效果如图 10-20 所示。

⑳创建剖切符号。单击【符号标注】|【剖面剖切】菜单命令，在命令行中确认剖切编号，接着指定剖切的各个点并按回车键，然后指定剖视方向，即可完成剖切符号的创建。

创建剖切符号的具体操作步骤和效果如图 10-21 所示。

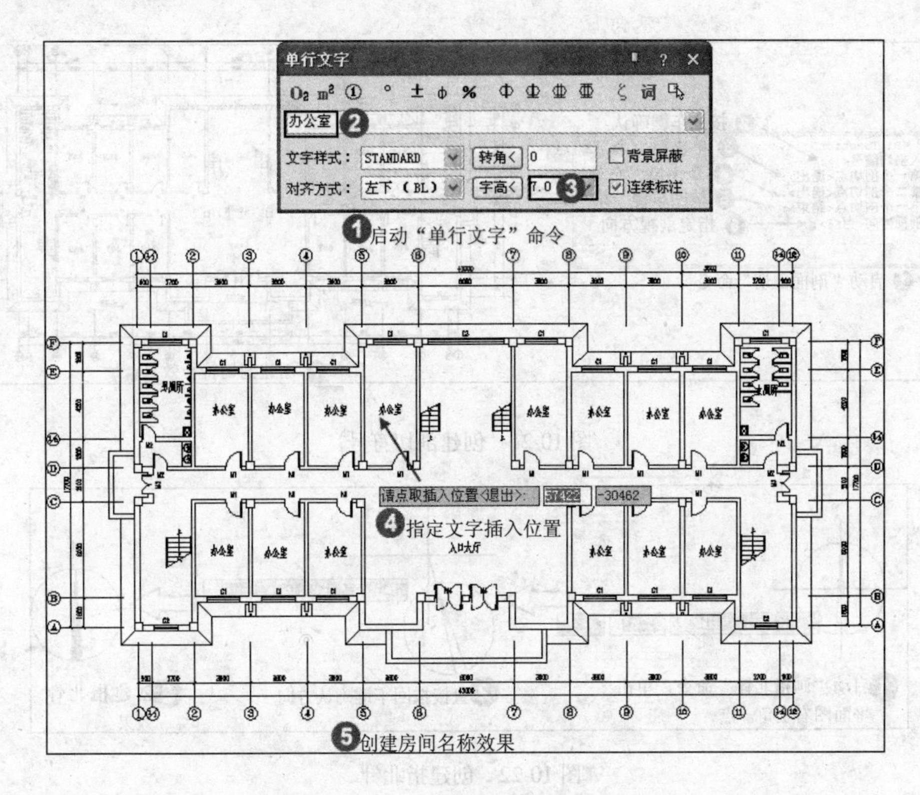

图 10-19　创建房间名称文字

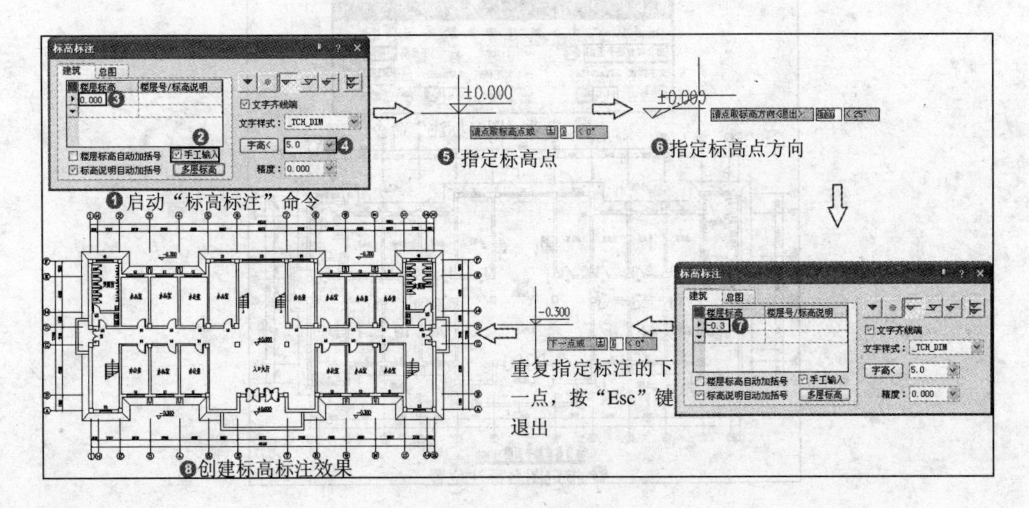

图 10-20　创建标高标注

㉑创建指北针。单击【符号标注】|【画指北针】菜单命令，在绘图区中右上角指定指北针位置，然后输入指北针角度值 90 后按回车键，即可创建指北针。创建指北针的具体操作步骤和效果如图 10-22 所示。

㉒创建图名标注。单击【符号标注】|【图名标注】菜单命令，在弹出的【图名标注】对话框中设置参数后，在平面图下方指定标注位置即可。创建图名标注的具体操作步骤和

效果如图 10-23 所示。

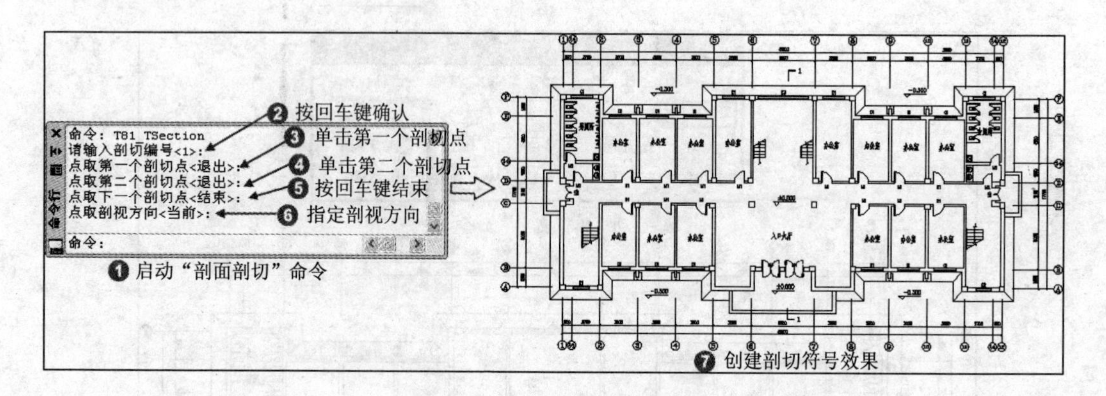

图 10-21　创建剖切符号

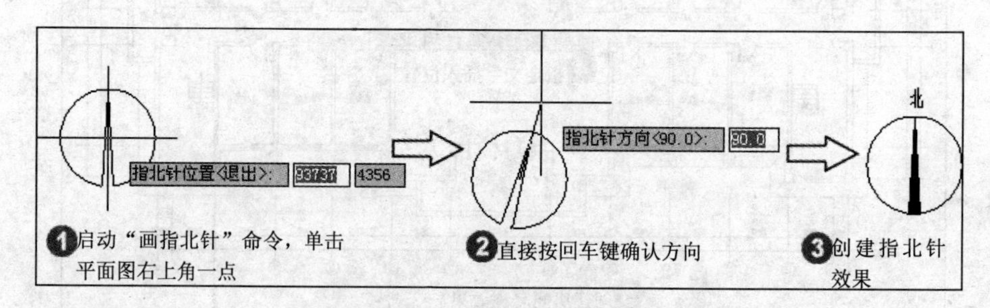

图 10-22　创建指北针

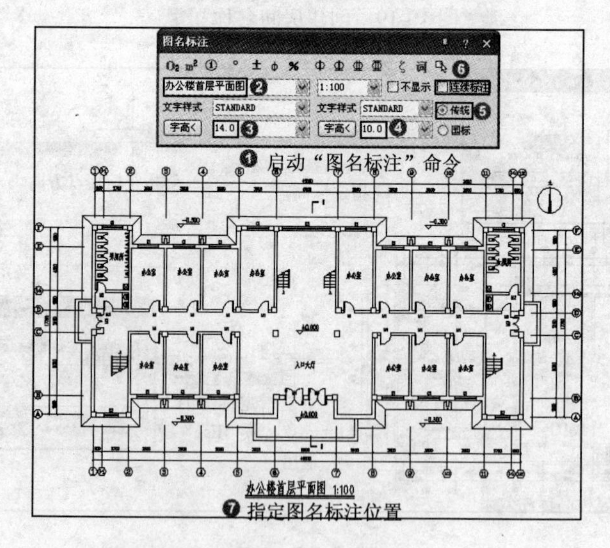

图 10-23　图名标注

10.1.2 绘制办公楼二、三层平面图

办公楼二、三层平面图与首层平面的定位基本相同，不需要再重新绘制，可以在办公楼首层平面图的基础上进行复制，并对其进行修改，其最终效果如图 10-24 所示。

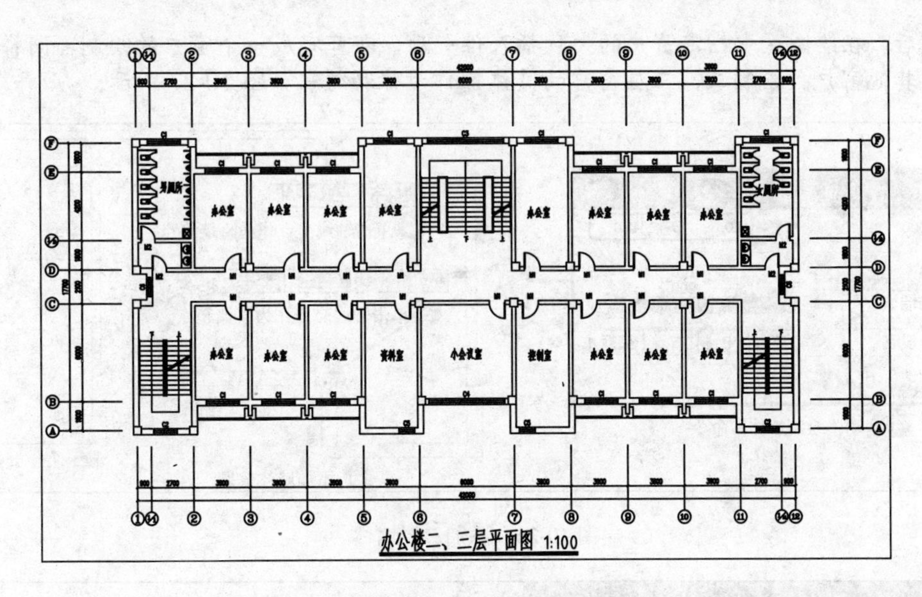

图 10-24　办公楼二层平面图

操作步骤如下：

❶复制平面图。将“DOTE”图层临时显示出来，单击 AutoCAD 修改工具栏中的 COPY（复制）按钮，将整个首层平面图复制一个到右边空白区域；单击 AutoCAD 修改工具栏中的 ERASE（删除）按钮，将复制平面图中的入口门、台阶和散水等进行删除，效果如图 10-25 所示。

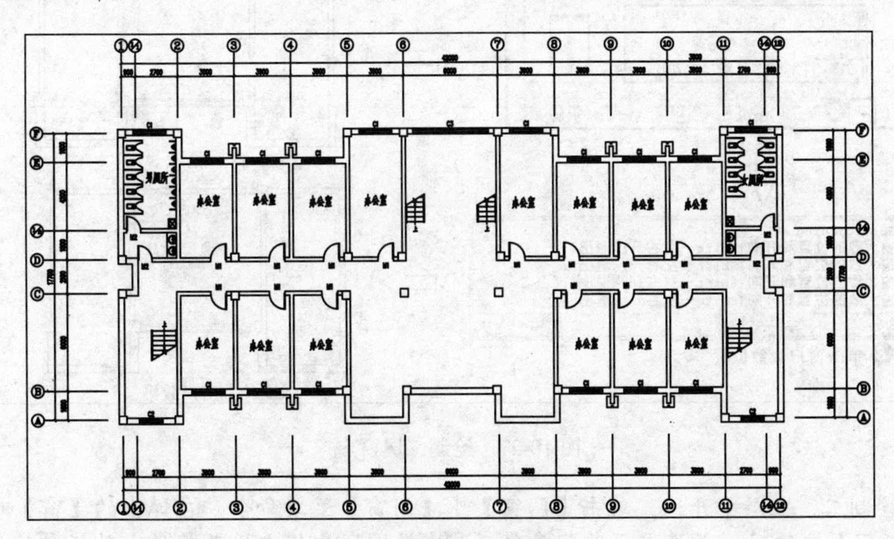

图 10-25　复制平面图

❷绘制墙体。单击【墙体】|【绘制墙体】菜单命令，在弹出的【绘制墙体】对话框中设置参数后，在绘图区中依次指定墙体的起点和下一点，即可完成一段墙体的绘制，按右键重新开始绘制下一段墙体，按“Esc”键退出命令。添加墙体的具体操作步骤和效果如图 10-26 所示。

❸绘制二、三层窗户。单击【门窗】|【门窗】菜单命令，在弹出的【窗】对话框设

置参数后，在绘图区中指定窗户的大致插入位置后，即可完成一个窗户的绘制，同样方法绘制出其他窗户。绘制二、三层窗户的具体操作步骤和效果如图 10-27 所示。

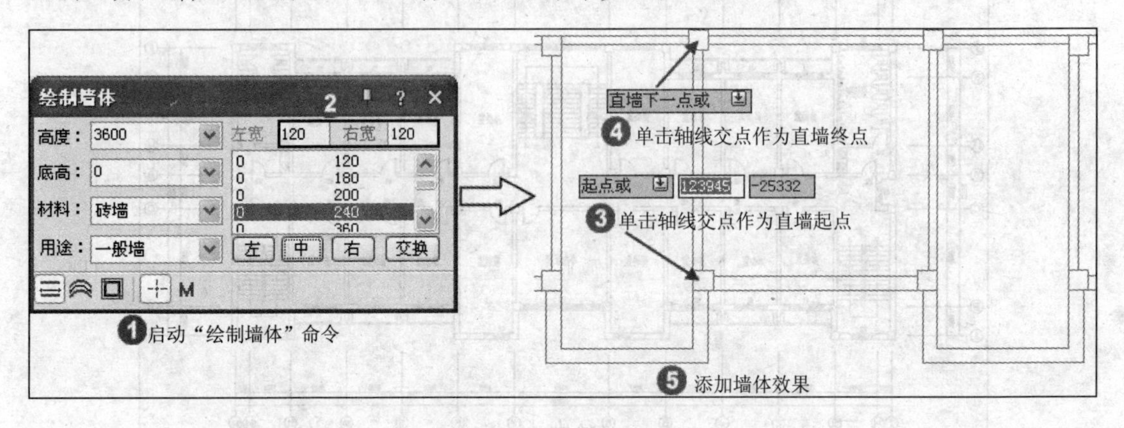

图 10-26 添加二层墙体

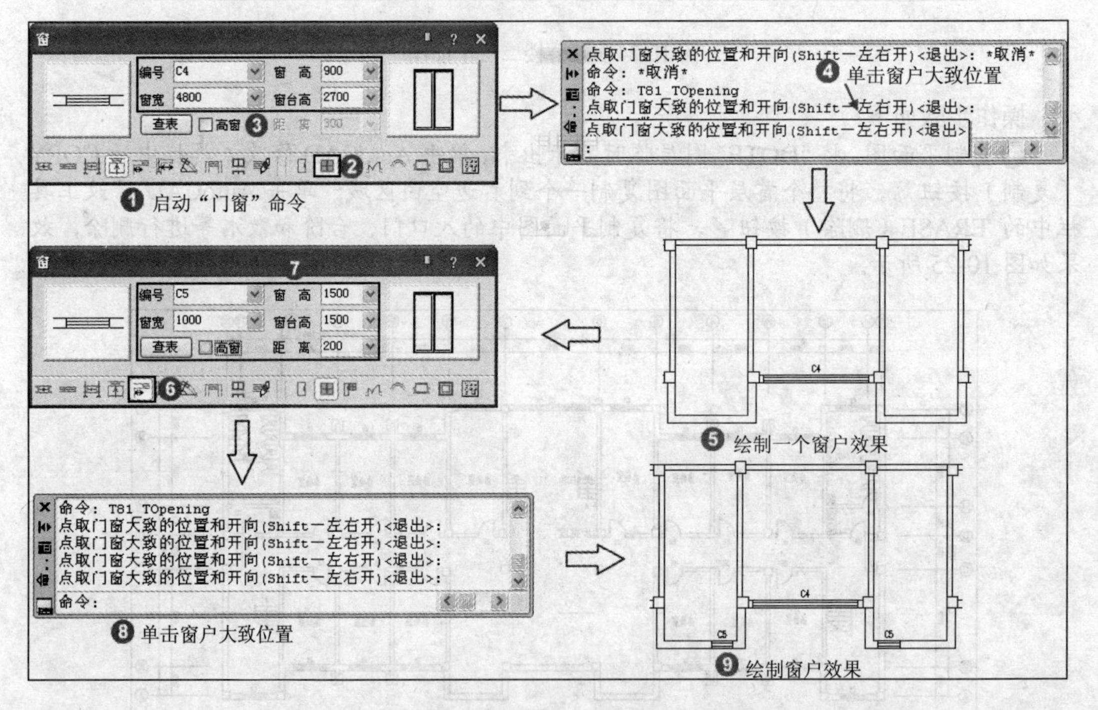

图 10-27 绘制二层窗户

❹绘制二、三层平开门。单击【门窗】|【门窗】菜单命令，在弹出的【窗】对话框单击【插门】按钮，并设置平开门参数后，在绘图区中指定平开门的大致插入位置，即可创建一个平开门，同样方法创建其他平开门，按“Esc”键退出命令。绘制二、三层平开门的具体操作步骤和效果如图 10-28 所示。

❺修改二、三层楼梯。在绘图区中双击创建好的双分平行楼梯，在弹出的【双分平行楼梯】对话框中选择【中层】单选项，然后单击【确定】按钮，即可完成双分平行楼梯的编辑，同样方法编辑二、三层双跑楼梯。编辑二、三层楼梯的具体操作步骤和效果如图 10-29 所示。

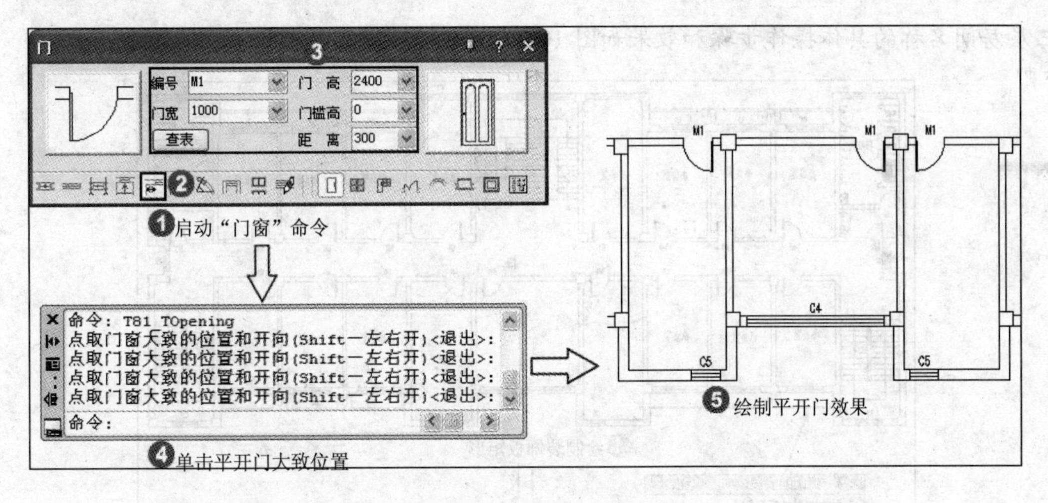

图 10-28　绘制二层平开门

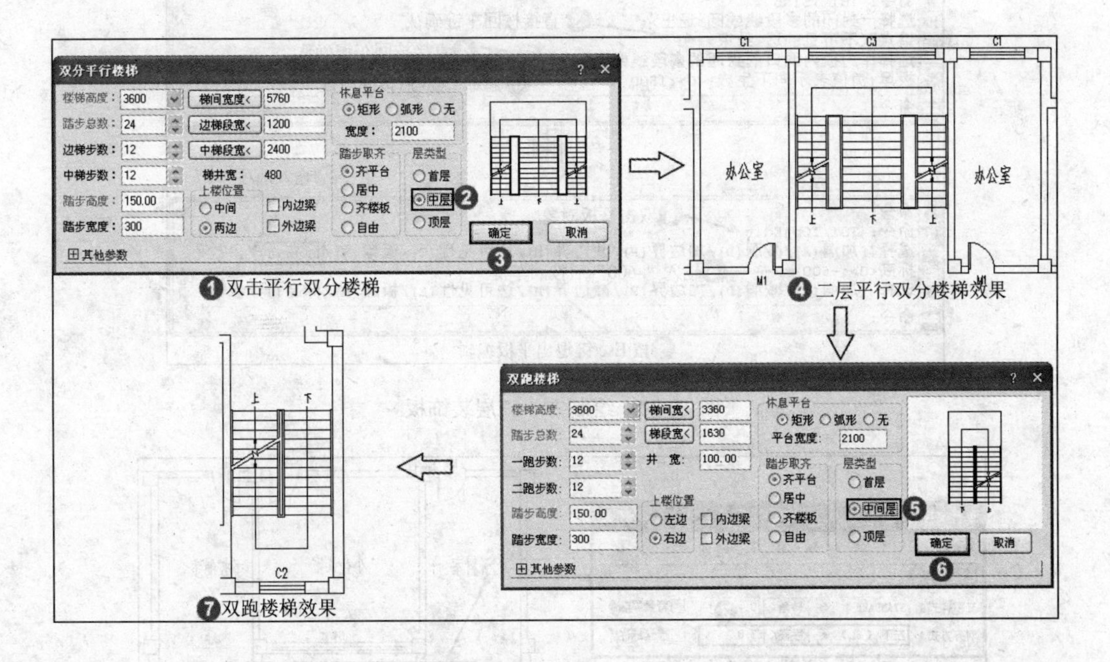

图 10-29　修改二层楼梯

❻绘制二、三层装饰板。单击 AutoCAD 绘图工具栏中的 RECTANG（矩形）按钮，沿异形柱之间、异形柱与墙体之间绘制矩形，其横向尺寸与两者之间间距相同，纵向尺寸为 100mm；单击【三维建模】|【造型对象】|【平板】菜单命令，在绘图区中单击一个矩形，接着按回车键确认没有不可见的边，接下来按回车键确认不设板内洞口，然后指定板厚值“1500”后按回车键，即可将矩形转化三维平板对象，同样方法创建其他三维平板；双击已创建好的平板，根据命令行提示，输入标高选项字母“T”后，在命令行中输入标高值“-600”后按回车键，即可完成一块装饰板的编辑，按“Esc”键退出装饰板的编辑。同样方法，创建出所有装饰板。绘制二、三层装饰板具体操作步骤和效果如图 10-30 所示。

❼创建二、三层房间名称文字。单击【文字表格】|【单行文字】菜单命令，在弹出的【单行文字】对话框中设置参数后，然后在绘图区中指定文字插入位置即可。创建二、

三层房间名称的具体操作步骤和效果如图 10-31 所示。

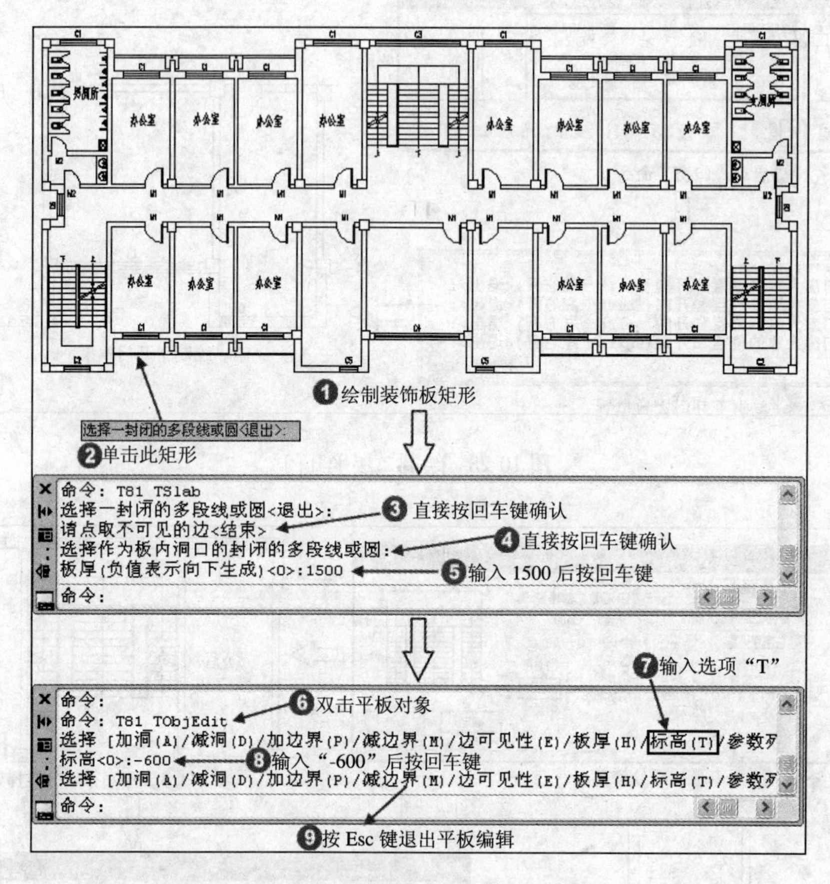

图 10-30　绘制二、三层装饰板

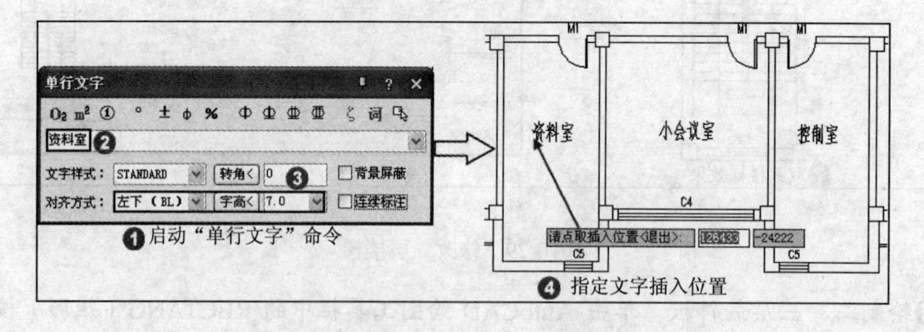

图 10-31　创建二、三层房间名称文字

❽创建图名和比例。单击【符号标注】|【图名标注】菜单命令，在弹出的【图名标注】对话框中设置参数后，在平面图下方指定标注位置即可。创建二、三层平面图名标注的具体操作步骤和效果如图 10-32 所示。

10.1.3 绘制办公楼四层平面图

办公楼四层平面图的定位与办公楼二层平面图相同，有些内容不需要重复绘制，可以由复制办公楼二、三层平面图得来，并对其进行修改。本小节绘制办公楼四层平面图的具体操作步骤和效果如图 10-33 所示。

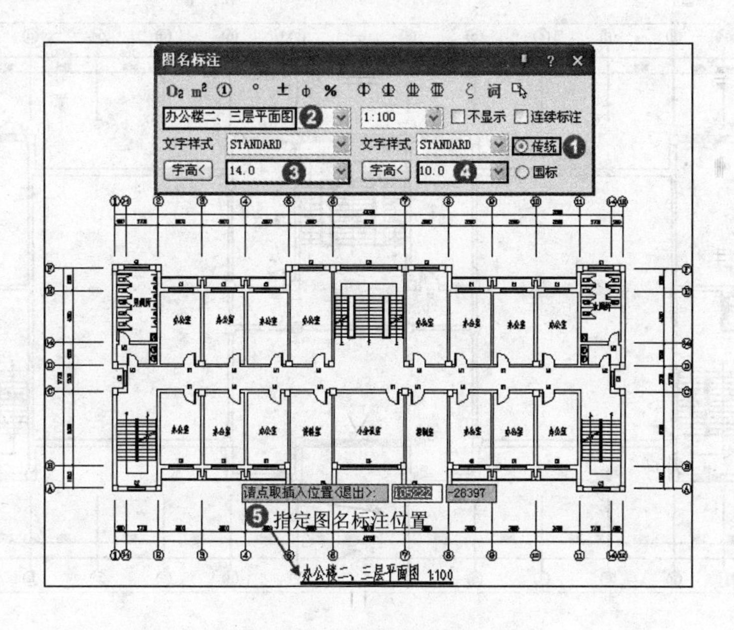

图 10-32　创建图名标注

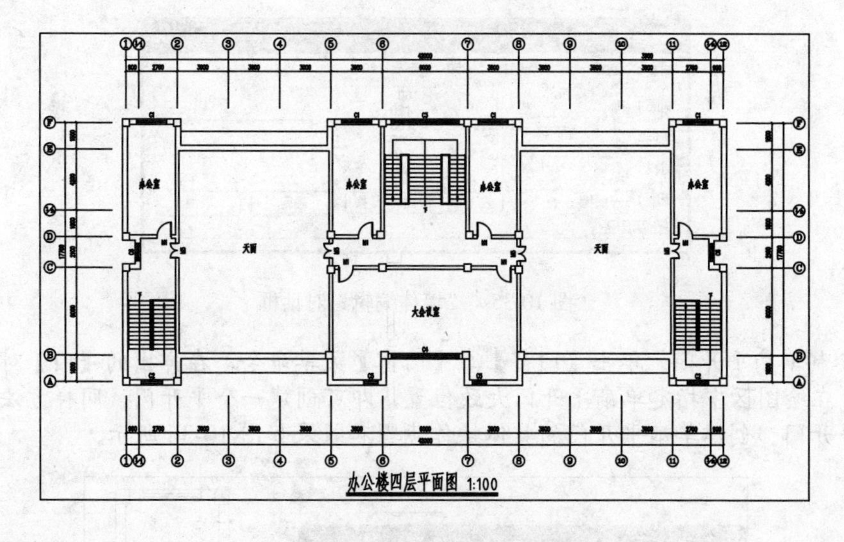

图 10-33　办公楼四层平面图

操作步骤如下：

❶复制平面图。将“DOTE”图层临时显示出来，单击 AutoCAD 修改工具栏中的 COPY（复制）按钮，将整个二、三层平面图复制一个到右边空白区域；单击 AutoCAD 修改工具栏中的 ERASE（删除）按钮，将复制平面图中多余的墙体、柱子和门窗等进行删除，然后将墙线进行拉伸，效果如图 10-34 所示。

操作步骤如下：

❶修改女儿墙高度。双击女儿墙体，在弹出的【墙体编辑】对话框中设置“墙高”为

1200，然后单击【确定】按钮，即可完成女儿墙高度的修改。同样方法修改其他女儿墙高度，女儿墙墙体参数如图 10-35 所示。

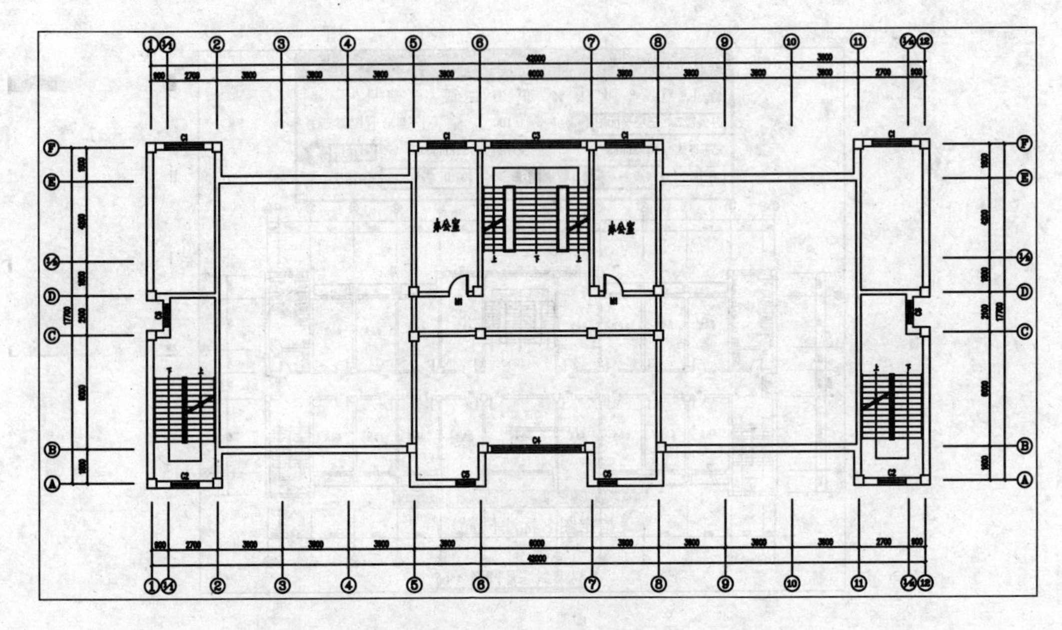

图 10-34　复制平面图

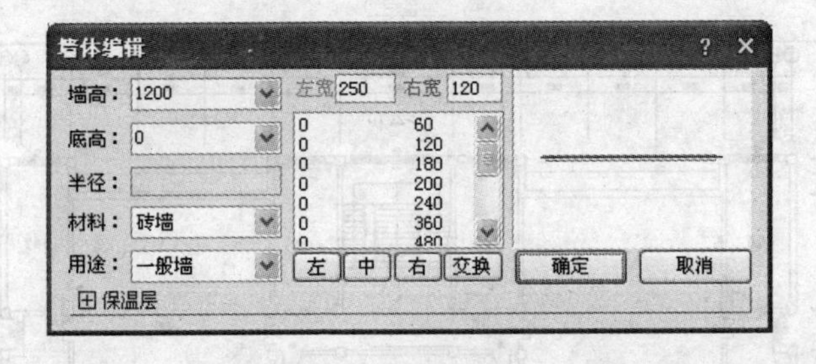

图 10-35　“墙体编辑”对话框

❷绘制单扇平开门。单击【门窗】|【门窗】菜单命令，在弹出的【门】对话框设置参数后，在绘图区中指定单扇平开门大致位置，即可创建一个平开门，同样方法创建另一个单扇平开门。创建单扇平开门的具体操作步骤和效果如图 10-36 所示。

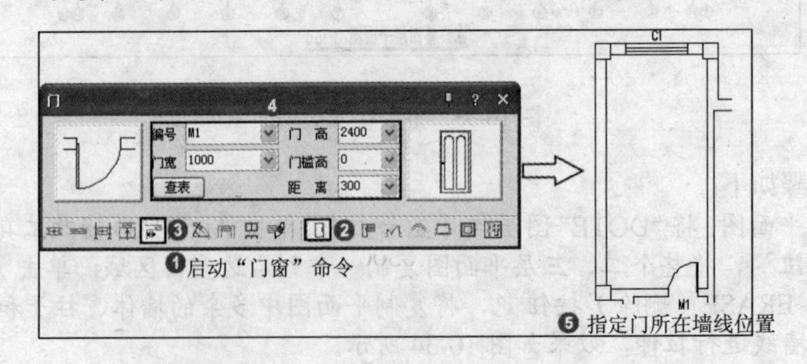

图 10-36　绘制单扇平开门

❸绘制双扇平开门。在【门】对话框中设置双扇平开门样式和参数，在绘图区中指定双扇平开门大致墙线位置，即可绘制平开门。绘制双扇平开门的具体操作步骤和效果如图 10-37 所示。

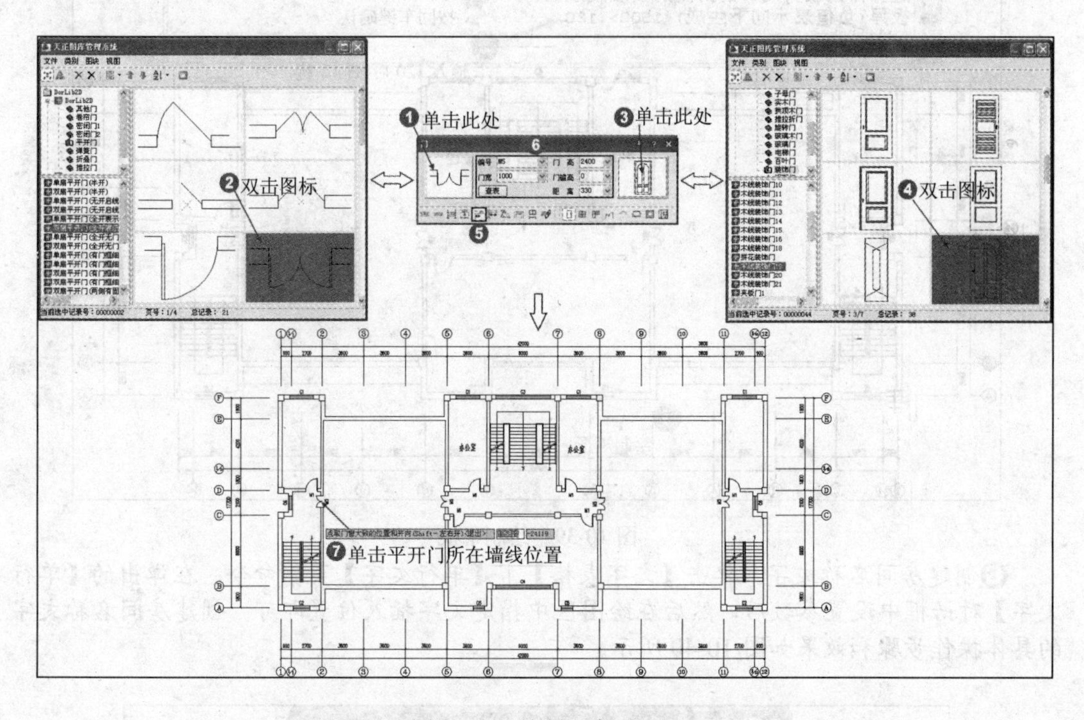

图 10-37　绘制双扇平开门

❹修改楼梯。双击双分平行楼梯（或双跑楼梯），打开【双分平行楼梯】对话框，在“层类型”选项栏中，选择【顶层】单选项，然后单击【确定】按钮，即可完成双分平行楼梯的绘制，同样方法修改双跑楼梯。修改双分平行楼梯操作步骤和效果如图 10-38 所示。

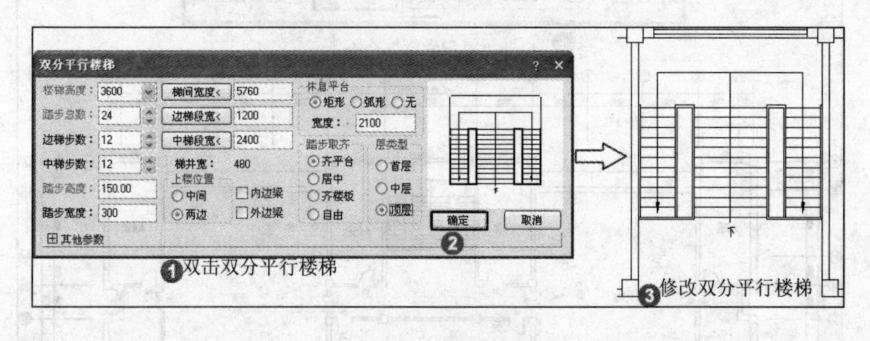

图 10-38　修改楼梯

❺绘制装饰盖板。单击 AutoCAD 绘图工具栏中的 RECTANG（矩形）按钮，沿装饰柱和墙体之间绘制一块盖板，其长度为 10300mm，宽度为 950mm；单击【三维建模】|【造型对象】|【平板】菜单命令，在绘图区中选择一个矩形，根据命令行提示，直接按回车键确认没有不可见的边，然后按回车键确认没有板内洞口，最后输入板厚值“120”后按回车键，即可创建一个装饰盖板。同样方法，创建其他装饰盖板。绘制装饰盖板的具体操作步骤和效果如图 10-39 所示。

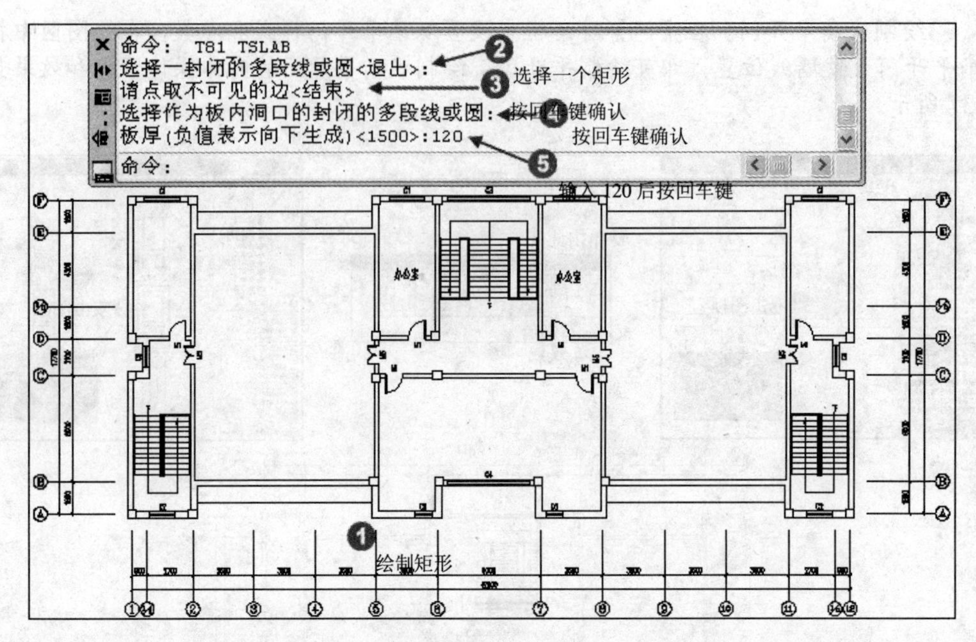

图 10-39 绘制平板

❻创建房间名称文字。单击【文字表格】|【单行文字】菜单命令，在弹出的【单行文字】对话框中设置参数后，然后在绘图区中指定文字插入位置即可。创建房间名称文字的具体操作步骤和效果如图 10-40 所示。

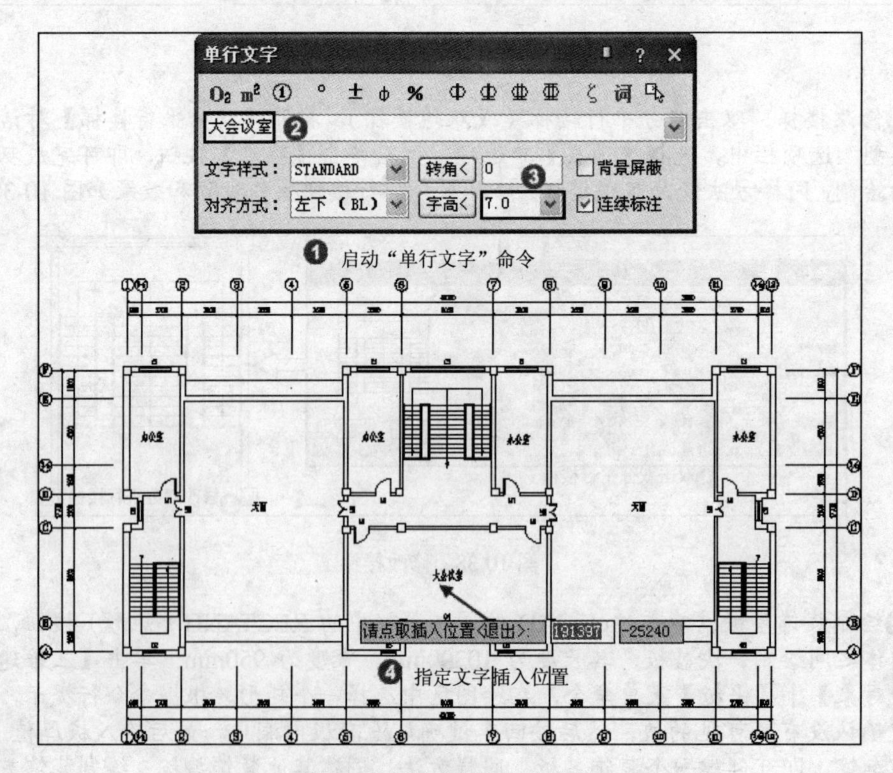

图 10-40 创建房间名称文字

❼创建图名标注。单击【符号标注】|【图名标注】菜单命令，在弹出的【图名标注】

对话框中设置参数后，在平面图下方指定标注位置即可。创建图名标注的具体操作步骤和效果如图 10-41 所示。

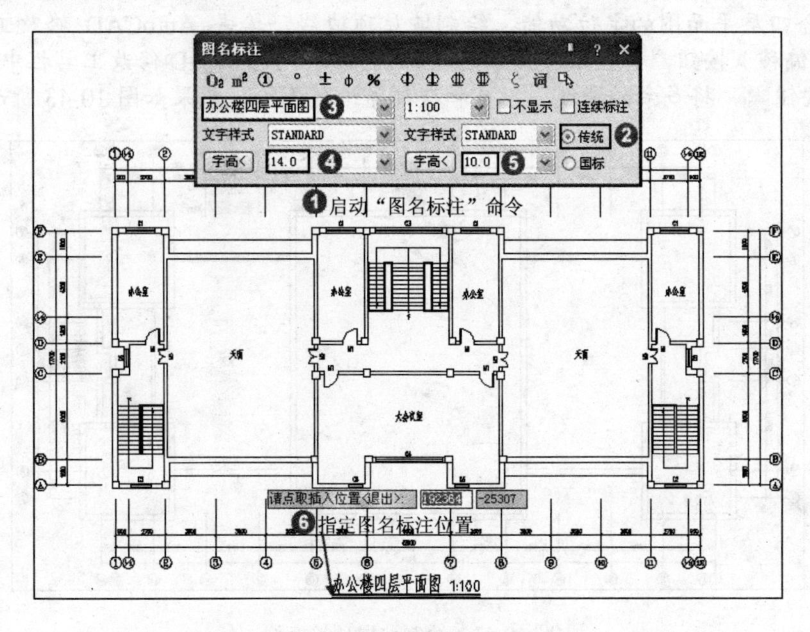

图 10-41　创建图名标注

10.1.4 绘制办公楼屋顶平面图

本实例的屋顶分为多个区域，主要以四坡屋顶为主，因而需要绘制出屋顶的轮廓线，然后用“任意坡顶”命令生成四坡屋顶。绘制办公楼屋顶平面图的最终效果如图 10-42 所示。

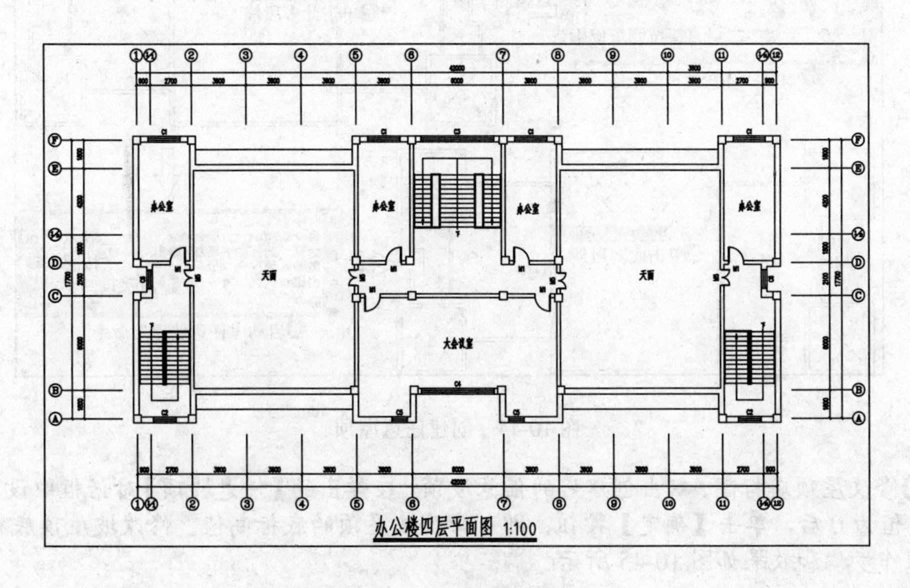

图 10-42　办公楼屋顶平面图

❶绘制坡屋顶轮廓线。单击 AutoCAD 绘图工具栏中的 COPY（复制）按钮，将办公楼四层平面图复制一个到右侧；单击 AutoCAD 绘图工具栏中的 RECTANG（矩形）按钮，配合四层平面图的定位功能，绘制坡屋顶边线；单击 AutoCAD 修改工具栏中的 OFFSET（偏移）按钮，生成坡屋顶的轮廓线；单击 AutoCAD 修改工具栏中的 ERASE（删除）按钮，将多余的墙线、门窗和楼梯等进行删除，效果如图 10-43 所示。

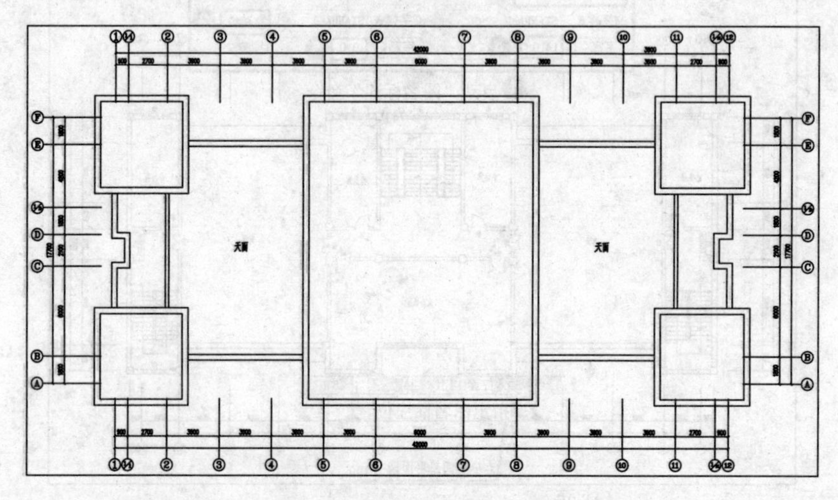

图 10-43　绘制坡屋顶轮廓线

❷创建任意坡顶。单击【房间屋顶】|【任意坡顶】菜单命令，在绘图区中选择一条封闭的多段线作为屋顶轮廓线，然后输入坡度角“45”后按回车键，最后确认出檐长值后，即可完成任意坡顶的创建。创始任意坡顶的具体操作步骤和效果如图 10-44 所示。

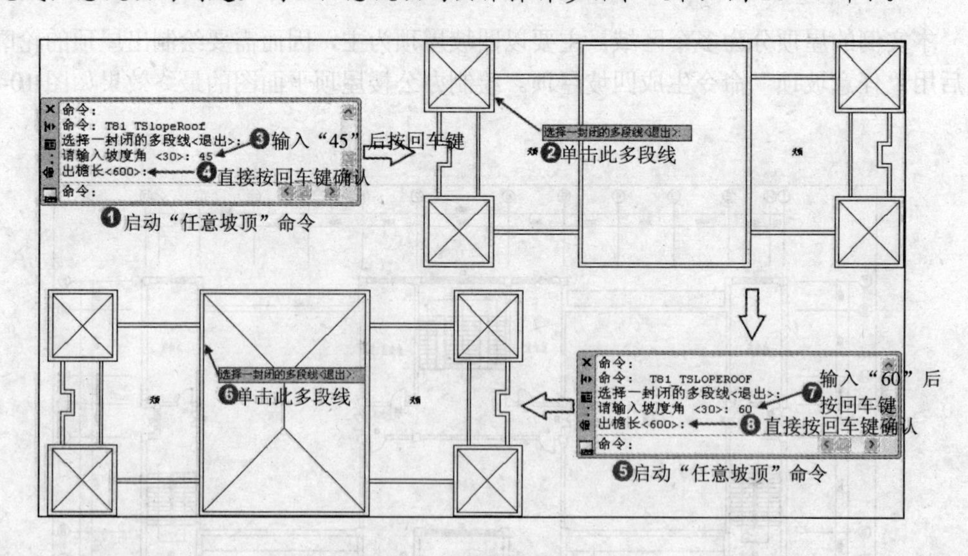

图 10-44　创建任意屋顶

❸修改屋顶底标高。双击创建好的任意坡顶，在弹出的【任意坡顶】对话框中设置“底标高”值为 0 后，单击【确定】按钮，即可修改坡屋顶的底标高值。修改坡屋顶底标高的具体操作步骤和效果如图 10-45 所示。

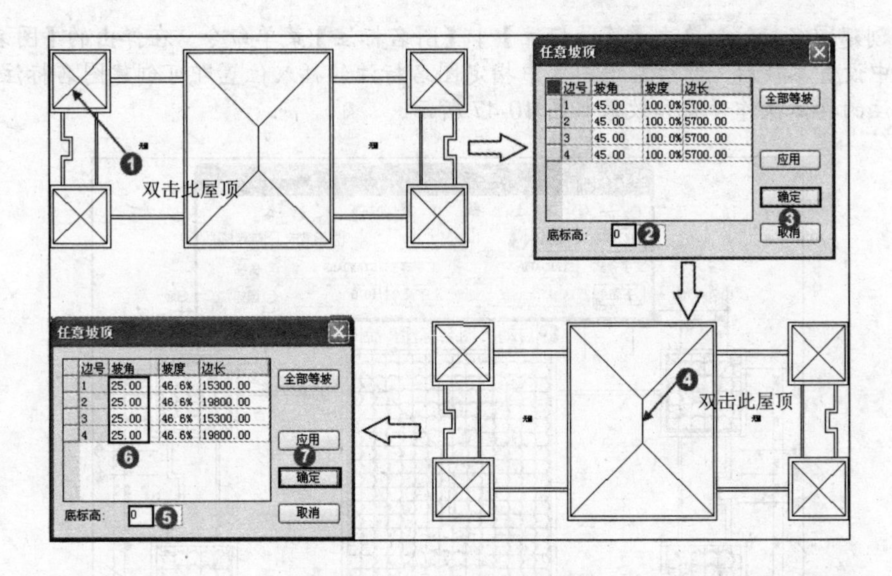

图 10-45　修改屋顶底标高

❹填充坡屋顶材料。单击 AutoCAD 绘图工具栏中的 HATCA（图案填充和渐变色）按钮，在弹出的【图案填充和渐变色】对话框中设置参数后，单击【添加：拾取点】按钮，在绘图区中单击要填充的坡屋顶面，按回车键返回到【图案填充和渐变色】对话框中，单击【确定】按钮，即可完成坡屋顶的材料填充。填充坡屋顶材料的具体操作步骤和效果如图 10-46 所示。

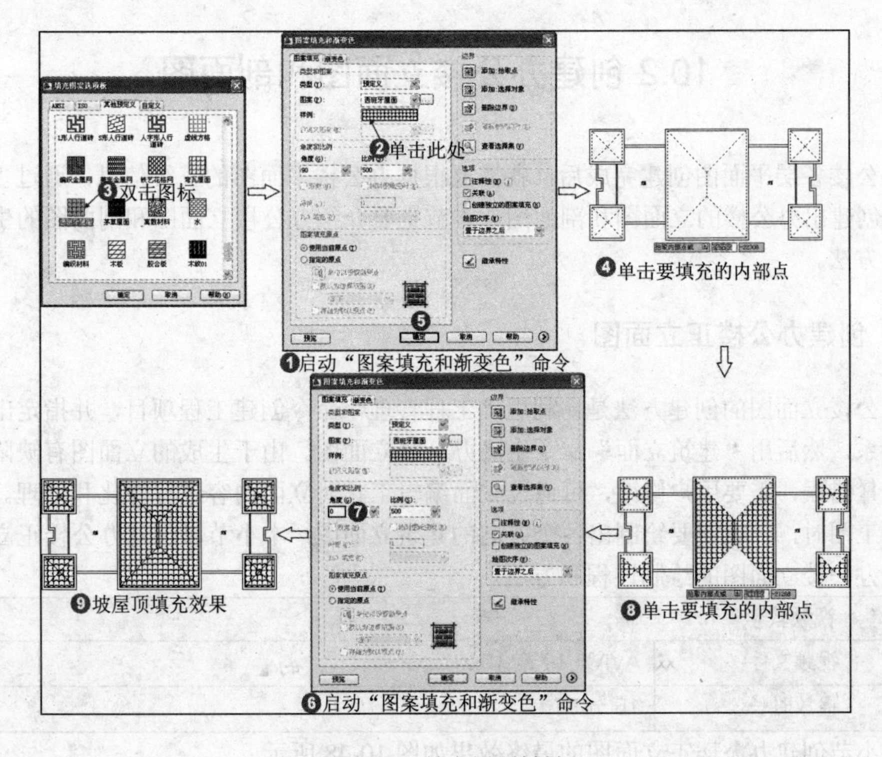

图 10-46　填充屋顶材料

❺创建图名标注。单击【符号标注】|【图名标注】菜单命令，在弹出的【图名标注】对话框中设置参数后，然后在绘图区中指定图名标注的插入位置即可创建图名标注。添加图名标注的具体操作步骤和效果如图 10-47 所示。

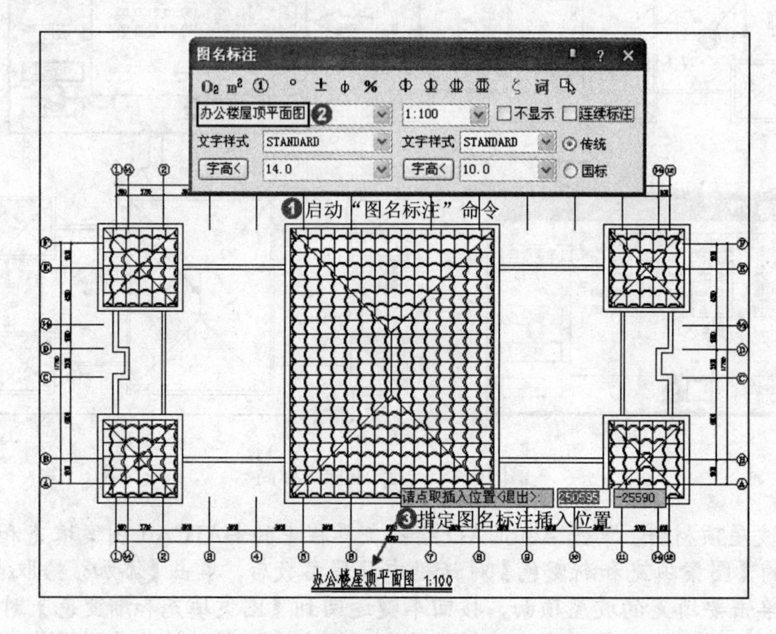

图 10-47　添加图名标注

10.2 创建办公楼立面图和剖面图

办公楼各层平面图创建完成后，就需要根据办公楼平面图的三维信息，通过“工程管理”来创建出办公楼的立面图和剖面图。本节主要介绍办公楼立面图和剖面图的生成方法及编辑方法。

10.2.1 创建办公楼正立面图

办公楼立面图的创建方法是，利用“工程管理”命令创建工程项目，并指定出与楼层表的关系，然后用“建筑立面”命令生成办公楼立面图。由于生成的立面图有缺陷，且存在有少量错误，需要用户修改，可通过立面编辑工具对立面内容进行深化和处理。在绘制建筑施工图时，一般需要绘制出各个方向的建筑立面图，本小节以创建办公楼正立面图为例讲述办公楼立面图的绘制过程和方法。

视频教学	
视频文件:	AVI\第 10 章\10.2.1.avi
播放时长:	15 分 57 秒

本小节创建办公楼正立面图的最终效果如图 10-48 所示。

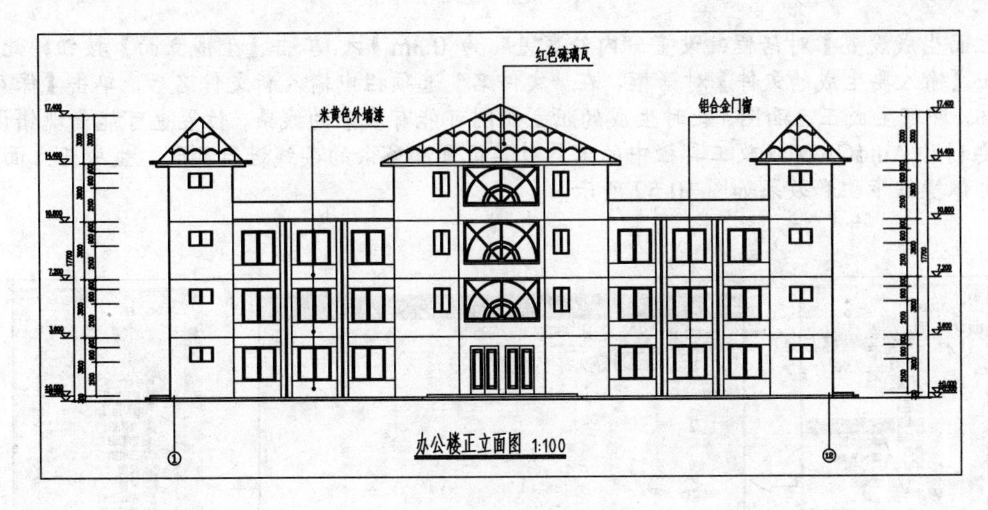

图 10-48　办公楼正立面图

操作步骤如下：

❶新建工程。单击【文件布图】|【工程管理】菜单命令，在弹出的【工程管理】对话框中单击“工程管理”下拉列表，在弹出的下拉列表中单击【新建工程】选项，弹出【另存为】对话框，选择存储路径和输入文件名后，单击【保存】按钮，即可新建工程项目。新建工程项目的具体操作步骤和效果如图 10-49 所示。

图 10-49　新建工程

❷添加图纸。在“图纸”选项栏中的“平面图”选项上，单击鼠标右键，在弹出的快捷菜单中选择“添加图纸”选项，弹出【选择图纸】对话框，选择上节创建的平面图文件，然后单击【打开】按钮，即可添加图纸。添加图纸的具体操作步骤和效果如图 10-50 所示。

❸创建楼层表。在“楼层”选项栏内，设置层号和层高后，将光标定位到最后一列的单元格中，接着单击工具栏中的【框选楼层范围】按钮，在绘图区中框选首层平面图，然后单击 1 轴线与 A 轴线的交点作为对齐点，即可创建一个楼层表；同样方法创建出其他楼层表。创建楼层表的具体操作步骤和效果如图 10-51 所示。

❹生成正立面图。单击“楼层”选项工具栏中的【建筑立面】按钮，根据命令行提示，在命令行中输入正立面选项“F”，接着选择 1 号轴线和 12 号轴线后按回车键，弹出

【立面生成设置】对话框，设置“内外高差”为 0.3m 后，单击【生成立面】按钮，此时弹出【输入要生成的文件】对话框，在“文件名”选项栏中输入新文件名后，单击【保存】按钮，即可生成正立面图。此时生成的正立面图可能有多余的线条，位置也可能出现错误，需要利用 AutoCAD 修改工具栏中的工具对其位置和多余的杂线进行删除。生成正立面图的具体操作步骤和效果如图 10-52 所示。

图 10-50　添加图纸

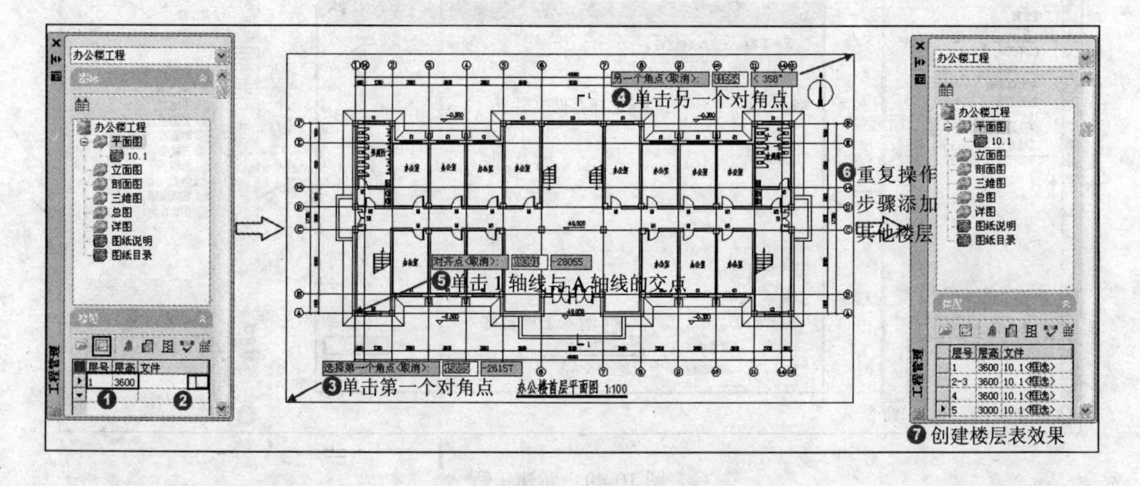

图 10-51　创建楼层表

❺替换立面门。单击【立面】|【立面门窗】菜单命令，在弹出的【天正图库管理系统】窗口中选择要替换的立面门图标后，单击【替换】按钮，然后在绘图区中选择需替换的立面门后按回车键，即可完成立面门的替换。替换立面门的具体操作步骤和效果如图 10-53 所示。

❻替换立面窗户。单击【立面】|【立面门窗】菜单命令，在弹出的【天正图库管理系统】窗口中选择要替换的立面窗户图标后，单击【替换】按钮，然后在绘图区中选择需替换的立面窗户后按回车键，即可完成立面窗户的替换。替换立面窗户的具体操作步骤和效果如图 10-54 所示。

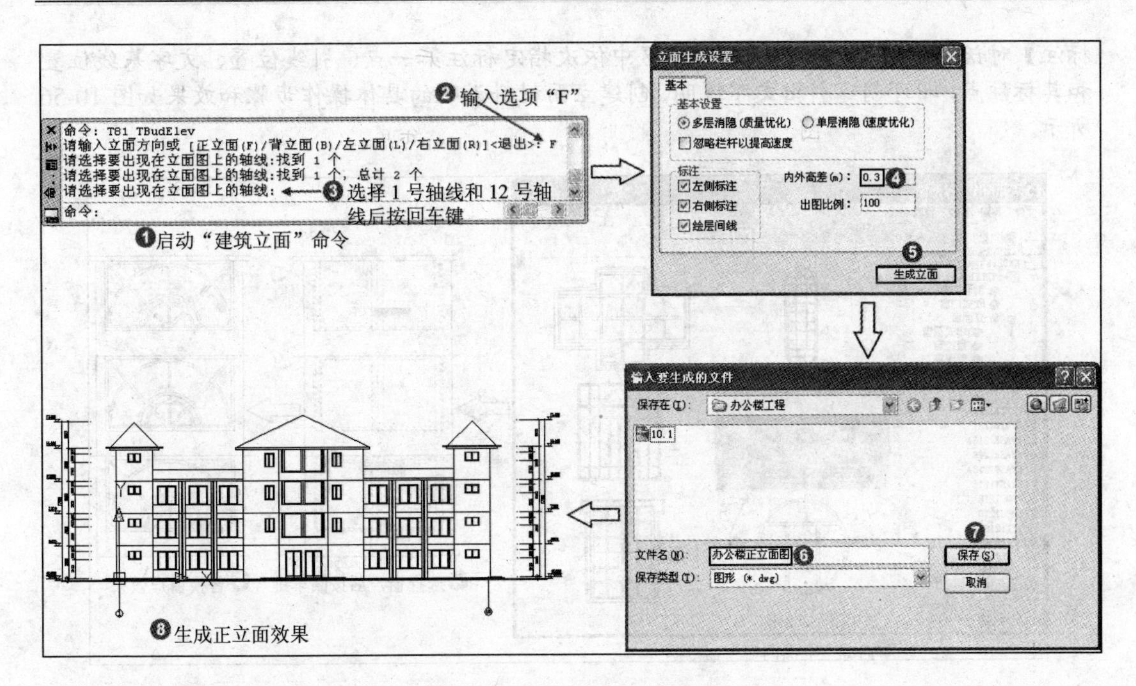

图 10-52　生成正立面图

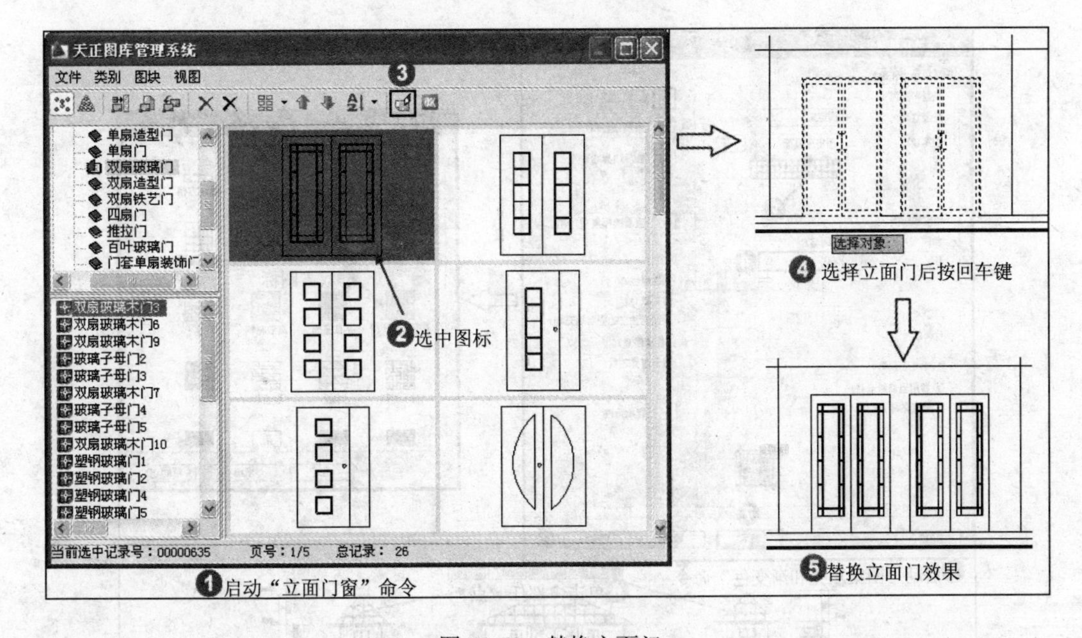

图 10-53　替换立面门

❼填充瓦面材料。单击 AutoCAD 绘图工具栏中的【图案填充和渐变色】按钮，在弹出的【图案填充和渐变色】对话框中设置参数后，单击【添加：拾取点】按钮，然后在绘图区中单击需填充瓦面材料的区域并按回车键，此时返回到【图案填充和渐变色】对话框中，最后单击【确定】按钮，即可完成瓦面材料的填充。填充瓦面材料的具体操作步骤和效果如图 10-55 所示。

❽标注立面材料说明。单击【符号标注】｜【引出标注】菜单命令，在弹出的【引出

标注】对话框中设置参数后，在绘图区中依次指定标注第一点、引线位置、文字基线位置和其标注点，即可创建引出文字说明。创建立面材料说明的具体操作步骤和效果如图 10-56 所示。

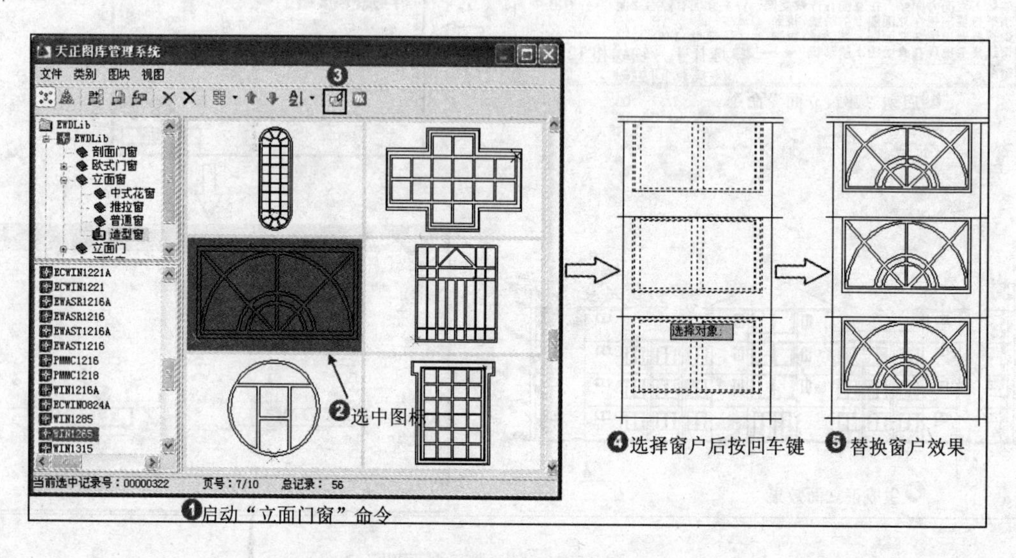

图 10-54 替换立面窗

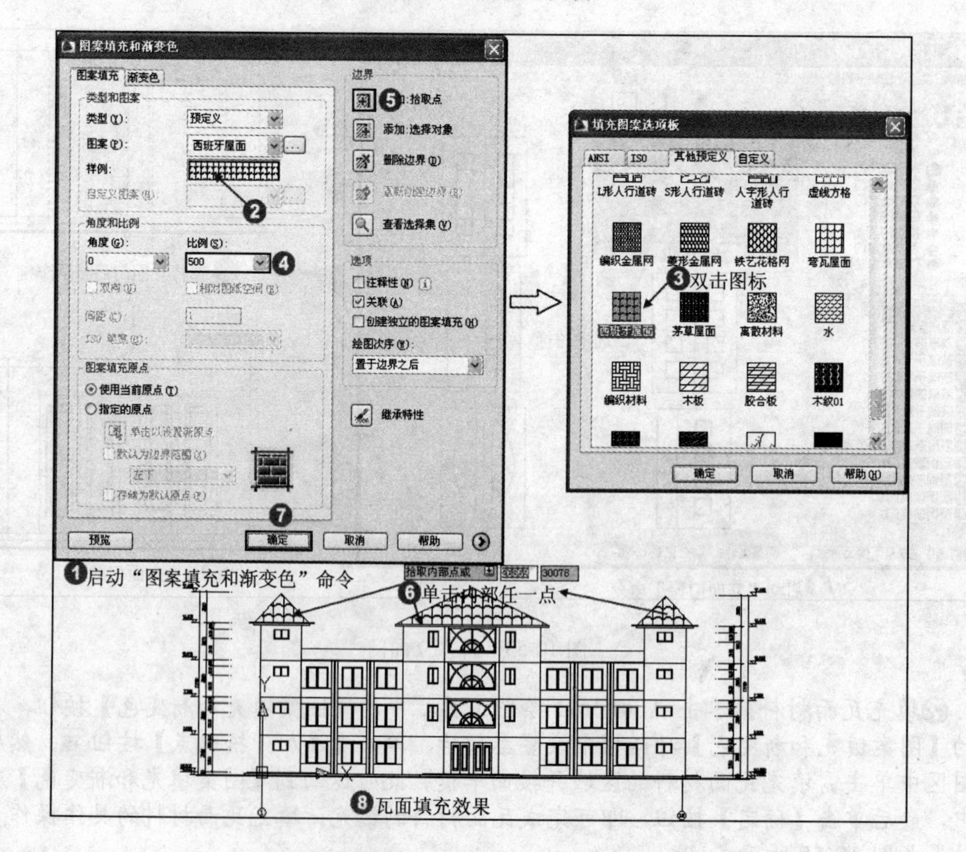

图 10-55 填充瓦面效果

❾增补尺寸和图名标注。单击【尺寸标注】|【尺寸编辑】|【增补尺寸】菜单命令，

在绘图区中选择需增补尺寸的尺寸线，然后指定需增补尺寸的标注点，即可完成尺寸的增加，按“Esc”键退出；单击【符号标注】|【图名标注】菜单命令，在弹出的【图名标注】对话框中设置参数后，在办公楼正立面图下方指定图名插入位置即可。增补尺寸和图名标注的具体操作步骤和效果如图 10-57 所示。

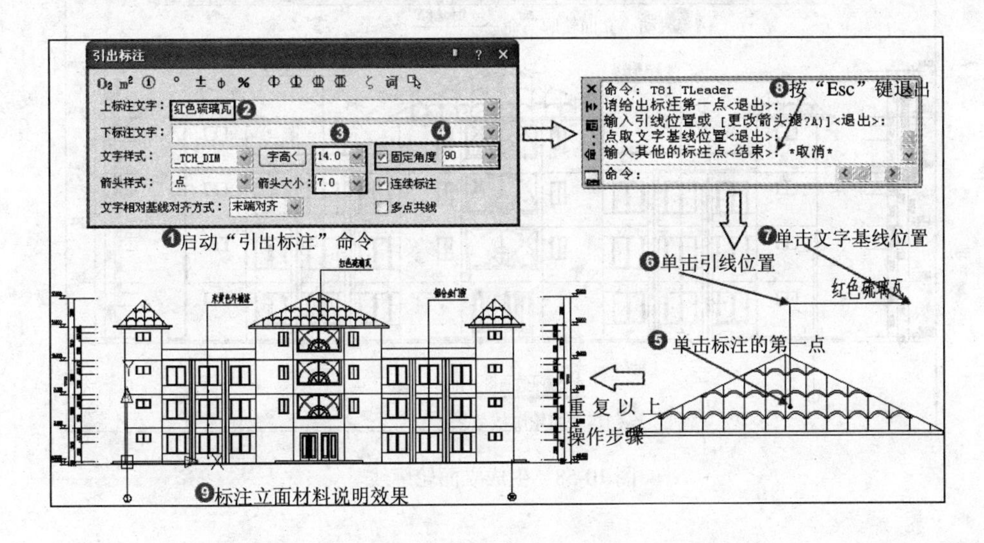

图 10-56　标注立面材料说明

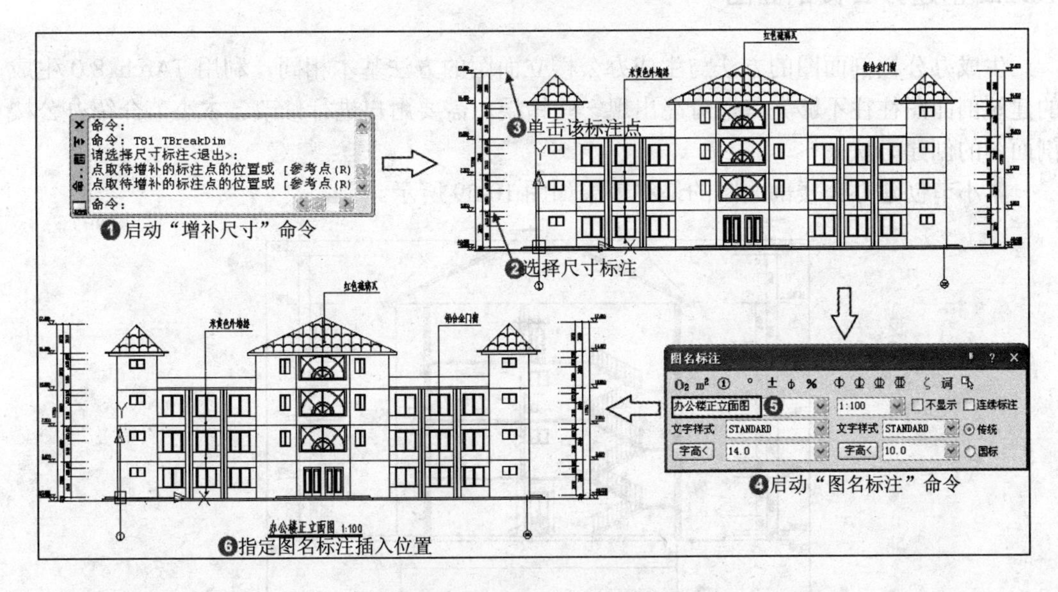

图 10-57　增补尺寸和图名标注

⑩创建立面轮廓。单击【立面】|【立面轮廓】菜单命令，在绘图区中框选整个正立面图后按回车键，然后输入轮廓线宽度 40 后按回车键，即可创建立面轮廓。创建立面轮廓线的具体操作步骤和效果如图 10-58 所示。

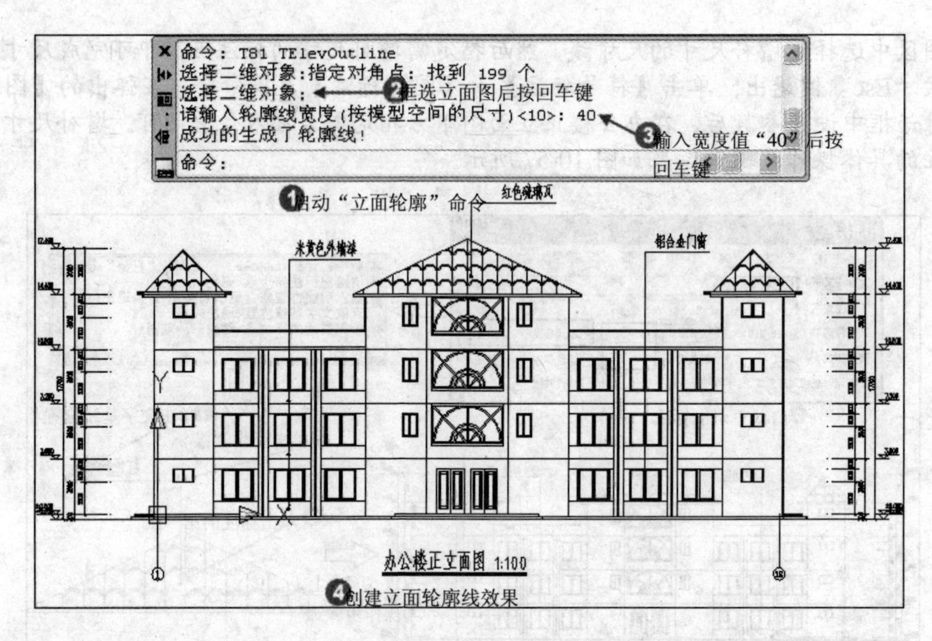

图 10-58　生成立面轮廓线

10.2.2 创建办公楼剖面图

生成办公楼剖面图的方法与生成办公楼立面图的方法基本相同，利用 TArch 8.0 生成的建筑剖面图往往不够完善，可能出现一些错误，需要用户进行修改。本小节介绍办公楼剖面图的创建方法。

本小节创建办公楼剖面图的最终效果如图 10-59 所示。

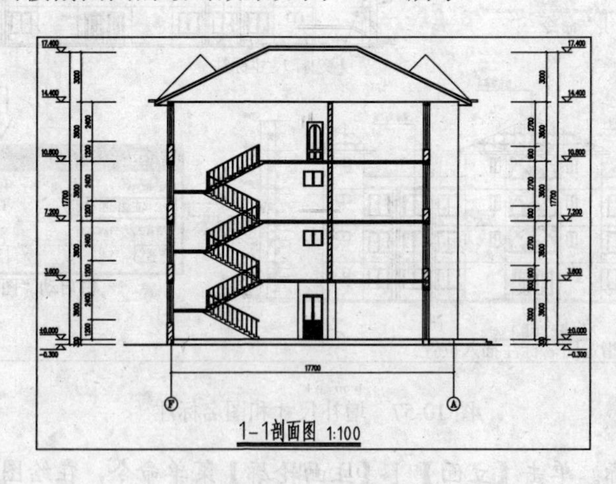

图 10-59　办公楼剖面图

❶生成办公楼剖面图。在“办公楼工程”项目和办公楼平面图打开的情况下，单击【工程管理】对话框中“楼层”选项工具栏中的【建筑剖面】按钮，在绘图区中选择 1 号剖切位置线，接着选择“F”轴线和“A”轴线后按回车键，此时弹出【剖面生成设置】对话框，设置“内外高差”选项为 0.3m，然后单击【生成剖面】按钮，在弹出的【输入要生成

的文件】对话框中设置文件名为“1-1 剖面图”，最后单击【保存】按钮，即可生成建筑剖面图。生成办公楼剖面图的具体操作步骤和效果如图 10-60 所示。

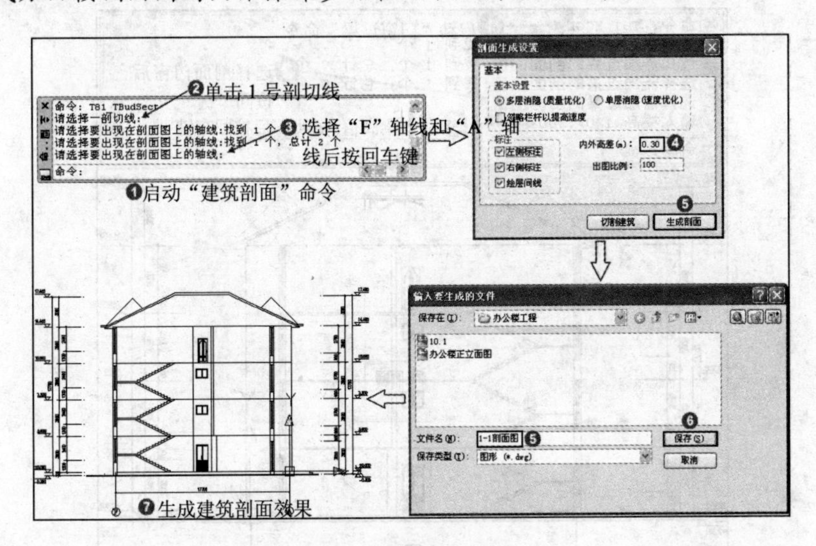

图 10-60　生成建筑剖面

❷创建双线楼板。单击【剖面】|【双线楼板】菜单命令，在绘图区中指定楼板的起点和终点，然后指定楼板顶面标高和楼板厚度值后按回车键，即可创建双线楼板。创建双线楼板的具体操作步骤和效果如图 10-61 所示。

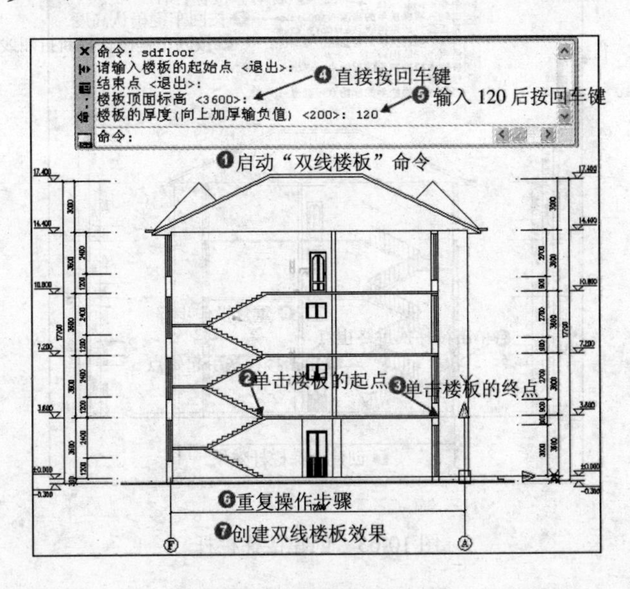

图 10-61　创建双线楼板

❸创建门窗过梁。单击【剖面】|【门窗过梁】菜单命令，在绘图区中选择需要添加门窗过梁的剖面门窗后按回车键，然后输入过梁的高度值“200”后按回车键，即可完成门窗过梁的创建。创建门窗过梁的具体操作步骤和效果如图 10-62 所示。

❹创建楼梯栏杆。单击【剖面】|【楼梯栏杆】菜单命令，根据命令行提示设置扶手高度和是否打断折断线，然后指定楼梯栏杆的起始点，即可创建楼梯栏杆。创建楼梯栏杆

的具体操作步骤和效果如图 10-63 所示。

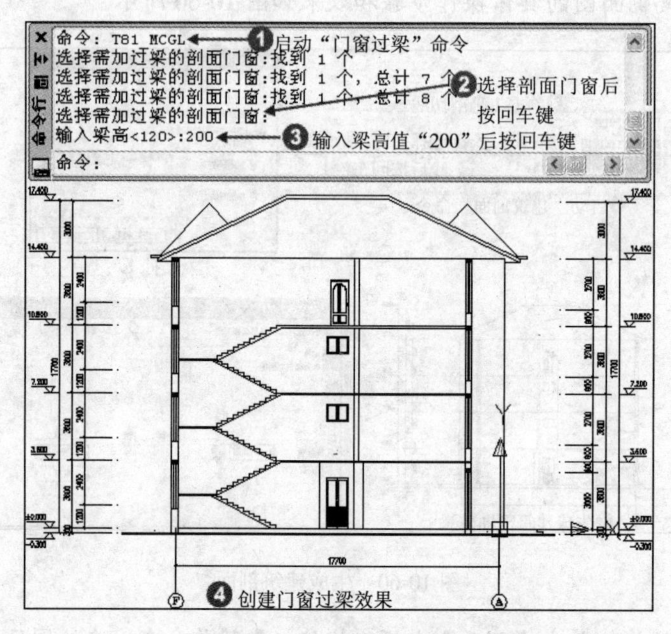

图 10-62　创建门窗过梁

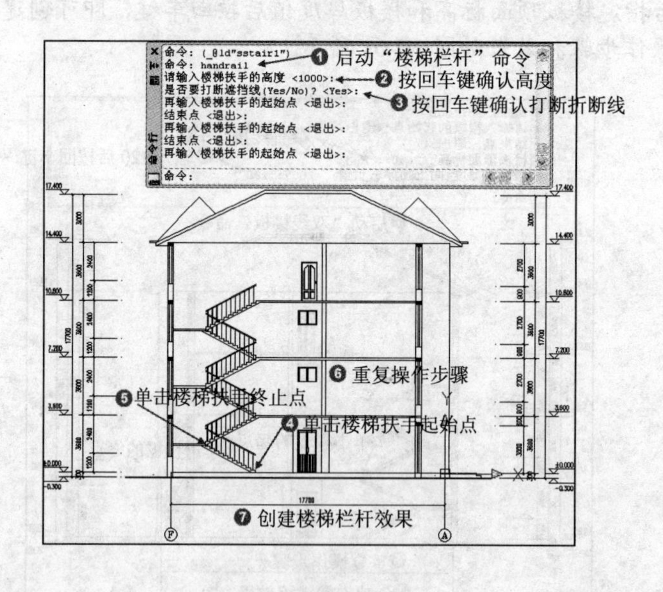

图 10-63　创建楼梯栏杆

❺创建扶手接头。单击【剖面】|【扶手接头】菜单命令，根据命令行提示设置扶手伸出距离和是否增加栏杆，然后在绘图区中框选需要连接的两段扶手，即可创建扶手接头。创建扶手接头的具体操作步骤和效果如图 10-64 所示。

❻填充剖面楼板材料。单击【剖面】|【剖面填充】菜单命令，在绘图区中选择需要填充材料的剖面楼板和楼梯板后按回车键，然后在弹出的【请点取所需的填充图案】对话框中设置参数后，单击【确定】按钮，即可完成剖面楼板的材料填充。填充剖面楼板材料的具体操作步骤和效果如图 10-65 所示。

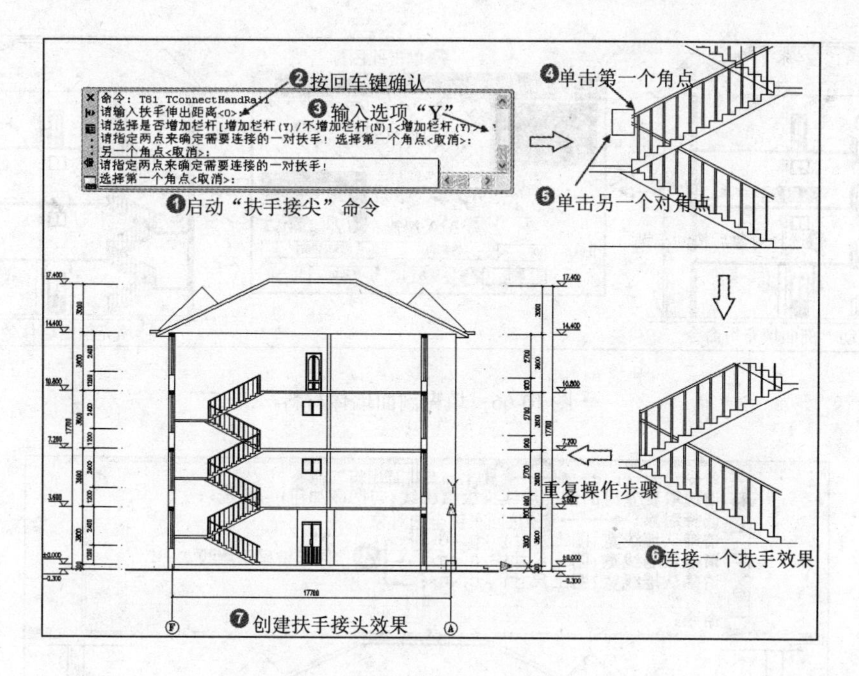

图10-64　创建扶手接头

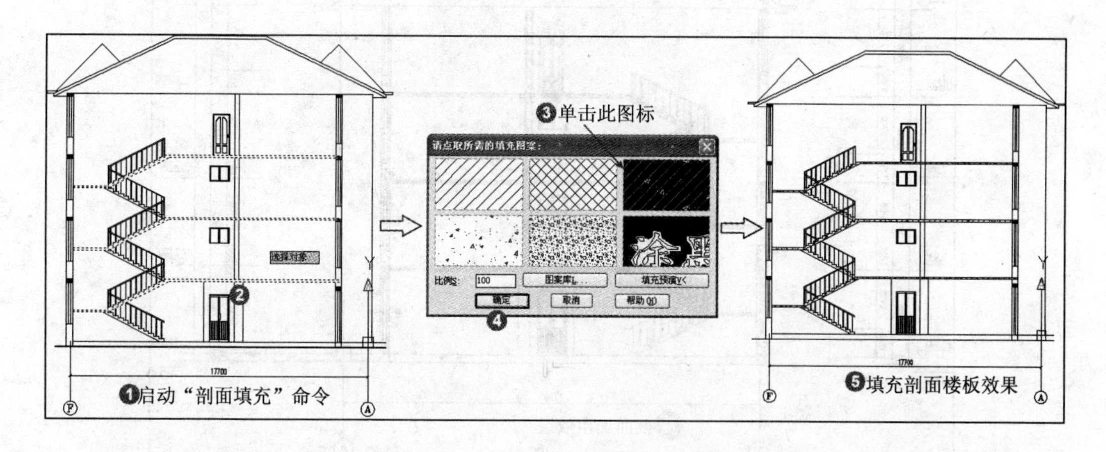

图10-65　填充剖面楼板材料

❼填充墙面墙体材料。单击【剖面】|【剖面填充】菜单命令，在绘图区中选择需要填充材料的剖面墙体后按回车键，然后在弹出的【请点取所需的填充图案】对话框中设置参数后，单击【确定】按钮，即可完成剖面墙体的材料填充。填充剖面墙体材料的具体操作步骤和效果如图10-66所示。

❽剖面加粗。单击【剖面】|【居中加粗】菜单命令，根据命令行提示，直接按回车键全选剖面墙线、梁板和楼梯线，然后确认墙线宽度值即可完成剖面加粗。剖面加粗的具体操作步骤和效果如图10-67所示。

❾创建图名标注。单击【符号标注】|【图名标注】菜单命令，在弹出的【图名标注】对话框中设置参数后，然后在绘图区中指定图名标注的插入位置即可创建图名标注。添加图名标注的具体操作步骤和效果如图10-68所示。

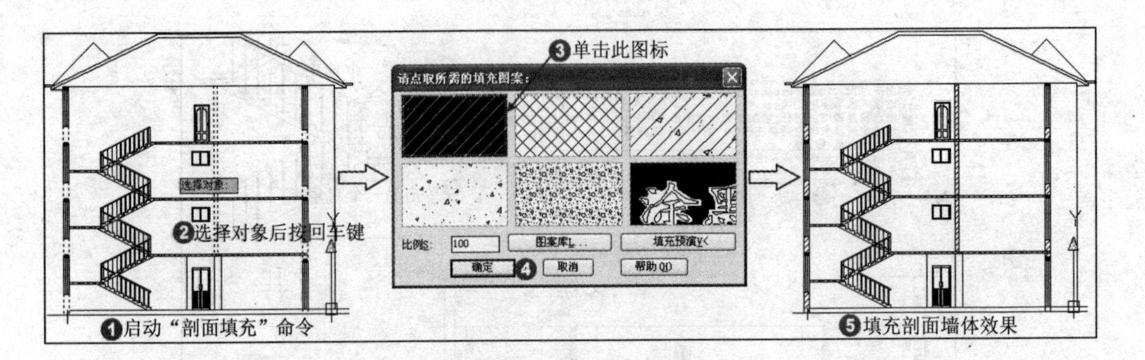

图 10-66　填充剖面墙体材料

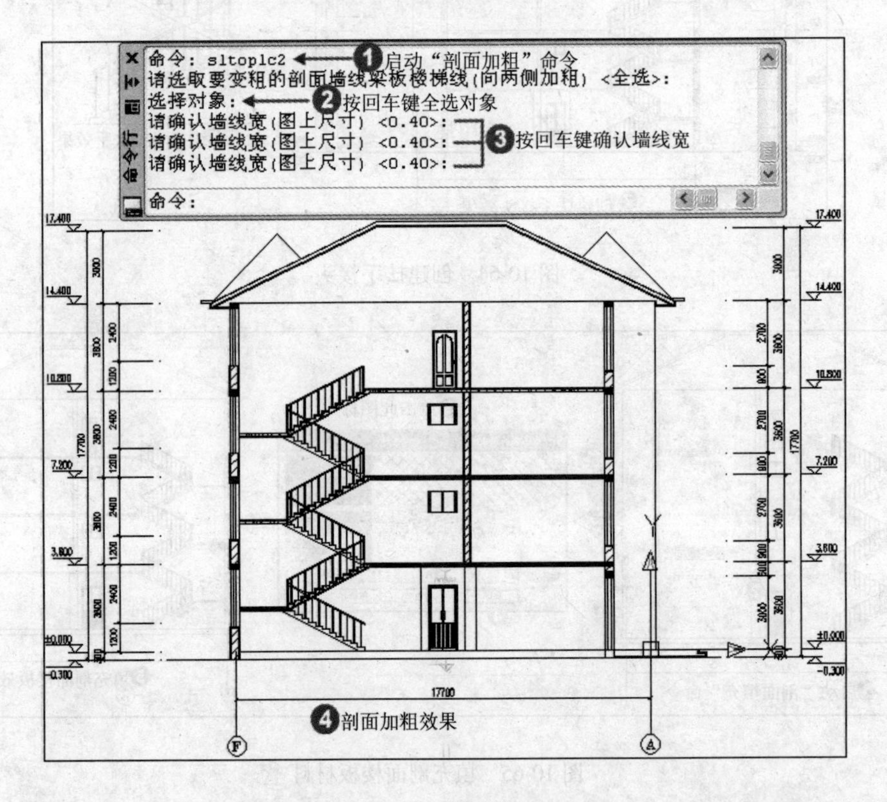

图 10-67　剖面加粗

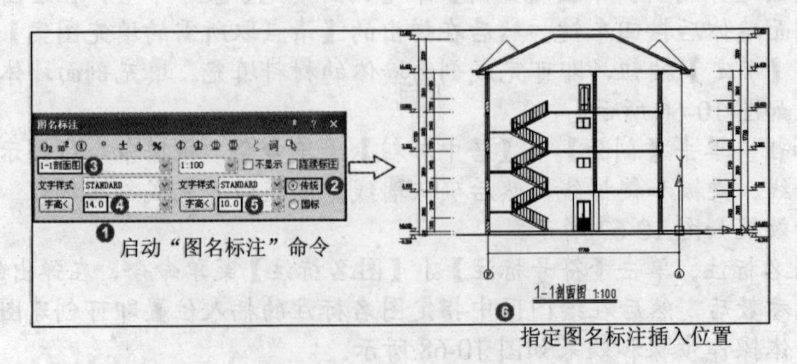

图 10-68　创建图名标注

第11章 综合实例——绘制住宅楼全套施工图

住宅建筑是建筑设计当中一个重要组成部分，住宅设计要求满足人们日益增长的物质文化生活需求。本实例的住宅为一栋一个单元楼带架空层和屋顶的多层住宅，本章详细介绍住宅建筑施工图的绘制方法，其中包括各楼层平面图、立面图和剖面图的绘制。

11.1 住宅楼平面图

住宅楼平面图是住宅建筑设计图样当中的重要组成部分，本实例的住宅平面图包括架空层平面图、首层平面图、标准层平面图和屋顶平面图。本节详细介绍各层平面图的绘制方法和过程。

11.1.1 创建架空层平面图

视频教学	
视频文件:	AVI\第 11 章\11.1.1.avi
播放时长:	17 分 07 秒

架空层位于住宅底部，主要用于停放车辆和摆放杂物。本小节主要介绍架空层平面图的绘制方法，其最终效果如图 11-1 所示。

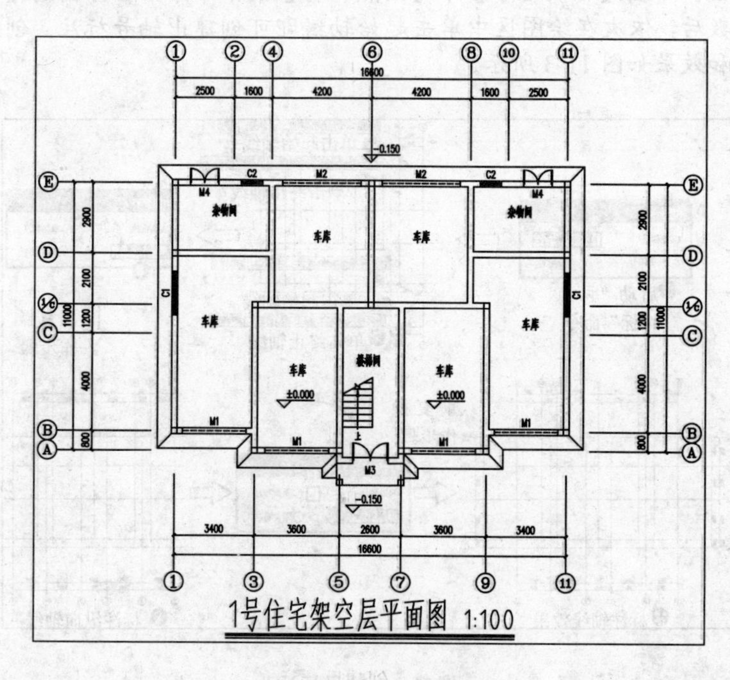

图 11-1 架空层平面图

操作步骤如下：

❶绘制轴网。正常启动TArch 8.0的情况下，会自动创建一个空白文档。单击【轴网柱子】|【绘制轴网】菜单命令，在弹出的【绘制轴网】对话框中设置参数后，单击【确定】按钮，然后在绘图区中单击绘图区空白处一点，即可创建出直线轴网。绘制轴网的具体操作步骤和效果如图11-2所示。

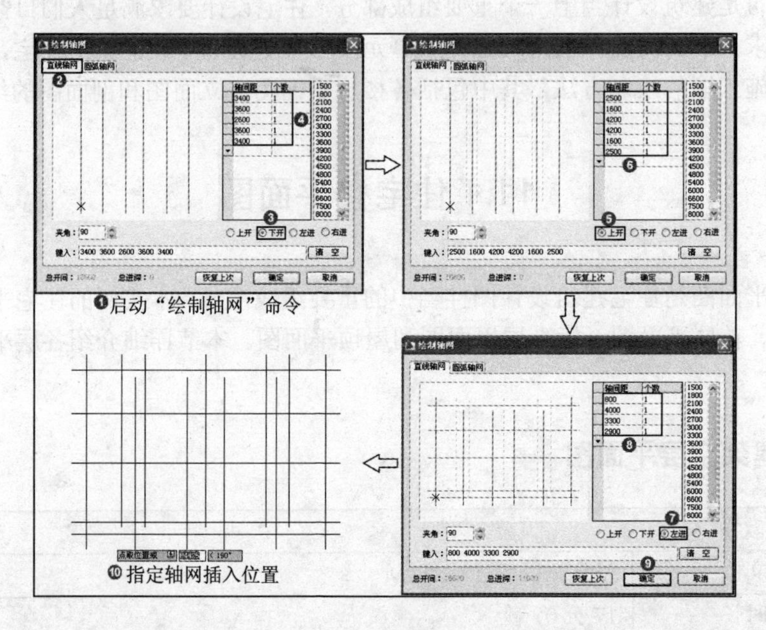

图11-2　绘制轴网

❷轴号标注。单击【轴网柱子】|【两点轴标】菜单命令，在弹出的【轴网标注】对话框中设置参数后，依次在绘图区中单击起始轴线即可创建出轴号标注。创建轴号标注的具体操作步骤和效果如图11-3所示。

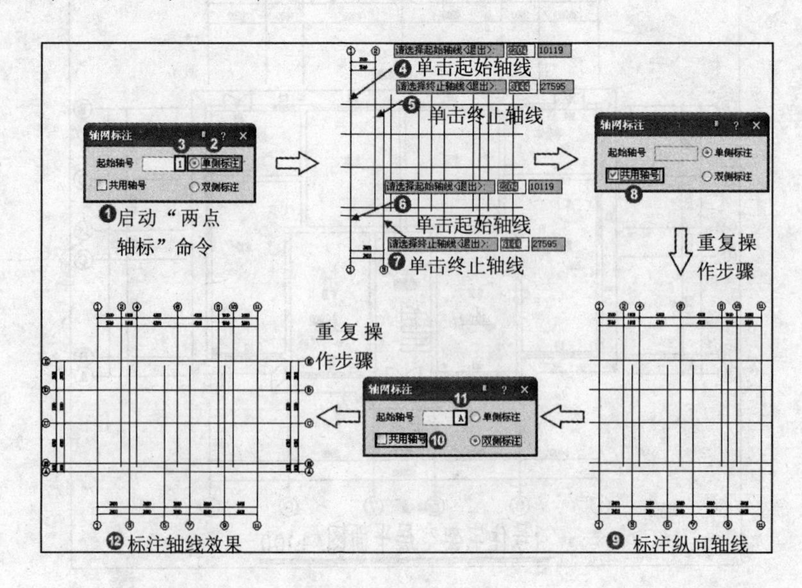

图11-3　轴号标注

❸添加附加轴线。单击【轴网柱子】|【添加轴线】菜单命令，在绘图区中指定参考轴线，然后根据命令行提示指定新增轴线是否为附加轴线、偏移方向和距离，即可为已有轴线添加轴线。添加附加轴线的具体操作步骤和效果如图 11-4 所示。

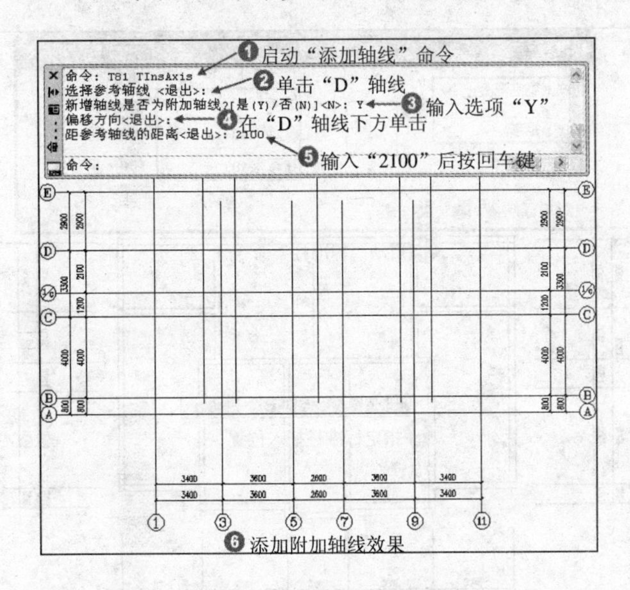

图 11-4　添加附加轴线

❹绘制墙体。单击【墙体】|【绘制墙体】菜单命令，在弹出的【绘制墙体】对话框中设置参数后，根据命令行提示，在绘图区中依次单击墙体的起点和下一点，即可完成墙体的绘制。绘制墙体的具体操作步骤和效果如图 11-5 所示。

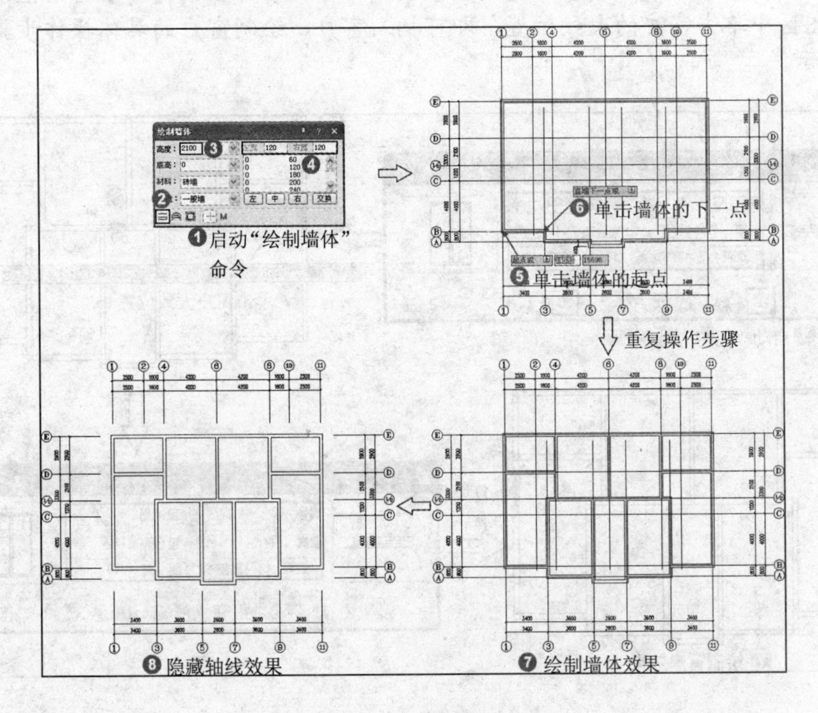

图 11-5　绘制墙体

❺插入柱子。将“轴线”临时显示出来，单击【轴网柱子】|【标准柱】菜单命令，在弹出的【标准柱】对话框中设置参数后，然后在绘图区中轴线交点处连续插入柱子，即可完成柱子的绘制。插入柱子的具体操作步骤和效果如图 11-6 所示。

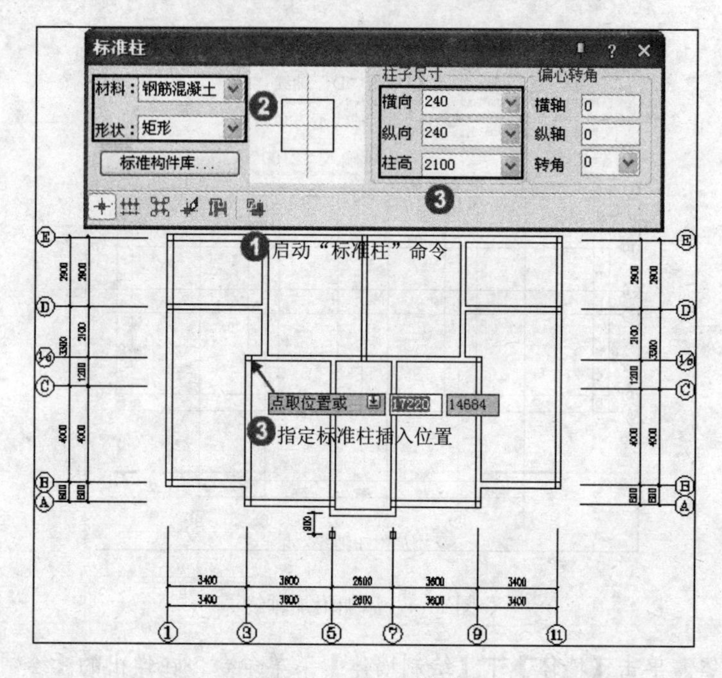

图 11-6　插入标准柱

❻绘制窗户。单击【门窗】|【门窗】菜单命令，在弹出的【窗】对话框中设置参数后，在绘图区中单击窗户的大致位置，即可插入窗户。绘制窗户的具体操作步骤和效果如图 11-7 所示。

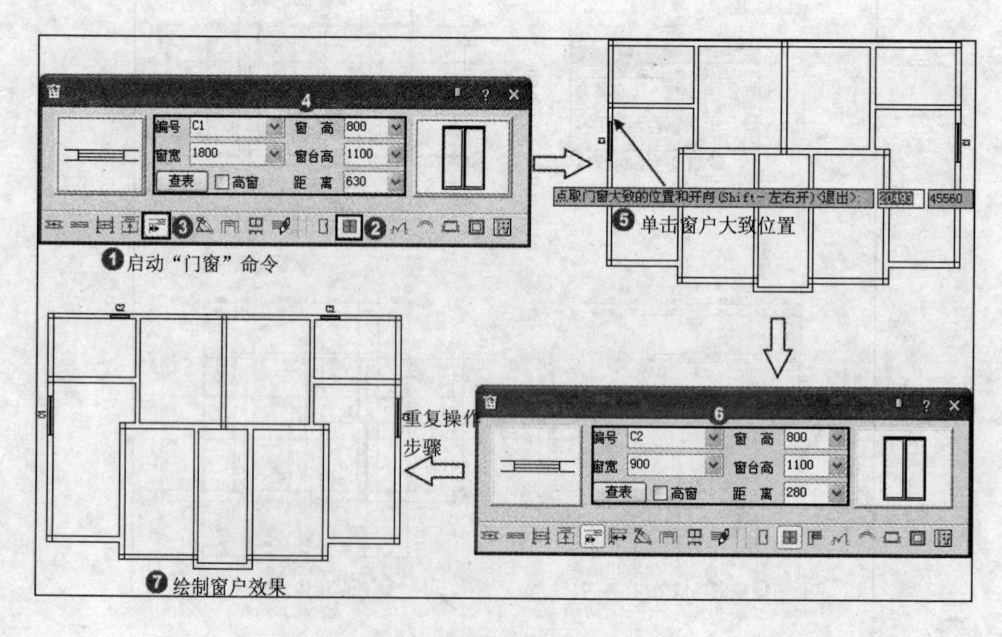

图 11-7　绘制窗户

❼绘制车库门。在【窗】对话框中单击【插门】按钮，设置车库门参数后，在绘图区中指定车库门大致插入位置，然后输入门窗个数后按回车键，即可创建一个车库门，同样方法创建出其他车库门。绘制车库门的具体操作步骤和效果如图 11-8 所示。

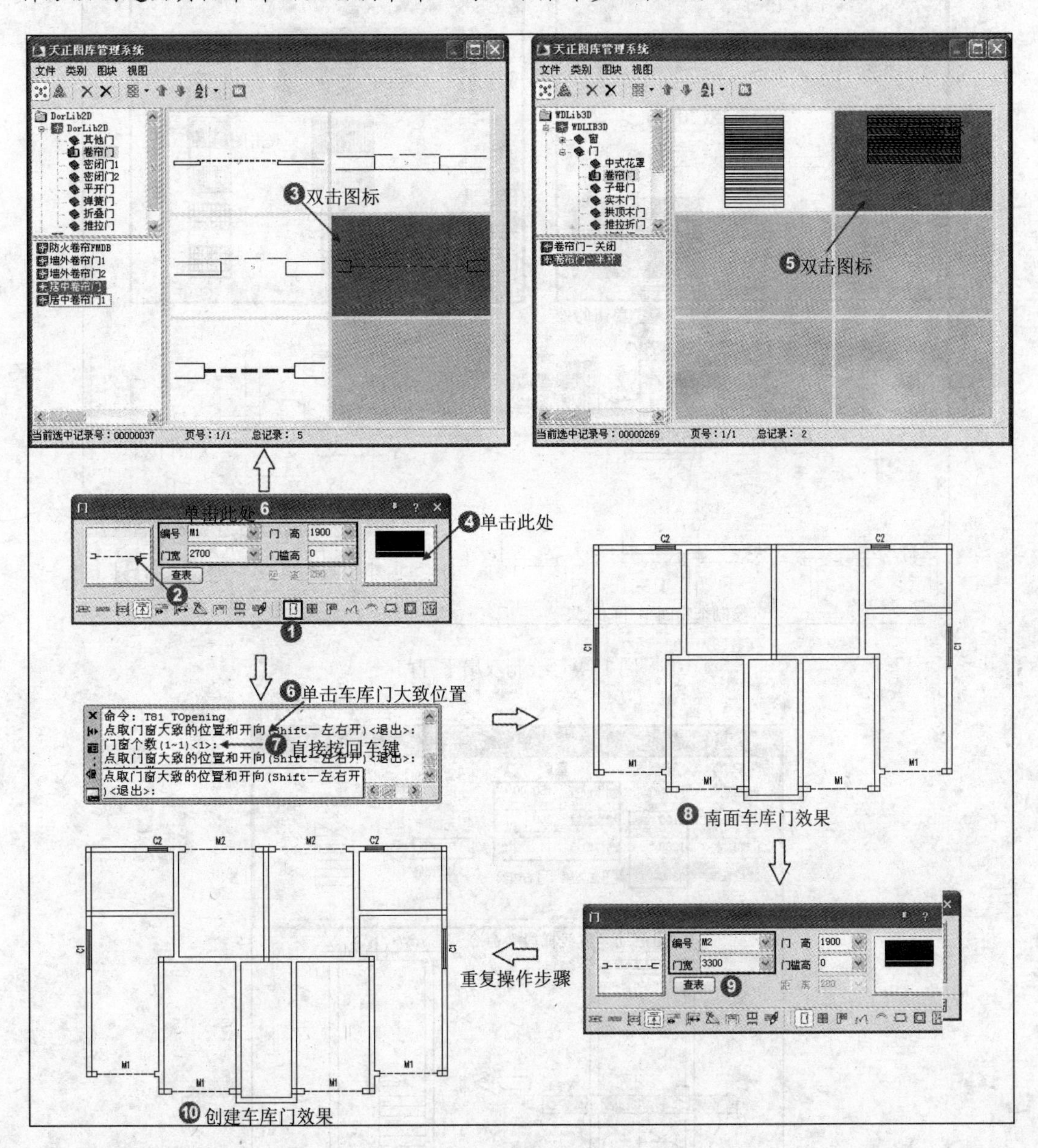

图 11-8　绘制车库门

❽绘制双扇平开门。在【门】对话框中，设置双扇平开门参数后，在绘图区中指定双扇平开门大致位置，然后输入门窗个数后按回车键，即可创建一个双扇平开门，同样方法创建出其他双扇平开门。绘制双扇平开门的具体操作步骤和效果如图 11-9 所示。

❾创建楼梯。单击【楼梯其他】|【直线梯段】菜单命令，在弹出的【直线梯段】对话框中设置参数后，在绘图区中以左下角点为将直线梯段插入到楼梯间左下角位置；单击 AutoCAD 修改工具栏中的 MOVE（移动）按钮，将直线梯段向垂直向上移动 1260mm，

即可创建出首层楼梯。创建楼梯的具体操作步骤和效果如图 11-10 所示。

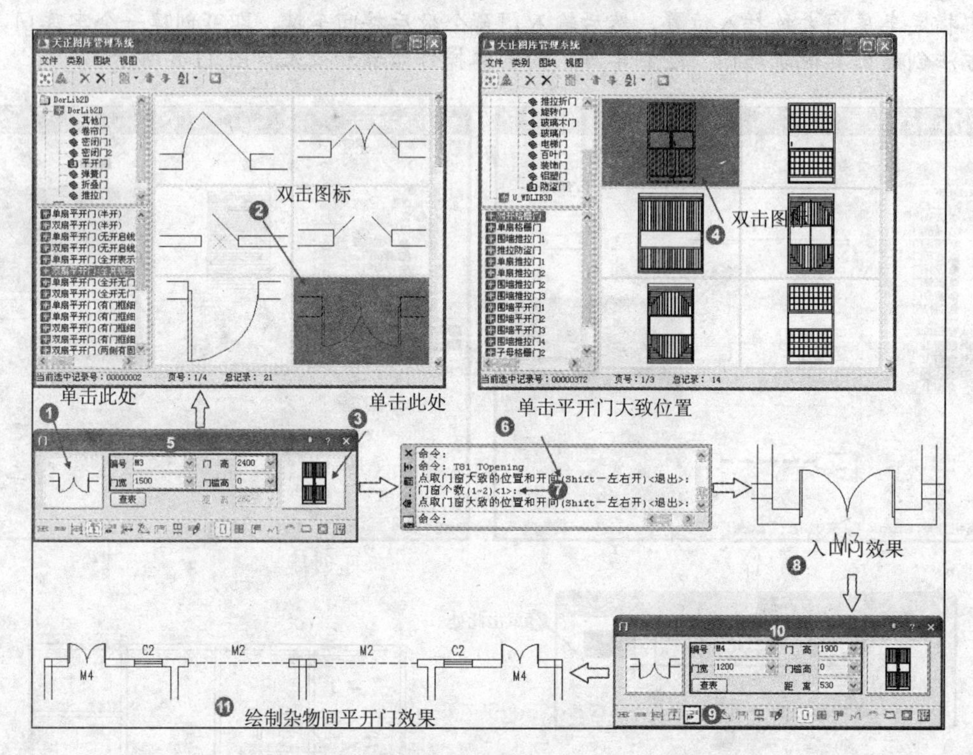

图 11-9　绘制双扇平开门

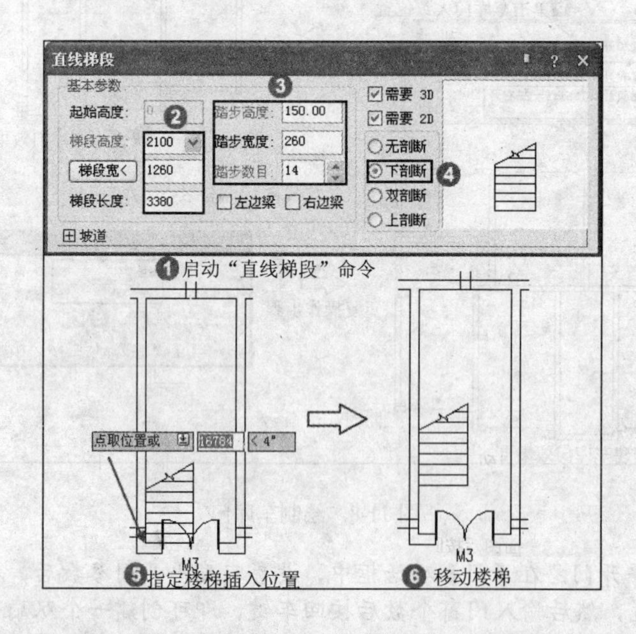

图 11-10　创建直线楼梯

⑩标注上楼方向箭头。单击【符号标注】|【箭头引注】菜单命令，在弹出的【箭头引注】对话框中设置参数后，在绘图区中依次指定箭头的起点和终点后按回车键，即可创建出方向箭头。标注上楼方向箭头的具体操作步骤和效果如图 11-11 所示。

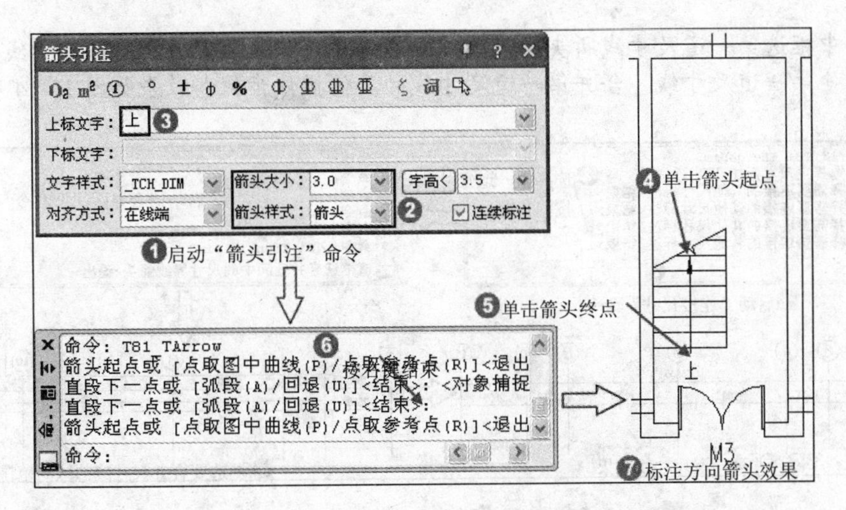

图 11-11　标注上楼方向

⑪创建台阶。单击【楼梯其他】|【台阶】菜单命令，在弹出的【台阶】对话框中设置参数后，在绘图区中指定台阶的第一点和第二点，即可创建出台阶。创建台阶的具体操作步骤和效果如图 11-12 所示。

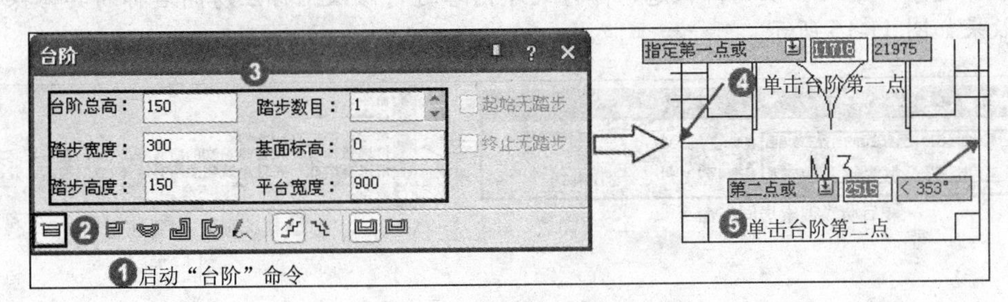

图 11-12　创建台阶

⑫创建散水。单击【楼梯其他】|【散水】菜单命令，在弹出的【散水】对话框中设置参数后，在绘图区中框选整层平面图后按回车键，即可完成散水的创建。创建散水的具体操作步骤和效果如图 11-13 所示。

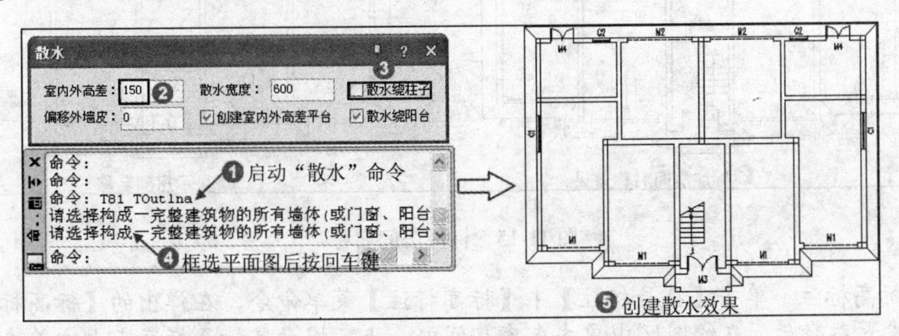

图 11-13　创建散水

⑬合并第一道尺寸线。单击【尺寸标注】|【尺寸编辑】|【连接尺寸】菜单命令，在绘图区中选择一个方向上的第一道尺寸线后按回车键，即可连接第一道尺寸线，同样方法连接其他第一道尺寸线；单击【尺寸标注】|【尺寸编辑】|【合并区间】菜单命令，

在绘图区中框选第一道尺寸线所夹的范围，即可合并一个方向上的第一道尺寸线，同样方法合并其他第一道尺寸线。合并第一道尺寸线的具体操作步骤和效果如图 11-14 所示。

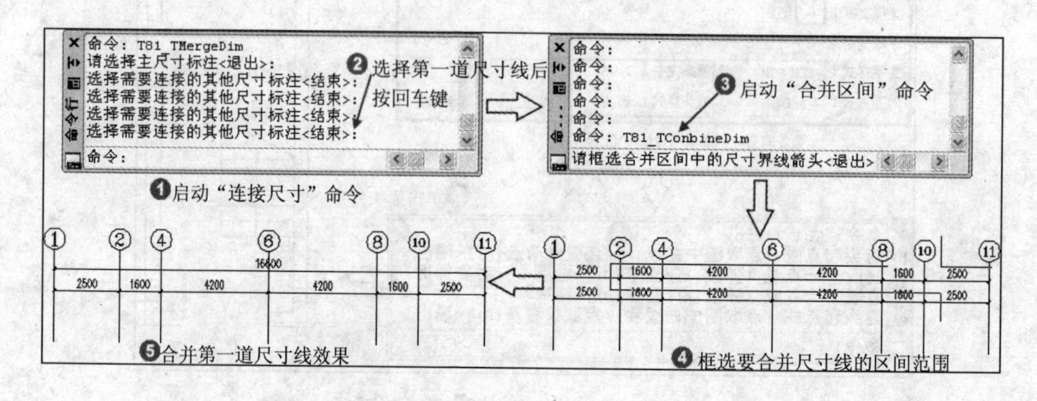

图 11-14　合并第一道尺寸线

⓮标注房间名称。单击【房间屋顶】|【搜索房间】菜单命令，在弹出的【搜索房间】对话框中设置参数后，在绘图区中框选整层平面图后按回车键，即可标注房间名称，然后双击名称文字，进入在位编辑状态，可对文字内容进行修改。标注房间名称的具体操作步骤和效果如图 11-15 所示。

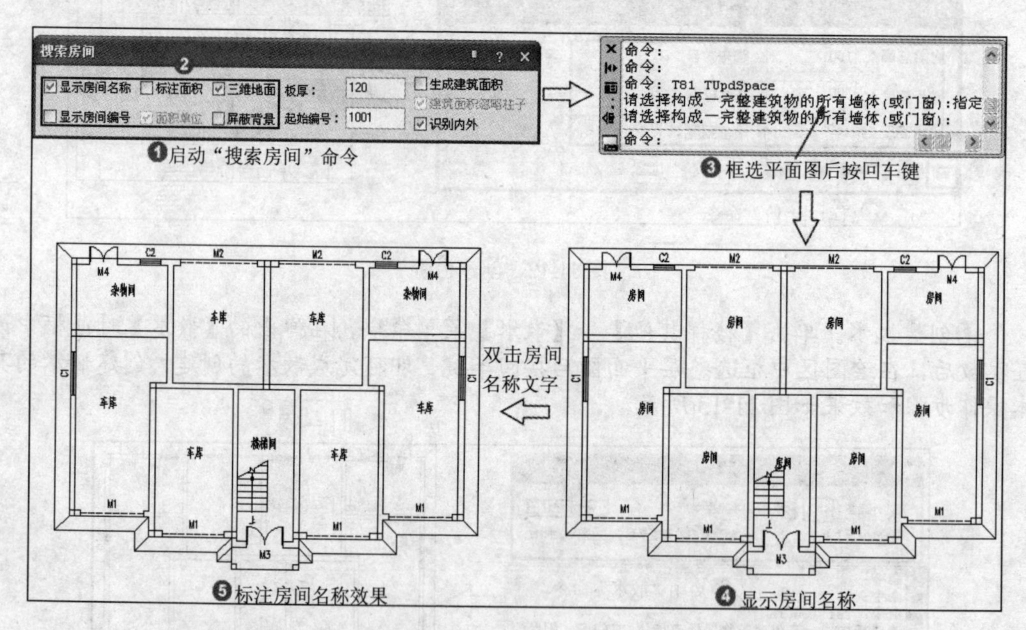

图 11-15　标注房间名称

⓯标高标注。单击【符号标注】|【标高标注】菜单命令，在弹出的【标高标注】对话框中设置参数后，在绘图区中单击车库房间内一点，拖动鼠标至标高点上方单击，确认标高方向，然后单击另一个车库房间内一点，复制一个标高符号，然后返回到【标高标注】对话框中，修改标高数据参数，接着在绘图区中单击室外地坪一点，即可创建出室外地坪标高。创建标高标注的具体操作步骤和效果如图 11-16 所示。

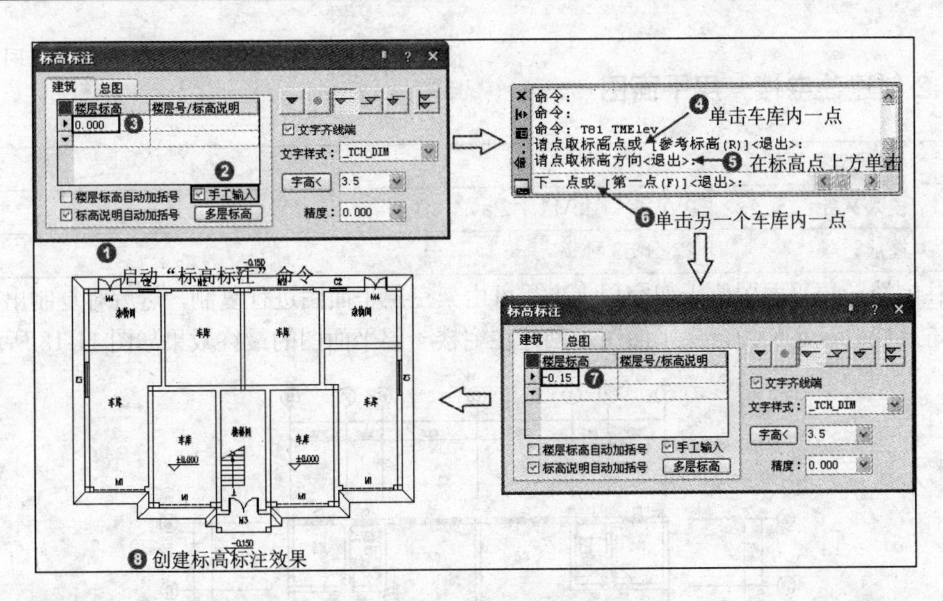

图 11-16　创建标高标注

⓰图名标注。单击【符号标注】|【图名标注】菜单命令，在弹出的【图名标注】对话框中设置参数后，在住宅楼架空层平面图下方指定图名插入位置即可。创建图名标注的具体操作步骤和效果如图 11-17 所示。

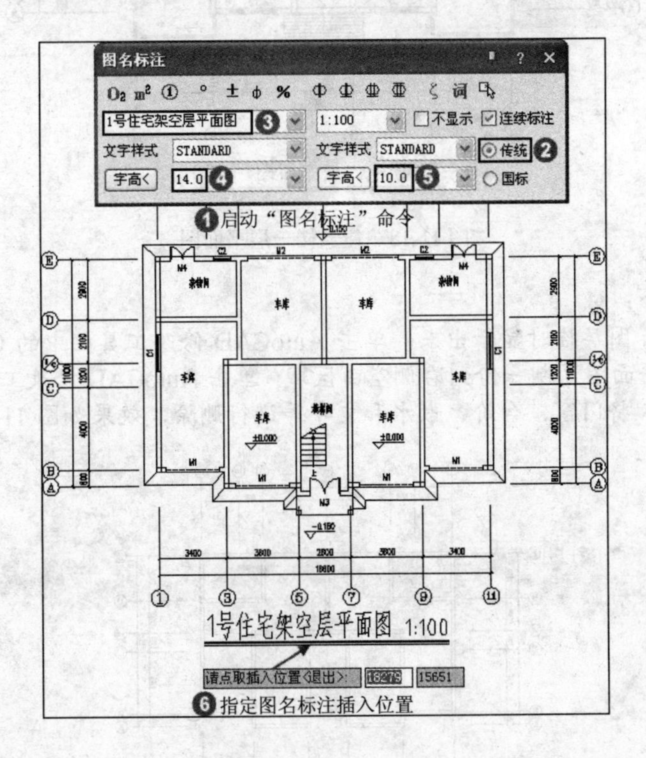

图 11-17　图名标注

11.1.2 创建住宅楼一层平面图

视频教学	
视频文件:	AVI\第11章\11.1.2.avi
播放时长:	22分53秒

住宅楼一层平面图位于架空层上方，可由架空层平面图进行复制，然后对复制出的平面图进行修改，定义为一层平面图。创建住宅楼一层平面图的最终效果如图11-18所示。

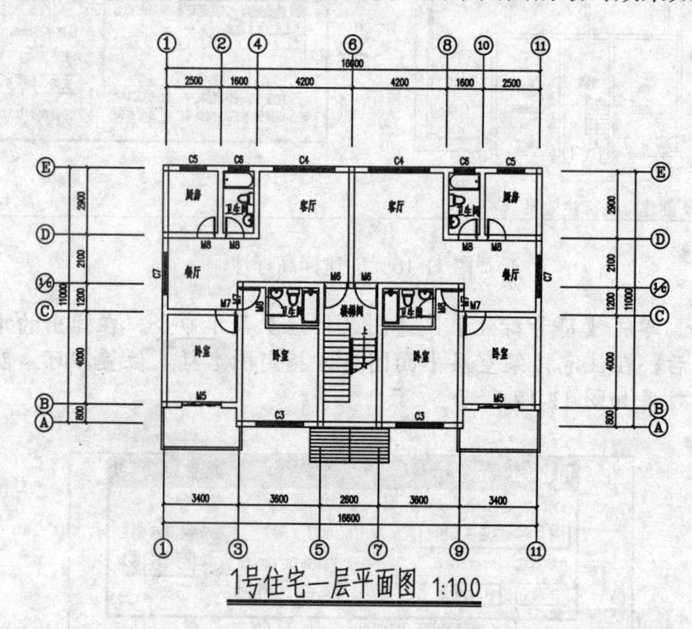

图11-18 住宅楼一层平面图

操作步骤如下：

❶将“轴线”图层临时显示出来，单击AutoCAD修改工具栏中的COPY（复制）按钮，将架空层平面图复制一份到右侧空白区域；单击AutoCAD修改工具栏中的ERASE（删除）按钮，将门窗、台阶、散水和文字等进行删除，效果如图11-19所示。

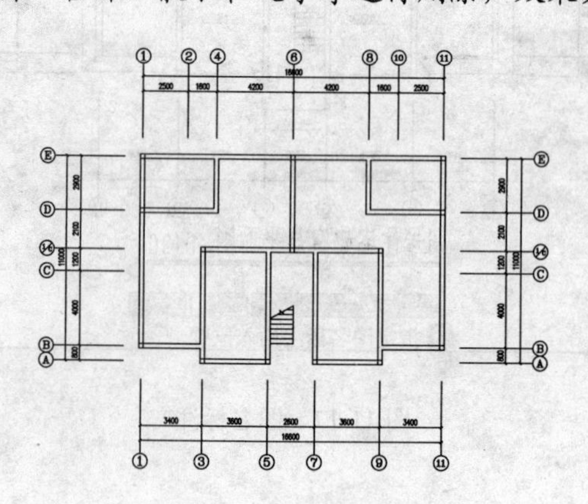

图11-19 复制平面图

❷改墙高。单击【墙体】|【墙体工具】|【改高度】菜单命令，在绘图区中框选整个一层平面图后按回车键，然后指定新的高度和标高，最后确定是否维持窗墙底部间距不变，即可完成墙高的修改。改墙高的具体操作步骤和效果如图 11-20 所示。

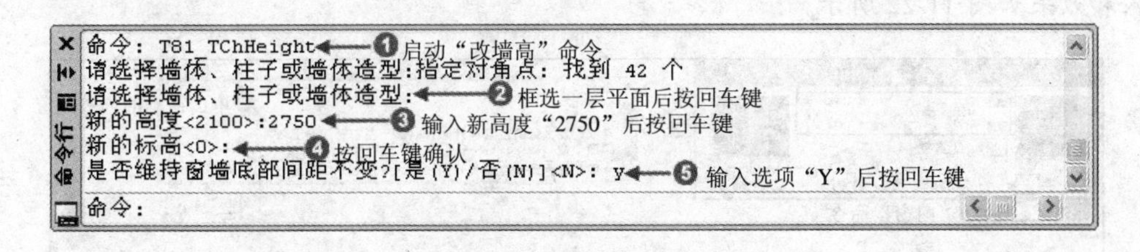

图 11-20　改墙高

❸绘制墙体。将轴线显示出来，单击 AutoCAD 修改工具栏中的 OFFSET（偏移）按钮，将 C 轴线向下偏移 600mm，将 5 轴线向左偏移 2400mm，将 7 轴线向右偏移 2400mm；单击【墙体】|【绘制墙体】菜单命令，在弹出的【绘制墙体】对话框中设置参数后，在绘图区中依次指定墙体的起点和终点，即可绘制出墙体。绘制墙体的具体操作步骤和效果如图 11-21 所示。

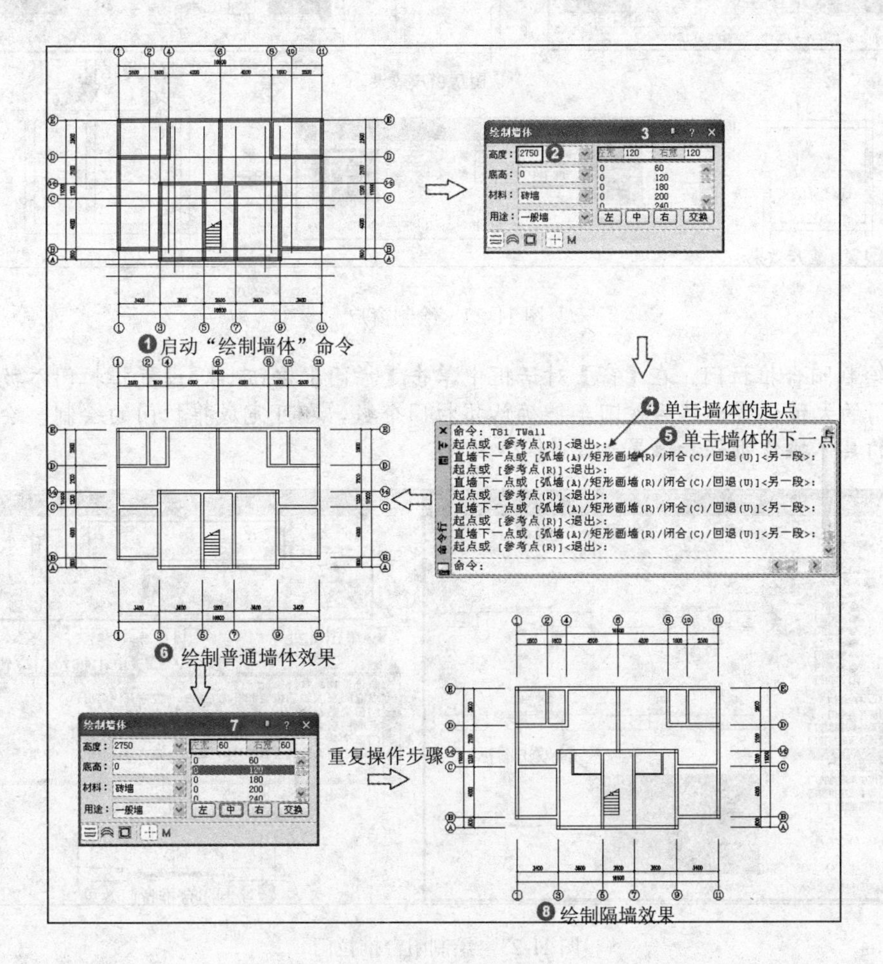

图 11-21　绘制墙体

❹绘制窗户。单击【门窗】|【门窗】菜单命令，在弹出的【门】对话框中单击【插窗】按钮，设置普通窗户参数后，在绘图区中单击窗户的大致位置，然后输入门窗个数“1”后按回车键，即可创建一个窗户，同样方法创建出所有窗户。绘制窗户的具体操作步骤和效果如图 11-22 所示。

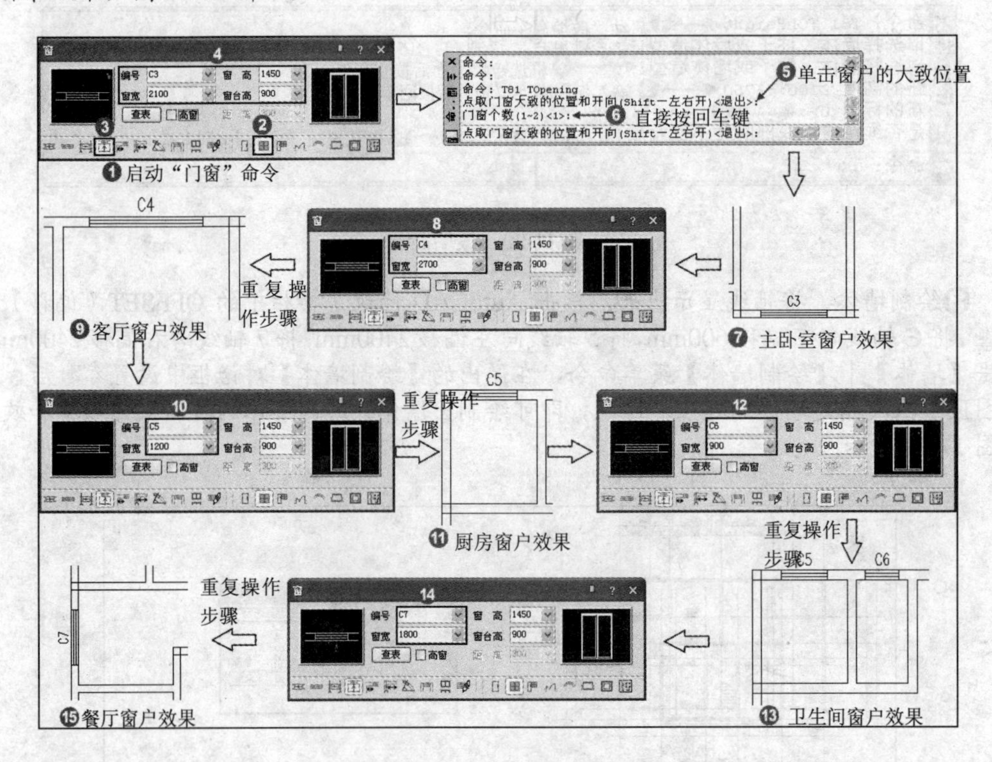

图 11-22　绘制窗户

❺绘制阳台推拉门。在【窗】对话框中单击【插门】按钮，设置推拉门参数后，单击推拉门的大致位置，然后按回车键确认推拉门个数，即可完成推拉门的绘制。绘制阳台推拉门的具体操作步骤和效果如图 11-23 所示。

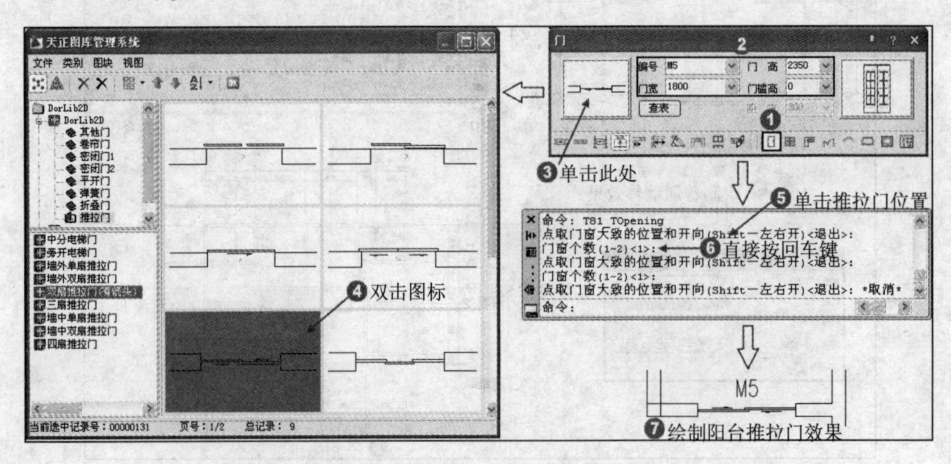

图 11-23　绘制阳台推拉门

❻绘制平开门。在【门】对话框中设置参数后，在绘图区中单击平开门大致位置，即

可插入一个平开门，同样方法创建出所有平开门。绘制平开门的具体操作步骤和效果如图 11-24 所示。

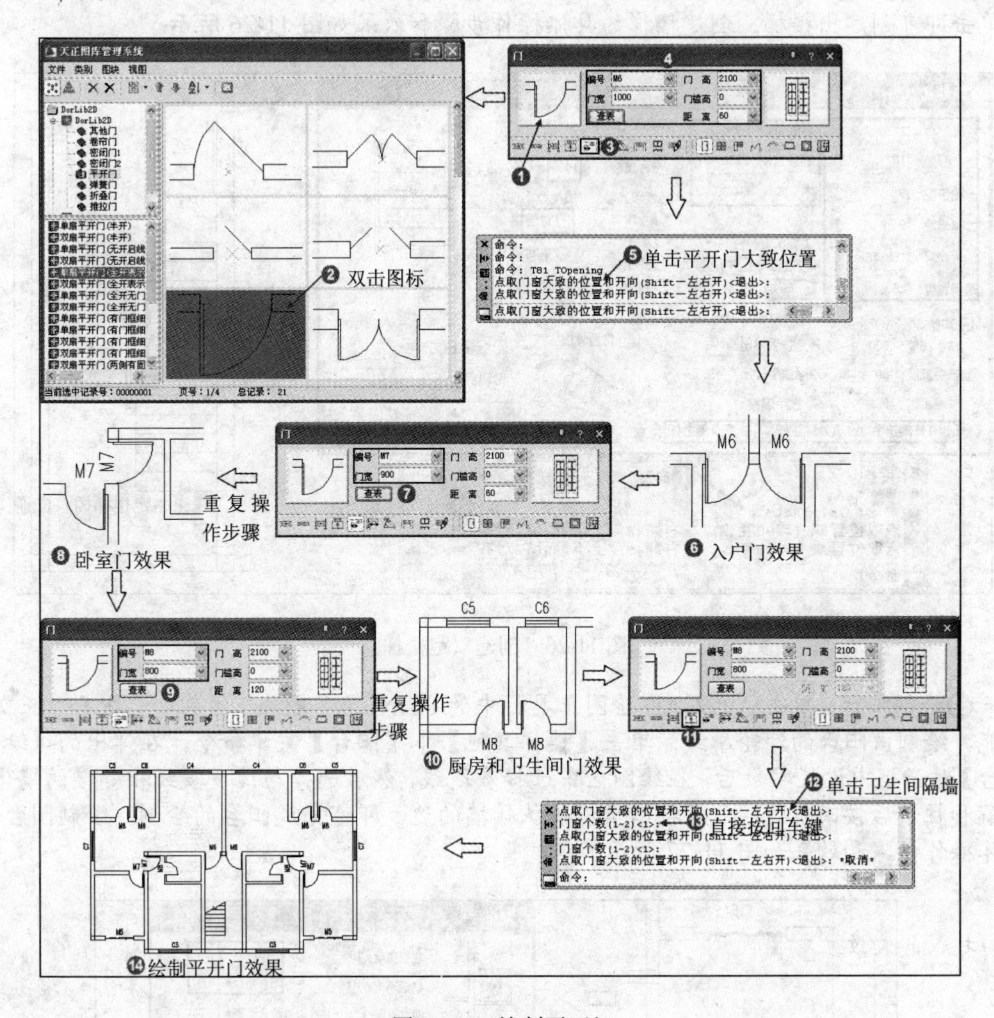

图 11-24　绘制平开门

❼修改直线梯段剖断方式。双击直线梯段，在弹出的【直线梯段】对话框中选择【无剖断】单选按钮，然后单击【确定】按钮，即可完成直线梯段剖断方式的修改。修改直线梯段剖断方式的操作步骤和效果如图 11-25 所示。

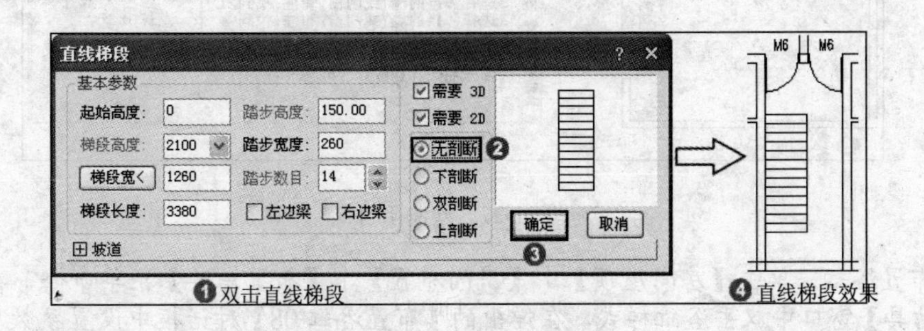

图 11-25　修改直线梯段剖断方式

❽创建楼梯。单击【楼梯其他】|【双跑楼梯】菜单命令，在弹出的【双跑楼梯】对话框中设置参数后，在命令行中输入选项“D”上下翻转楼梯，然后在楼梯间内左下角位置单击即可创建出楼梯。创建楼梯的具体操作步骤和效果如图 11-26 所示。

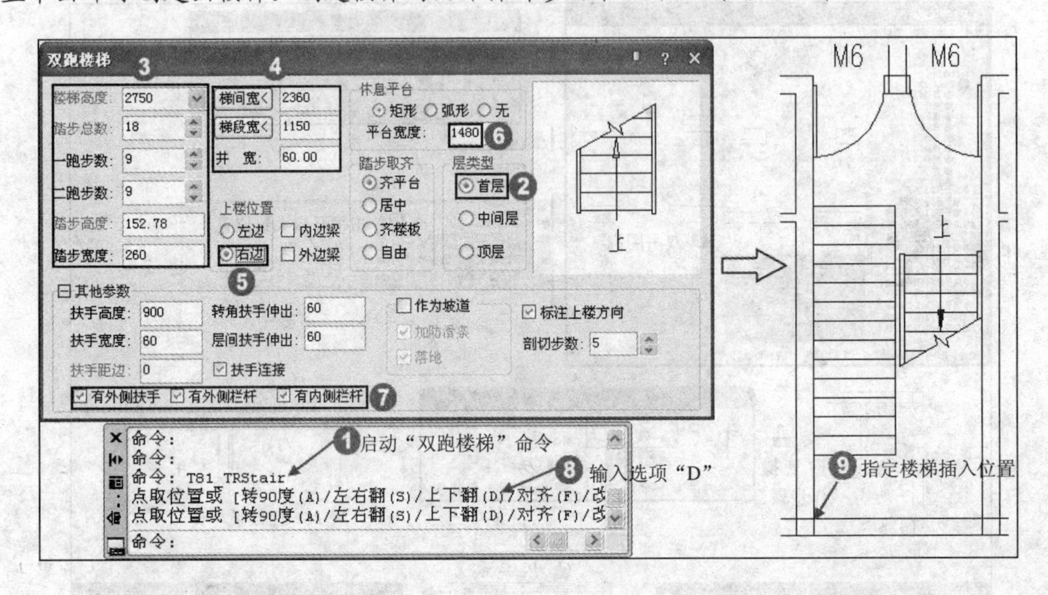

图 11-26 创建双跑楼梯

❾绘制阳台。单击 AutoCAD 绘图工具栏中的 PLINE（多段线）按钮，配合“正交”功能，绘制出阳台的外轮廓线；单击【楼梯其他】|【阳台】菜单命令，在弹出的【绘制阳台】对话框中设置参数后，在绘图区中选择多段线，然后选择与该多段线相邻接的墙体、门窗和柱子后按回车键，最后按回车键确认接墙的边，即可完成阳台的绘制。绘制阳台的具体操作步骤和效果如图 11-27 所示。

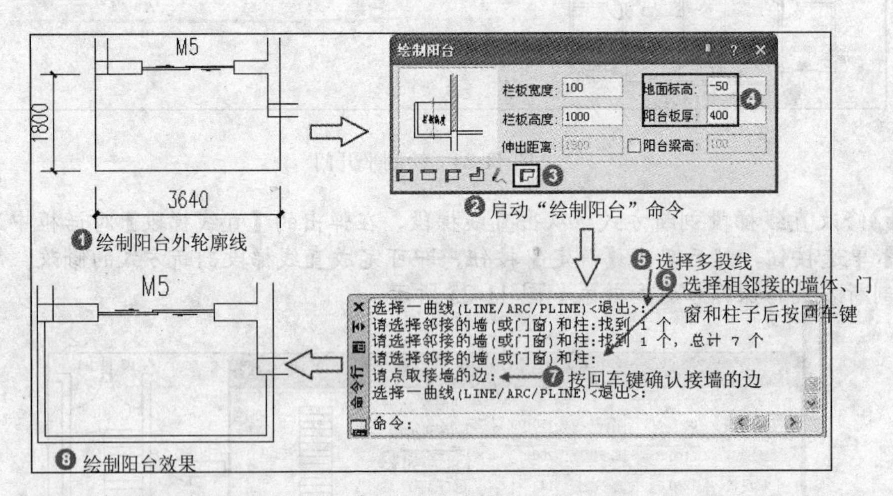

图 11-27 绘制阳台

❿布置浴缸。单击【房间屋顶】|【房间布置】|【布置洁具】菜单命令，在弹出的【天正洁具】窗口中双击浴缸样式，在弹出的【布置浴缸 08】对话框中设置参数后，在绘图区中指定浴缸的位置，即可完成浴缸的布置。同样方法布置另一个浴缸，布置浴缸的具

体操作步骤和效果如图 11-28 所示。

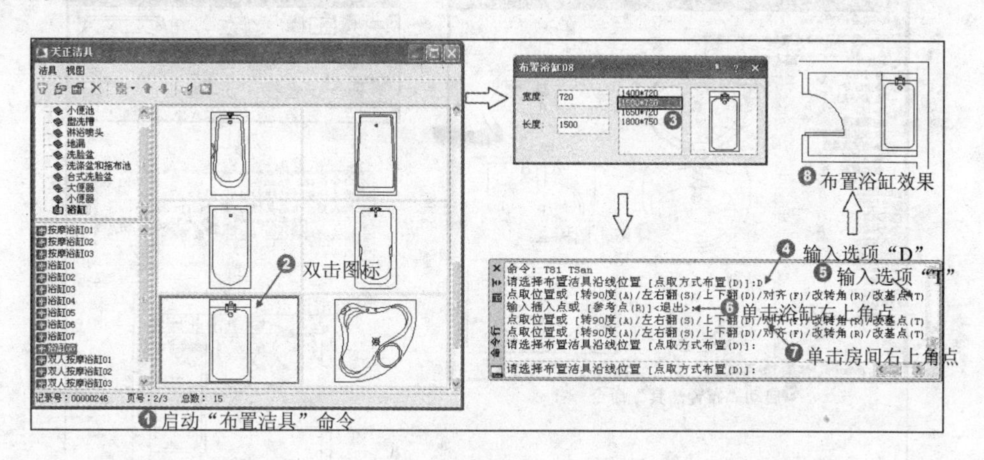

图 11-28　布置浴缸

⓫布置坐便器。单击【房间屋顶】|【房间布置】|【布置洁具】菜单命令，在弹出的【天正洁具】窗口中双击坐便器图标，在弹出的【布置坐便器 07】对话框中设置参数后，在绘图区中单击沿墙边线，然后指定坐便器的第一个插入点，即可完成一个坐便器的布置，按“Esc”键退出命令。同样方法布置其他坐便器，布置坐便器的具体操作步骤和效果如图 11-29 所示。

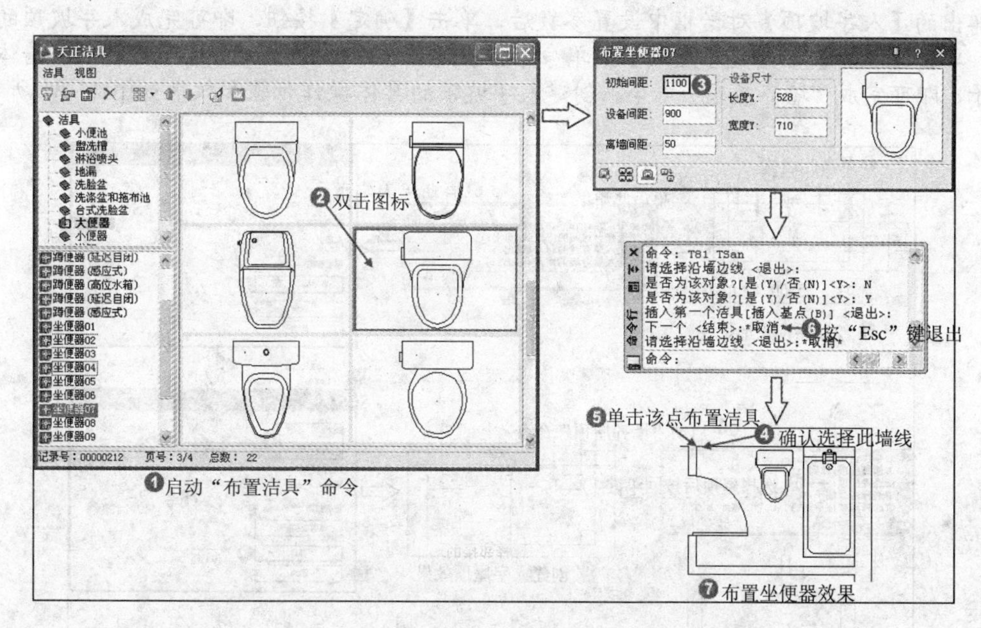

图 11-29　布置坐便器

⓬布置洗脸盆。单击【房间屋顶】|【房间布置】|【布置洁具】菜单命令，在弹出的【天正洁具】窗口中双击洗脸盆图标，在弹出的【布置洗脸盆 06】对话框中设置参数后，在绘图区中单击沿墙边线，然后指定洗脸盆的第一个插入点，即可完成一个洗脸盆的布置，按“Esc”键退出命令。同样方法布置出所有洗脸盆，布置洗脸盆的具体操作步骤和效果如图 11-30 所示。

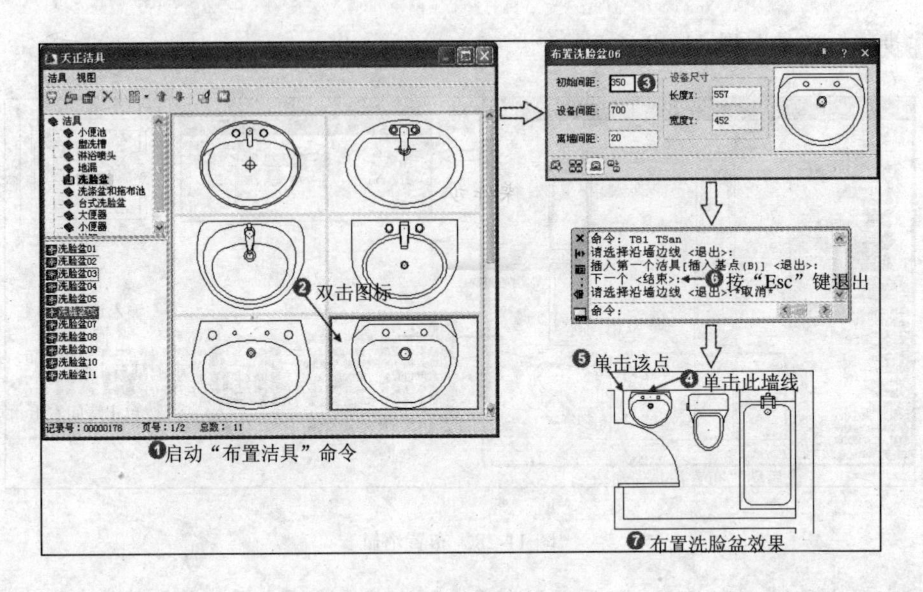

图 11-30　布置洗脸盆

⑬创建人字坡顶。单击 AutoCAD 绘图工具栏中的 RECTANG（矩形）按钮，在住宅楼架空层平面图入口处绘制一个尺寸为 3500mm×1500mm 的矩形；单击【房间屋顶】|【人字坡顶】菜单命令，在绘图区中选择矩形后按回车键，接着单击屋脊线的起点和终点，在弹出的【人字坡顶】对话框中设置参数后，单击【确定】按钮，即可完成人字坡顶的创建；单击【墙体】|【墙齐屋顶】菜单命令，在绘图区中依次确认需对齐的屋顶及墙体和柱子，即可完成“墙齐屋顶”命令。创建人字坡顶的具体操作步骤和效果如图 11-31 所示。

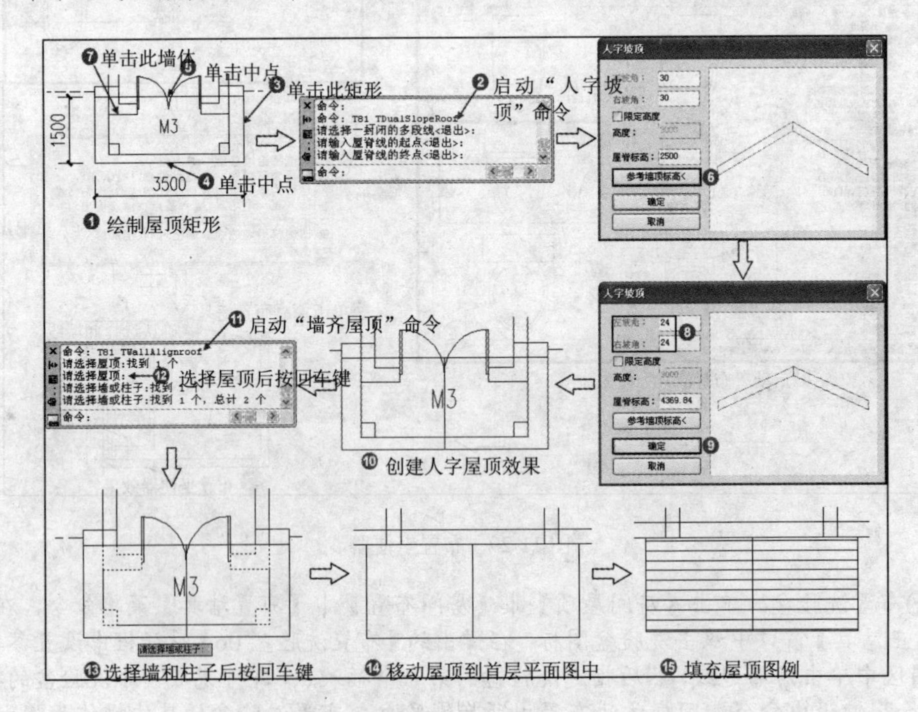

图 11-31　创建人字屋顶

⑭创建房间名称。单击【房间屋顶】|【搜索房间】菜单命令，在弹出的【搜索房间】对话框中设置参数后，在绘图区中框选住宅楼一层平面图后按回车键，即可创建出房间名称文字；将光标移动文字上方，单击鼠标右键，在弹出的快捷方式中选择“对象编辑”选项，弹出【编辑房间】对话框，在该对话框中修改参数后，单击【确定】按钮，即可完成房间名称的编辑。创建房间名称的具体操作步骤和效果如图 11-32 所示。

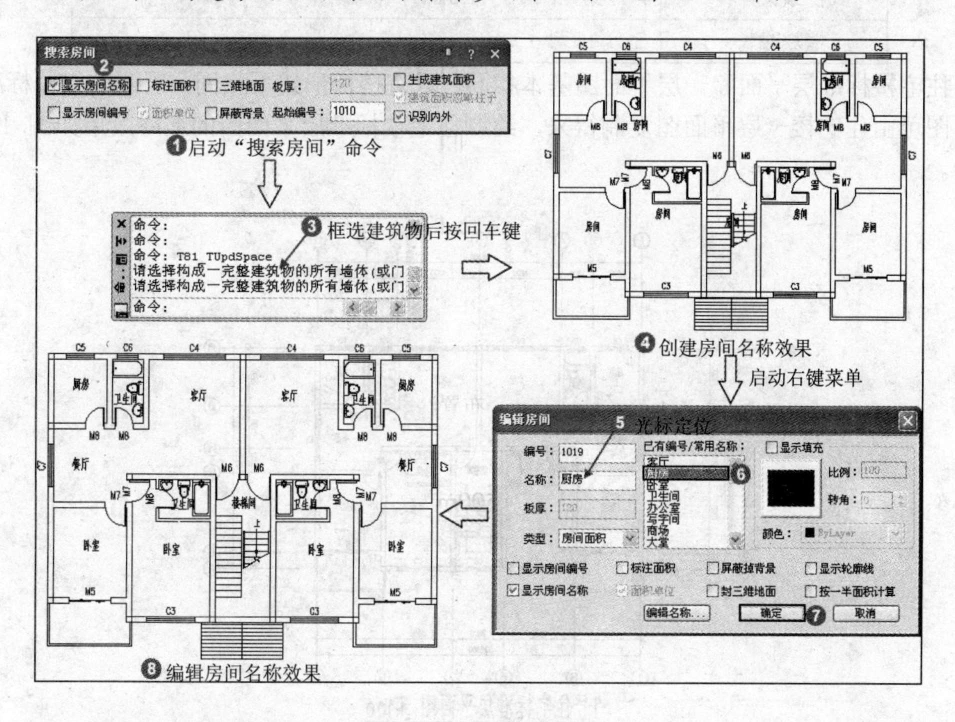

图 11-32 创建房间名称

⑮创建图名标注。单击【符号标注】|【图名标注】菜单命令，在弹出的【图名标注】对话框中设置参数后，在平面图下方单击即可创建出图名标注。创建图名标注的具体操作步骤和效果如图 11-33 所示。

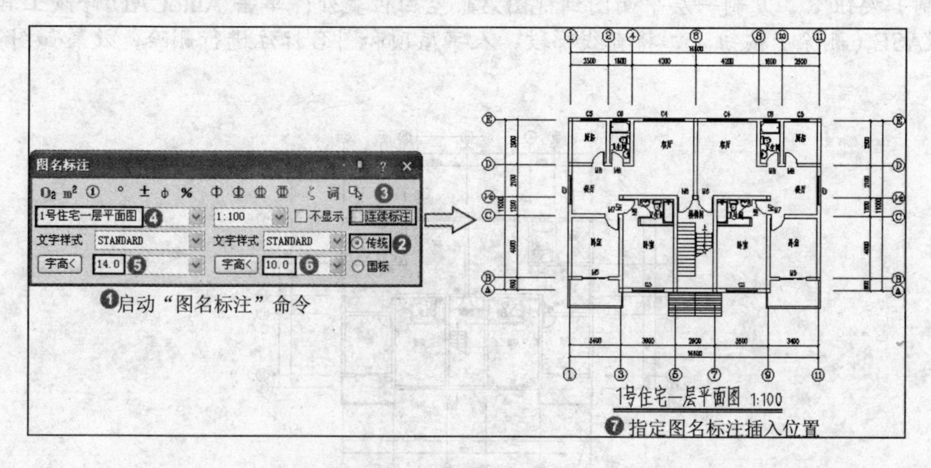

图 11-33 创建图名标注

11.1.3 创建住宅楼标准层平面图

视频教学	
视频文件:	AVI\第 11 章\11.1.3.avi
播放时长:	3 分 13 秒

住宅楼标准层平面和一层平面图基本相同，只有楼梯形式不相同，因此住宅楼标准层平面图可由住宅楼一层平面图复制得来，绘制住宅楼标准层平面图的最终效果如图 11-34 所示。

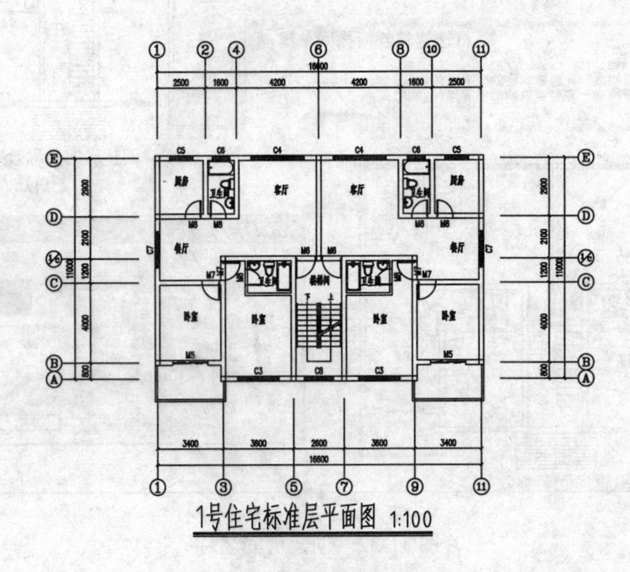

图 11-34 住宅楼标准层平面图

❶复制平面图。将“轴线”图层临时显示出来，单击 AutoCAD 修改工具栏中的 COPY（复制）按钮，复制一层平面图到视图右侧空白位置处；单击 AutoCAD 修改工具栏中的 ERASE（删除）按钮，将直线梯段、人字屋顶和图名标注进行删除，效果如图 11-35 所示。

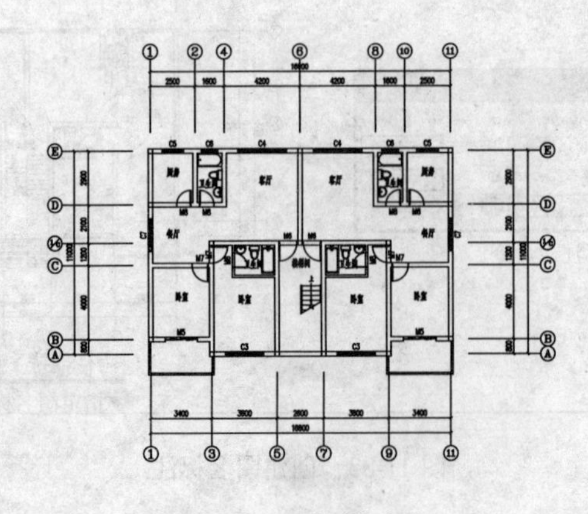

图 11-35 复制平面

❷修改楼梯样式。双击双跑楼梯，在弹出的【双跑楼梯】对话框中选择【中间层】单选项，然后单击【确定】按钮，即可完成双跑楼梯样式的修改，修改楼梯样式的具体操作步骤和效果如图 11-36 所示。

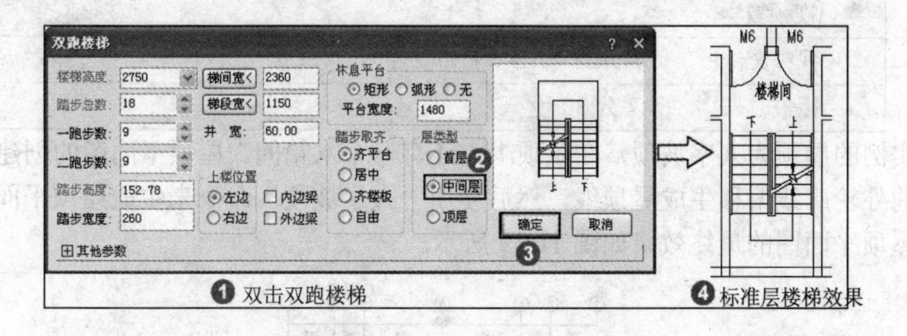

图 11-36　修改楼梯样式

❸绘制楼梯间窗户。单击【门窗】｜【门窗】菜单命令，在弹出的【门】对话框中单击【插窗】按钮，设置窗户参数后，在绘图区中单击楼梯间墙体，然后按回车键确认窗户个数，即可完成楼梯间窗户的绘制。绘制楼梯间窗户的具体操作步骤和效果如图 11-37 所示。

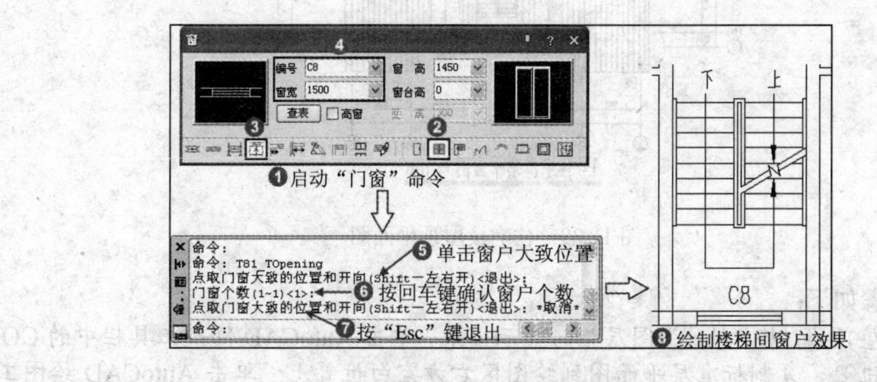

图 11-37　绘制楼梯间窗户

❹创建图名标注。单击【符号标注】｜【图名标注】菜单命令，在弹出的【图名标注】对话框中设置参数后，在平面图下方单击即可创建出图名标注。创建图名标注的具体操作步骤和效果如图 11-38 所示。

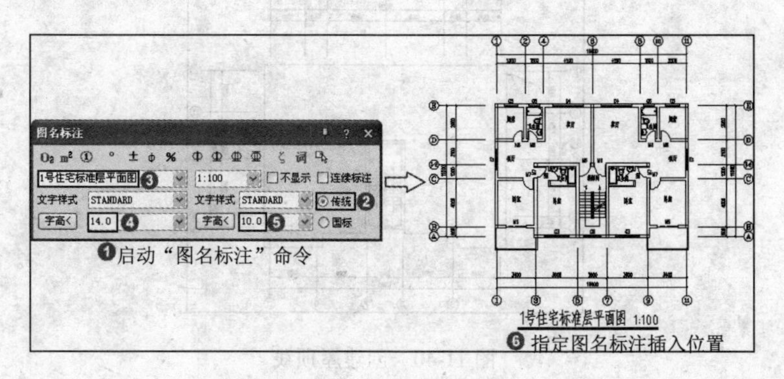

图 11-38　创建图名标注

11.1.4 创建屋顶平面图

视频教学	
视频文件:	AVI\第 11 章\11.1.4.avi
播放时长:	7 分 38 秒

本实例的屋顶为人字坡顶，在屋顶上方还有一个水箱间。屋顶平面图的创建可根据顶层墙体的外轮廓线偏移生成屋顶线，然后使用“人字坡顶”命令来生成屋顶平面图。本实例创建屋顶平面图的最终效果如图 11-39 所示。

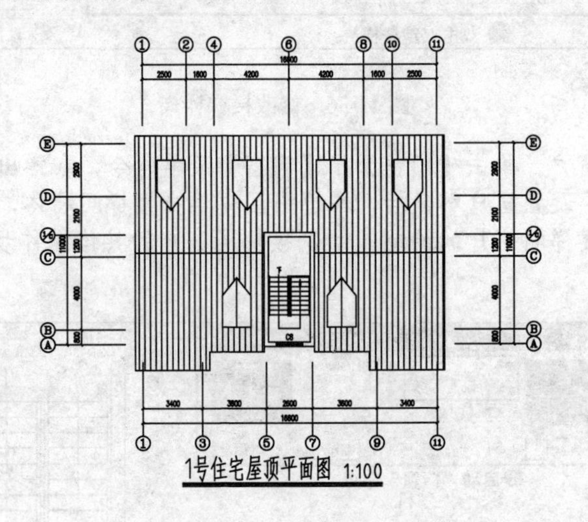

图 11-39　住宅楼屋顶平面图

操作步骤如下：

❶创建屋顶线。将“轴线”图层临时显示出来，单击 AutoCAD 修改工具栏中的 COPY（复制）按钮，复制标准层平面图到绘图区右方空白位置上；单击 AutoCAD 绘图工具栏中的 PLINE（多段线）按钮，沿外墙体绘制墙体轮廓线；单击 AutoCAD 修改工具栏中的 OFFSET（偏移）按钮，生成屋顶的轮廓线；单击 AutoCAD 修改工具栏中的 ERASE（删除）按钮，将多余的墙体、门窗和文字等进行删除，效果如图 11-40 所示。

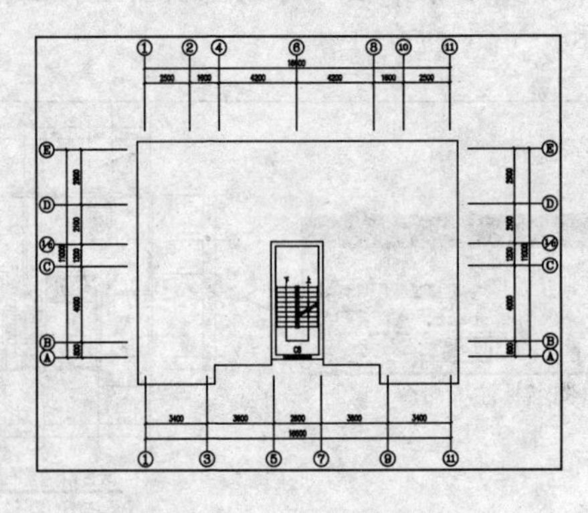

图 11-40　创建屋顶线

❷修改楼梯样式。双击双跑楼梯，在弹出的【双跑楼梯】对话框中选择【中间层】单

选项，然后单击【确定】按钮，即可完成双跑楼梯样式的修改，修改楼梯样式的具体操作步骤和效果如图 11-41 所示。

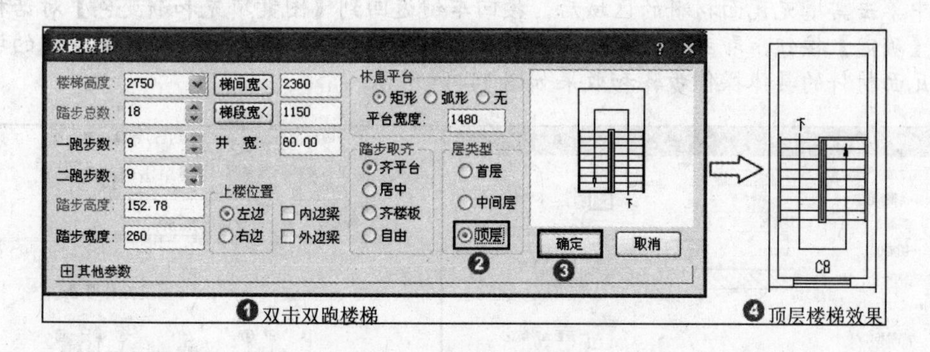

图 11-41　修改楼梯样式

❸创建人字坡顶。单击【房间屋顶】|【人字坡顶】菜单命令，在绘图区中选择屋顶线，接着单击屋脊线的起点和终点，弹出【人字坡顶】对话框，在该对话框中设置参数后，单击【确定】按钮，即可完成人字坡顶的创建。创建人字坡顶的具体操作步骤和效果如图 11-42 所示。

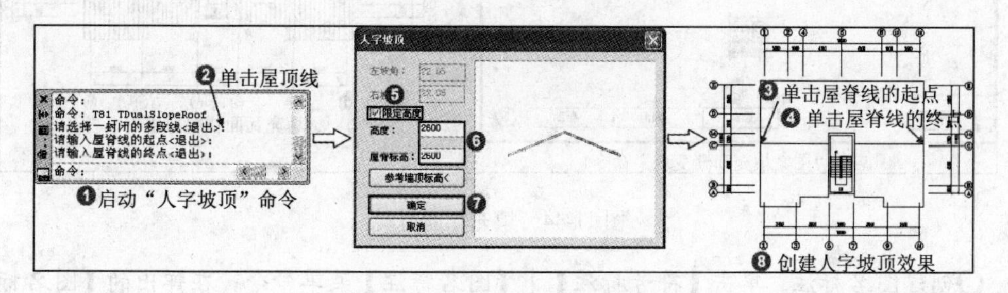

图 11-42　创建人字坡顶

❹创建老虎窗。单击【房间屋顶】|【加老虎窗】菜单命令，在绘图区中选择人字屋顶对象后按回车键，在弹出的【加老虎窗】设置参数后，单击【确定】按钮，然后在绘图区中依次指定老虎窗插入位置即可，创建老虎窗的具体操作步骤和效果如图 11-43 所示。

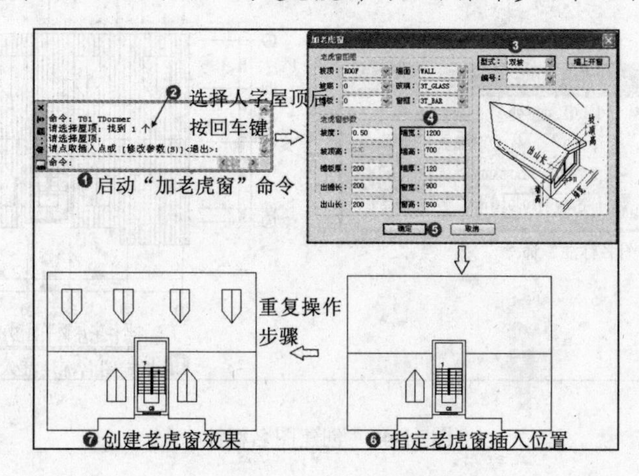

图 11-43　创建老虎窗

❺填充瓦面材料。单击 AutoCAD 绘图工具栏中的 HATCH（图案填充和渐变色）按钮，在弹出的【图案填充和渐变色】对话框中设置参数后，单击【添加：拾取点】按钮，在绘图区中单击需填充瓦面材料的区域后，按回车键返回到【图案填充和渐变色】对话框中，单击【确定】按钮，即可完成一个区域的瓦面材料填充，同样方法完成其他区域的填充。填充瓦面材料的具体操作步骤和效果如图 11-44 所示。

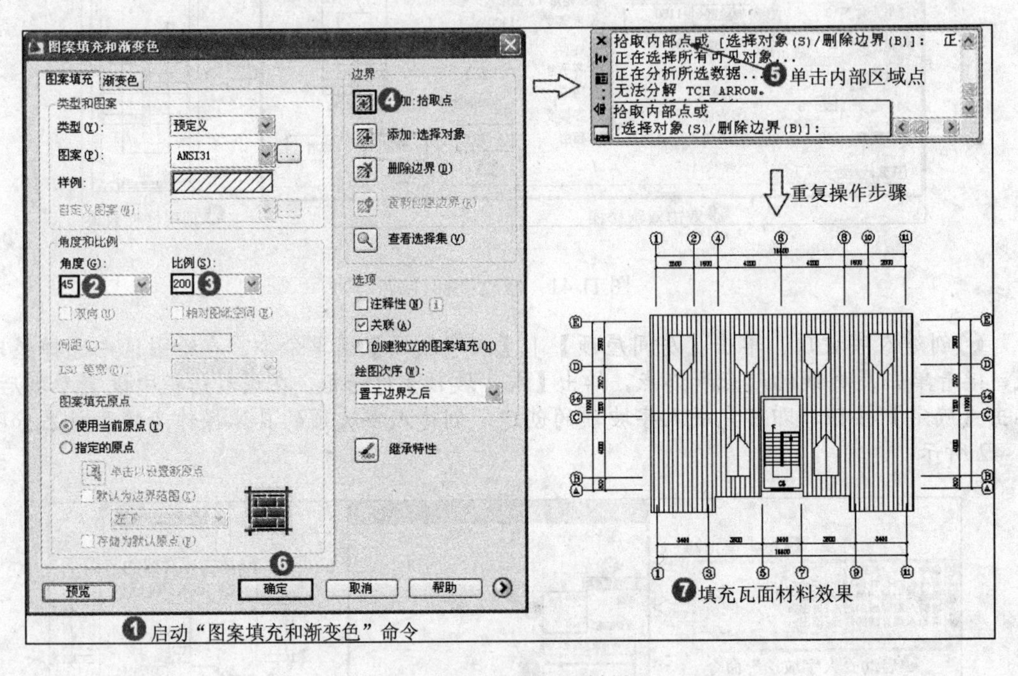

图 11-44　填充瓦面材料

❻创建图名标注。单击【符号标注】|【图名标注】菜单命令，在弹出的【图名标注】对话框中设置参数后，在屋顶平面图下方单击即可创建出图名标注。创建图名标注的具体操作步骤和效果如图 11-45 所示。

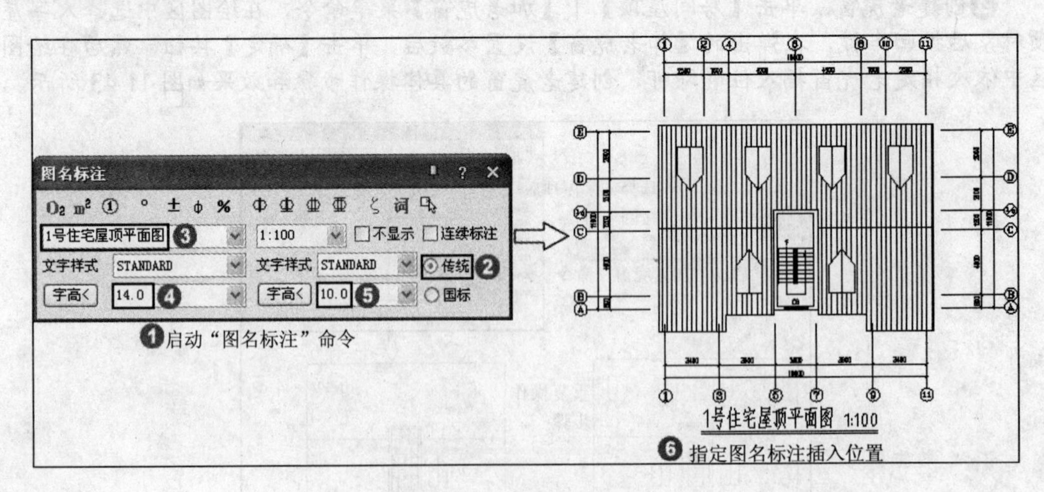

图 11-45　创建图名标注

11.2 住宅楼立面图和剖面图

一幅完整的住宅楼施工楼，不仅需要绘制出各层平面图，还需要绘制各个方向上的立面图和特殊部位的剖面图，有时还需要绘制出各个节点的详图，本节主要介绍该住宅楼立面图和剖面图的绘制方法和操作步骤。

11.2.1 创建住宅楼正立面图

视频教学	
视频文件:	AVI\第 11 章\11.2.1.avi
播放时长:	32 分 21 秒

一般来说，住宅楼施工图需要绘制出每个方向上的立面图，其中相同的立面图可只绘制一个。本节以创建住宅楼正立面图为例讲述住宅楼立面图的创建方法。本实例创建住宅楼正立面图的最终效果如图 11-46 所示。

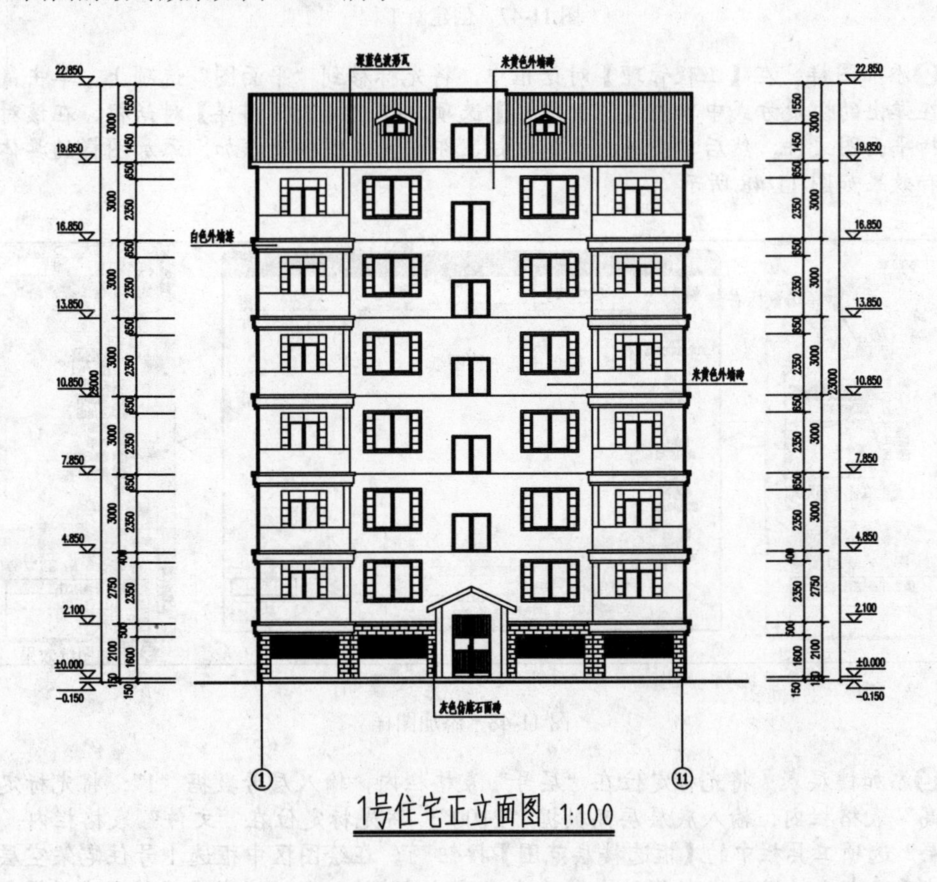

图 11-46　住宅楼正立面图

操作步骤如下：

❶新建工程。单击【文件布图】|【工程管理】菜单命令，在弹出的【工程管理】对话框中单击【工程管理】下拉列表，在弹出的下拉菜单中单击“新建工程”选项，弹出【另存为】对话框，选择事先创建的工程文件夹，接着输入工程名称，然后单击【保存】按钮，即可创建一个新工程。新建工程的具体操作步骤和效果如图 11-47 所示。

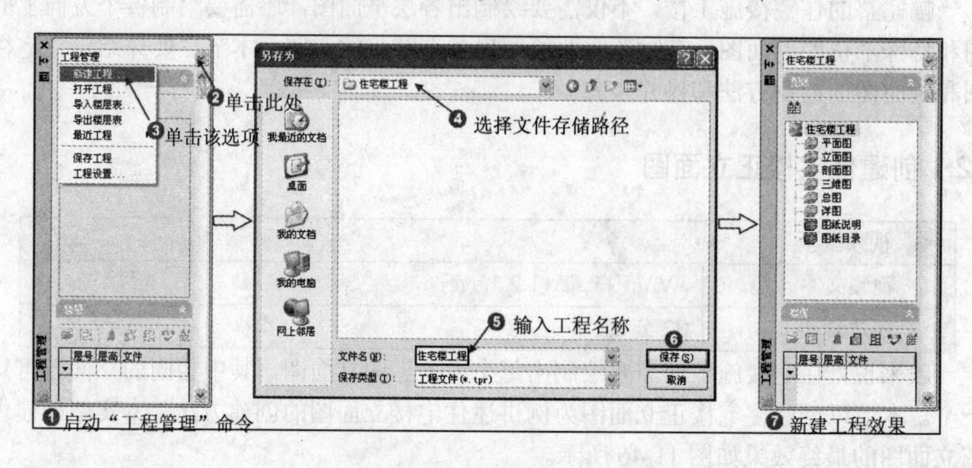

图 11-47　创建新工程

❷添加图样。在【工程管理】对话框中，将光标移到“平面图”选项上，单击鼠标右键，在弹出的快捷方式中单击【添加图样】选项，弹出【选择图样】对话框，在该对话框中选择平面图文件，然后单击【打开】按钮，即可完成图样的添加。添加图样的具体操作步骤和效果如图 11-48 所示。

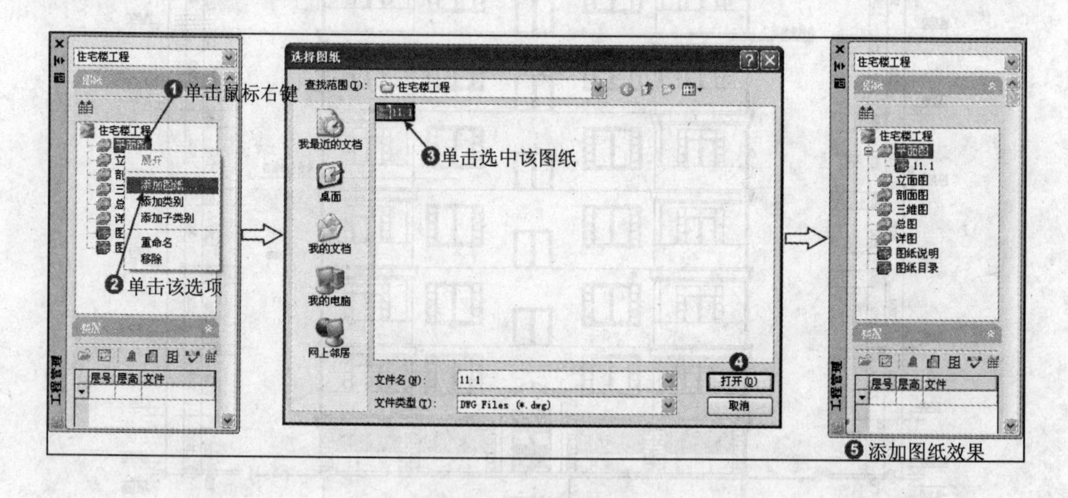

图 11-48　添加图样

❸添加楼层表。将光标定位在“层号”表格栏内，输入层号数据“1”；将光标定位在“层高”表格栏内，输入底层层高数据“2100”；将光标定位在“文件”表格栏内，单击“楼层”选项工具栏中的【框选楼层范围】按钮，在绘图区中框选 1 号住宅架空层平面图，然后单击 1 轴线与 A 轴线的交点作为楼层的对齐点，即可完成该层楼层表的添加。同样方法，添加其他层的楼层表。添加楼层表的具体操作步骤和效果如图 11-49 所示。

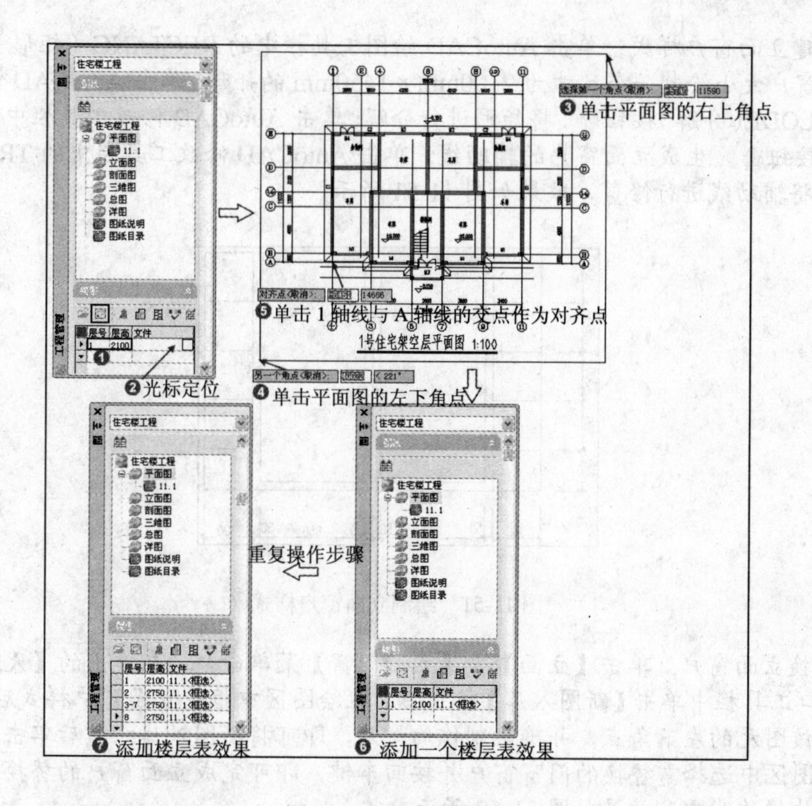

图 11-49　添加楼层表

❹生成正立面图。单击“楼层”选项工具栏中的【建筑立面】按钮，根据命令行提示输入选项“F”绘制正立面图，接着在绘图区中选择 1 号轴线和 11 号轴线后按回车键，此时弹出【立面生成设置】对话框，在该对话框中设置参数后，单击【生成立面】按钮，然后在弹出的【输入要生成的文件】对话框中输入文件名，最后单击【保存】按钮，即可生成正立面图。生成正立面图的具体操作步骤和效果如图 11-50 所示。

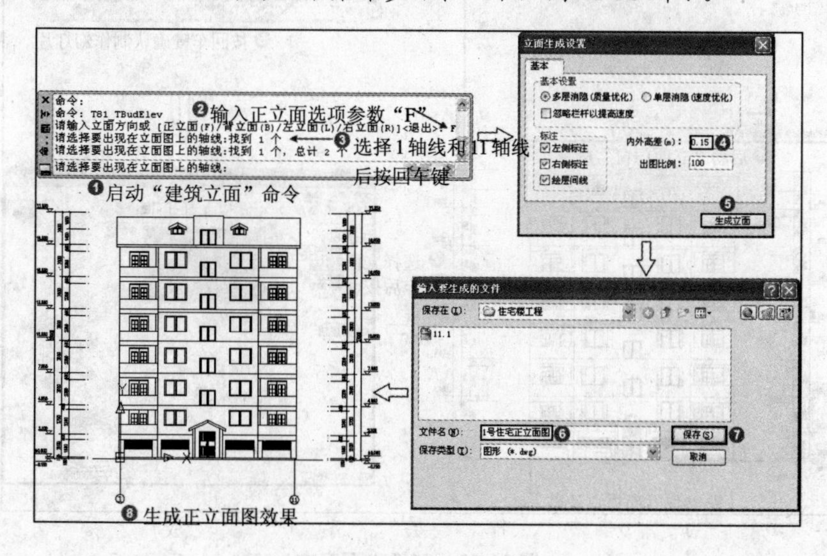

图 11-50　生成正立面图

❺创建立面窗户样式。单击 AutoCAD 绘图工具栏中的 RECTANG（矩形）按钮，根据立面窗户大小绘制一个尺寸为 2100mm × 1450mm 的矩形；单击 AutoCAD 修改工具栏中的 EXPLODE（分解）按钮，将矩形进行分解；单击 AutoCAD 修改工具栏中的 OFFSET（偏移）按钮，生成立面窗户的辅助线；单击 AutoCAD 修改工具栏中的 TRIM（修剪）按钮，将辅助线进行修剪，效果如图 11-51 所示。

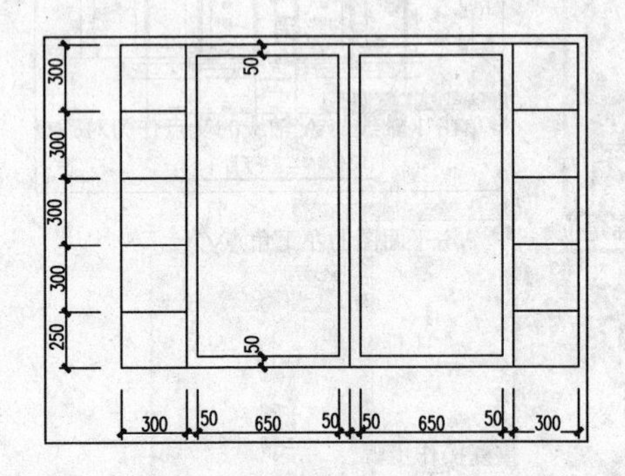

图 11-51 绘制立面窗户样式

❻替换立面窗户。单击【立面】|【立面门窗】菜单命令，在弹出的【天正图库管理系统】窗口工具栏中单击【新图入库】按钮，在绘图区中框选立面窗户样式后按回车键，接着单击该图元的左下角点，并确认制作幻灯片，即可将新图入库；然后单击【替换】按钮，在绘图区中选择需替换的门窗窗户并按回车键，即可完成立面窗户的替换。替换立面窗户的具体操作步骤和效果如图 11-52 所示。

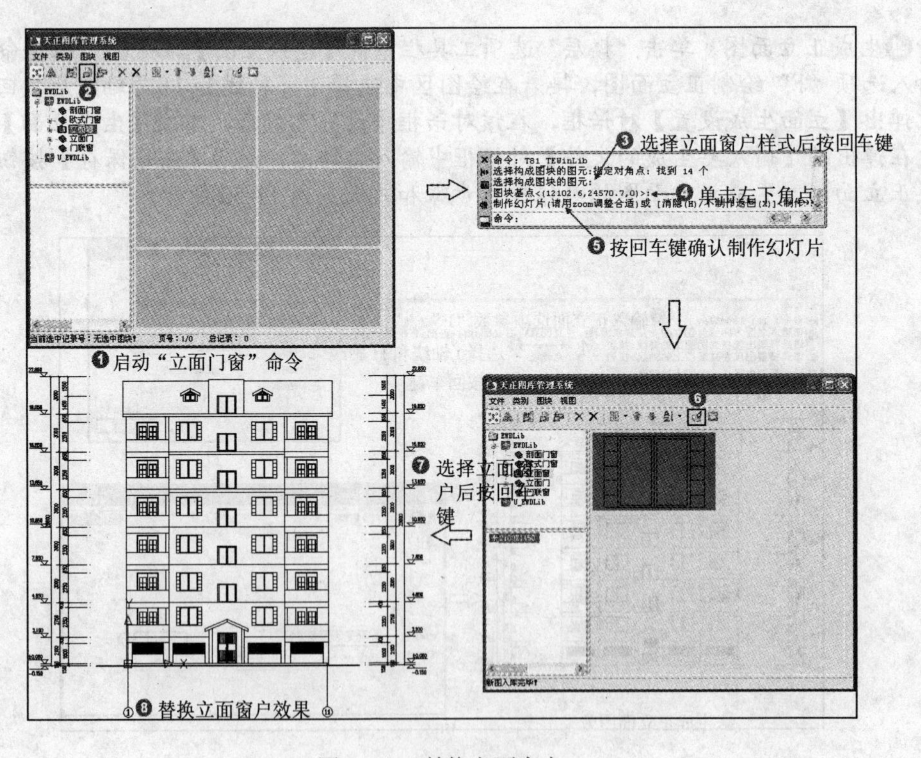

图 11-52 替换立面窗户

❼添加立面窗套。单击【立面】|【立面窗套】菜单命令，在绘图区中依次单击立面窗户的左下角点和右上角点，然后在弹出的【窗套参数】对话框中设置参数，最后单击【确定】按钮，即可完成立面窗套的添加。添加立面窗套的具体操作步骤和效果如图 11-53 所示。

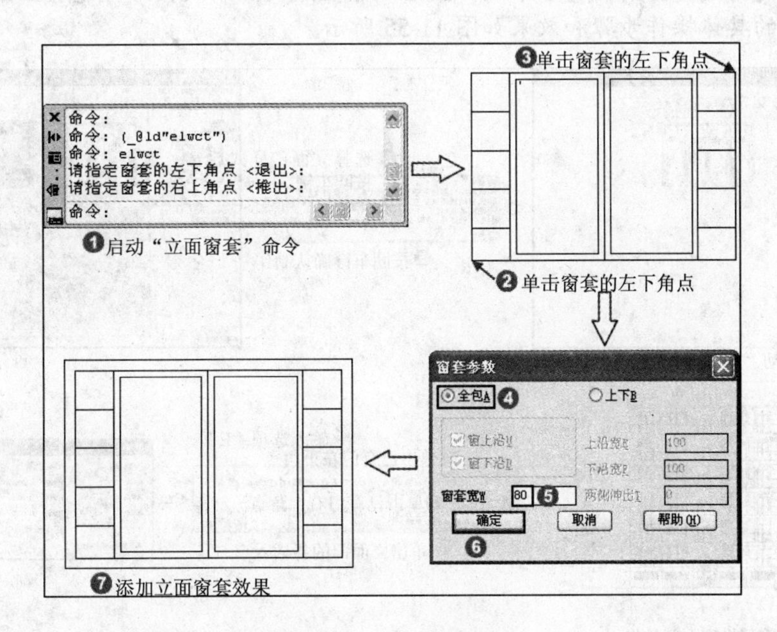

图 11-53　添加立面窗套

❽创建立面门样式。单击 AutoCAD 绘图工具栏中的 RECTANG（矩形）按钮，在空白区域绘制一个尺寸为 1800mm × 2350mm 的矩形；单击 AutoCAD 修改工具栏中的 EXPLODE（分解）按钮，将矩形进行分解；单击 AutoCAD 修改工具栏中的 OFFSET（偏移）按钮，生成立面门样式的辅助线；单击 AutoCAD 修改工具栏中的 TRIM（修剪）按钮，将辅助线进行修剪，效果如图 11-54 所示。

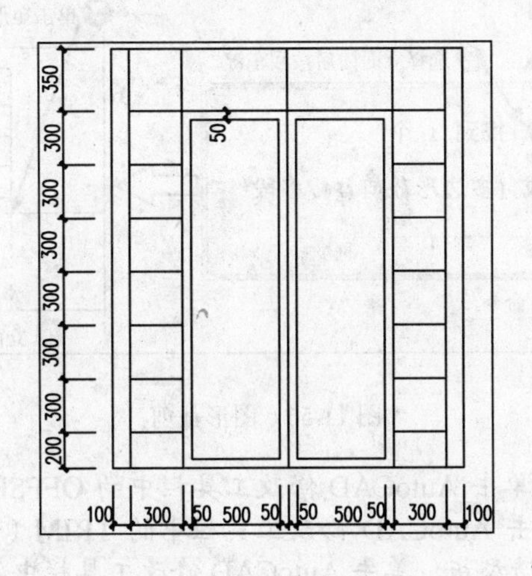

图 11-54　创建立面门样式

❾替换立面门。单击【立面】|【立面门窗】菜单命令，在弹出的【天正图库管理系

统】窗口工具栏中单击【新图入库】按钮，在绘图区中框选立面窗户样式后按回车键，接着单击该图元的左下角点，并确认制作幻灯片，即可将新图入库；双击立面门样式，在命令行中输入选项“E”，接着单击立面门的左下角点和右上角点，即可创建一个立面门，然后依次指定需创建立面门的各个点，最后删除生成的立面门，即可完成立面门的替换。替换立面门的具体操作步骤和效果如图 11-55 所示。

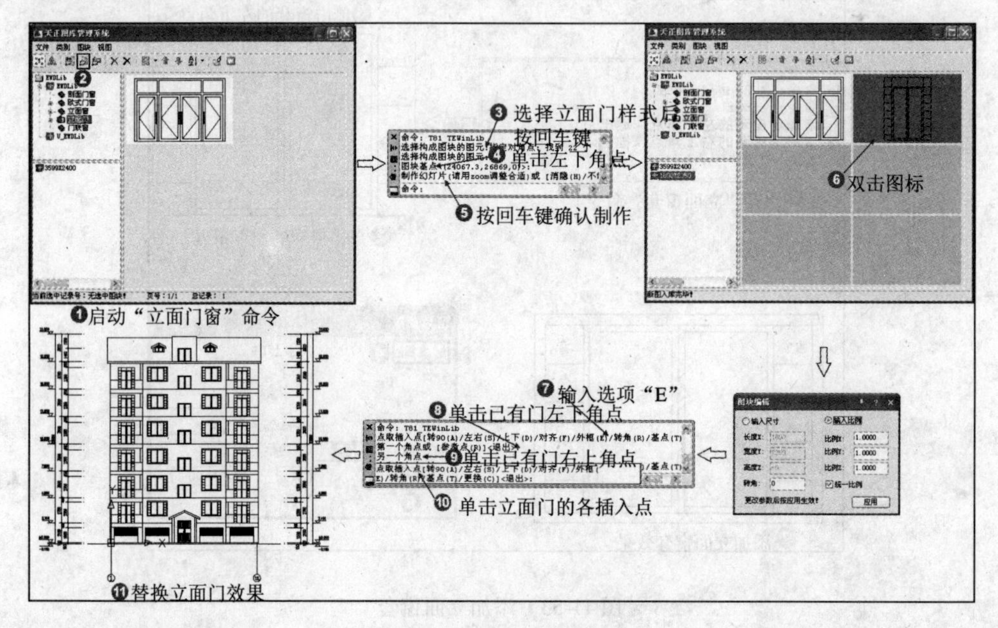

图 11-55　替换立面门

⓾图形裁剪。单击【立面】|【图形裁剪】菜单命令，在绘图区中选择立面门对象后按回车键，然后用矩形框选需裁剪掉的部分，即可完成立面图形的裁剪。图形裁剪的具体操作步骤和效果如图 11-56 所示。

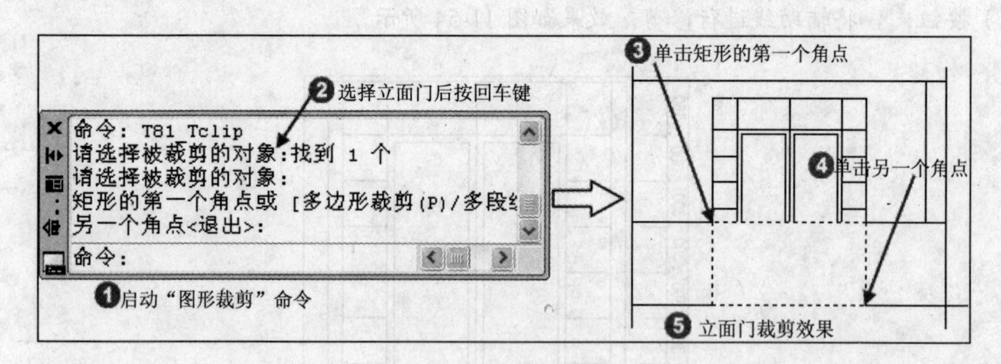

图 11-56　图形裁剪

⑪绘制阳台造型板。单击 AutoCAD 修改工具栏中的 OFFSET（偏移）按钮，生成阳台造型板的辅助线；单击 AutoCAD 修改工具栏中的 TRIM（修剪）按钮，将辅助线进行修剪，得到一个阳台造型板；单击 AutoCAD 修改工具栏中的 COPY（复制）按钮，复制出所有阳台造型板；单击 AutoCAD 修改工具栏中的 TRIM（修剪）按钮，将多余的立面图线和遮挡线进行修剪，此时就完成了阳台造型板的绘制，效果如图 11-57 所示。

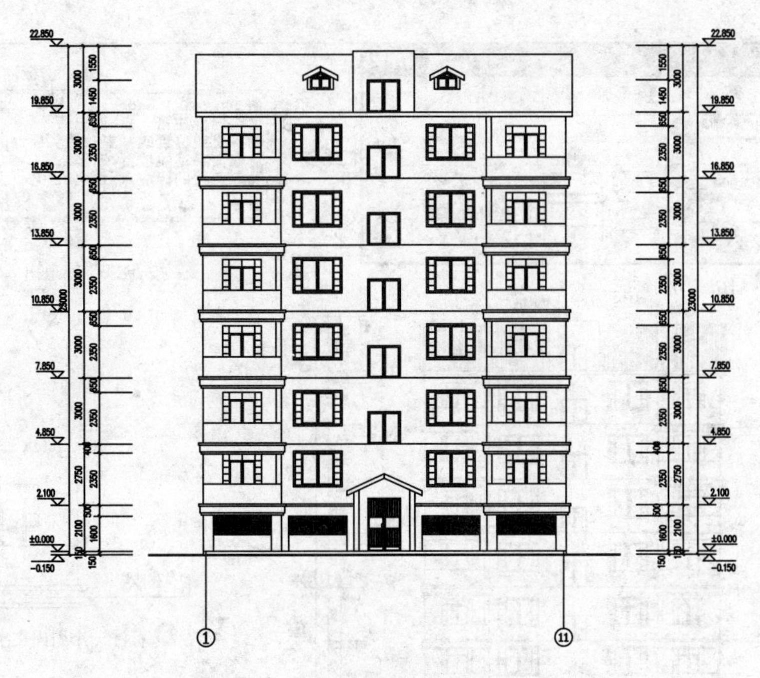

图 11-57　绘制阳台造型板

⓬填充立面图例。单击 AutoCAD 绘图工具栏中的 HATCH（图案填充和渐变色）按钮▦，为住宅正立面图填充墙面砖和瓦面材料，效果如图 11-58 所示。

图 11-58　填充立面图例

⓭标注引出文字。单击【符号标注】|【引出标注】菜单命令，在弹出的【引出标注】对话框中设置参数后，在绘图区中依次指定标注点位置、引线位置和文字基线位置，即可完成引出标注命令。标注引出文字的具体操作步骤和效果如图 11-59 所示。

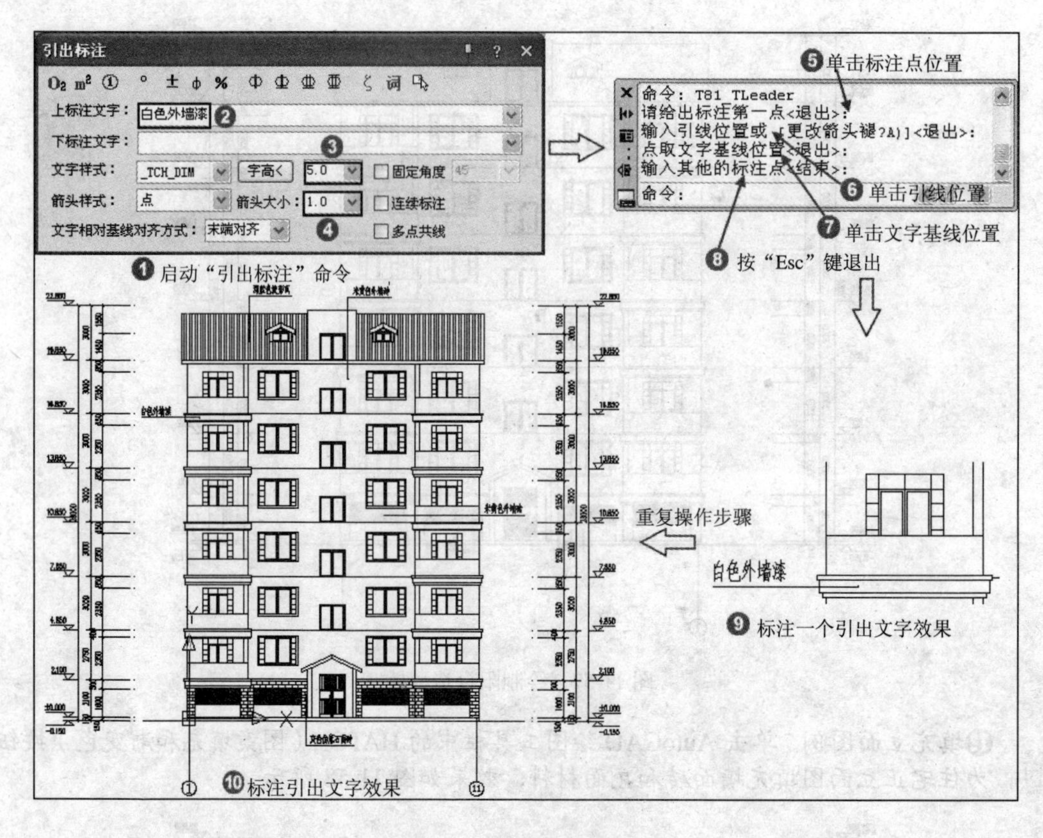

图 11-59　标注引出文字

⓮创建立面轮廓线。单击【立面】|【立面轮廓】菜单命令，在绘图区中框选整栋立面图后按回车键，然后输入轮廓线宽度后按回车键，即可生成立面轮廓线。创建立面轮廓线的具体操作步骤和效果如图 11-60 所示。

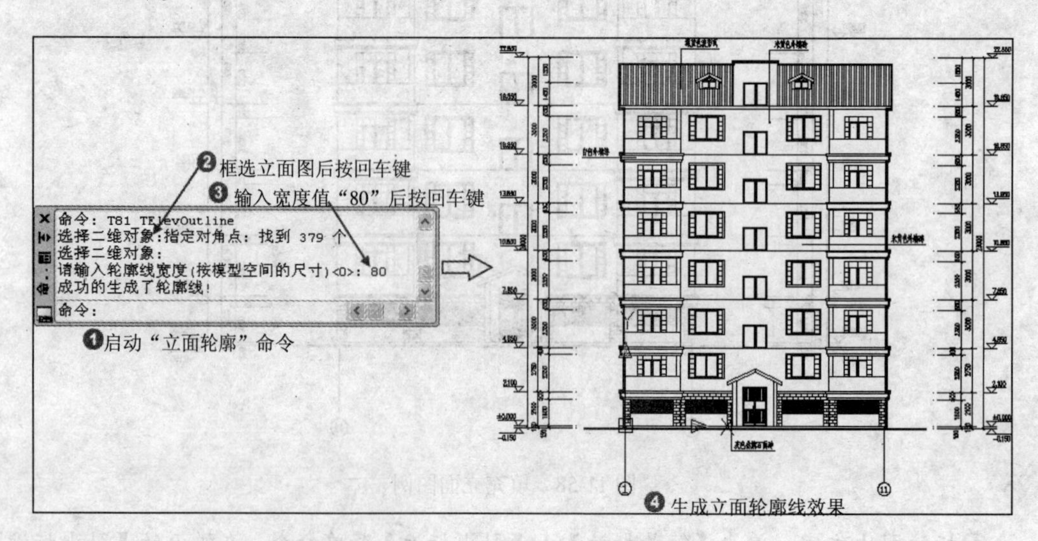

图 11-60　创建立面轮廓线

⓯创建图名标注。单击【符号标注】|【图名标注】菜单命令，在弹出的【图名标注】

对话框中设置参数后，在住宅正立面图下方单击即可创建图名标注。创建图名标注的具体操作步骤和效果如图 11-61 所示。

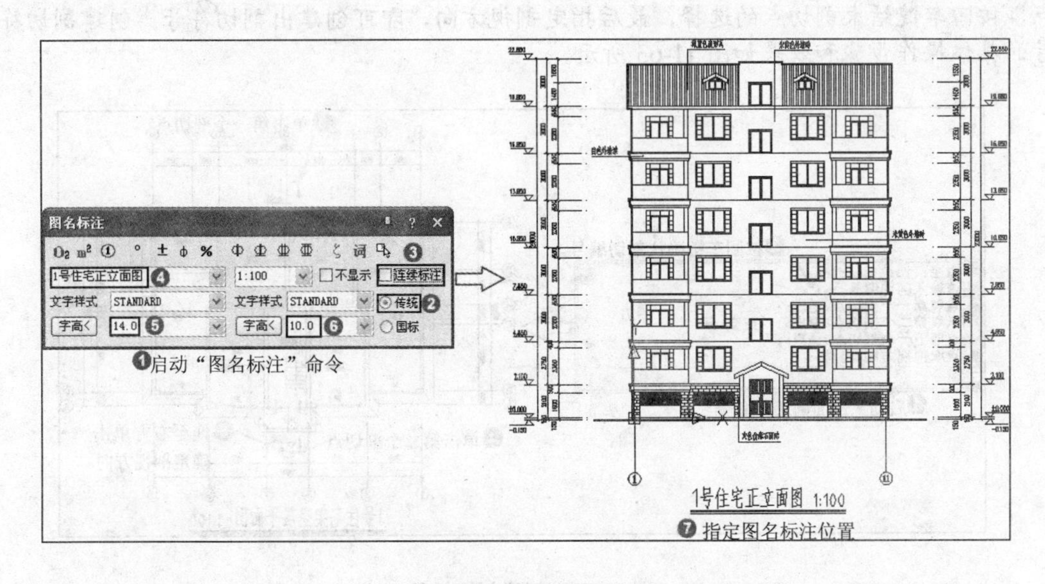

图 11-61　创建图名标注

11.2.2 创建住宅楼剖面图

住宅楼剖面主要反映住宅内部竖向构造，其剖视位置应选在层高不同、层数不同和内外空间比较复杂，具有代表性的部位。本节主要讲述住宅楼剖面图的绘制过程和方法。本实例创建住宅楼剖面图的最终效果如图 11-62 所示。

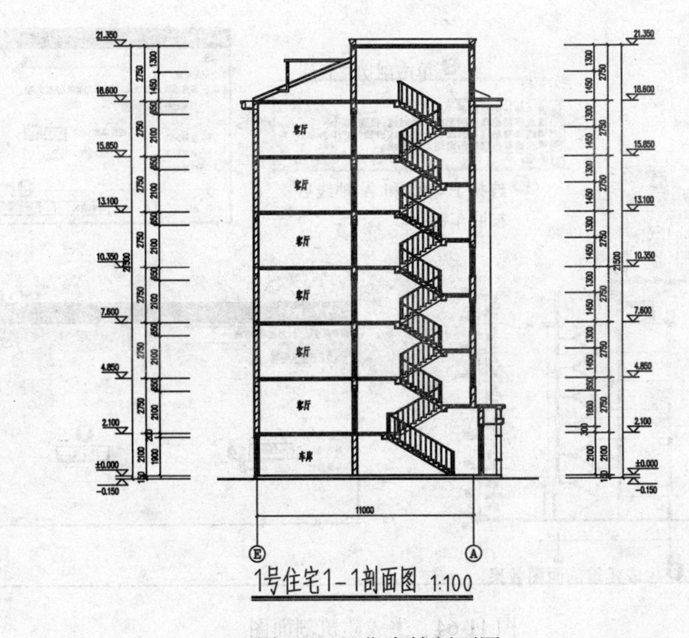

图 11-62　住宅楼剖面图

❶创建剖切符号。在打开平面图文件的前提下，单击【符号标注】|【剖面剖切】菜单命令，根据命令行提示，按回车键确认剖切编号，然后单击第一个剖切点和第二个剖切点，按回车键结束剖切点的选择，最后指定剖视方向，即可创建出剖切符号。创建剖切符号的具体操作步骤和效果如图 11-63 所示。

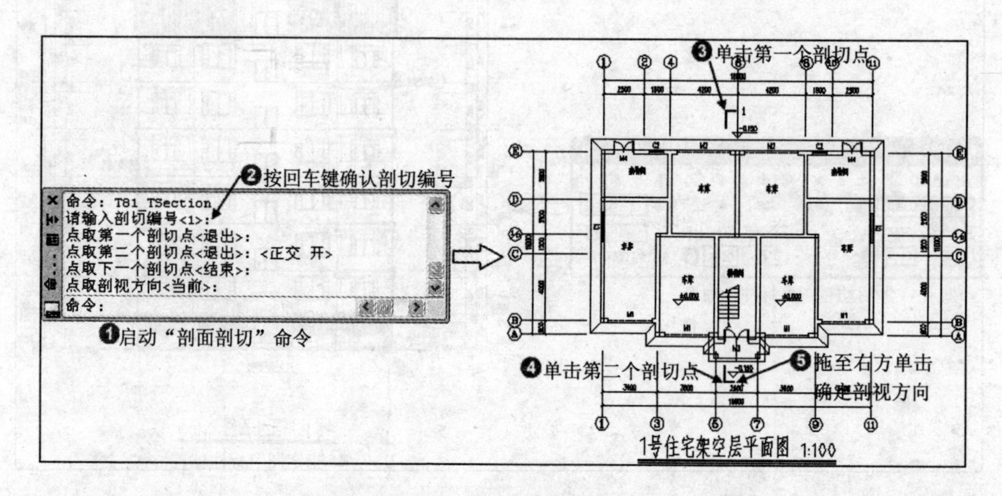

图 11-63　创建剖切符号

❷生成建筑剖面图。在【工程管理】对话框打开的情况下，单击“楼层”选项工具栏中的【建筑剖面】按钮，在绘图区中单击剖切线，接着选择 E 轴线和 A 轴线后按回车键，在弹出的【剖面生成设置】对话框中设置参数后，单击【生成剖面】按钮，然后在弹出的【输入要生成的文件】对话框中设置文件名后，单击【保存】按钮，即可生成建筑剖面图。生成建筑剖面图的具体操作步骤和效果如图 11-64 所示。

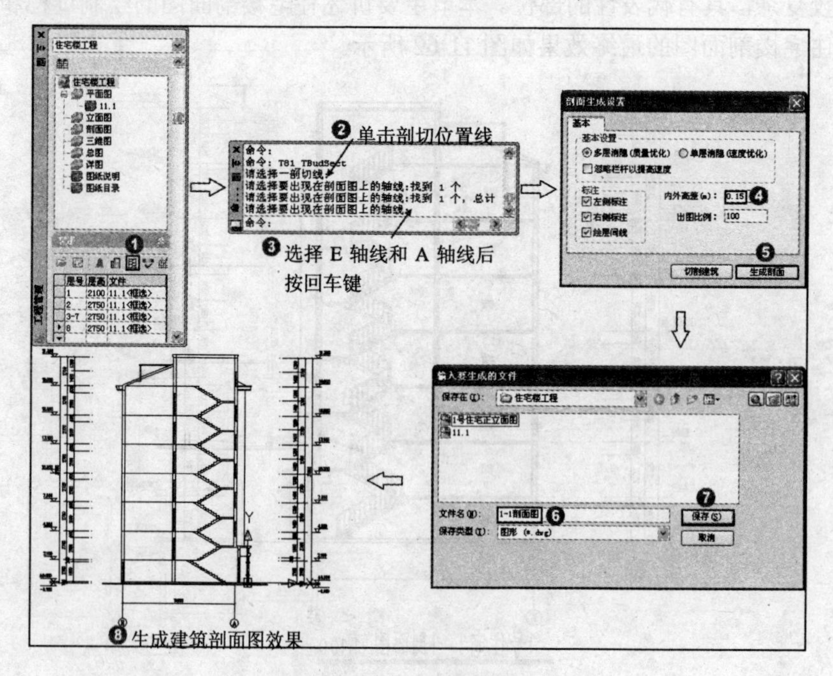

图 11-64　生成建筑剖面图

❸创建双线楼板。单击【剖面】|【双线楼板】菜单命令，在绘图区中单击楼板的起始点和结束点后，按回车键确认楼板顶面标高，然后输入楼板厚度值后按回车键，即可完成一个双线楼板的创建，同样方法创建出所有双线楼板。创建双线楼板的具体操作步骤和效果如图 11-65 所示。

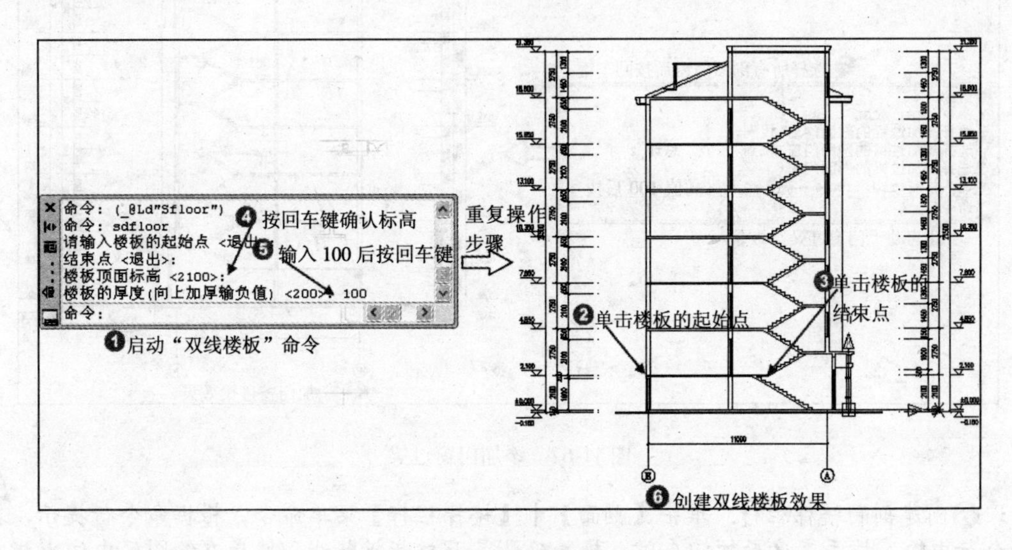

图 11-65　创建双线楼板

❹加剖断梁。单击【剖面】|【加剖断梁】菜单命令，在绘图区中指定剖面梁的参照点，然后确认梁左侧到参照点的距离、梁右侧到参照点的距离和梁底边到参照点的距离，即可添加一个剖断梁。同样方法，添加所有剖断梁。加剖断梁的具体操作步骤和效果如图 11-66 所示。

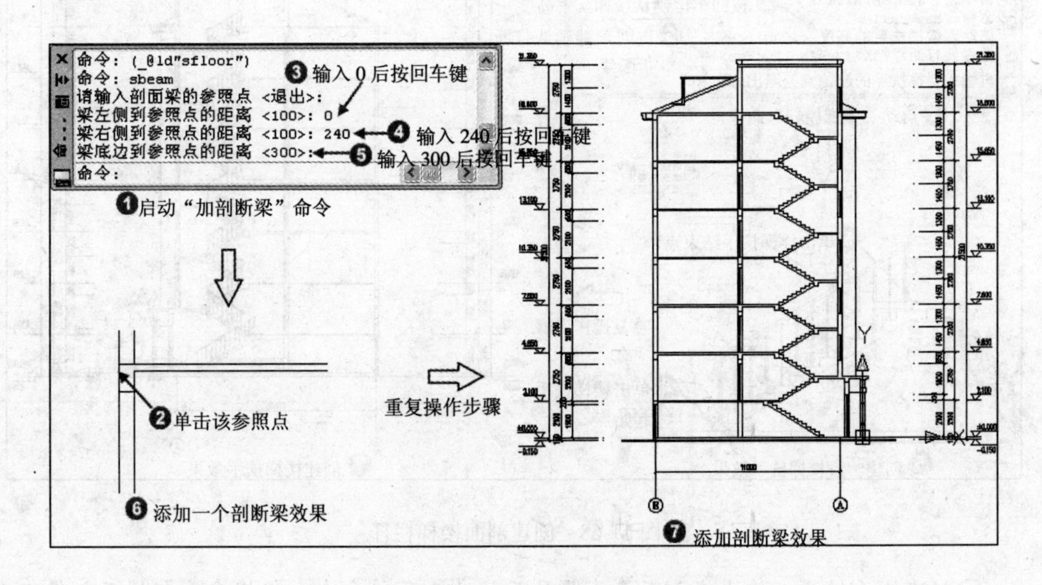

图 11-66　加剖断梁

❺添加门窗过梁。单击【剖面】|【门窗过梁】菜单命令，在绘图区中选择所有需添加过梁的剖面门窗后，按回车键确认，然后输入梁高值后按回车键，即可完成门窗过梁的

添加。添加门窗过梁的具体操作步骤和效果如图 11-67 所示。

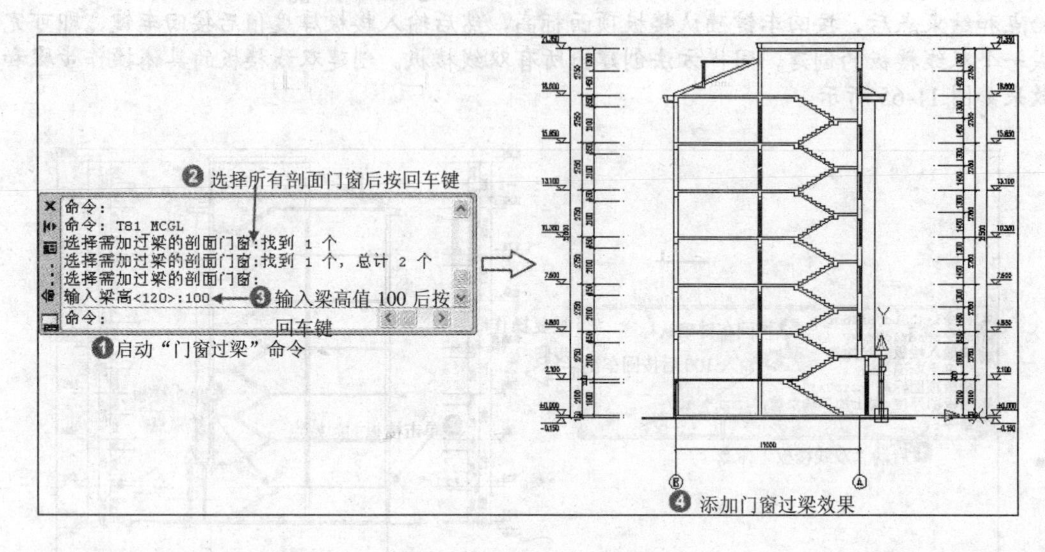

图 11-67　添加门窗过梁

❻创建剖面楼梯栏杆。单击【剖面】|【楼梯栏杆】菜单命令，根据命令行提示，在命令行中输入扶手高度后按回车键，接着确认是否打断折断线，然后在绘图区中依次指定楼梯扶手的起始点和结束点，即可完成一段楼梯栏杆的创建。接下来重复选择楼梯扶手的起始点和结束点，可重复创建剖面楼梯栏杆。创建剖面楼梯栏杆的具体操作步骤和效果如图 11-68 所示。

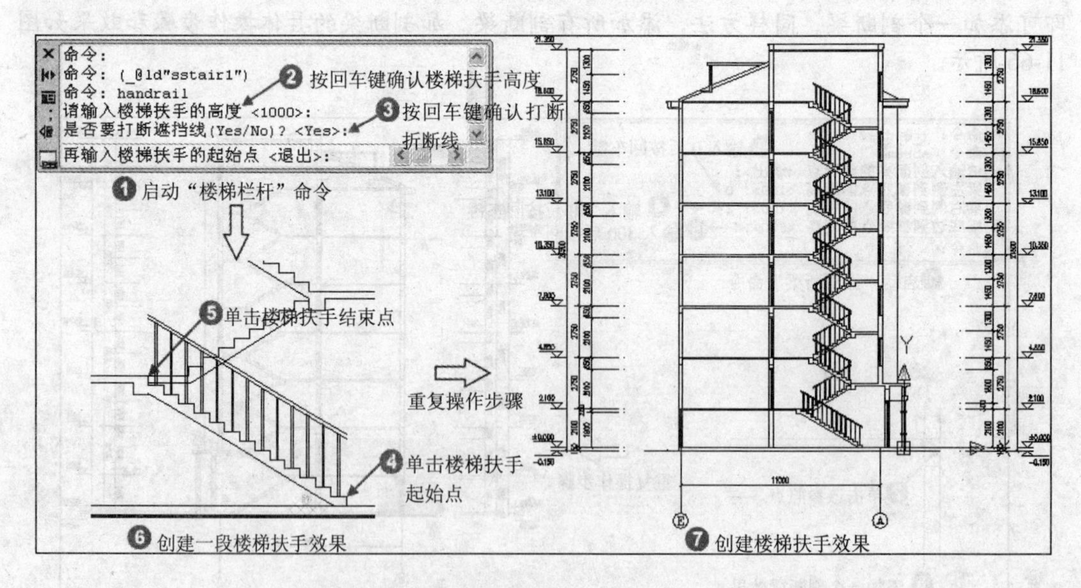

图 11-68　创建剖面楼梯栏杆

❼创建扶手接头。单击【剖面】|【扶手接头】菜单命令，根据命令行提示，按回车键确认扶手伸出距离，接着输入选项"Y"按回车键确认增加栏杆，然后在绘图区中框选需要连接的一对扶手或一段扶手，即可创建出扶手接头，重复框选扶手，可以连续创建扶手接头，按"Esc"键退出命令。创建扶手接头的具体操作步骤和效果如图 11-69 所示。

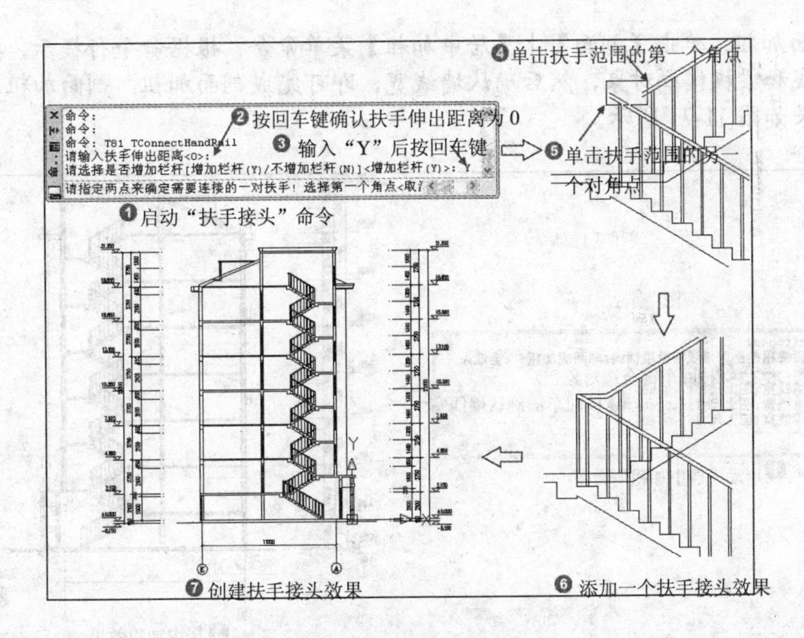

图 11-69　创建扶手接头

❽剖面材料填充。单击【剖面】|【剖面填充】菜单命令，在绘图区中框选墙线或梁板楼梯后按回车键，在弹出的【请点取所需的填充图案】对话框中设置参数后，单击【确定】按钮，即可完成剖面材料的填充。填充剖面材料的具体操作步骤和效果如图 11-70 所示。

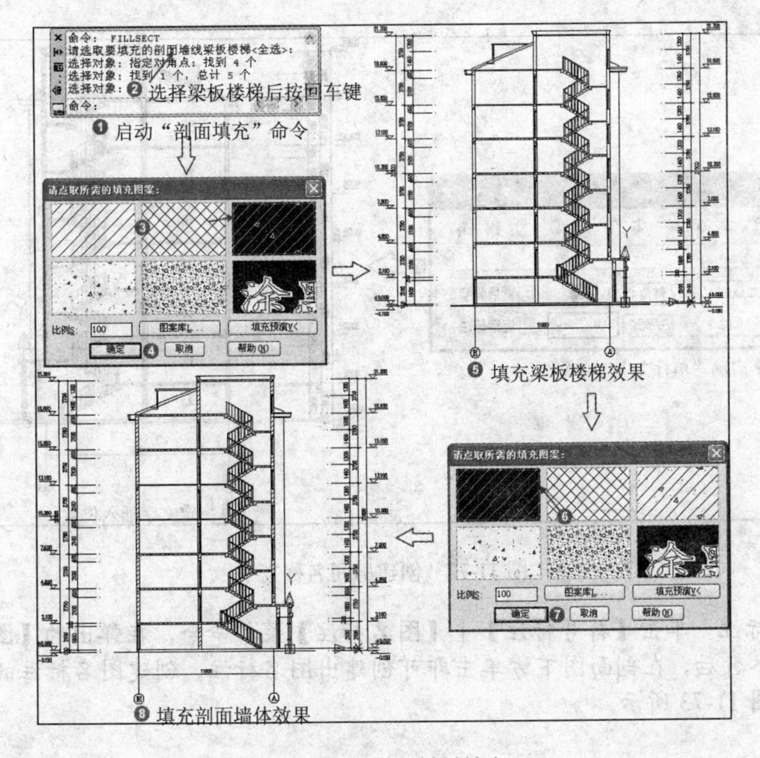

图 11-70　剖面材料填充

❾剖面加粗。单击【剖面】|【居中加粗】菜单命令，根据命令行提示，按回车键全选剖面墙线和梁板楼梯对象，然后确认墙线宽，即可完成剖面加粗。剖面加粗的具体操作步骤和效果如图 11-71 所示。

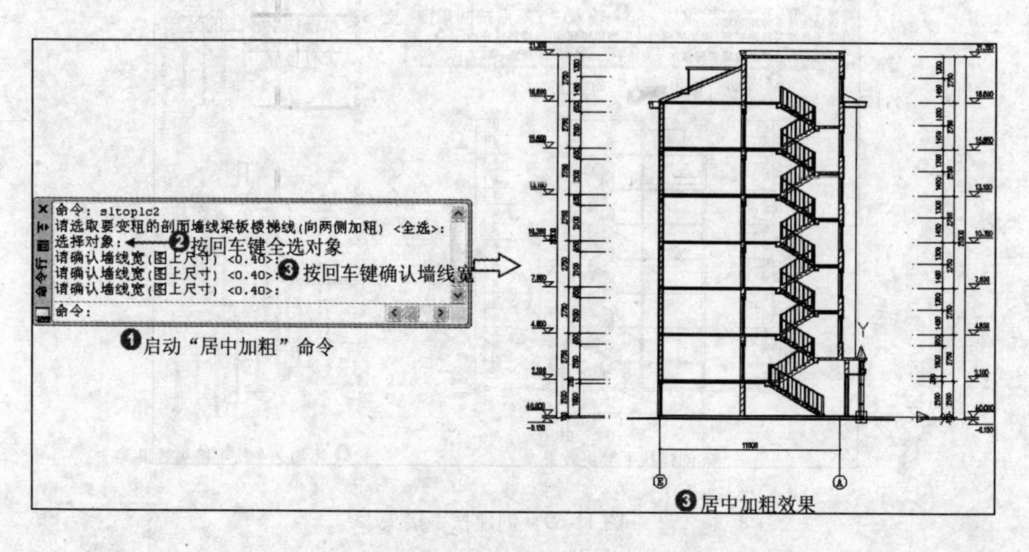

图 11-71　剖面加粗

❿创建房间名称文字。单击【文字表格】|【单行文字】菜单命令，在弹出的【单行文字】对话框中设置参数后，在绘图区中指定文字插入位置即可。创建房间名称文字的具体操作步骤和效果如图 11-72 所示。

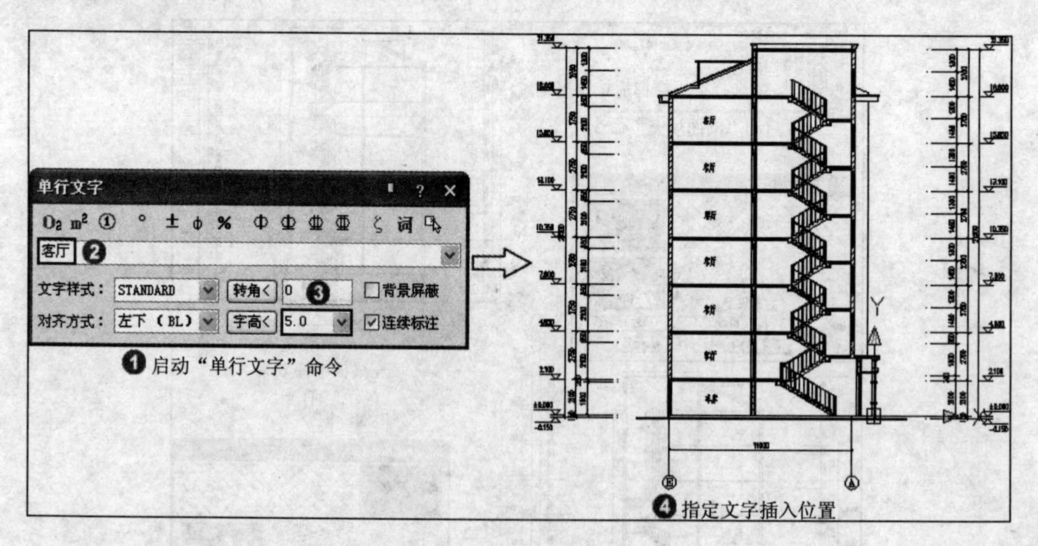

图 11-72　创建房间名称文字

⓫图名标注。单击【符号标注】|【图名标注】菜单命令，在弹出的【图名标注】对话框中设置参数后，在剖面图下方单击即可创建出图名标注。创建图名标注的具体操作步骤和效果如图 11-73 所示。

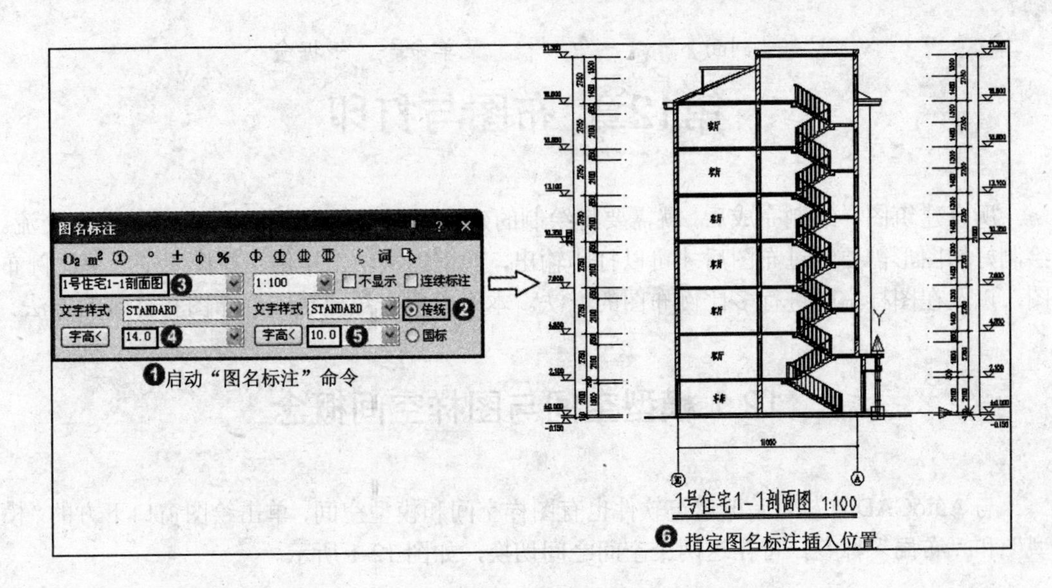

图 11-73　创建图名标注

第12章 布图与打印

所有建筑图样绘制完成后，就需要将绘制的建筑图样打印出来，便于指导施工和交流。绘制好的图形需要经过布图后才可以打印输出，天正建筑软件提供了在模型空间单比例布图，以及在图样空间进行多比例布图的方法。本章主要介绍建筑图样布图和打印的方法。

12.1 模型空间与图样空间概念

与 AutoCAD 一样，天正建筑软件也有图样空间和模型空间，单击绘图窗口下方的“模型”和“布局”标签，可在这两个空间之间切换，如图 12-1 所示。

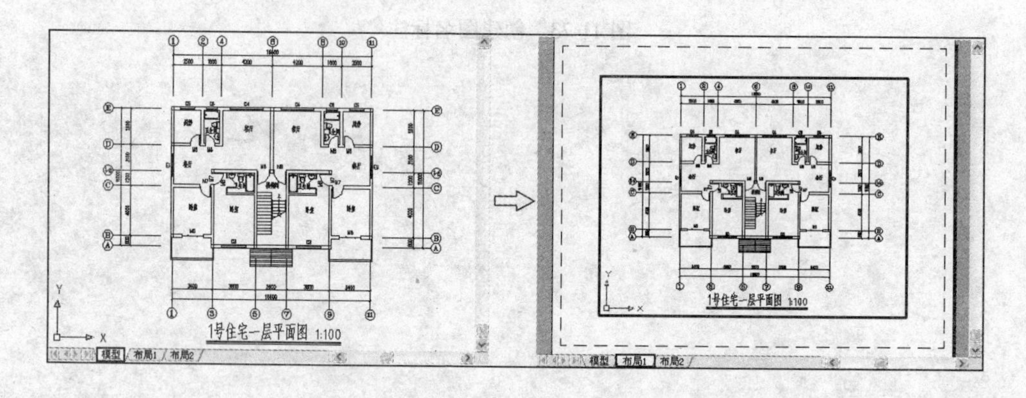

图 12-1 模型空间和图样空间的切换

模型空间和图样空间的作用介绍如下：

- 模型空间：主要用于绘制建筑图形，此外，对于一些简单的图形，可以在模型空间中按一个比例布图（即单比例布图）并输出。
- 图样空间：主要用于图形布局并打印输出建筑图样。在该空间中可以进行单比例布图，也可以按不同的比例（根据绘图时设置的绘图比例）将多个图形输出到一张图样（即多比例布图，需要创建多个视口）。

12.2 单比例布图

利用 TArch 8.0 绘制的建筑图都是按 1:1 的实际尺寸进行绘制，当全图只使用一个比例时，用户就可直接在模型空间插入图框出图了。这种在图样上排列图形的方式称为单比例布图。

12.2.1 设置出图比例

默认情况下，在绘制图形时的当前比例为 1:100，用户可单击 AutoCAD 状态栏中的 比例 1:100 按钮，在弹出的列表中选择需要的当前绘图比例，或是选择“其他比例”选项，在弹出的【设置当前比例】对话框中输入比例后，单击【确定】按钮，即可设置出图比例。

设置出图比例的具体操作步骤和效果如图 12-2 所示。

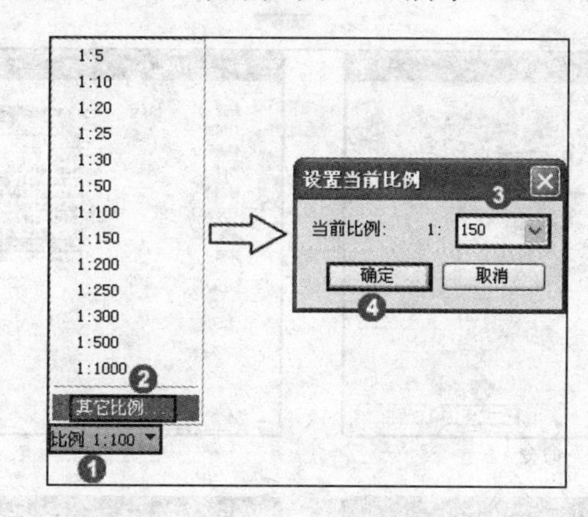

图 12-2　设置出图比例

12.2.2 更改出图比例

当用户已按相应的比例绘制好图形，单击【文件布图】|【改变比例】菜单命令，根据命令行提示输入新的比例值，然后框选需更改布图比例的图形后按回车键，即可更改出图比例。

更改出图比例的具体操作步骤和方法如图 12-3 所示。

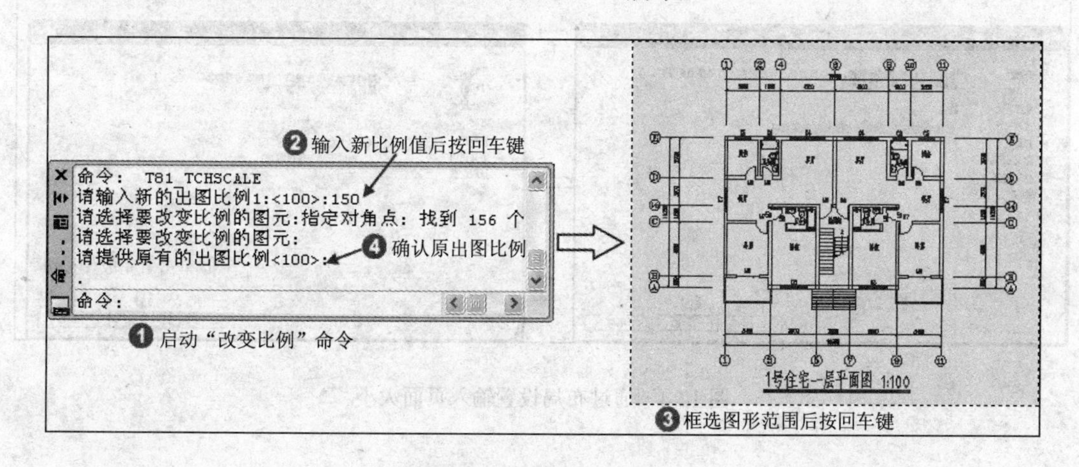

图 12-3　更改出图比例

12.2.3 页面设置

打印输出图形之前，都需要对打印页面进行设置，其操作方法是单击 AutoCAD 菜单栏中的【插入】|【布局】|【创建布局向导】命令，然后根据系统提示选择打印机或绘图仪，并设置页面大小，即可完成页面设置。

“页面设置”的具体操作步骤和方法如图 12-4 所示。

图 12-4　通过布局设置输入页面大小

12.2.4 插入图框

当布局大小设置完成后，系统会自动切换到相应的布局选项卡。此时单击【文件布图】

｜【插入图框】菜单命令，在弹出的【图框选择】对话框中设置图幅大小和图框样式后，单击【插入】按钮，根据命令行提示，按〈Z〉键将图框插入到页中原点，如图 12-5 所示。

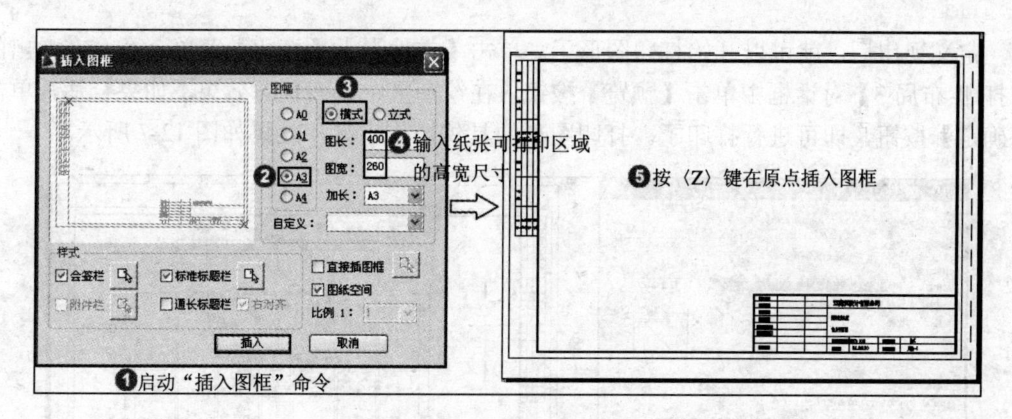

图 12-5　插入图框

12.2.5 定义视口

当在布局页面中设置好页面大小和插入图框后，就需在图框中定义一个视图，在视口中将显示出需输出到图样上的图形。单击【文件布图】｜【定义视口】菜单命令，在绘图区中框选图形范围，接着确认图形输出比例，然后指定视口位置，即可定义视口。

定义视口的具体操作步骤和效果如图 12-6 所示。

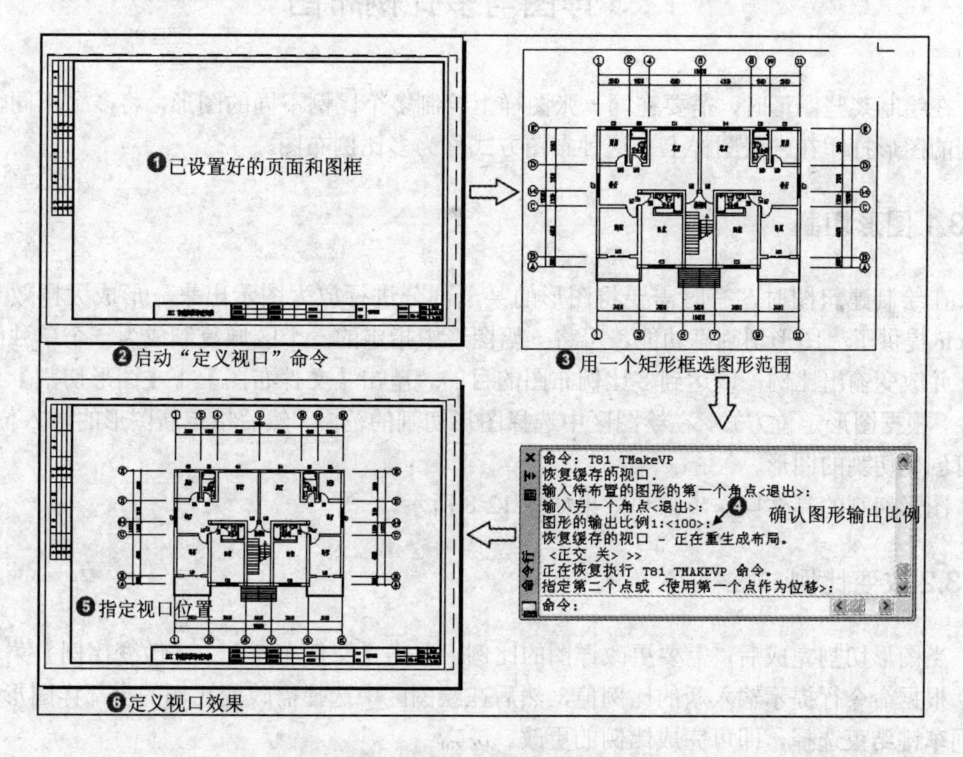

图 12-6　定义视口

12.2.6 打印图形

定义视口后，就可以开始打印图形了。单击【文件】|【打印】菜单命令，在弹出的【打印-布局 3】对话框中单击【预览】按钮，在绘图区中观察预览效果，如果合适，单击【确定】按钮，即可进行打印了。打印图形的具体操作步骤和效果如图 12-7 所示。

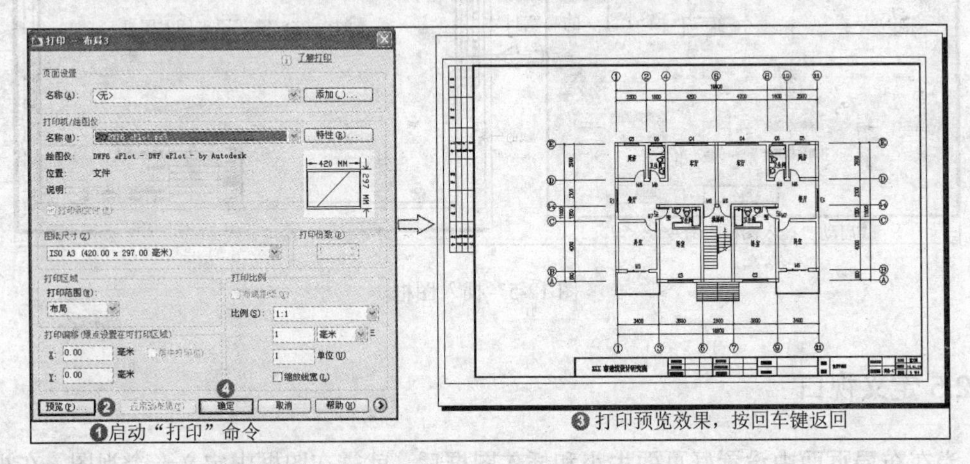

图 12-7 打印图形

12.3 详图与多比例布图

在绘制某些图形时，需要在同一张图样上绘制多个比例不同的图形，将多个不同输出比例的图形打印在一张图样上，这种布图方式称为多比例布图。

12.3.1 图形切割

在绘制建筑图时，有时需要将图形的某一部分进行放大图示出来，形成大样效果。TArch 提供了“图形切割”功能，可将一幅图形中指定的一个区域复制成为一个单独的图形，并改变输出比例，以达到多比例布图的目的。单击【文件布图】|【图形切割】菜单命令，根据图形定位方式，在绘图区中选择图形切割的范围，然后指定新图形的插入位置，即可创建切割的图形。

图形切割的具体操作步骤和效果如图 12-8 所示。

12.3.2 改变比例

当图形切割完成后，需要更改详图的比例，单击【文件布图】|【改变比例】菜单命令，根据命令行提示输入新的比例值，然后在绘图区中选择需改变比例的全部详图形后，按回车键结束选择，即可完成比例的更改。

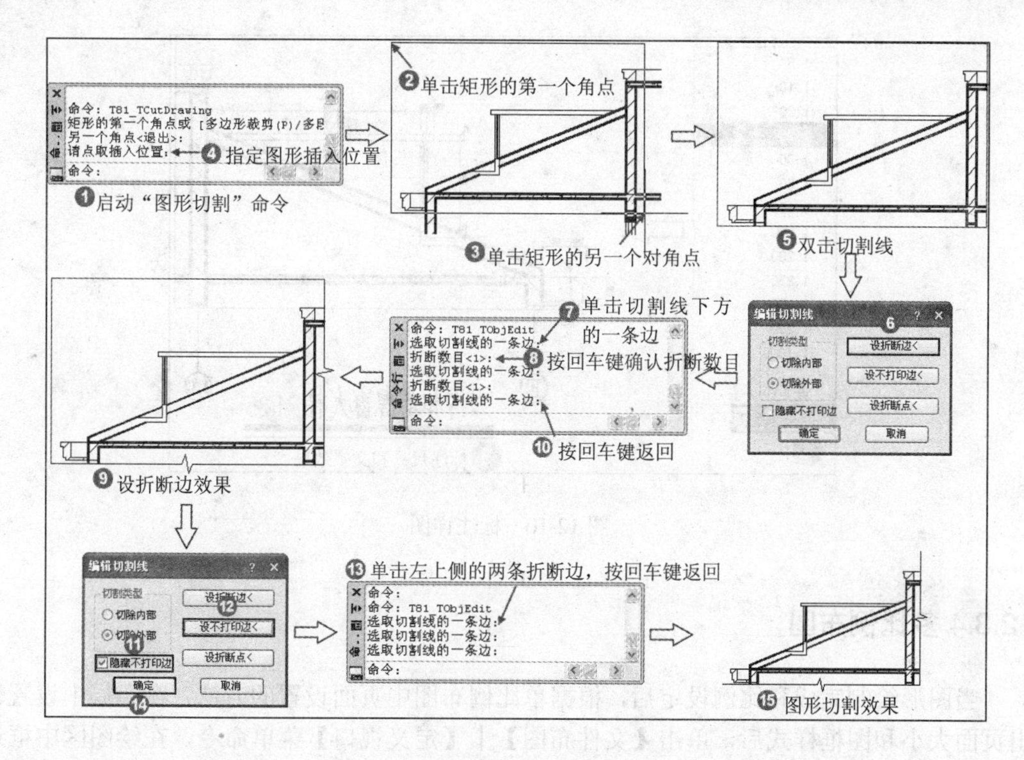

图 12-8　切割图形

改变比例的具体操作步骤和效果如图 12-9 所示。

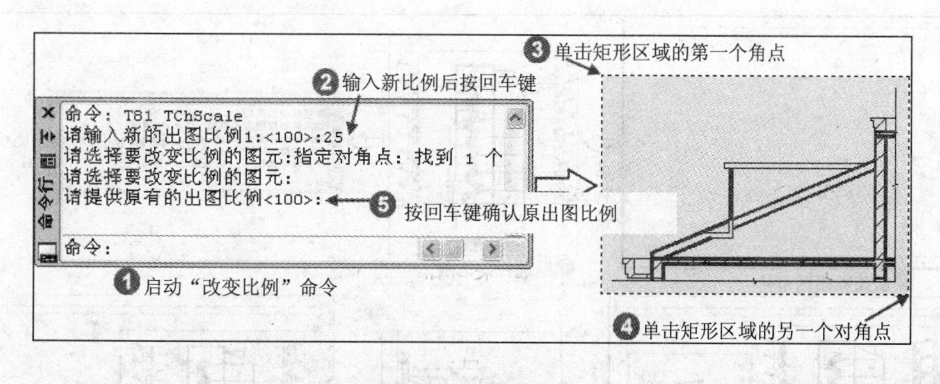

图 12-9　改变比例

12.3.3 标注详图

详图被切割出来后，并没有标注，同时默认的标注比例值是“1:100”，此时需要用户在绘图区左下方选择一个比例，然后利用天正软件的尺寸标注功能和文字标注功能对其进行标注，如图 12-10 所示。

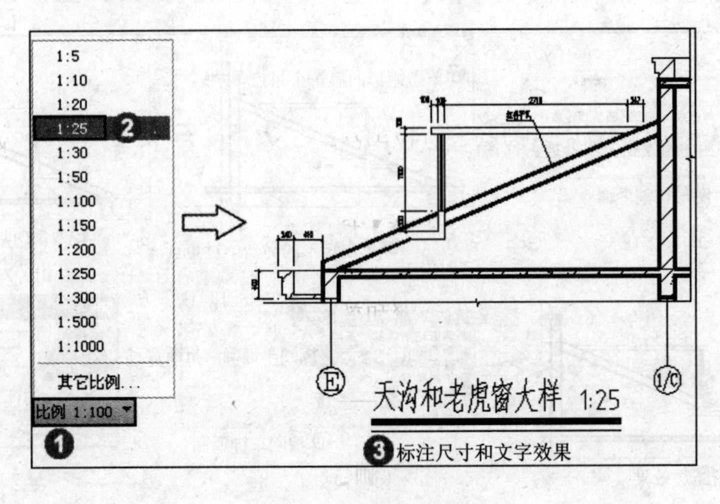

图 12-10　标注详图

12.3.4 多比例布图

当图形绘制完成和比例设定后，根据单比例布图中页面设置的方法，在布局中设置输出页面大小和图框样式后，单击【文件布图】|【定义视口】菜单命令，在绘图区中框选视口范围，接着确认图形的输出比例，然后在布局图中指定视口位置，即可创建一个视口，同样方法创建出其他视口。

多比例布图的具体操作步骤和效果如图 12-11 所示。

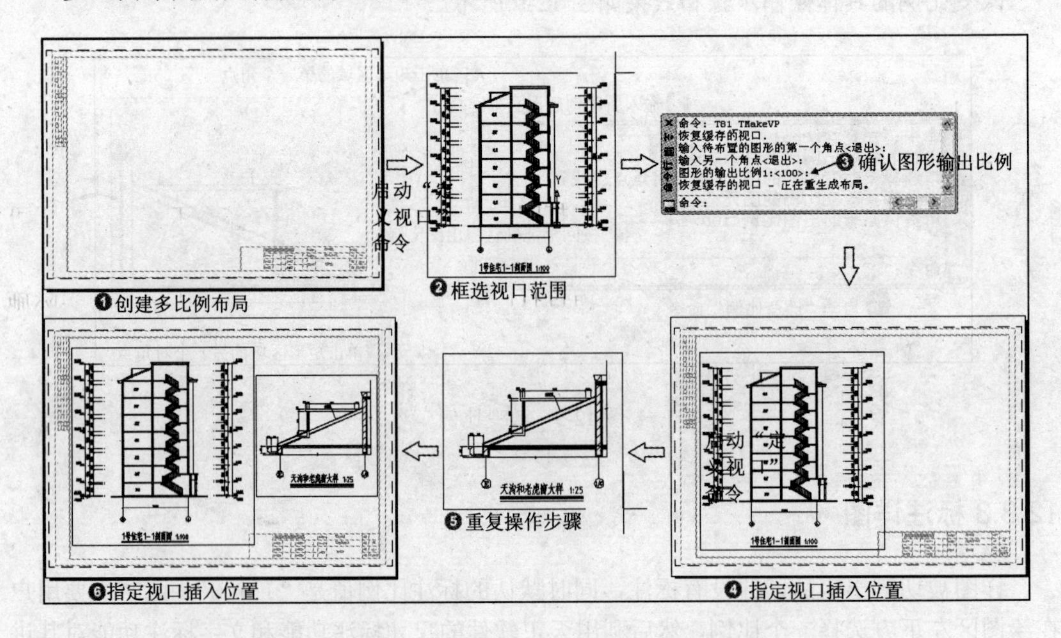

图 12-11　定义视口

12.3.5 打印输出

当图形布局完成以及对标题和会签栏中的内容进行修改后，打开相应的绘图或打印设备，并与计算机正常安装与连接的情况下，单击【文件】|【打印】菜单命令，在弹出的【打印-多比例布局】对话框中单击【预览】按钮，即可观察打印输出效果，如果合适，按回车键返回到【打印-多比例布局】对话框中，单击【确定】按钮，即可进行打印了。

多比例布局打印输出的具体操作步骤和效果如图 12-12 所示。

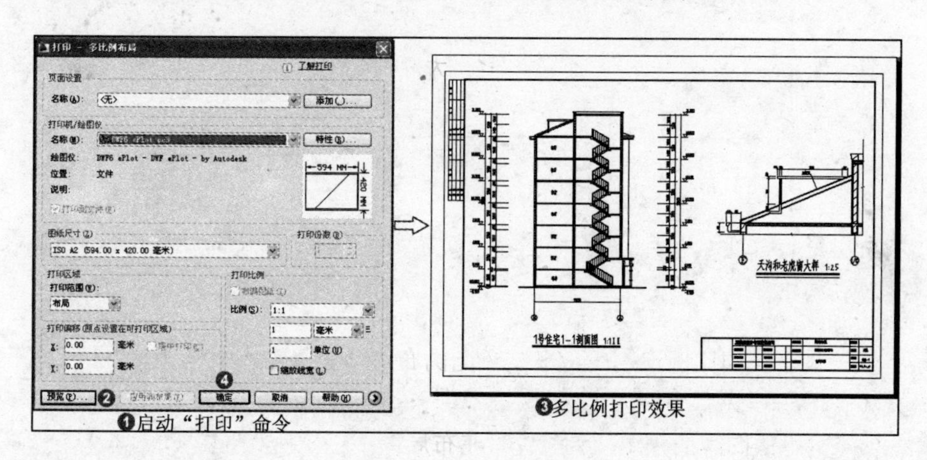

图 12-12　多比例打印输出

12.4 本章小结

本章主要介绍了模型空间与图样空间的基本知识，同时本章还对建筑图的打印输出进行了详细介绍，包括单比例打印和多比例打印的方法。打印出图是在实际工作当中必不可少的一个工作步骤，打印输出中包括了图样的布局方法、插入图框和定义视口等。掌握了这些知识，读者将能完整地将建筑图样通过打印机或绘图仪输出到纸张上，以便于实际施工。

12.5 思考与练习

一、 填空题

1．如果用户需要创建新的页面布局，可在 AutoCAD 菜单栏中执行____________命令来完成。

2．如果用户需更改布局页面的大小，可直接在布局选项卡上单击鼠标右键，然后在弹出的快捷菜单中执行____________命令即可。

3．在 TArch 8.0 中，图框可以根据用户的需要插入到______空间和______空间中。

二、 问答题

1. 在创建新布局时，简述定义视口的方法。

2. 简述“图形切割”命令的操作步骤和方法。